物理化学实验

（第二版）

主　编　袁誉洪

副主编　王　立

科学出版社

北　京

内 容 简 介

本书是在《物理化学实验》(科学出版社，2008年，袁誉洪)的基础上修订而成，基本保持了第一版的特色，并对原有实验进行了必要的筛选和精练，对少数实验进行类别调整，新增了部分内容。绪论介绍了物理化学实验的基本要求、安全知识和数据处理方法。基础实验部分编排了36个经典实验，这些内容既与物理化学课程紧密结合，又充分体现物理化学实验特点；此外，编排了11个综合实验，6个设计与研究实验，共53个实验。最后，介绍了常用实验技术与设备。附录Ⅰ的物理化学实验基础知识与技术试题部分对原试题进行了提炼和补充，并附有参考答案。附录Ⅱ在原有数据的基础上新增了少量物理化学实验常用数据。

本书可作为高等学校化学、化工、材料科学、生命科学、环境科学等相关专业的物理化学实验教材，也可供相关技术人员参考。

图书在版编目（CIP）数据

物理化学实验/袁誉洪主编. —2版. —北京：科学出版社，2021.6

ISBN 978-7-03-068625-1

Ⅰ. ①物…　Ⅱ. ①袁…　Ⅲ. ①物理化学-化学实验　Ⅳ. ①O64-33

中国版本图书馆CIP数据核字(2021)第069794号

责任编辑：陈雅娴　李丽娇 / 责任校对：杨　赛
责任印制：师艳茹 / 封面设计：迷底书装

科学出版社 出版
北京东黄城根北街16号
邮政编码：100717
http://www.sciencep.com

中煤（北京）印务有限公司印刷

科学出版社发行　各地新华书店经销

*

2008年12月第　一　版　开本：787×1092　1/16
2021年 6 月第　二　版　印张：20 1/4
2025年 1 月第二十一次印刷　字数：493 000

定价：58.00元

（如有印装质量问题，我社负责调换）

《物理化学实验》(第二版)

编写委员会

主　编　袁誉洪(中南民族大学)

副主编　王　立(中南民族大学)

编　委(按姓名汉语拼音排序)

陈　喜(中南民族大学)　代忠旭(三峡大学)
韩晓乐(中南民族大学)　胡军成(中南民族大学)
黄林勇(黄冈师范学院)　黄正喜(中南民族大学)
蓝丽红(广西民族大学)　雷以柱(六盘水师范学院)
黎永秀(中南民族大学)　李　哲(中南民族大学)
李金林(中南民族大学)　唐万军(中南民族大学)
王　立(中南民族大学)　王　霞(铜仁学院)
王树国(中南民族大学)　伍　明(中南民族大学)
解明江(黄冈师范学院)　杨昌军(中南民族大学)
杨凯旭(铜仁学院)　袁誉洪(中南民族大学)
张　凯(黄冈师范学院)　张煜华(中南民族大学)
周新文(三峡大学)

序

物理化学是一门实践性很强的学科，物理化学实验是化学实验的重要组成部分，它借助物理学的原理、技术、手段、仪器和设备研究各种化学变化和现象。

中南民族大学是直属于国家民族事务委员会(简称国家民委)的综合性普通高等学校，也是国家民委、教育部、湖北省人民政府和武汉市人民政府四方共建的中央部委直属高校。中南民族大学始终坚持面向少数民族和民族地区，为少数民族和民族地区服务。中南民族大学的物理化学(含物理化学实验)是湖北省精品资源共享课，拥有一支具有优秀教学传统的教学团队，团队教师长期坚持在教学第一线，具有丰富的教学经验和较高的教学水平。

为了更好地适应当前物理化学实验的需要和发展，更好地融入当代科技前沿和现代仪器技术，中南民族大学联合三峡大学、广西民族大学、黄冈师范学院、六盘水师范学院和铜仁学院五所兄弟学校在《物理化学实验》第一版的基础上进行改版。新版教材符合物理化学实验课程教学大纲的基本要求，有较强的理论性和系统性；既反映了物理化学学科发展的新知识、新动向、新成就，也体现了中南民族大学和各兄弟学校教师在该学科教学与科研中的新成果与新经验。该教材图文并茂，深入浅出，简繁得当，适合作为高等学校化学、化学工程与工艺、应用化学、材料化学、高分子材料与工程、药学和生命科学等专业的物理化学实验教材。

教材是教学改革与师生智慧的重要结晶。编写教材与讲课一样应是再创造的工作，只有不断凝练才能成为精品，教材建设和教学实践均无止境。此书再版的编者们体现了这种精神。

教材编写是一项很烦琐的工作，尽管还存在诸多不足之处，但精雕细琢的历程是个良好的开端。科技的发展、社会的进步及人类文明的高境界都是几千年全世界难以计数的微小繁复的细节累积而成。优秀实验教材的建设应算作一种“大事业”。教材编者们对本科教学改革的执着追求和贡献令人钦佩。“不积跬步，无以至千里；不积小流，无以成江海。”谨以此言作序。

侯文华

南京大学化学化工学院

2020 年 9 月

序

第二版前言

由中南民族大学主编，其他五所兄弟学校参编的《物理化学实验》第一版从 2008 年 12 月出版至今已经过去快 13 年了。这十多年来，随着我国经济建设的大力发展，高等学校的教学条件得到了极大的改善，教师的实践教学理念和认识也发生了根本性的变化，各校根据我国国情和各地、各校的具体实情，充分发挥教师的主观能动性，有效调动了学生的学习热情。第一版教材为物理化学实验教学提供了有益的帮助和指导，取得了较好的教学效果。在使用过程中，编者发现书中存在诸多缺点和不足，为了更好地适应当前物理化学实验的需要和发展，更好地融入当代科技前沿和现代仪器技术，根据各兄弟学校参编的实际情况，在充分总结第一版教材经验教训的基础上，对其进行了较大的修改和补充。

本次修订以第一版为基础，编者认真贯彻落实党的二十大精神，注重“学思用”融会贯通，推行资源节约集约利用，努力将二十大报告中的新思想、新观点、新论断融入教材、融入课堂，弘扬伟大建党精神，培养学生认真学习、团结合作、守正创新、乐于奉献的精神。编者总结了各校多年来的教学成果和研究心得，也借鉴了其他兄弟学校的经验教训，对第一版的内容进行了适当的增减和调整，实验总数由 52 个增加到 53 个。在绪论中，有关实验数据的计算机处理部分，考虑到部分数据处理的复杂性，新增了 Excel 作图中的双 Y 轴设置和利用规划求解功能实现非线性函数的简单拟合，在 Origin 应用中新增了非线性拟合功能的应用实例；考虑到基础实验的重要性，在热力学部分新增两个实验，删减一个实验；电化学部分新增两个实验；表面与胶体化学部分新增两个实验，删减一个实验；动力学部分，将对实验室要求较高的固体催化剂的活性评价实验调整到综合实验一章中，而将原设计与研究实验中的“二氧化钛的制备、表征和模拟染料废水的光催化降解实验”调整到动力学实验中；综合实验、设计与研究实验进行了较大的调整，其中新增的激光拉曼光谱仪的组装与调试实验是北京大学最先开发的开放性实验，学生对其反响热烈；考虑到设计与研究性实验的特殊性，各校可根据自己的实际情况灵活应用；考虑到从学生到指导教师对计时技术的认知不足，在实验技术与设备中新增时间与计时技术一节，并将 pH-25 型数字酸度计替换成应用广泛的 pHS-3C 型数字 pH 计，新增可以代替高输入阻抗数字电压表的 5½位数字万用表和全自动折射仪的相关内容。

第二版对附录Ⅰ中的物理化学实验基础知识与技术试题进行了大量的调整补充，该部分只涉及实验基础知识、基本仪器及 36 个基础实验部分的内容。单选题使用两组数字作为题号，第一组数字是实验号，第二组数字是顺序号，每个实验 3 道题；基础知识共 32 道题，实验号为“0”；多选题和填空题均为每个实验一道题。其内容比第一版更加均衡全面。附录Ⅱ物理化学实验常用数据中，实用温标用 IPTS-90 代替 IPTS-68，更换了相应的镍铬-镍硅热电偶(K 型)热电势与温度换算表和 Pt100 铂热电阻特性表，新增部分物理化学实验需要的在 298 K 时一些电解质水溶液的摩尔电导率表、一些化合物的磁化率表和 298 K 下常用标准电极电势表，相对原子质量表也更新至 2014 年。

由于原参编学校中有些已经出版了自己的教材，不再参与本书的再版工作，原参编者有些年事已高，也不再参与具体事务，同时又有一些新的学校参加进来，使本书编修工作得以充实。各位参编者对第二版的编修工作都付出了极大的努力，具体工作在每一个实验内容后面均予以注明；最后，由袁誉洪副教授负责全书统稿，并对部分插图重新进行了处理。

中南民族大学化学与材料科学学院张道洪教授主持的高分子材料与化学专业“荆楚卓越人才”协同育人计划对本次再版工作给予了极大的支持，编者在此深表谢意。

本书第一版是在中南民族大学陈栋华教授的热情关怀和亲切指导下完成的，他为第一版的编写和出版花费了大量的心血，对第二版修订也提了许多宝贵意见；责任编辑为本书的出版做了大量细致的工作。编者借此机会，对他们表示由衷的谢意和美好的祝愿。

本书主要参考了复旦大学、南京大学、北京大学、山东大学、武汉大学、四川大学、哈尔滨工业大学、华东理工大学、东北师范大学和郑州大学等高校编写的物理化学实验教材，在此谨向所引用资料的各单位及作者致谢。承蒙南京大学化学化工学院侯文华教授在万忙之中欣然为本书第二版作序，在此表示衷心感谢。

由于编者水平有限，书中难免有不足之处，敬请读者批评指正，编者将不胜感激。对本书的建议和意见，请发送电子邮件至邮箱：yuan_yh@qq.com。

编　者

2023 年 6 月修订

第一版前言

物理化学实验是综合性大学和理工科大学的化学类、化工类、环境类、材料类、生物类、药学类等相关专业的重要基础实验课程，也是培养学生基本素质和科研能力的重要教学环节。目前，国内外物理化学的改革趋势正朝着强化创新意识与培养创新能力的方向发展，物理化学的教学模式与内容的改革也出现融合、综合的趋势，物理化学的内涵也随着科学的发展而有所变化。在此背景下，近年来新的物理化学实验教材应运而生。

本书是在过去二十多年积累的教学资料、使用多年的物理化学实验讲义和近年开展的综合、设计与研究性实验实践基础上，根据教育部高等学校化学类专业教学指导分委员会关于“化学类专业教学基本内容和基本教学条件”的要求编写的。传统的物理化学实验教学模式，学生做实验的主要目的被局限于对物理化学理论和概念的验证、巩固、加深，对物理化学实验方法、实验技能和实验技术的掌握，对物理化学实验常用仪器使用方法的了解以及对学生动手能力和处理实验结果能力的培养等方面，而对培养学生的创新意识和创新能力的培养方面没能得到很好的强化。为了激发学生对物化实验学习兴趣，提高学生的创新意识，使学生变被动为主动，我们一方面加强了基础实验内容，另一方面根据我们最新的研究成果编写了综合、研究性实验，如 Al_2O_3 载体孔径对 Co/Al_2O_3 费-托合成催化性能影响、纳米钴酸锌的低温固相合成及其表征、金属磺化酞菁的合成与可见光催化降解活性艳红 X-3B、碳纳米管催化合成乳酸正丁酯、二氧化钛紫外光催化降解模拟染料废水以及功能材料合成的原位热动力学研究等。此外，又根据来自教学实践的意见而编写了设计性实验，组成了一个多层次、全面系统的实验训练内容，这无疑将对学生开阔科研视野，接触实际科研前沿，提高学生对所学知识的综合运用能力和科学创新意识起着促进作用。

本书的第 1 章、实验 2、实验 13～实验 16、实验 18、实验 22、实验 29、实验 31、实验 33、实验 50、附录Ⅰ和附录Ⅱ由袁誉洪副教授编写；实验 35 由李金林教授编写；实验 40、实验 51 由邓克俭教授与孙杰副教授和吕康乐博士合编，实验 11、实验 17、实验 36、实验 49 和前言由陈栋华教授编写；实验 6、实验 23 分别由武汉大学东湖分校安从俊教授和宋昭华教授编写；实验 1、实验 27、实验 52 由广西民族大学蓝丽红博士编写；实验 4、实验 12 分别由三峡大学代忠旭副教授和李昕副教授编写；实验 3、实验 37、实验 45 分别由湖北师范学院易回阳教授和陈芳副教授编写；实验 43、48 分别由湖北民族学院胡卫兵教授和聂光华教授编写；实验 5、实验 7、实验 19、实验 20、实验 24、实验 28、实验 41、实验 45 由王利华副教授编写；实验 25、实验 26、实验 30、实验 38 由王树国副教授编写；实验 8、实验 10、实验 21、实验 39、实验 42、实验 44、实验 46 由唐万军副教授编写；实验 9、实验 34 由黄正喜副教授编写；实验 32 由李琳副教授编写；第五章由伍明高级实验师编写。在读硕士研究生陈芮、阿古达木、魏琼、塔娜和张博做了一些辅助工作，袁誉洪副教授负责全书统稿和编排。化学和材料科学学院教学副院长杨天鸣副教授对本书给予了热情支持，工作协调和具体指导，编者深表谢意。

本书参考了已出版的多本物理化学实验教材，在此表示感谢。本书的编写自始至终得到了科学出版社、中南民族大学化学与材料科学学院以及参编兄弟院校的大力支持和鼓励，才使得我们在较短的时间内完成书稿，在此谨表感谢。

全书承蒙首届国家级教学名师、物理化学国家级精品课程负责人、博士生导师、武汉大学汪存信教授审阅并提出了宝贵的修改意见，在此表示衷心的感谢。

由于水平有限，书中难免有缺点和不足之处，敬请读者赐教，不胜感激。如对本书有建议和意见，请与编者联系：yuanyh623@yahoo.com.cn。

编　者

2008 年 6 月

目　　录

第1章 绪 论

1.1 物理化学实验的目的和要求

物理化学实验是化学教学体系中一门独立的实验课程，主要培养学生运用物理化学原理解决实际化学问题的能力。

通过物理化学实验的学习，学生初步了解物理化学的研究方法，掌握物理化学的基本实验技术，培养求真务实的科学态度、严谨细致的实验作风、熟练准确的实验技能、灵活分析和解决问题的能力，为今后从事化学理论研究和与化学相关的实践工作打下良好的基础。

物理化学基本理论是整个化学学科的理论基础，而物理化学实验则将物理化学基本理论具体化，是对整个化学理论体系的实践检验。由于物理化学实验大多涉及比较复杂的精密物理仪器，测量技术往往是建立在一套完整的化学理论基础之上的，因此理论和实践相结合在物理化学实验中显得特别重要。为了做好每个实验，在实验中取得尽可能大的收获，要求学生做好以下几点。

1. 实验前预习

在实验前，学生应认真仔细地阅读实验内容，了解实验的目的、要求和实验原理，了解仪器的构造和使用方法，熟悉实验的操作步骤，写出符合要求的实验预习报告。大量实践表明，课前认真预习对减少仪器破损和试剂消耗、提高实验课程学习效率具有十分明显的作用。

2. 熟悉实验环境

学生进入实验室后，首先仔细检查实验仪器和试剂的规格、数量是否符合要求，玻璃器皿是否有破损，如有不符合实验要求的应及时找指导教师或实验技术人员解决。注意记录实验实际使用的仪器型号名称、试剂纯度或浓度等，玻璃器皿均要求清洗干净。

3. 实验操作

实验过程是整个实验的核心。物理化学实验仪器价格较高、操作难度大，在实验过程中应严格遵守操作规程。严格控制实验条件，随时注意观察实验过程中出现的现象，详细认真地记录原始实验数据，切忌更改和随意丢弃实验数据。做事要认真，做人要诚实，认真完成实验的每一个步骤，仔细思考每一步的作用和原因，是否还有可以改进或提高的空间。培养学生的创新能力。

物理化学实验一般由两人合作完成，学生应根据实验的难度和要求做好分工，使实验有条不紊地进行。同时，培养学生的团结合作精神。

实验完成后，应将实验数据交给实验指导教师检查或将实验数据输入计算机，按要求进行数据检验处理。经指导教师认可之后，方能清洗玻璃器皿，整理实验仪器、试剂及所有与本实验有关的其他物品，并做好本人实验台面的清洁卫生工作。仅当指导教师在实验原始记录数据后签署姓名和日期后方可离开实验室。

所有在实验室经计算机处理所获得的实验结果仅供指导教师检查实验效果用，学生实验总结报告中的数据处理应按各实验的要求进行。

4. 实验总结报告

写出完整规范的实验总结报告是物理化学实验课程的重要内容。通过实验报告的书写，学生在数据处理、误差讨论、常见的物理化学现象的分析和解释、化学实验问题的解决等各方面的能力得到训练和提高，为今后从事科学研究、撰写研究论文打下良好的基础。

1.2　实验室的安全防护

实验室的安全防护是培养学生良好实验素质，保证实验顺利进行，确保实验者人身安全和国家财产安全的重要措施。物理化学实验室常用到高温或低温条件、高压气体、真空系统、高电压、有毒物质等，随着现代技术的发展，精密自动化设备的使用也日益普遍，因此要求实验者必须掌握必要的安全防护知识和预防措施，将危害和损失降到最低程度。

1. 高压储气瓶的安全防护

高压钢质无缝气瓶通常是由含碳量不大于 0.38% 的优质碳锰钢、铬钼钢等制成。物理化学实验室中常用的高压气体有氧气、氢气、氮气及二氧化碳气体等。气体钢瓶颜色标志参见 GB/T 7144—2016，我国在 2021 年颁布了最新的《气瓶安全技术规程》(TSG 23—2021，2021 年 6 月 1 日起施行)。实验室常用气瓶的色标和压力参见表 1-1。

表 1-1　实验室常用气瓶的色标和压力

气瓶名称	瓶体颜色	字样颜色	色环颜色	工作压力/MPa	充装压力/MPa	试验压力/MPa	
						水压试验	气密试验
氧气	淡(酞)蓝	黑	白	15	12～15	22.5	15
氢气	淡绿	大红	大红	15	12～15	22.5	15
氮气	黑	白	白	15	12～15	22.5	15
二氧化碳	铝白	黑	黑	15	6～8	22.5	15
氩气	银灰	深绿	白	15	12～15	22.5	15
氦气	银灰	深绿	白	15	12～15	22.5	15

为安全起见，一般气瓶至少三年检验一次，腐蚀性气体气瓶至少两年检验一次，不合格的应予报废。气瓶放置地点要求远离热源、火种、配电柜、腐蚀性物质等，气瓶应固定在支架、实验桌或墙壁上，特别是装有易燃、毒性和腐蚀性气体的气瓶更要注意安全，最好放在单独的房间里。

气体在使用时一定要在气瓶上安装减压阀，通常氧气瓶和氮气瓶都可使用正向右牙螺纹氧气减压阀，氢气瓶只能使用专用的反向左牙螺纹氢气减压阀，二氧化碳气瓶和乙炔气瓶也有各自专用的减压阀，千万不可混用。

搬运高压气瓶时应关紧钢瓶上的总阀，拆除减压阀，旋上瓶帽，使用专门的搬运车。开启或关闭气瓶时，实验者应站在减压阀接管的侧面，并确认接头和管道无泄漏后才能继续使用。

对可燃和毒性气体，应设法将用过的气体排放到室外，并保持室内良好通风。

使用高压氧气时，严禁在气瓶阀头、减压阀、连接头及实验者的手、衣服、工具等上沾有油脂，因为高压氧气与油脂相遇会引起燃烧。

气瓶内的气体千万不可用尽，应保持不低于 0.1 MPa 的压力。

2. 用电安全防护

实验室所用电源主要是频率为 50 Hz 的交流电，分为单相 220 V 和三相 380 V 两种，除少数仪器设备外，实验室多用单相交流电，该电压远高于 36 V 的人体安全电压，因此在使用时要格外小心。

当有 1 mA 电流通过人体时会有发麻和针刺的感觉；当电流达到 6～9 mA 时，手触碰电流就会立即缩回；若电流再高，人体肌肉就会强烈收缩，以致手抓到带电体后不能释放，而当通过人体的电流达到 50 mA 时就有生命危险。通过人体的电流与人体自身的电阻和所加的电压有关。人体内部组织的电阻约 1 kΩ，皮肤电阻约 1 kΩ(潮湿时)至几十千欧(干燥时)。国家规定 36 V、50 Hz 的交流电为安全电压，超过 45 V 就是危险电压。用电时要特别小心，不要用潮湿的手操作电器，尤其不能用双手同时接触电器。各种电器设备外壳应妥善接地，万一不慎发生触电事故，其他人员千万不要直接用手施救，应迅速使用干燥的木棒、竹竿、拖把、塑料或橡胶管(棒)等绝缘物质将带电体与触电者的身体分开，附近有电源开关的应立即关闭电源，并对触电者进行急救，情况严重者应迅速送医院治疗。

因电引起火灾时，切忌使用水或酸碱泡沫灭火器灭火，应设法立即切断电源，用沙或二氧化碳灭火器等灭火。

单相交流电源的插座有两孔和三孔之分。两孔插座中，一孔为零线，另一孔为火线(又称相线)，因两孔插头、插座无法严格规定火线与零线的位置，存在严重的安全隐患，属淘汰品种；在三孔插座中，处于三角形顶端的孔为接地(符号⊥)，左下孔为零线(符号 N)，右下孔为火线(符号 L)。使用前最好用试电笔确认，用手捏住试电笔的金属帽，用试电笔的金属触头接触要测量的电极，氖灯发出红光的是火线。

由于自耦调压器的初级和次级共用一个线圈，若将火线错接到公共端(自耦调压器的 X 端)，即使将调压器调压指针调至 0 V，次级仍带有 220 V 的电压，非常危险。因此在使用调压器时，一定要将零线连接至调压器的公共端，并在使用前用试电笔确认。

3. 化学试剂的安全使用

大多数化学试剂具有不同程度的毒性，原则上应防止任何化学药品以任何方式进入人体。取用试剂时应注意避免试剂直接接触皮肤，要用牛角质或不锈钢药匙取样，取过试样后的试剂瓶应该立即盖好瓶盖。

浓硫酸具有强烈的吸水性，且溶于水会放出大量热，故稀释浓硫酸时应特别注意将浓硫酸缓慢注入水中，而不能将水倒入浓硫酸中，以防止灼伤和烧伤。

物理化学实验的主要目的之一是测定物质或系统的性能或特性，其二是提高实验技术和技能。只要能达到这样的目的，用什么试剂并不重要。因此，在物理化学实验中，常用低毒试剂代替高毒试剂，无毒试剂代替有毒试剂，以尽量减少使用具有毒性的和致癌可能性较大的试剂。在取用有毒气体、液体时，一定要在通风橱(柜)中操作。使用易燃易爆试剂时要特别注意远离火源。

物理化学实验室中常用的高危化学试剂及其危害性如表1-2所示。

表1-2 常见高危化学试剂及其危害性

试剂名称	状态	危害性	试剂名称	状态	危害性
浓硫酸	液态	强吸水、强氧化、强酸性	甲醇	液态	剧毒、致盲、易燃
浓硝酸	液态	强吸水、强氧化、强酸性	乙醚	液态	致迷(麻醉)、易燃
浓盐酸	液态	强酸性、强腐蚀性	无水乙醇	液态	易燃
重铬酸钾	固态	强氧化性	丙酮	液态	易燃
氢氧化钠	固态	强吸水、强碱性	环己烷	液态	易燃
氢氧化钾	固态	强吸水、强碱性	苯	液态	易燃、高毒、易渗透皮肤
汞	液态	高毒	氢气	气态	易燃、易爆
硝酸亚汞	固态	高毒、易渗透皮肤	氧气	气态	强助燃
溴水	液态	易挥发、高毒	硫化氢	气态	恶臭、高毒
氨水	液态	易挥发、腐蚀性、刺激性	氯气	气态	剧毒

1.3 误差分析

物理化学实验以测量物理量为基本内容。在实际测量过程中，无论是直接测量，还是间接测量，由于受测量仪器、实验原理、实验方法及环境条件等诸多因素的限制，测量值与真值(或文献值)之间存在一定的差值，这个差值称为测量误差。

可以根据仪器和试剂等的误差推算实验的误差，也可以根据实验的误差要求选择最合适的仪器和试剂。正确表达实验结果与实验本身具有同等重要的地位，只报告实验结果而不能同时指出结果的不确定程度的实验是没有价值的。因此，正确理解误差的概念极为重要。

1. 直接测量

将被测量直接与同一类量进行比较，用测量数据直接表达的方法称为直接测量。

直接测量又可分为直接读数法和比较法。直接读数法如米尺量长度、秒表记时间、温度计测温度、压力表测压力等，比较法如对消法测电动势、电桥法测电阻、天平称质量等。

2. 间接测量

测量结果要由若干直接测定的数据，依据一定的理论，运用某种公式经计算才能得到结果的方法称为间接测量。

绝大多数物理量是经过间接测量的方法获得的。例如，黏度法测定高聚物的相对分子质量、光度法测丙酮碘化反应的速率方程、旋光法测蔗糖转化反应的速率常数、电动势法测反应的热力学函数等。

3. 系统误差

在相同的测量条件下，对同一物理量进行无限多次测量时，测量误差的绝对值和符号保持恒定，所得结果的平均值 X_∞与被测量的真值 $X_真$之间的差值称为系统误差。用公式表示为：系统误差 = $X_\infty - X_真$，近似地有：系统误差 = $\bar{X} - X_真$。

系统误差与下列因素有关：

(1) 仪器本身的精密度和灵敏度有限，如零点调整不当、刻度不准、天平砝码不准、响应时间长、试剂纯度不符合要求等。

(2) 实验理论和方法的缺陷。例如，用克拉珀龙-克劳修斯方程(Clapeyron-Clausius equation，曾称克-克方程)测定较高压力下的气-液相变的相变焓(气-液平衡时的气体与理想气体有较大差距)，用黏度法测定高聚物的相对分子质量时溶液浓度过低或毛细管太粗(流出时间过短，近似公式误差大)，在较宽的浓度范围内用光度法测量次甲基蓝溶液的浓度(当该溶液的浓度范围较宽时不再符合朗伯-比尔定律)等。

(3) 个人的习惯性误差，如反应迟钝、色感不灵、读数偏高或偏低等。

(4) 仪器试剂使用时的环境因素，如温度、湿度、气压等应该保持不变的实验条件发生了未加注意的变化等。

系统误差产生的因素不一定能完全明确，故通常采用不同的实验条件甚至不同的实验方法或技术进行比较和验证，以便确定有无系统误差存在及误差的性质，并设法消除或减少系统误差。

4. 偶然误差

偶然误差又称随机误差，指在相同条件下多次重复测量同一物理量 X_j时，每次测定的结果都不相同，并围绕某一数值(无限多次测量的平均值 X_∞)不规则变化，其误差的绝对值时大时小、符号时正时负的一类误差。计算公式为 $\delta_j = X_j - X_\infty$，当测量次数足够多时，近似地有 $\delta_j \approx d_j = X_j - \bar{X}$，其中 d 为偏差。

偶然误差是由实验者不能预料的变量因素对测量的影响引起的，它在实验中总是无法完全避免，但它服从概率分布——正态分布曲线。由于该曲线具有对称性、单峰性和有界性，因而随着测量次数的增加，偶然误差的平均值趋于零：

$$\lim_{n\to\infty}\bar{\delta} = \lim_{n\to\infty}\frac{1}{n}\sum_{j=1}^{n}\delta_j = 0 \tag{1-1}$$

因此，为了减少偶然误差的影响，应对被测物理量进行次数尽可能多的测量，以提高实验测定的精度。

5. 过失误差

由实验者在实验过程中不应有的失误而引起的误差称为过失误差，如数据读取出错、数据记录失误、计算数据出错或实验条件失控引发其他突变等。只要实验者精心准备、细心操作、认真处理，这类误差是完全可以避免的。

6. 常用的几种平均值

(1) 算术平均

$$\bar{x} = \frac{1}{n}\sum_{j=1}^{n}x_j \tag{1-2}$$

(2) 加权平均(数学平均)
$$\overline{x}=\sum_{j=1}^{n}k_jx_j\Big/\sum_{j=1}^{n}k_j \tag{1-3}$$
式中，k_j为x第j次测量的权重。

(3) 几何平均
$$\overline{x}=(\prod_{j=1}^{n}x_j)^{1/n} \tag{1-4}$$

7. 误差与精度

(1) 平均误差(也称绝对偏差、平均偏差，用于数据少时表示精密度)
$$a=\frac{1}{n}\sum_{j=1}^{n}|x_j-\overline{x}|=\frac{1}{n}\sum_{j=1}^{n}|d_j| \tag{1-5}$$
偏差(或残差d_j) $d_j=x_j-\overline{x}$

(2) 绝对误差(可表示准确度)
$$b=\frac{1}{n}\sum_{j=1}^{n}|x_j-x_{真}|\approx\frac{1}{n}\sum_{j=1}^{n}|x_j-x_{标}| \tag{1-6}$$

(3) 样本标准偏差(也称均方根误差、标准误差，用于数据多时表示精密度)
$$\sigma_{n-1}=\sqrt{\frac{1}{n-1}\sum_{j=1}^{n}(x_j-\overline{x})^2} \tag{1-7}$$

(4) 平均值的标准偏差
$$\sigma_{\overline{x}}=\sqrt{\frac{1}{n(n-1)}\sum_{j=1}^{n}(x_j-\overline{x})^2} \tag{1-8}$$

(5) 相对误差与相对精密度

相对平均误差(相对平均偏差)
$$\frac{a}{\overline{x}}\times100\% \tag{1-9}$$
相对标准偏差(相对精密度)
$$\frac{\sigma_{n-1}}{\overline{x}}\times100\% \tag{1-10}$$
相对测量误差
$$\frac{\overline{x}-x_{标}}{x_{标}}\times100\% \tag{1-11}$$

8. 间接测量的误差传递

因间接测量的结果是直接测量值经过一定运算获得的，而对任何物理量的测量都有误差，这就必定导致间接测定量也存在测量误差，这就是误差的传递。

误差传递可分为平均误差传递和标准误差传递两类。误差分析的基本任务在于确定直接测量误差对间接测量误差的影响，找出函数的最大误差来源。

1) 平均误差传递

考虑到最不利因素的正负误差不能抵消，从而引起误差积累，故算式中各直接测定量的误差均取绝对值。因而，由此所得到的误差是最大可能的误差。

平均误差传递公式的推导采用求函数全微分，再将各自变量的微分用误差代替，并将各项取绝对值的方法进行。

设某间接测定量 y 与直接测定量 x_1，x_2，x_3，…，x_n之间有如下关系：

$$y = f(x_1, x_2, x_3, \cdots, x_n)$$

对该函数求全微分得

$$\mathrm{d}y = \left(\frac{\partial f}{\partial x_1}\right)_{x_2,x_3,\cdots,x_n} \mathrm{d}x_1 + \left(\frac{\partial f}{\partial x_2}\right)_{x_1,x_3,\cdots,x_n} \mathrm{d}x_2 + \cdots + \left(\frac{\partial f}{\partial x_n}\right)_{x_1,x_2,\cdots,x_{n-1}} \mathrm{d}x_n \tag{1-12}$$

当误差足够小时，将各自变量的微分用误差代替，略去下标，再根据误差理论，即可得到平均误差传递计算公式：

$$\Delta y = \pm\left(\left|\frac{\partial f}{\partial x_1}\Delta x_1\right| + \left|\frac{\partial f}{\partial x_2}\Delta x_2\right| + \cdots + \left|\frac{\partial f}{\partial x_n}\Delta x_n\right|\right) = \pm\sum_{j=1}^{n}\left|\frac{\partial f}{\partial x_j}\Delta x_j\right| \tag{1-13}$$

若将原函数先取自然对数，再求全微分，可得

$$\frac{\mathrm{d}y}{y} = \frac{1}{f}\left(\frac{\partial f}{\partial x_1}\mathrm{d}x_1 + \frac{\partial f}{\partial x_2}\mathrm{d}x_2 + \cdots + \frac{\partial f}{\partial x_n}\mathrm{d}x_n\right) = \frac{1}{f}\sum_{j=1}^{n}\frac{\partial f}{\partial x_j}\mathrm{d}x_j$$

同理，当误差足够小时，将各自变量的微分用误差代替并根据误差理论，即可得到如下计算公式：

$$\frac{\Delta y}{y} = \pm\frac{1}{f}\left(\left|\frac{\partial f}{\partial x_1}\Delta x_1\right| + \left|\frac{\partial f}{\partial x_2}\Delta x_2\right| + \cdots + \left|\frac{\partial f}{\partial x_n}\Delta x_n\right|\right) = \pm\frac{1}{f}\sum_{j=1}^{n}\left|\frac{\partial f}{\partial x_j}\Delta x_j\right| \tag{1-14}$$

这就是相对平均误差传递的普遍公式。

几种常见函数平均误差及相对平均误差传递公式如表 1-3 所示。

表 1-3　常见函数平均误差及相对平均误差传递公式

函数关系	平均误差Δf	相对平均误差$\Delta f/f$
$f = ax \pm by$	$\pm(\lvert a\Delta x\rvert + \lvert b\Delta y\rvert)$	$\pm(\lvert a\Delta x\rvert + \lvert b\Delta y\rvert)/(ax \pm by)$
$f = axy$	$\pm a(\lvert y\Delta x\rvert + \lvert x\Delta y\rvert)$	$\pm\left(\left\lvert\frac{\Delta x}{x}\right\rvert + \left\lvert\frac{\Delta y}{y}\right\rvert\right)$
$f = ax/y$	$\pm a(\lvert y\Delta x\rvert + \lvert x\Delta y\rvert)/y^2$	$\pm\left(\left\lvert\frac{\Delta x}{x}\right\rvert + \left\lvert\frac{\Delta y}{y}\right\rvert\right)$
$f = axy^b$	$\pm a(\lvert y^b\Delta x\rvert + \lvert bxy^{b-1}\Delta y\rvert)$	$\pm\left(\left\lvert\frac{\Delta x}{x}\right\rvert + \left\lvert b\frac{\Delta y}{y}\right\rvert\right)$
$f = ax^b$	$\pm\lvert abx^{b-1}\Delta x\rvert = \pm\lvert bf\Delta x/x\rvert$	$\pm\left\lvert b\frac{\Delta x}{x}\right\rvert$
$f = ax^{by}$	$\pm byf[\lvert\Delta x/x\rvert + \lvert(\ln x)\Delta y/y\rvert]$	$\pm by\left(\left\lvert\frac{\Delta x}{x}\right\rvert + \left\lvert(\ln x)\frac{\Delta y}{y}\right\rvert\right)$
$f = a\ln x$	$\pm a\lvert\Delta x/x\rvert$	$\pm\lvert a\Delta x/(x\ln x)\rvert$

例如，燃烧热测定实验所依据的计算公式为

$$-\frac{m}{M}Q_{V,\mathrm{m}} - lQ_l = K(T_{\mathrm{H}} - T_{\mathrm{L}}) \tag{1-15}$$

试求水当量 K 的测量误差计算公式。

根据式(1-15)得

$$\frac{\Delta K}{K}=\pm\left(\left|\frac{\frac{Q_{V,\mathrm{m}}}{M}\Delta m}{\frac{Q_{V,\mathrm{m}}}{M}m+Q_l l}\right|+\left|\frac{Q_l\Delta l}{\frac{Q_{V,\mathrm{m}}}{M}m+Q_l l}\right|+\left|\frac{\Delta T_{\mathrm{H}}+\Delta T_{\mathrm{L}}}{T_{\mathrm{H}}-T_{\mathrm{L}}}\right|\right)$$

因为$\Delta T_{\mathrm{H}}=\Delta T_{\mathrm{L}}=\Delta T$，令 $T_\Delta=T_{\mathrm{H}}-T_{\mathrm{L}}$，则

$$\frac{\Delta K}{K}=\pm\left(\left|\frac{Q_{V,\mathrm{m}}\Delta m}{MKT_\Delta}\right|+\left|\frac{Q_l\Delta l}{KT_\Delta}\right|+2\left|\frac{\Delta T}{T_\Delta}\right|\right) \tag{1-16}$$

如某次燃烧热测定实验数据为 $m=0.9823$ g, $l=13.2$ cm,经雷诺校正图校正得 $T_\Delta=1.825$ K，已知苯甲酸的摩尔质量 $M=122.12\ \mathrm{g\cdot mol^{-1}}$，苯甲酸标准样品的摩尔等容燃烧热 $Q_{V,\mathrm{m}}=-3229.6\ \mathrm{kJ\cdot mol^{-1}}$，按式(1-15)计算得知仪器的水当量 $K=14.256\ \mathrm{kJ\cdot K^{-1}}$，且各个测定量的测量误差为$\Delta m=0.0002$ g，$\Delta l=0.2$ cm，$\Delta T=0.002$ K，用式(1-16)计算：

$$\begin{aligned}\frac{\Delta K}{K}&=\pm\left(\left|\frac{-3229.6\times0.0002}{122.12\times14.256\times1.825}\right|+\left|\frac{-2.9\times10^{-3}\times0.2}{14.256\times1.825}\right|+2\times\left|\frac{0.002}{1.825}\right|\right)\\&=\pm(2.03\times10^{-4}+2.23\times10^{-5}+2.19\times10^{-3})=\pm2.4\times10^{-3}\end{aligned} \tag{1-17}$$

式中，三项分别为试样称量、点火丝长度测量和内桶温差测量引起的误差。可见，该实验的误差主要由温差测量的误差决定，其次是试样称量误差，由点火丝引起的误差基本可以忽略。因水当量只是中间测定值，故保留两位数字，$\Delta K=14.256\times(\pm2.4\times10^{-3})=\pm0.034\ \mathrm{kJ\cdot K^{-1}}$，则水当量的测量值可表示为 $K=(14.256\pm0.034)\ \mathrm{kJ\cdot K^{-1}}$。

2) 标准误差传递

若各被测量 x_1，x_2，…，x_n 的标准误差分别为 σ_{x_1}，σ_{x_2}，…，σ_{x_n}，则间接测定量 y 的标准误差为

$$\sigma_y=\left[(\frac{\partial f}{\partial x_1})^2\sigma_{x_1}^2+(\frac{\partial f}{\partial x_2})^2\sigma_{x_2}^2+\cdots+(\frac{\partial f}{\partial x_n})^2\sigma_{x_n}^2\right]^{1/2}=\left[\sum_{j=1}^{n}(\frac{\partial f}{\partial x_j})^2\sigma_{x_j}^2\right]^{1/2} \tag{1-18}$$

例如，由电泳实验测定胶粒的ζ电势的公式为

$$\zeta=k\pi\frac{\eta sl}{\varepsilon Et} \tag{1-19}$$

式中，k 为溶胶形状系数(球状 6，棒状 4)；s 为界面在时间 t 内走过的距离；E 为在距离为 l 的电极间所加的电压；η 为溶液的黏度；ε 为溶液的介电常数。测量ζ电势的标准误差为

$$\begin{aligned}\sigma_\zeta&=\left[(\frac{\partial\zeta}{\partial\eta})^2\sigma_\eta^2+(\frac{\partial\zeta}{\partial l})^2\sigma_l^2+(\frac{\partial\zeta}{\partial d})^2\sigma_s^2+(\frac{\partial\zeta}{\partial U})^2\sigma_U^2+(\frac{\partial\zeta}{\partial t})^2\sigma_t^2+(\frac{\partial\zeta}{\partial t})^2\sigma_t^2\right]^{1/2}\\&=\left[(\frac{4\pi ls}{\varepsilon Et})^2\sigma_\eta^2+(\frac{4\pi\eta s}{\varepsilon Et})^2\sigma_l^2+(\frac{4\pi\eta l}{\varepsilon Et})^2\sigma_s^2+(\frac{4\pi\eta ls}{\varepsilon^2 Et})^2\sigma_s^2+(\frac{4\pi\eta ls}{\varepsilon E^2 t})^2\sigma_E^2+(\frac{4\pi\eta ls}{\varepsilon Et^2})^2\sigma_t^2\right]^{1/2}\\&=\zeta\left[(\frac{\sigma_\eta}{\eta})^2+(\frac{\sigma_l}{l})^2+(\frac{\sigma_s}{s})^2+(\frac{\sigma_s}{\varepsilon})^2+(\frac{\sigma_E}{E})^2+(\frac{\sigma_t}{t})^2\right]^{1/2}\end{aligned} \tag{1-20}$$

式(1-20)也可写成相对标准误差形式，若考虑溶液的黏度η 和介电常数ε 可近似用溶剂的黏度和介电常数代替并作常数处理，则有

$$\frac{\sigma_\zeta}{\zeta}=\left[(\frac{\sigma_l}{l})^2+(\frac{\sigma_s}{s})^2+(\frac{\sigma_E}{E})^2+(\frac{\sigma_t}{t})^2\right]^{1/2} \tag{1-21}$$

由此可见，标准误差的计算相对于平均误差的计算其过程较为复杂。因而，实际使用过程中多采用由平均误差表示的误差传递公式。

9. 有效数字的表达与运算

根据误差理论可知，任何数据的准确度都是有限的，只能用一定形式的近似值表达。也正因如此，测量结果经数值计算的准确度就不能超过测量的准确度，这就涉及测量数据的正确表达和有效数据的正确运算问题。下面就此做简单介绍。

1) 有效数字的表达

一个数据的有效数字位数要根据该数据的具体情况判断。整数的有效位数不易确定，特别是整数后部的“0”很难判断是定位还是有效数字，如 258000、96500，这类数据最好表示成指数形式，如 2.58×10^5、2.580×10^5、2.5800×10^5；小数点前为 0 的小数，从该 0 起向右至第一个非 0 数字间的 0 不算有效数字，但任何小数尾部的 0 均属于有效数字；对 pH、pK 等数据，其小数点左侧的数据是指数而不是有效数字，小数点右侧的数字才是有效数字。

误差一般只用 1 位有效数字表达，最多不超过 2 位；物理量测定值的有效数字的位数与仪器的种类有关，指针式仪表的有效数字位数为读至仪器最小刻度数再加 1 位估计数；数字式仪表的有效数字位数为所有显示的数字读数。

下列数据已经按有效数字位数分类。

1 位：0.0004，6，pH = 11.6，0.2，pK_a = 8.5，2×10^7，7%；

2 位：3.3，0.065，0.052，4.7×10^6，pH = 3.48，1.0×10^{-23}；

3 位：25.0，46.8%，pH = 10.240，2.54，0.00306，6.63×10^{-34}；

4 位：0.2003，4.184，102.4，0.1000，1.414，2.998×10^8；

5 位：101.38，20.320，9.8692×10^{-6}，32.768，0.072452。

2) 有效数字的运算

根据运算符的不同，有效数字的取舍各异。

(1) 用四舍五入规则舍弃不必要的数字。

(2) 加减法运算。以参与运算各数中小数部分位数最少的数为基础，其他各数的小数部分取至与该数小数部分位数相同，例如：

$$9.514 + 2.094359 = 9.514 + 2.094 = 11.608$$

$$1.987 - 9.13574 = 1.987 - 9.136 = -7.149$$

(3) 乘除法运算。以参与运算各数中有效数字位数最少的数为准，其他各数的有效数字位数取至与该数相同，例如：

$$3.14289 \times 294.2/1.73205 = 3.143 \times 294.2/1.732 = 533.9$$

(4) 对数运算。取对数的运算结果的尾数部分(首数部分是与真数的指数对应的)的位数应与原取对数的真数的有效数字位数相同，例如：

$$\lg(2.587\times10^{12}) = 12.4128$$

$$\ln(1.423\times10^{-5}) = -11.1602$$

都是 4 位有效数字。

(5) 首位数大于或等于 8 的有效数字可多算 1 位。π、e、F 等常数的有效数字位数可根据需要任意选取。中间计算过程一般可以多保留一位有效数字。

(6) 整理最后结果时，须将测量结果的误差化整，表示误差的有效数字最多 2 位。而当误差的首位数是 8 或 9 时，只需保留 1 位数，测量值的末位应与误差的末位对齐。例如，测量结果：

$$y_1 = 2134.26 \pm 0.027 \quad y_2 = 36.265 \pm 0.173 \quad y_3 = 162265 \pm 846$$

化整为

$$y_1 = 2134.26 \pm 0.03 \quad y_2 = 36.27 \pm 0.17 \quad y_3 = (1.623 \pm 0.008) \times 10^5$$

(7) 当 4 个以上的数值进行平均值计算时，其有效数字位数可多取 1 位。

1.4 数据处理方法

经过一系列实验后，通常会获得一批数据，但这些数据并非最后要求的结果，通常还要依据相应的实验原理，进行适当的数据处理。数据处理的方法通常有三种：列表法、图解法和数学方程式拟合法。

1. 列表法

在物理化学实验中，数据测量至少包含两个变量，即一个自变量、一个因变量，也可能是一个因变量与多个自变量对应，或多个因变量与一个自变量对应。

将实验所得数据以表格形式列出来，并对其中的某些数据甚至全部数据采取一定方法进行处理，获得新的计算数据并在表格中一并列出的处理方法就是列表法。

列表时应注意以下几点：

(1) 每个表格都应有表格序号和名称。表名难取时可忽略，但表序绝不能重复。表格应画表格线，一般要求画成三线表。

(2) 每个表格都应有表头。自变量和因变量是放置在表头的行还是列可根据需要灵活安排。表头中各单元内应写出其所代表的物理量的名称和单位，因表格内的数据一般用纯数表达，故表头内应写成“名称/单位”的形式，如 p/kPa。

(3) 表中的数值要用最简单的形式表示，公共的乘方因子应在表头中注明。例如，测量的某大气压数据 100.87 kPa 对应的表头为下列 4 种形式之一均可：

p/kPa(对应数据 100.87)，p/MPa (对应数据 0.10087)

$p/10^5$Pa(对应数据 1.0087)，$p\times10^{-5}$/Pa (对应数据 1.0087)

(4) 表格内的数据排列要整齐，最好能将小数点对齐。

(5) 表格内的非直接测量数据，除能从表头中直接观察出来的以外[如 ln(p/kPa)]，都应在表格下面注明计算公式或数据来源。

(6) 表格内的所有数据都必须遵守有效数字运算规则。

2. 图解法

用图形表示实验数据，并依据图形的性质求解某些参数的方法称为图解法。

图解法能直观地反映所研究变量的变化规律，如极大值、极小值、转折点、周期性和变化速率等重要特性，容易从图中获得各变量的某些特定值或中间值，便于进行数据分析比较，有利于选择经验方程或由已知函数求其中的某些参数等，图解法的用途相当广泛。

1) 图解法的重要应用

(1) 表达变量间的定量依赖关系，求经验方程。以自变量为横坐标、因变量为纵坐标，将实验数据标绘在图中，并按作图规则画出曲线，即可明确地表示出两变量间的定量关系。

根据曲线形状选择合适的函数进行拟合，即可得到符合特定关系的经验方程。

(2) 求极值或转折点。函数的极大值、极小值、转折点等在图上非常直观，一目了然，很容易求解。

(3) 求外推值。有些函数在其自变量取值较大时，通常是非线性关系的，但当该自变量变得很小时往往变成线性关系。利用这一特点采用外推的方法求解函数中某些常数的方法即外推法。

利用图解法还可求函数的微分(图解微分)或积分值(图解积分)。

2) 作图技术

利用图解法处理数据时需要注意以下几点：

(1) 工具。要作出规范精准的图形，合适的工具必不可少。作图必备工具有直尺、铅笔、曲线板和橡皮擦等。铅笔要选用 1H 或 HB 型。

(2) 坐标纸。物理化学实验报告常用最小刻度为 1 mm 的直角坐标纸，还有半对数和双对数坐标纸。由于目前计算器已广为使用，故一般仅用普通的直角坐标纸即可满足要求。

(3) 图形要有图号和图名。图形坐标的横轴一定是自变量，纵轴是因变量。坐标轴要有轴名和单位，与列表法相同，为保证刻度为纯数字，轴名和单位应联合标注成“轴名/单位”，如 p/kPa 或 ln(p/kPa)等。

(4) 图纸的大小以至少能表示数据的全部有效数字为原则，单位刻度(每 1 cm 长度所代表的物理量的量值)标注要完整，单位刻度取 1、2 或 5 以及这些数值的数量级时，其读数才是方便且合理的，2.5 和 4 勉强可以接受，单位刻度绝对不允许出现 3、6、7 和 9，更不能出现除 2.5 外的小数单位刻度。要注意调整横、纵坐标轴的刻度比例，以使所画曲线与横轴的夹角尽量在 45°或 135°左右。

(5) 绘制曲线要仔细，要尽量使数据点均匀地分布在单条细滑的曲线两侧。

应该注意，所作图形的分辨率只能比实验数据的精度高，不能相反，否则将造成较大的作图误差。

3. 数学方程式拟合法

用图形表示实验数据方便直观，但该法的处理精度较低，误差较大，作图技术要求高。而数学方程式拟合法用特定的函数拟合实验数据，关系明确，既可反映数据结果间的内在规律性，便于进行理论分析和说明，也可进行精确的微分、积分运算，其计算精度是图形微分法和数字微分法无法比拟的。

对于一组实验数据，没有一个简单的方法可以直接得到理想的数学函数(经验公式)。通常是先按一组实验数据画图，根据曲线的类型、经验和平面解析几何原理，猜测经验公式几种可能的形式，并将各尝试函数线性化，分别将实验数据代入重新作图，其中数据与曲线重合性高、相关系数最大的函数就是要找的函数。

若已知实验数据所属的函数类型，则可直接使用实验数据进行函数拟合，以获得函数中的各个参数，进而求解与其有关的其他物理量。

确定直线斜率和截距的方法主要有平均法和最小二乘法两种。

1) 平均法

因直线方程内有两个系数，要确定两个系数就必须用两个方程联立求解。该法的原理是在测量一组数据时，正、负误差出现的概率是相等的，所有偏差的代数和为零。

平均法的处理方法是将实验所得数据先按自变量大小排序，再将该系列数据平均分配成两组，得到如下方程组(线性方程形式 $y = ax + b$)：

$$\begin{cases} \sum_{j=1}^{m/2} y_j = a\sum_{j=1}^{m/2} x_j + \frac{1}{2}bm \\ \sum_{j=\frac{m}{2}+1}^{m} y_j = a\sum_{j=\frac{m}{2}+1}^{m} x_j + \frac{1}{2}bm \end{cases} \quad \text{即} \quad \begin{cases} \frac{2}{m}\sum_{j=1}^{m/2} y_j = a\frac{2}{m}\sum_{j=1}^{m/2} x_j + b \\ \frac{2}{m}\sum_{j=\frac{m}{2}+1}^{m} y_j = a\frac{2}{m}\sum_{j=\frac{m}{2}+1}^{m} x_j + b \end{cases}$$

故有

$$\begin{cases} \overline{y}_1 = a\overline{x}_1 + b \\ \overline{y}_2 = a\overline{x}_2 + b \end{cases}$$

解得

$$a = \frac{\overline{y}_2 - \overline{y}_1}{\overline{x}_2 - \overline{x}_1}, \quad b = \overline{y}_1 - a\overline{x}_1 \tag{1-22}$$

这就是所求直线的斜率和截距。

对非线性方程，在要求不太高的情况下，对经过简单处理就能线性化的函数，一般采用线性化的方法进行处理，使问题简单化。几种常见非线性函数的线性化方法如表 1-4 所示。

表 1-4　常见非线性函数的线性化方法

原函数	线性化的方程	线性化后的参数			
		纵轴	横轴	斜率	截距
$y = ae^{bx}$	$\ln y = \ln a + bx$	$\ln y$	x	b	$\ln a$
$y = ab^x$	$\ln y = \ln a + x\ln b$	$\ln y$	x	$\ln b$	$\ln a$
$y = ax^b$	$\ln y = \ln a + b\ln x$	$\ln y$	$\ln x$	b	$\ln a$
$y = a/(b + x)$	$1/y = b/a + x/a$	$1/y$	x	$1/a$	b/a
$y = ax/(1 + bx)$	$1/y = b/a + 1/(ax)$	$1/y$	$1/x$	$1/a$	b/a
	$x/y = 1/a + bx/a$	x/y	x	b/a	$1/a$
$\ln y = a/x + b$	$\ln y = a/x + b$	$\ln y$	$1/x$	a	b
$y = a + bx^2$	$y = a + bx^2$	y	x^2	b	a
$y = a + bx^{1/n}$	$y = a + bx^{1/n}$	y	$x^{1/n}$	b	a
$y = a + b\ln x$	$y = a + b\ln x$	y	$\ln x$	b	a

2) 最小二乘法

最小二乘法的基本原理是假设残差平方和最小，即所有实验点与计算所得直线间偏差的平方和最小。通常为了数据处理方便，假定误差只出现在因变量 y，并且假设所有实验数据点都同样可靠。对于直线方程 $y = ax + b$，其残差平方和为

$$Q = \sum_{j=1}^{m} \delta_j^2 = \sum_{j=1}^{m} [y_j - (ax_j + b)]^2 \tag{1-23}$$

根据最小二乘法原理，由式(1-23)可得

$$\frac{\partial Q}{\partial a} = \sum_{j=1}^{m} [y_j - (ax_j + b)](-2x_j) = 0 \quad 和 \quad \frac{\partial Q}{\partial b} = \sum_{j=1}^{m} [y_j - (ax_j + b)](-2) = 0$$

即

$$\begin{cases} a\sum_{j=1}^{m} x_j^2 + b\sum_{j=1}^{m} x_j = \sum_{j=1}^{m} x_j y_j \\ a\sum_{j=1}^{m} x_j + bm = \sum_{j=1}^{m} y_j \end{cases}$$

解得

$$a = \frac{m\sum_{j=1}^{m} x_j y_j - \sum_{j=1}^{m} x_j \sum_{j=1}^{m} y_j}{m\sum_{j=1}^{m} x_j^2 - (\sum_{j=1}^{m} x_j)^2} \tag{1-24}$$

故有

$$b = \frac{1}{m}\sum_{j=1}^{m} y_j - \frac{a}{m}\sum_{j=1}^{m} x_j = \overline{y} - a\overline{x} \tag{1-25}$$

将数据代入式(1-24)、式(1-25)，即可求出直线方程的斜率和截距。但如果计算所用的原始数据都是一些较大的数值，则采用式(1-24)、式(1-25)有可能产生很大的计算误差。为避免出现这样的问题，建议采用下列离差计算处理方法，以提高数据处理的精度，也便于记忆。又因

$$Lxx = \sum_{j=1}^{m} (x_j - \overline{x})^2 = \sum_{j=1}^{m} x_j^2 - \frac{1}{m}(\sum_{j=1}^{m} x_j)^2$$

$$Lyy = \sum_{j=1}^{m} (y_j - \overline{y})^2 = \sum_{j=1}^{m} y_j^2 - \frac{1}{m}(\sum_{j=1}^{m} y_j)^2$$

$$Lxy = \sum_{j=1}^{m} (x_j - \overline{x}) \cdot (y_j - \overline{y}) = \sum_{j=1}^{m} x_j y_j - \frac{1}{m}(\sum_{j=1}^{m} x_j) \cdot (\sum_{j=1}^{m} y_j)$$

所以，式(1-24)、式(1-25)可写成

$$a = \frac{Lxy}{Lxx} \tag{1-26}$$

$$b = \overline{y} - a\overline{x} \tag{1-27}$$

其相关系数 R 的计算公式为

$$R = \frac{Lxy}{\sqrt{Lxx \cdot Lyy}} \tag{1-28}$$

相关系数 R 的取值在 ± 1 之间。当 $|R| = 1$ 时为完全相关，即所有的实验数据点全部落在拟合直线上。$R = 0$ 则为完全不相关，即实验数据不存在线性关系，但并不能否定原数据之间可能存在其他非线性关系；当实验数据与拟合直线间显著相关时，一般有 $|R| \geqslant 0.95$，验证性的实验一般应有 $|R| \geqslant 0.995$。相关系数的符号与斜率相同。

1.5　实验数据的计算机处理——Excel 与 Origin 的应用

物理化学实验数据的处理相对基础化学实验中的其他学科方向有相当大的难度，主要表现在实验结论的非显性和数学关系的复杂性上。许多实验的数据量较大，重复工作较多，处理过程较烦琐，使得物理化学实验报告的书写难度大大提高。

总结物理化学实验数据处理的规律不难发现，除了少数实验只需要做简单计算即可得到实验结论外，大部分实验需要做较为复杂的处理，而且多数涉及作直线后，利用直线的斜率求解某些需要的物理量。由实验数据确定直线方程常用的有手工目测作图法、计算平均法和最小二乘法三种。作为基础物理化学实验，训练实验操作技能，学会基本的数据处理与分析的能力是第一要务。因此，在基础物理化学实验中，一般要求学生通过手工目测作图获得所需要的内容，这样可以较好地将理论与实际相结合，了解实验的来龙去脉，获得较深的感性认识。

随着计算机技术的迅猛发展，计算机几乎渗透到了人们生产和生活的各个领域。计算机处理快速便捷、准确可靠、功能强大，为物理化学实验数据的处理、转化、分析和应用提供了新的途径，为快速准确地处理和分析实验数据提供了方便。但实验技能的培养与提高还是要从基础做起，因此大部分的实验数据处理还是要求手工完成。只有一些处理过程相对繁杂、容易出错、重复工作较多的实验才允许使用计算机进行数据处理，以便学习和掌握实用计算机技术。

计算机处理数据的方法很多，可以使用各种数据库，如 VFP、Access、SQL、DB2、Oracle 和 MySQL 对实验数据进行数据的存储、变换、计算和处理；可以使用各种高级程序设计语言，如 VC、VB、VC++、PowerBuild、Passcal 等按需求编程处理；也可以使用市售的各种现有的数据处理应用软件，如 SPSS Scientific 公司的 SigmaPlot、MathSoft 公司的 Axum 以及 Microcal 公司的 Origin 等功能强大的数据处理、变换和科学绘图系统应用软件。这里仅就目前微型计算机中使用广泛的 Excel 和 Origin 两个软件在物理化学实验数据处理中的应用做简单介绍。

1. 应用 Excel 处理物理化学实验数据

Excel 的核心是电子表格，同时兼顾计算、图表处理和数据分析功能。在 Excel 中的每一个单元格都可以输入各种数据，要对数据进行处理，只要在相应的单元格中输入需要的公式，系统就会在指定的单元格内进行相应的计算，还可方便地对选定数据进行图形绘制。下面以“色谱法测定非电解质溶液热力学函数”实验为例，介绍使用 Excel 进行数据处理和绘图的具体应用方法。

1) 数据输入

Excel 数据输入有两种方式：直接输入和从文件[如文本文件(.txt)、VFP 数据库文件(.dbf)等]导入。从文本文件导入数据时，应注意数据之间分隔符的统一，按提示选择实际使用的分隔符即可。在基础物理化学实验中，数据多数由手工记录，故一般选用直接输入方式输入数据。图 1-1 所示是输入“色谱法测定非电解质溶液热力学函数”实验数据后的显示结果。

2) 数据处理

物理化学实验报告的重要目的就是数据处理。大部分数据处理都是重复性的，利用 Excel 的单元格计算功能，很容易实现自动重复计算功能。这里仅以 Office 2003 为例说明，其他版本稍有区别，但基本函数及其功能都相同，请参考相关资料。由于“色谱法测定非电解质溶液热力学函数”实验数据处理所用到的公式较为复杂，有必要使用计算机对其数据进行处理，该实验用到的公式如下：

	A	B	C	D	E	F	G
1	初始室温	结束室温	初始压力	结束压力	固定液质量	固定液摩尔质量	流速测定体积
2	/℃	/℃	/kPa	/kPa	/kg	/kg·mol⁻¹	/mL
3	22.0	22.2	101.20	101.35	7.652E-04	0.41861	30
4	载气流出时间	柱前压(表压)	柱后压(表压)	色谱柱柱温	空气峰时间	样品峰时间	皂液温度
5	/0.mmss	/MPa	/kPa	/℃	/0.mmss	/0.mmss	/℃
6	0.2959	0.082	101.89	59.4	0.1381	2.2161	22.5
7	0.2982	0.082	101.87	59.5	0.1384	2.2174	22.6
8	0.2969	0.082	101.89	59.4	0.1390	2.2156	22.5
9	0.2977	0.083	101.91	66.3	0.1370	1.5720	22.5
10	0.2978	0.083	101.88	66.1	0.1372	1.5718	22.5
11	0.2993	0.083	101.87	66.1	0.1342	1.5686	22.6
12	0.2988	0.083	101.91	73.1	0.1375	1.3772	22.8
13	0.2996	0.083	101.89	73.1	0.1380	1.3769	23.0
14	0.3001	0.083	101.89	73.1	0.1384	1.3782	23.0
15	0.3000	0.084	101.85	80	0.1360	1.2269	22.9
16	0.3004	0.084	101.88	80	0.1371	1.2243	22.9
17	0.3012	0.084	101.88	80	0.1369	1.2238	22.9
18	0.3019	0.085	101.85	87	0.1353	1.1058	23.0
19	0.3019	0.085	101.85	87	0.1347	1.1053	22.9
20	0.3014	0.085	101.85	87	0.1357	1.1035	22.9

图 1-1　输入数据后的 Excel 表

$$p_{\mathrm{w}} / \mathrm{kPa} = \exp[16.60438 - 4009.0645 / (234.477625 + t / ℃)]$$

$$j = \frac{3}{2} \times \frac{(p_i / p_0)^2 - 1}{(p_i / p_0)^3 - 1}$$

$$V_{\mathrm{g}}^0 / (\mathrm{m}^3 \cdot \mathrm{kg}^{-1}) = (t_{\mathrm{r}} - t_{\mathrm{d}}) \cdot j \cdot \frac{p_0 - p_{\mathrm{w}}}{p_0} \cdot \frac{273.2}{T_{\mathrm{r}}} \cdot \frac{F}{m_1}$$

$$p_2^* / \mathrm{kPa} = \exp[13.74616 - 2771.221 / (222.863 + t / ℃)]$$

$$\gamma_2^\infty = \frac{273.2R}{V_{\mathrm{g}}^0 p_2^* M_1}$$

$$\ln\left[V_{\mathrm{g}}^0 / (\mathrm{m}^3 \cdot \mathrm{kg}^{-1})\right] = \frac{-\Delta_{\mathrm{sol}} H_{2,\mathrm{m}}}{RT} + C = \frac{\Delta_{\mathrm{vap}} H_{2,\mathrm{m}}}{RT} + C$$

$$\ln \gamma_2^\infty = \frac{(\Delta_{\mathrm{sol}} H_{2,\mathrm{m}} - \Delta_{\mathrm{sol}} H_{\mathrm{m}})}{RT} + D = \frac{\Delta_{\mathrm{sol}} H^{\mathrm{E}}}{RT} + D$$

$$\Delta_{\mathrm{vap}} H_{\mathrm{m}} = \Delta_{\mathrm{vap}} H_{2,\mathrm{m}} + \Delta_{\mathrm{sol}} H^{\mathrm{E}}$$

式中，p_{w}为水的饱和蒸气压；t为实验室温度；p_i为柱前压；p_0为柱后压；j为压力校正因子；F为载气流速；V_{g}^0为比保留体积；p_2^*为被测试样的饱和蒸气压；γ_2^∞为被测试样的无限稀活度系数；$\Delta_{\mathrm{vap}} H_{2,\mathrm{m}}$为被测试样的偏摩尔气化焓；$\Delta_{\mathrm{sol}} H^{\mathrm{E}}$为被测试样的偏摩尔超额溶解焓；$\Delta_{\mathrm{vap}} H_{\mathrm{m}}$为纯被测试样的摩尔气化焓。另外，实验中记录的时间格式是 mmss(分秒)格式，需要转换，这正好利用 Excel 的单元格计算功能。在原数据的右侧新建如图 1-2 所示表头。

载气流速F	样品峰时间 t_{r}	空气峰时间 t_{d}	柱前压p_i	压力校正因子j	水饱和蒸气压 p_{w}	环己烷蒸气压p_2^*	比保留体积V_{g}^0	活度系数 γ_∞	平均V_{g}^0	平均γ_∞	$\ln(V_{\mathrm{g}}^0)$	$\ln(\gamma_\infty)$	$1/T_{\mathrm{c}}$

图 1-2　数据处理表头示例

在各表头下面的同一行的空白单元格中分别输入对应的计算公式。例如，在载气流速栏下的空白单元格“I6”中输入(下同，“=”前括号中的内容是需要输入公式的单元格)：

F：(I6)=30*1E-6/(INT(A6)*60+(A6-INT(A6))*100)

其余各栏目下依次输入公式如下，注意：输入时要从等号“=”开始。

t_r：(J6)=60*INT(F6)+(F6-INT(F6))*100　'分秒时间转换为单一单位[s]

t_d：(K6)=60*INT(E6)+(E6-INT(E6))*100　'同上

p_i：(L6)=B6*1000+C6　'表压[MPa]转换成实际压力[kPa]

j：(M6)= ROUND(1.5*((L6/C6)^2-1)/((L6/C6)^3-1),5)　'压力校正因子

p_w：(N6)=ROUND(EXP (16.60438-4009.0645/(234.477625+G6)),4)　'求水的饱和蒸气压

p_2^*：(O6)=ROUND(EXP(13.74616-2771.221/(222.863+D6)),4)　'求环己烷的饱和蒸气压

V_g^0：(P6)=(J6-K6)*M6*(C6-N6)*273.2*I6/(C6*(G6+273.2)*E$3)　'求比保留体积$V_g^0$

γ_2^∞：(Q6)=ROUND(273.2*8.314/(P6*O6*1000*F$3),4)　'算$\gamma_2^\infty$时将$p_2^*$由 kPa 变换为 Pa

$V_{g\,ave}^0$：(R6)=ROUND(AVERAGE(P6:P8),5)　'求V_g^0的平均值

$\gamma_{2\,ave}^\infty$：(S6)=ROUND(AVERAGE(Q6:Q8),4)　'求γ_2^∞的平均值

$\ln V_g^0$：(T6)=ROUND(LN(P6),4)

$\ln V_g^0$：(U6)=ROUND(LN(R6),5)

$1/T_c$：(V6)=ROUND(1/(273.2+AVERAGE(D6:D8)),6)

每个单元格输入公式后，按回车键或单击编辑栏的“√”按钮，在单元格中立即显示计算结果，全部栏目中的公式输入完毕后，再选中刚刚输入公式的同一行中的 I6～Q6 各单元格，将光标移到 Q6 框的右下角，当光标由空心“✚”变成实心“+”后，按住鼠标左键向下拖动至最后一行数据处，放开即算出各实验条件下的结果。再选中 R6:R8 单元格，单击快捷工具栏中的“合并后居中”钮；按前述方法，依次合并 S6:S8、T6:T8、U6:U8、V6:V8，鼠标左键拖拽选中刚刚已经合并的 R6:V6，将鼠标指向 V8 右下角，至空心“✚”变成实心“+”后，按住鼠标左键向下拖动至最后一行数据处，放开即算出各数据的平均结果，如图 1-3 所示。

3) 绘图

先作$\ln V_g^0$-$1/T_c$图。首先，用鼠标从上到下选中 *X* 轴数据，即 $1/T_c$列中的数据；按住“Ctrl”，用鼠标拖动选中 *Y* 轴数据，即 $\ln V_g^0$ 列中的数据，单击快捷工具栏中的图表工具[或插入菜单中的“图表(H)”项]，在弹出的“图表向导”对话框中之“图表类型”中选中“*XY* 散点图”，“子图表类型”中选择圆滑点线图，点击“下一步”及对话框中的“系列”选项卡，点 *X* 值(*X*)数据域右侧的箭头按钮，弹出“源数据—X 值”对话框，再选中 *X* 轴数据，单击“源数据—X 值”对话框数值域中的按钮；同法设置 *Y* 轴数据源。点“下一步”，在“标题”卡的“数值(X)轴(A)”中输入“$1/T_c$”；在“数值(Y)轴(B)”中输入“$\ln V_g^0$”；点“网格”选项卡，去掉所有选项，点“图例”选项卡，去掉“显示图例”选项，点完成即可插入图形。显然，所得图形不够完美，有必要对图形做必要的修饰。

右击左侧 *Y* 轴，选“坐标轴格式(O)”，在弹出的对话框中单击“刻度”选项卡，改最小值为−2.55，最大值为−2.20，主要刻度单位 0.1，“数值(X)轴交叉于(C)”中输入−2.55，单击“确定”。同法，可根据具体情况修改 *X* 轴，至此绘图完成。右击图中曲线，选“添加趋势线(R)”，在弹出的对话框中选“类型”卡，点“线性”图标，再选“选项”卡中“显示公式”和“显示 R 平方值”，点“确定”即在图中显示直线方程及相关系数 *R* 的平方值。与上列相似，再

绘 $\ln\gamma_2^\infty$ -1/T_c 图，结果如图 1-3 所示。

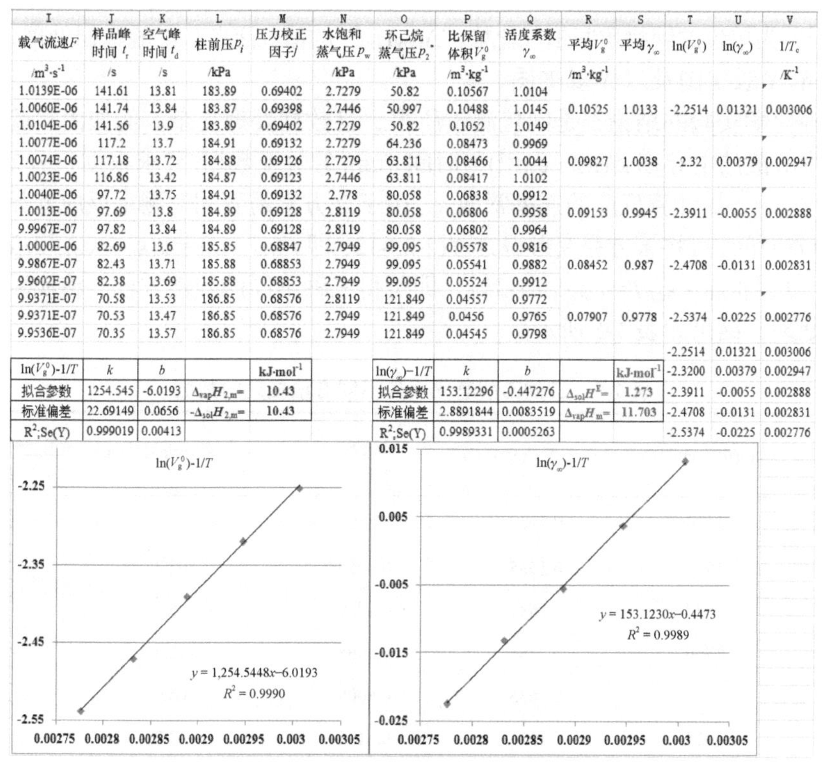

I	J	K	L	M	N	O	P	Q	R	S	T	U	V
载气流速F	样品峰时间 t_r	空气峰时间 t_d	柱前压p_i	压力校正因子j	水饱和蒸气压 p_w	环己烷蒸气压p_2^*	比保留体积V_g^0	活度系数 γ_∞	平均V_g^0	平均γ_∞	$\ln(V_g^0)$	$\ln(\gamma_\infty)$	$1/T_c$
/$m^3 \cdot s^{-1}$	/s	/s	/kPa		/kPa	/kPa	/$m^3 \cdot kg^{-1}$		/$m^3 \cdot kg^{-1}$				/K^{-1}
1.0139E-06	141.61	13.81	183.89	0.69402	2.7279	50.82	0.10567	1.0104					
1.0060E-06	141.74	13.84	183.87	0.69398	2.7446	50.997	0.10488	1.0145	0.10525	1.0133	-2.2514	0.01321	0.003006
1.0104E-06	141.56	13.9	183.89	0.69402	2.7279	50.82	0.1052	1.0149					
1.0077E-06	117.2	13.7	184.91	0.69132	2.7279	64.236	0.08473	0.9969					
1.0074E-06	117.18	13.72	184.88	0.69126	2.7279	63.811	0.08466	1.0044	0.09827	1.0038	-2.32	0.00379	0.002947
1.0023E-06	116.86	13.42	184.87	0.69123	2.7446	63.811	0.08417	1.0102					
1.0040E-06	97.72	13.75	184.91	0.69132	2.778	80.058	0.06838	0.9912					
1.0013E-06	97.69	13.8	184.89	0.69128	2.8119	80.058	0.06806	0.9958	0.09153	0.9945	-2.3911	-0.0055	0.002888
9.9967E-07	97.82	13.84	184.89	0.69128	2.8119	80.058	0.06802	0.9964					
1.0000E-06	82.69	13.6	185.85	0.68847	2.7949	99.095	0.05578	0.9816					
9.9867E-07	82.43	13.71	185.88	0.68853	2.7949	99.095	0.05541	0.9882	0.08452	0.987	-2.4708	-0.0131	0.002831
9.9602E-07	82.38	13.69	185.88	0.68853	2.7949	99.095	0.05524	0.9912					
9.9371E-07	70.58	13.53	186.85	0.68576	2.8119	121.849	0.04557	0.9772					
9.9371E-07	70.53	13.47	186.85	0.68576	2.7949	121.849	0.0456	0.9765	0.07907	0.9778	-2.5374	-0.0225	0.002776
9.9536E-07	70.35	13.57	186.85	0.68576	2.7949	121.849	0.04545	0.9798					
											-2.2514	0.01321	0.003006
$\ln(V_g^0)$-1/T	k	b		kJ·mol^{-1}		$\ln(\gamma_\infty)$−1/T	k	b		kJ·mol^{-1}	-2.3200	0.00379	0.002947
拟合参数	1254.545	-6.0193	$\Delta_{vap}H_{2,m}$=	10.43		拟合参数	153.12296	-0.447276	$\Delta_{sol}H^E$=	1.273	-2.3911	-0.0055	0.002888
标准偏差	22.69149	0.0656	-$\Delta_{sol}H_{2,m}$=	10.43		标准偏差	2.8891844	0.0083519	$\Delta_{vap}H_m$=	11.703	-2.4708	-0.0131	0.002831
R^2;Se(Y)	0.999019	0.00413				R^2;Se(Y)	0.9989331	0.0005263			-2.5374	-0.0225	0.002776

图 1-3 计算结果及图形

也可用 Excel 内嵌函数 LINEST()对实验数据进行线性回归。由于 LINEST()函数只能适用于连续单元格数据，不适用于合并单元格，故需要将前述合并单元格中的平均数据投射到连续单元格中。为此，在 ln(V_g^0)、ln(γ_2^∞)和 1/T_c 三列数据的下方找一块 5 行 3 列的连续空白单元格，如 T21:V25，然后在 T21 单元格中输入“=”后，用鼠标左击“T6:T8”单元格后按“回车”键，T6:T8 中的数据被投射到 T21 单元格中；同法，依次将 T9:T11、T12:T14、T15:17 和 T18:T20 中的数据依次投射到 T22、T23、T24 和 T25 中；依上述方法，分别将 U6:U8、U9:U11、U12:U14、U15:U17 和 U18:U20 五个合并单元格中的数据投射到 U21、U22、U23、U24 和 U25 单元格中；最后将 V6:V8、V9:V11～V18:V20 合并单元格中的数据投射到 V21、V22～V20 单元格中。鼠标左键选中 3 行 2 列空白区域如 K23:L25，直接输入“=LINEST()”，用鼠标单击编辑栏中的“f(x)”钮，弹出 LINEST 对话框，LINEST 函数有四个参数，将光标点在第 1 个参数“known-y' s”框内，再用鼠标选中一组已知的 Y 数据如 T21:T25；同法，将光标点在第 2 个参数“known-x' s”框内，用鼠标选中一组已知的 X 数据如 V21:V25；第 3、4 两个参数“Const”和“Stats”中均输入 True 或数字 1，按住 Ctrl+Shift 不放，再按 Enter，则所选区域中会出现：lnV_g^0 -/T_c 直线对应的斜率和截距、斜率的标准误差、截距的标准误差、相关系数的平方、Y 估计值的标准误差等统计数据。

在 L23 单元格中输入“$\Delta_{vap}H_{2,m}$=”，在 M23 单元格中输入“=8.314*J23*0.001”，按“回车”键，则在 M23 单元格中显示以“kJ · mol^{-1}”为单位的偏摩尔气化焓“$\Delta_{vap}H_{2,m}$”的值；同法，在 R23 单元格中输入“$\Delta_{sol}H^E$=”，在 S23 单元格中输入“=8.314*P23*0.001”，按“回车”键，则在

S23 单元格中显示以“kJ · mol^{-1}”为单位的偏摩尔超额溶解焓“$\Delta_{sol}H^E$”的值；再在 R24 单元格中输入“$\Delta_{vapl}H_m$=”，在 S24 单元格中输入“=M23+S23”，按“回车”键，则在 S24 单元格中显示以“kJ · mol^{-1}”为单位的纯物质摩尔气化焓“$\Delta_{vapl}H_m$”的值。至此，实验数据处理完成。

4) 绘制单 *X* 双 *Y* 图及双 *X* 双 *Y* 图

许多物理化学实验的结论都是间接测量所得，且数据处理复杂。例如由实验测量乙酸乙酯皂化过程中溶液的电导率 $\kappa/(\mu S \cdot cm^{-1})$与时间 t/min 的关系数据，要求根据积分方程(2-22-11) $(\kappa_0 - \kappa_t)/(\kappa_t - \kappa_\infty) = c_0kt$ 计算反应的速率常数 k，由于该方程需要同时测定反应起始和终了的电导率，为了节省时间，可将该方程变形得方程(2-22-12c)即 $t/(\kappa_0 - \kappa_t) = t/(\kappa_0 - \kappa_\infty) + 1/[c_0k(\kappa_0 - \kappa_\infty)]$，或方程(2-22-12a)即$(\kappa_0 - \kappa_t)/t = c_0k\kappa_t - c_0k\kappa_\infty$，即可得三种不同的线性方程。将实验数据分别按这三种方法处理，结果如表 1-5 所示。

表 1-5　乙酸乙酯皂化反应不同方法处理的数据

t/min	$\kappa_t/(\mu S \cdot cm^{-1})$	$\kappa_t/(S \cdot m^{-1})$	$\frac{\kappa_0-\kappa_t}{\kappa_t-\kappa_\infty}$	$\frac{t}{\kappa_0-\kappa_t}/(min \cdot S^{-1} \cdot m)$	$\frac{\kappa_0-\kappa_t}{t}/(min^{-1} \cdot S \cdot m^{-1})$
0	2120	0.2120	—	—	—
3	1935	0.1935	0.1652	162.2	0.006167
5	1837	0.1837	0.2769	176.7	0.00566
7	1756	0.1756	0.3868	192.3	0.00520
9	1685	0.1685	0.5000	206.9	0.004833
11	1625	0.1625	0.6111	222.2	0.004500
13	1570	0.1570	0.7285	236.4	0.004231
15	1521	0.1521	0.8484	250.4	0.003993
17	1479	0.1479	0.9654	265.2	0.003771
19	1442	0.1442	1.0813	280.2	0.003568
21	1410	0.1410	1.1933	295.8	0.003381
23	1380	0.1380	1.3097	310.8	0.003217
25	1354	0.1354	1.4212	326.4	0.003064
27	1331	0.1331	1.5291	342.2	0.002922
29	1309	0.1309	1.6417	357.6	0.002797
31	1286	0.1286	1.7707	371.7	0.002690
33	1267	0.1267	1.8872	386.9	0.002585
35	1251	0.1251	1.9931	402.8	0.002483
37	1233	0.1233	2.1220	417.1	0.002397
39	1219	0.1219	2.2302	432.9	0.002310
41	1203	0.1203	2.3634	447.1	0.002237
43	1191	0.1191	2.4707	462.9	0.002160
45	1177	0.1177	2.605	477.2	0.002096
∞	815	0.0815	—	—	—

若将表 1-5 中的 $\dfrac{\kappa_0-\kappa_t}{\kappa_t-\kappa_\infty}$、$\dfrac{t}{\kappa_0-\kappa_t}$ 和 $\dfrac{\kappa_0-\kappa_t}{t}$ 三种数据对应图形分别与 κ_t-t 图组合，则分别得到如图 1-4 所示的三种图形。

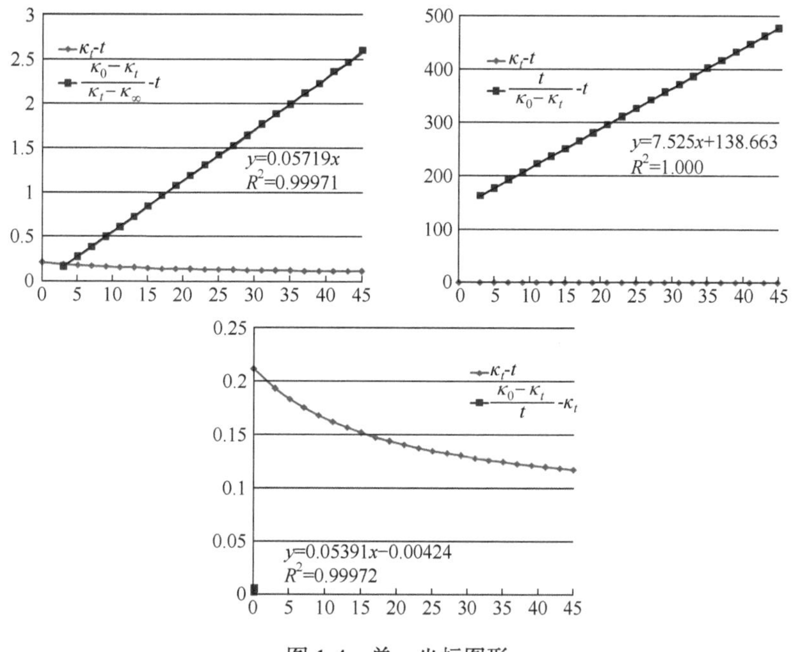

图 1-4　单一坐标图形

显然，由于同一图形中两种数据的差距较大，数值变化小的曲线的特性完全被数值大的掩盖，无法显示出各自的特点。要解决这一问题，对式(2-22-11)和式(2-22-12c)可采用单 X 双 Y 坐标，而式(2-22-12a)对应图形则需采用双 X 双 Y 坐标。假定实验数据 κ_t-t 曲线为主图，要处理的直线图为次坐标图，具体操作步骤如下：

(1) 单 X 双 Y 坐标图设置。用鼠标右击次坐标图的任一数据点，选“设置数据系列格式”，在弹出的对话框的“系列选项”中点“次坐标轴”并关闭，则次坐标在图形右侧纵轴上显示出来，再分别右击左、右坐标轴中的任一刻度值，选“设置坐标轴格式”，在弹出对话框的“坐标轴选项”中分别设置最小值、最大值，则单 X 双 Y 坐标图设置完成。

(2) 双 X 双 Y 坐标图设置。该设置必须在单 X 双 Y 坐标图设置的基础上才能完成。按步骤(1)完成前期设置后，双击图中空白处进入“图表工具”状态，在“布局”中选“次要横坐标轴”中的“显示默认坐标轴”，则在图的上方显示出次 X 轴。再右击上方次 X 坐标轴中的任一刻度值，选“设置坐标轴格式”，在弹出对话框的“坐标轴选项”中分别设置最小值、最大值，则双 X 双 Y 坐标图设置完成。

注意，最大、最小刻度值都必须尽可能是整数或容易读取的数字。调整后的图形如图 1-5 所示。显然，图 1-5 能更好地表现各数据点的真实情况。

5) 利用规划求解工具实现多参数非线性最小二乘法求解

在有些物理化学实验中所用的求解方程是非线性的，即便做线性化处理，其结果也可能是多变量的，用常用的作图法或一元线性最小二乘法无法处理。例如，在宽温度范围内测量

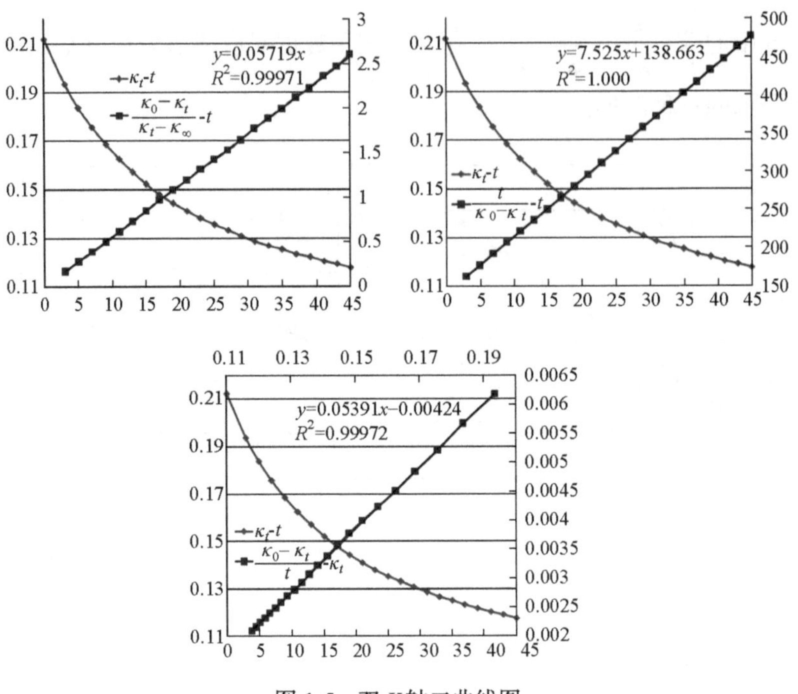

图 1-5　双 Y 轴二曲线图

液体的饱和蒸气压，如果继续使用克拉珀龙-克劳修斯方程 $\ln p = \frac{\Delta_{vap}H_m}{R(273.15+t)} + C$ 求解气化焓就会产生较大的偏差，而使用三常数的安托万(Antoine)方程 $\ln p = \frac{A}{B+t} + C$ 就有较高的精度。又如，等浓度的乙酸乙酯皂化反应，按常规方法，除需要测量反应过程中的电导率 κ_t 与时间 t 的关系外，还要测量反应的初始电导率 κ_0 和终了电导率 κ_∞，否则数据无法处理。若使用 Excel 的规划求解工具，则这类多参数的非线性求解问题就能迎刃而解。

规划求解不是 Excel 安装的默认选项，要使用该功能需要手动加载。下面以 Excel 2007 为例说明：运行 Excel，单击“Office”按钮，再单击对话框底行的“Excel”选项，在弹出的选项对话框中单击左侧菜单中的“加载项”，再点击底行的“转到”钮，在弹出的“加载宏”中勾选“规划求解加载项”，按“确定”即可完成规划求解功能的加载，在 Excel“数据”菜单的右侧将出现“规划求解”选项。

以乙醇饱和蒸气压与温度的关系为例。数据如表 1-6 所示。其中，p 是假设常数 $A = -3578.91$、$B = 222.65$、$C = 16.5092$ 按安托万方程计算所得指定温度下乙醇蒸气压的模拟测量值，表中 A、B、C 值是规划求解的初值，SumSQ 后是平方差。

p_{cat} 是根据表 1-6 中 A、B、C 的初值或规划求解后的 A、B、C 值按安托万方程计算所得相应温度下乙醇蒸气压的计算值。$p - p_{cat}$ 是饱和蒸气压的实测值与计算值的差值，此即残差的含义，而 SumSQ 是平方和函数，故 SumSQ 后面单元格的值就是残差平方和的值。将 A、B、C 的值作为规划求解的可变参数，残差平方和设为规划求解的目标值，并设规划求解目标为最小。因 p_{cat} 的计算函数是非线性的，故求解可变参数的过程就是非线性最小二乘法的求解过程。表 1-7 所列为乙醇饱和蒸气压一次规划求解数据。

表 1-6 乙醇饱和蒸气压与温度的原始数据

小数点	A	B	C
8	−1234	270	12
		SumSQ=	172564526
t/℃	p/kPa	p_{cat}/kPa	$(p-p_{cat})$/kPa
5	2.1992	1831.2009	−1829.0017
10	3.0830	1983.9739	−1980.8907
15	4.2615	2143.4575	−2139.1960
20	5.8120	2309.5953	−2303.7832
25	7.8280	2482.3207	−2474.4926
30	10.4199	2661.5573	−2651.1374
35	13.7167	2847.2200	−2833.5033
40	17.8686	3039.2159	−3021.3473
45	23.0484	3237.4449	−3214.3965
50	29.4534	3441.8004	−3412.3470
55	37.3075	3652.1705	−3614.8630
60	46.8624	3868.4379	−3821.5755
65	58.3996	4090.4813	−4032.0817
70	72.2319	4318.1754	−4245.9435
75	88.7047	4551.3920	−4462.6873
78.37	101.4863	4711.6297	−4610.1434

表 1-7 乙醇饱和蒸气压一次规划求解数据

小数点	A	B	C
8	−510.7375	65.8907	8.0244
		SumSQ=	551.70689
t/℃	p/kPa	p_{cat}/kPa	$(p-p_{cat})$/kPa
5	2.1992	2.2701	−0.0709
10	3.0832	3.6491	−0.5659
15	4.2615	5.5316	−1.2701
20	5.8120	7.9887	−2.1767
25	7.8281	11.0801	−3.2520
30	10.4199	14.8522	−4.4324
35	13.7167	19.3388	−5.6221
40	17.8686	24.5607	−6.6921
45	23.0484	30.5274	−7.4790
50	29.4534	37.2382	−7.7848
55	37.3075	44.6838	−7.3762
60	46.8624	52.8473	−5.9849
65	58.3996	61.7061	−3.3065
70	72.2319	71.2328	0.9990
75	88.7047	81.3968	7.3079
78.37	101.4863	88.5900	12.8963

将规划求解前的蒸气压测量值和计算值作图，如图 1-6 所示。显然，实测和计算的蒸气压的差值 $p-p_{cat}$ 是巨大的，经过一次规划求解后，则蒸气压的计算值与实测值的差距显著减小，如图 1-7 所示。

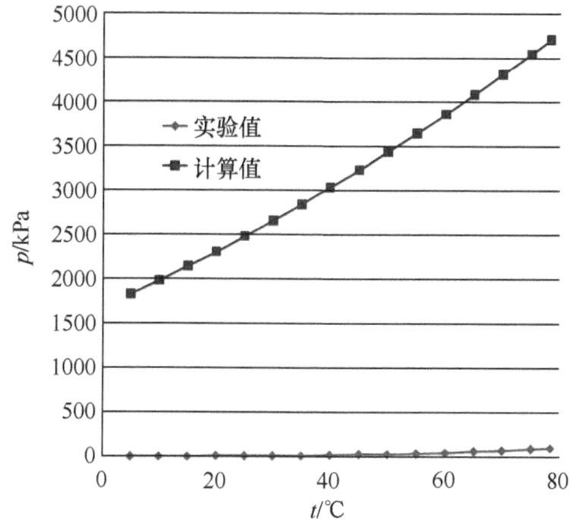

图 1-6 乙醇的实测 p 和计算 p_{cat} 曲线

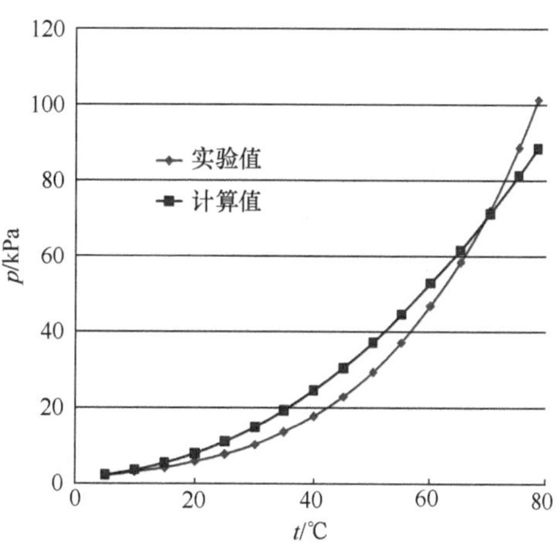

图 1-7 乙醇实测 p 和一次规划计算 p_{cat} 曲线

若以第一次规划求解的结果为初值，进行第二次规划求解，所得结果如表 1-8 所示。显然，经过第二次规划求解后，其残差平方和已经很小。若再经第三次规划求解，其数据如表 1-9 所示。利用表 1-8 和表 1-9 数据作图，如图 1-8 所示，从图上已经完全看不出差距，其残差平方和也不再有太大的变化，求解过程可就此结束。

表 1-8　乙醇饱和蒸气压二次规划求解数据

小数点	*A*	*B*	*C*
8	−3366.27	214.2215	16.1244
		SumSQ=	0.03033501
t/℃	p/kPa	p_{cat}/kPa	$(p-p_{cat})$/kPa
5	2.1992	2.1572	0.0420
10	3.0832	3.0382	0.0450
15	4.2615	4.2153	0.0461
20	5.8120	5.7674	0.0446
25	7.8281	7.7883	0.0398
30	10.4199	10.3887	0.0312
35	13.7167	13.6981	0.0186
40	17.8686	17.8662	0.0024
45	23.0484	23.0651	−0.0167
50	29.4534	29.4903	−0.0369
55	37.3075	37.3628	−0.0553
60	46.8624	46.9302	−0.0678
65	58.3996	58.4682	−0.0686
70	72.2319	72.2816	−0.0497
75	88.7047	88.7056	−0.0009
78.37	101.4863	101.4310	0.0553

表 1-9　乙醇饱和蒸气压三次规划求解数据

小数点	*A*	*B*	*C*
8	−3366.27	214.1663	16.1265
		SumSQ=	0.02766523
t/℃	p/kPa	p_{cat}/kPa	$(p-p_{cat})$/kPa
5	2.1992	2.1534	0.0458
10	3.0832	3.0333	0.0499
15	4.2615	4.2092	0.0523
20	5.8120	5.7599	0.0521
25	7.8281	7.7793	0.0488
30	10.4199	10.3780	0.0419
35	13.7167	13.6856	0.0310
40	17.8686	17.8521	0.0165
45	23.0484	23.0494	−0.0010
50	29.4534	29.4733	−0.0198
55	37.3075	37.3449	−0.0374
60	46.8624	46.9121	−0.0497
65	58.3996	58.4507	−0.0511
70	72.2319	72.2660	−0.0341
75	88.7047	88.6935	0.0112
78.37	101.4863	101.4223	0.0640

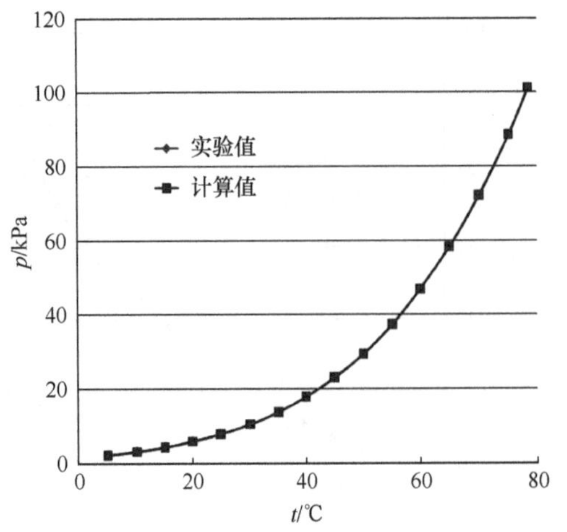

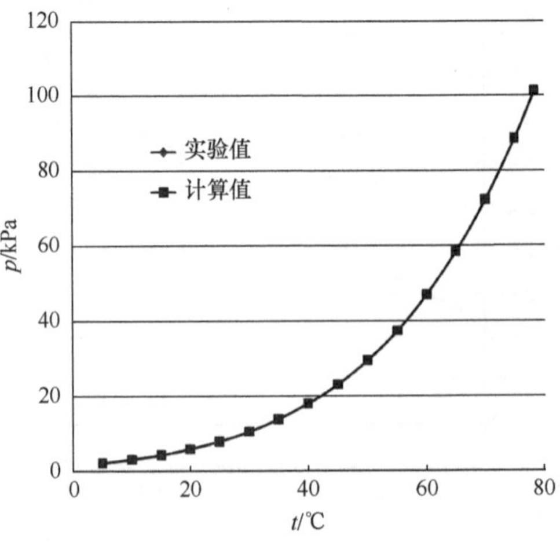

图 1-8　乙醇实测 p 与二次、三次规划计算 p_{cat} 曲线对比

当规划求解过程的目标值符合要求时，规划求解过程给出的可变参数 A、B、C 的值即为所求。因规划求解过程也是有限次迭代求解的结果，故一次规划求解所得参数不一定符合要求，需要对残差平方和的值进行监控，反复使用规划求解方法，直至规划求解目标达到最小且不变的值时结束。

即规划求解的最佳目标参数为：$A = -3366.27$、$B = 214.1663$、$C = 16.1265$，但该结果真的就是最佳值吗？答案是不一定。表 1-5 给出的饱和蒸气压模拟测量值其实是用 $A = -3578.91$、$B = 222.65$、$C = 16.5092$ 计算出来的，规划求解的结果与模拟计算所用参数并不一致，说明该规划求解过程还是有较大误差的，但作为基础物理化学实验，已经达到实验目的了。若将表 1-5 中饱和蒸气压的模拟测量值用 Origin 的非线性拟合方法处理，则可得出与给定参数完全相同的结果，在下面关于 Origin 的应用实例中将会再次引用该模拟数据加以说明。

2. Origin 的应用

Origin 的数据表功能与 Excel 的极其相似，但具有比 Excel 更强的数据处理和绘图功能，如平滑、FFT 滤波、基线校正、多峰拟合及非线性拟合等众多强大功能。这里以“丙酮碘化反应的速率方程”实验为例说明 Origin 7.5 最基本的使用方法，其他版本的 Origin 功能大同小异，总体来说，版本越高，功能越强。

1) 数据输入

假设已将 7 组原始实验数据输入到 Excel 表中(也可在运行 Origin 后，直接将数据输入到 WorkSheet 中)。运行 Origin，点击菜单中的“File”，在下拉菜单列表中选“Open Excel”，在弹出的“打开”对话框“查找范围”的文件列表中找到需要的文件后双击，在弹出的“Open Excel”对话框中选中“Open as Origin WorkSheet”，再点击“OK”按钮即可打开文件，原始数据如图 1-9 所示。

A16AB

	A(X)	B(Y)	C(Y)	D(Y)	E(Y)	F(Y)	G(Y)	H(Y)	I(Y)	J(Y)	K(Y)	L(Y)	M(Y)	N(Y)
1	1.0089	18.6	1.3035	31	1.0087	26.4	1.3025	41.4	0.4757	43.6	1.0054	40.6	1.0032	47.8
2	1.3122	20.6	2.0098	38.9	1.3005	28.9	2.0088	44.2	1.0085	47	1.3105	43.5	1.3045	55.7
3	2.0489	22.9	2.3056	47.5	2.0169	32.1	2.3067	47.7	1.3005	55.7	2.0089	47.2	2.0028	66
4	2.3052	26.5	3.0178	57.2	2.305	35.9	3.0151	51.4	2.0033	66	2.3052	51.2	2.3166	78
5	3.0346	28.5	3.3015	68	3.0142	40	3.3075	55.4	2.3021	77.8	3.0109	55.4	3.0221	92.4
6	3.3165	31.8	4.0166	80.2	3.3084	44.7	4.0047	59.8	3.0118	92.1	3.3047	60.1	3.3059	99.5
7	4.0032	35.3	4.3009	92.9	4.0148	49.6	4.3055	64.5			4.0088	64.7		
8	4.3105	39.8			4.3105	55.3	5.0109	69.6			4.3062	69.8		
9	5.0192	44.2			5.0076	61.4	5.3088	75.1			5.0149	75.4		
10	5.3086	49.3			5.3023	68.5	6.0106	81			5.3072	81.6		
11	6.0157	54.7			6.0099	76.4	6.3054	87.4			6.0023	88.2		
12	6.3025	61			6.3026	85	7.0089	94.2			6.3046	95.3		
13	7.0102	67.7			7.0104	94.5								
14	7.3058	75.3												
15	8.0023	83.6												
16	8.3093	92.7												
17														
18														

图 1-9　用 Origin 打开的实验数据

2) 数据处理

原始数据均非标准数据格式，需要进行变换。时间格式“mm.ss”要统一变换成秒或分，本处变为秒。又因 $A = -\lg(T\%)$ 也要变换，即 7 组共 14 列全部进行处理，故首先在每列数据的右侧再插入一列。在 A 列右侧插入的是 O 列，用鼠标右击 O 列的任一单元格，弹出下拉菜单对话框，选中“Set Column Values”，出现如图 1-10 所示界面。

在“Col(O)=”下面的大框中输入该列的计算公式：首先输入“60*”，再按“Add Function”

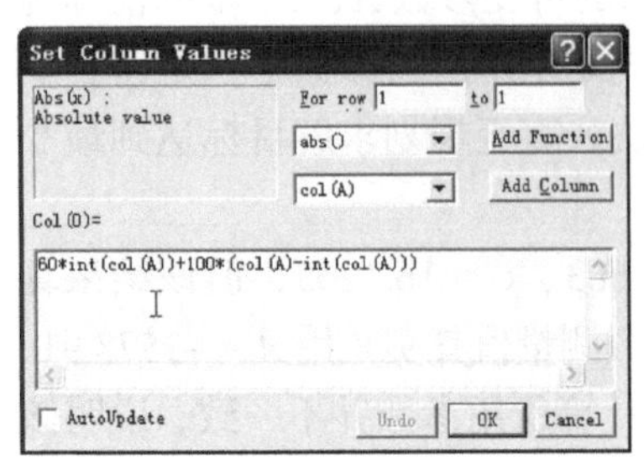

图 1-10　设置列值

钮左侧下拉框中的“▼”钮，在其中找到取整函数“int()”并单击，再按“Add Function”钮，int()函数即被加入到编辑窗口中，在括号中单击，然后按“Add Column”钮左侧下拉框中的“▼”钮，在其中找到数据所在的列“Col(A)”并单击，再按“Add Column”钮，则 Col(A)被加入到编辑框中的 int()函数中。将光标移到 int()函数的括号后，再连续按“+100*”，其后续公式可以按前面一样的方法输入，若已知函数形式，也可直接输入。下面采用直接输入方式，继续输入“(Col(A) – int(Col(A))”，在“For row … To …”中填入 1 和 16，按“OK”钮，在 O 列即出现全部转换为秒的时间数据。

同理，在 B 列右侧添加一列(自动命名为 P)，右击 P 列，选中“Set Column Values”，在弹出的对话框的编辑栏内输入：log(Col(B)/100)，点击“OK”即可在 N 列显示出计算的对应吸光度 *A*。其余 R、T、V、X、Z 和 AB 六列可按类似的方法处理。

3) 绘图

将后插入的列中关于时间的列，即 O、Q、S、U、W、Y 和 AA 七列由 Y 列改为 X 列。方法是右击指定列的列头，在弹出菜单中选“Set As”→“X”即可。

按如图 1-11 所示选中用于绘图的列，即按住“Ctrl”不放，依次右击 O、P、Q、R、S、T、U、V、W、X、Y、Z、AA 和 AB 等各列，再点击主菜单中的“Plot”项，选弹出菜单中的“Line+Symbol”即可画出如图 1-12 所示的多条曲线。

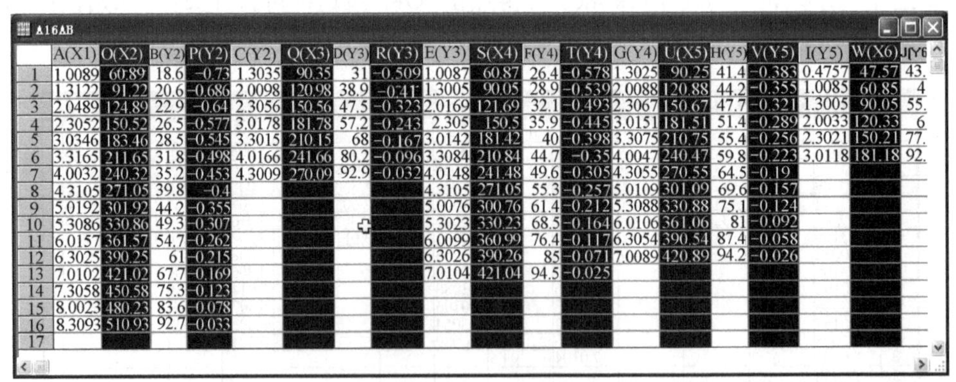
A16AB

	A(X1)	O(X2)	B(Y2)	P(Y2)	C(Y2)	Q(X3)	D(Y3)	R(Y3)	E(Y3)	S(X4)	F(Y4)	T(Y4)	G(Y4)	U(X5)	H(Y5)	V(Y5)	I(Y5)	W(X6)	J(Y6
1	1.0089	60.89	18.6	-0.73	1.3035	90.35	31	-0.509	1.0087	60.87	26.4	-0.578	1.3025	90.25	41.4	-0.383	0.4757	47.57	43.
2	1.3122	91.22	20.6	-0.686	2.0098	120.98	38.9	-0.41	1.3005	90.05	28.9	-0.539	2.0088	120.88	44.2	-0.355	1.0085	60.85	4
3	2.0489	124.89	22.9	-0.64	2.3056	150.56	47.5	-0.323	2.0169	121.69	32.1	-0.493	2.3067	150.67	47.7	-0.321	1.3005	90.05	55.
4	2.3052	150.52	26.5	-0.577	3.0178	181.78	57.2	-0.243	2.305	150.5	35.9	-0.445	3.0151	181.51	51.4	-0.289	2.0033	120.33	6
5	3.0346	183.46	28.5	-0.545	3.3015	210.15	68	-0.167	3.0142	181.42	40	-0.398	3.3075	210.75	55.4	-0.256	2.3021	150.21	77.
6	3.3165	211.65	31.8	-0.498	4.0166	241.66	80.2	-0.096	3.3084	210.84	44.7	-0.35	4.0047	240.47	59.8	-0.223	3.0118	181.18	92.
7	4.0032	240.32	35.2	-0.453	4.3009	270.09	92.9	-0.032	4.0148	241.48	49.6	-0.305	4.3055	270.55	64.5	-0.19			
8	4.3105	271.05	39.8	-0.4					4.3105	271.05	55.3	-0.257	5.0109	301.09	69.6	-0.157			
9	5.0192	301.92	44.2	-0.355					5.0076	300.76	61.4	-0.212	5.3088	330.88	75.1	-0.124			
10	5.3086	330.86	49.3	-0.307					5.3023	330.23	68.5	-0.164	6.0106	361.06	81	-0.092			
11	6.0157	361.57	54.7	-0.262					6.0099	360.99	76.4	-0.117	6.3054	390.54	87.4	-0.058			
12	6.3025	390.25	61	-0.215					6.3026	390.26	85	-0.071	7.0089	420.89	94.2	-0.026			
13	7.0102	421.02	67.7	-0.169					7.0104	421.04	94.5	-0.025							
14	7.3058	450.58	75.3	-0.123															
15	8.0023	480.23	83.6	-0.078															
16	8.3093	510.93	92.7	-0.033															
17																			

图 1-11　选中多列已经过变换的 *X* 轴和 *Y* 轴数据

若要进行线性拟合，则可先点击“Graph1”激活绘图菜单，单击主菜单中的“Data”，选择要拟合的曲线(对应曲线代号前出现√)，再点击主菜单上的“Tools”，选择其中的“Linear Fit”，再点击“Linear Fit”弹出对话框中“Operation”页中的“Fit”钮，片刻后，所得指定曲线的各个拟合参数均显示在“Results Log”窗口中，可以将其全部复制到记事本或 Word 中查看分析。

4) 非线性拟合

物理化学实验数据多数需要进行不同形式的处理，才能得到实验本身需要的结果。这些

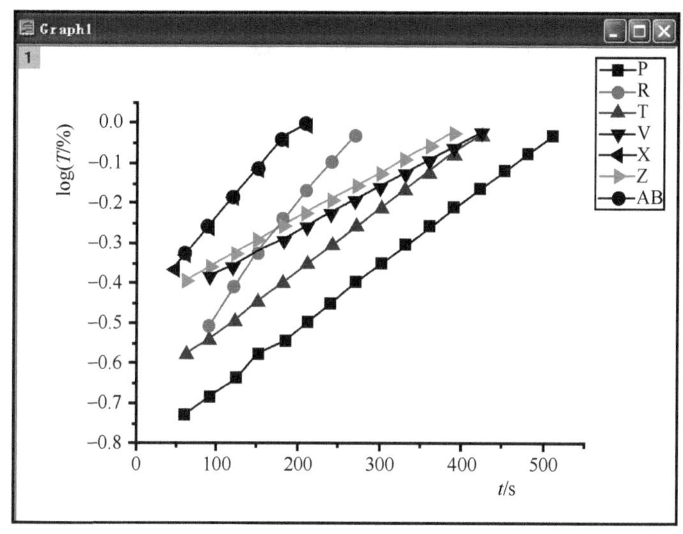

图 1-12　在同一图中画多条曲线

处理过程都是将非线性方程线性化后，再按线性方程处理方法对数据进行处理。由于数据变换过程通常不对称，数据经过变换产生了新的误差，所得结论并非最佳结果。要想得到尽可能好的结论，必须对实验数据按非线性方法进行直接处理，这就是非线性拟合。Origin 利用 L-M 法(最速下降法与线性化方法的结合法，也称阻尼最小二乘法、阻尼 Gauss-Newton 法)处理非线性函数的拟合问题，可以得到很好的结果。Origin 程序提供了近 200 个函数可以直接使用，若找不到可用的函数，还可以根据需要自定义非线性函数进行拟合。

仍以表 1-6 中 p-t 数据为例介绍 Origin 的使用。已知数据的模型函数是 $\ln p = \dfrac{A}{B+t} + C$，写成非线性函数形式为 $p = \exp(\dfrac{A}{B+t} + C)$ 或 $p = \mathrm{e}^{\frac{A}{B+t}+C}$。

运行 Origin，将表 1-6 中 t 和 p 两列数据复制到 Origin 的数据表 data1 中，并选中 A(X) 和 B(Y)两列数据，单击菜单中“Plot”中的“Line+Symbol”则生成数据点线图，再单击菜单“Analysis”中“Non-linear Cuve Fit”中的“Advanced Fitting Tool...”，在弹出的非线性最小二乘法拟合对话框中，单击菜单“Function”中的“Select”或点击快捷功能键“f(x)”，在左侧函数类别“Categories”对话框中，选择所需函数的类型“Exponential”，在右侧的函数“Function”对话框中，选择“Exp3P1Md”，在下方的“Quation”中即显示形式为 $y = \mathrm{e}^{a+\frac{b}{x+c}}$ 的函数，这与目标函数完全相同，只是变量和参数的符号不同而已。也可在“Function”中选“Exp3P1”形为 $y = a'\mathrm{e}^{\frac{b'}{x+c'}}$ 的函数，只是此处的 $a' = \mathrm{e}^a$ 或 $a=\ln a'$。点击菜单“Action”中的“Fit”或单击快捷功能键，进入拟合界面，给参数 a、b、c 的初值中分别输入 12、−1234、270，保持“变化”(Vary)的勾选状态，再单击“100 lter”键，则在“Graph1”图中得到一条与原数据点完全重合的红色拟合曲线，且拟合误差很小，相关性很高，所得拟合参数分别为 $a = 16.5092$、$b = -3578.9100$、$c = 222.65$，此值与模拟计算所用参数完全相同，如图 1-13 所示。

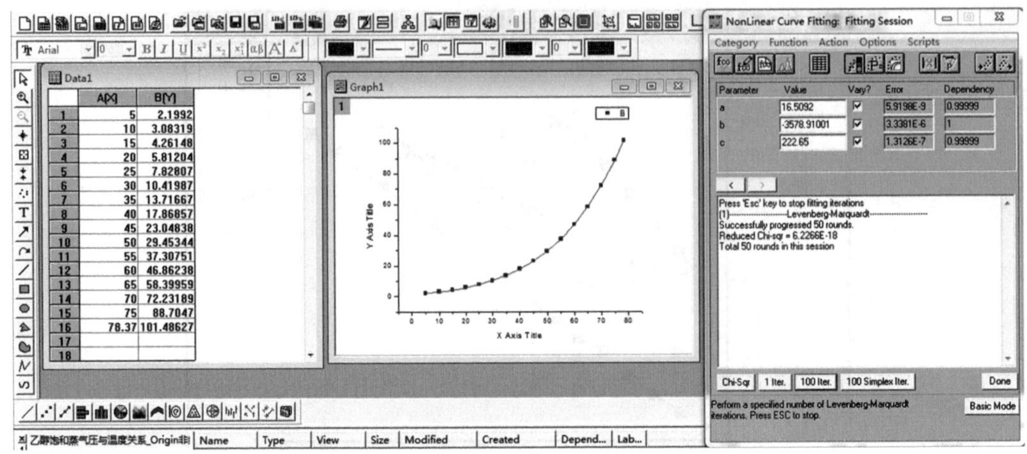

图 1-13　乙醇饱和蒸气压 Origin 的非线性拟合结果

1.6　实验预习报告与总结报告的书写规范

1. 实验预习报告的书写要求

为加深学生对实验内容的认识，尽快熟悉实验仪器，保证实验教学效果，特要求学生每次在做实验之前做好实验预习，写出符合要求的实验预习报告。

实验预习报告是为实验做准备的，与总结报告有明显不同的要求。预习报告既要简练，又要完整，简练是指语言描述要简捷、精练、紧凑，完整是指实验操作步骤的表达要完整。实验的关键要素如温度、浓度、质量、长度、时间的具体数值等不可缺少，物质种类、先后顺序、处理方法等都必须准确无误地表述，实验操作的每一个步骤都不能缺少。例如，下列关于某溶液配制的几种不同的描述方法：

(1) 用分析天平准确称取按要求干燥过的优级纯 NaCl 试样 0.5844 g 于洁净的 50 mL 小烧杯中，加适量蒸馏水搅拌溶解后，倒入 100 mL 洁净的容量瓶中，再用少量蒸馏水润洗小烧杯两次一并倒入该容量瓶中，最后小心地向容量瓶中加入蒸馏水定容至 100 mL，摇匀，即得浓度为 0.100 $mol \cdot L^{-1}$ 的 NaCl 标准溶液，备用。

(2) 准确称取干燥过的优级纯 NaCl 0.5844 g 于洁净的 50 mL 小烧杯中，用适量蒸馏水溶解后倒入 100 mL 洁净的容量瓶中定容、摇匀，即得 0.100 $mol \cdot L^{-1}$ 的 NaCl 标准液，备用。

(3) 准确称取 NaCl 0.5844 g 于 100 mL 容量瓶中定容、摇匀，得 0.100 $mol \cdot L^{-1}$ NaCl 标准液，备用。

(4) 配制 0.100 $mol \cdot L^{-1}$ NaCl 标液。

显然，上述描述中，(1)属于既准确又完整的常规表述方法，是教材描述中常用的语气，精准详细地说明具体实现的过程。(2)属于简练而又完整的表述，内容完整，语言精练，要求准确。(3)就显得过于简单，属于极简描述，试剂的纯度、是否处理、如何配制均没有交代，只适合于长期从事同一重复工作化验员的工作记录，绝对不适合学生实验操作。(4)是一个标题，不是实验操作步骤，只适合于工作流程的描述。(2)是预习报告书写所提倡的。

尽管各个学校对实验预习报告可能有不同的要求，但主要目的都是相同的，关键要素也是基本一致的，不同点可能体现在如预习报告本是否要统一规格、实验操作前是否需要通过虚拟实验考核等。下面就预习报告书写有共性的具体要求描述如下。

<table>
<tr><td>

实验题目

一、目的要求

1. ×××

2. ×××

二、实验原理

(实验依据的原理及与实验计算密切相关的主要公式，3~5 行即可，涉及计算公式众多的，以不超过 10 行为宜)

三、仪器与试剂

1. ××× 2. ×××

(仪器或试剂名称及数量。仪器型号留待实验时根据实际情况填写。一般要求两种仪器或试剂占一行)

四、实验步骤

1. ×××

2. ×××

(书写内容要精准，具体语句可根据自己的情况进行一定的精练。必要时可画出仪器装置图或装置连接图)

五、数据记录(不要抄写教材中有关数据处理部分的内容)

开始室温： ℃ 结束室温： ℃

开始气压： kPa 结束气压： kPa

(写出与具体实验有关的测定数据)

</td></tr>
</table>

注意：

(1) 记录的数据要整洁，不得修改，不能随意删除，也不能插入数据。

(2) 当实际使用的仪器和试剂与教材不一致时，要完整记录实际使用的仪器型号、具体名称，所用试剂纯度或浓度以及浓度的有效数字位数等信息。

2. 实验总结报告的书写要求

实验总结报告是学生对所做实验内容的总结和再学习，通过总结，学会分析问题和解决问题的方法，为今后书写研究报告打下一定的基础。

总结报告与预习报告的侧重点不同，总结报告强调对数据的处理和对问题的讨论，具体要求描述如下：

<table>
<tr><td>

实验题目

平均室温： ℃ 平均气压： kPa 同组人： 日期：

一、目的要求

1. ×××

</td></tr>
</table>

2. ×××

二、实验原理

(实验依据的原理及公式、实验的方法、数据处理所用的具体公式等。要求对教材内容进行必要的删减，保证该部分的篇幅在 200 字左右，并且完整连贯。少于 150 字或多于 500 字均会影响报告成绩)

三、仪器与试剂

1. ×××　　　　2. ×××

(仪器型号名称及数量。要求仪器在前，试剂在后，每行写两种仪器或试剂。试剂一般不写数量，固体试剂要注明纯度，溶液要注明具体浓度)

四、实验步骤

1. ×××

2. ×××

(内容要完整，书写要精练，要求能理解实验步骤的完整过程，整个实验操作步骤一般应控制在 0.5~0.8 个空白页面。若将步骤写成诸如取样称量、配制溶液、测量透光率等过于简化的标题型步骤，将会影响实验总结报告成绩)

五、数据处理与结果讨论

该部分是实验报告的关键、核心内容，要求认真对待。数据处理要有合理步骤，有必要的说明，依据实验内容设计好数据处理的先后顺序、表格的类型。

在表格中应列出所有原始数据及按要求处理后的数据，原始数据不是国标单位或 SI 单位的，要求一律换算成国标单位或 SI 单位。表格下面应注明处理各列数据所使用的公式编号或具体公式形式。

表格应有名称，不易取名时可用“表 1”“表 2”等作表名。在表格之前，应有适当的文字表述说明表中数据的来源。表后要绘制图形的，一定要注明作图所依据的数据来源是表几中的某列(或行)和某几列(或某几行)等。图形也要有图名，命名困难时也可用“图 1”“图 2”等命名。需用图中数据的，一定要说明获取数据的方式，如“由 E_x=0.2583 V 从图 2 得 $\lg\rho_x = -1.825$，故 ρ_x=0.0150 g · L^{-1}”。

除用表格处理数据的以外，其他数据处理方式的每一步都要有文字说明，对计算重复不超过两次的要求给出具体的计算步骤，即要求列出计算公式、代入已知数据的过程，最后给出计算结果。

所得结论应与文献值或参考值进行比较，求出相对测量误差，讨论结果的可靠性。对误差较大的，应对结果做出详尽的分析讨论，找出可能的原因。

注意：

(1) 总结报告的字迹要清晰，书写格式要规范，数据要完整，不得抄袭他人的报告，即使是同组人的报告也不能抄袭。

(2) 除“丙酮碘化反应的速率方程”实验可以使用计算机处理数据和绘制图形(可以使用打印纸打印)，以及指导教师特别说明可以使用计算机进行某些数据处理的以外，所有其他实验的数据和图形必须手工处理，一律不得使用计算机绘制图形。

(3) 实验报告中所有要求手工绘制图形的，须使用最小刻度为 1 mm 的普通直角坐标纸绘制，所绘曲线要光滑，线要细，实验节点要清晰。图纸大小一般以(12～15) cm × (12～15) cm 为宜，若用水平矩形框来框取图中的所有实验数据点，该矩形所占面积应不小于坐标纸总面积的 70%。总的原则是无论 X 轴还是 Y 轴，所绘图形的最小刻度(每厘米所表示的数字)应与所用仪器的最小刻度一致或更小。

(4) 每次实验总分为 100 分，包括实验中的表现、数据的可靠程度、预习和总结报告书写整洁规范性和实验误差等方面，主要表现为实验总结报告成绩。总结报告起评分为 80 分。实验认真，数据基本可靠，报告书写规范、整洁，误差在 5% 左右，即可得 80 分。实验认真仔细、操作熟练、善于思考、数据可靠、报告整洁、格式规范，误差在 2% 以下的，可得 90～100 分；无论实验误差多大，只要对实验数据及结果分析讨论认真详细、解释合理，可得 60 分；实验不认真、数据混乱、报告杂乱潦草、误差在 50% 以上且不进行仔细讨论分析的，视为实验失败，并根据实验中的表现和报告的书写规范整洁程度只能得 20～50 分。抄袭报告的，无论谁抄谁的，一经发现，当次报告一律按 0 分计。抄袭报告达 3 次的，物理化学实验期末总评成绩计为 0 分。

(5) 其他扣分原则：在目的要求、实验原理、仪器与试剂、实验步骤四大项中，每缺少一项扣 20 分；实验没有明显可见结论的扣 30 分；缺少数据处理与结果讨论部分的扣 40 分；仪器试剂中缺少实际使用仪器或仪器有名称无型号、有型号无名称的，缺少必要的试剂或者试剂无纯度(固体)或浓度(溶液)的，每缺少一项扣 5 分；更改数据或计算过程中有单位的数据缺少单位的，每个数据扣 1 分(总数少于 5 个的不扣分)；每个段落开始不空两字格的扣 5 分。

第2章 基础实验

2.1 热 力 学

实验1 恒温槽的装配和性能测试

一、目的要求

(1) 了解恒温槽的构造及恒温原理，初步掌握其装配和调试的基本技术。

(2) 绘制恒温槽的灵敏度曲线(温度-时间曲线)，学会分析恒温槽的性能。

(3) 掌握水银接触温度计、继电器的基本控制原理和使用方法。

二、实验原理

1. 恒温槽的主要构件及工作原理

大量的实验研究离不开恒温体系，恒温槽是实验工作中常用的一种以液体为介质的恒温装置。它主要是依靠恒温控制器来控制热平衡。当恒温槽因对外散热而使液体温度降低时，恒温控制器就控制加热器通电加热，待加热到所需温度时，它又控制加热器停止工作，以达到恒温的目的。液体作介质的优点是热容量大和导热性好，使温度控制的稳定性和灵敏度大为提高。根据温度控制的范围，可采用下列液体介质：

−60～30℃——乙醇或乙醇水溶液；

0～90℃——水；

80～160℃——甘油或甘油水溶液；

70～200℃——液体石蜡、汽缸润滑油、硅油。

恒温槽一般由浴槽、加热器、搅拌器、温度计、感温元件、恒温控制器等部分组成(图 2-1-1)，介绍如下：

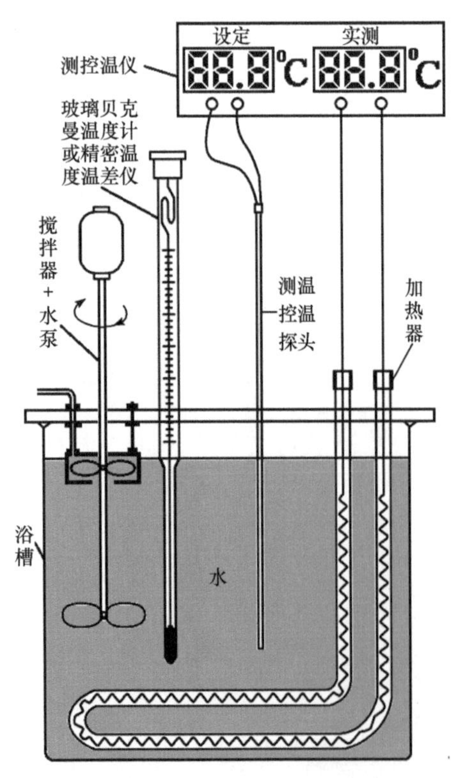

图 2-1-1 恒温装置示意图

(1) 浴槽：通常采用玻璃槽或金属槽，玻璃槽以利于观察，其容量和形状视需要而定。物理化学实验一般采用 30 L 左右的圆形玻璃缸作为浴槽，常用自来水或蒸馏水作为介质。

(2) 加热器：当要求恒温的温度高于室温时，则需不断向槽中供给热量以补偿因测试系统吸收的热量及浴槽自身向四周散失的热量。对电加热器的要求是热容量小、导热性好、功率适当。若为间歇式加热，选择加热器的功率时最好能使加热器加热和停止工作的时间约各占一半。

(3) 温度控制器：早期常用水银接触温度计作为控温部件，属于通断式间歇加热方式；现在常用智能数字恒温控制器把温度的测量、显示和控制集成在一起，以避免使用水银温度计和接触温度计等含汞且易碎玻璃仪器，从而减少实验室汞的污染。采用数字集成电路及数字显示技术，操作方便，加热方式一般有两种，即通断式间歇加热方式和比例-积分-微分(PID)连续加热模式，当需要高精度控温时，一般采用 PID 连续加热模式。

(4) 搅拌器：加强液体介质搅拌，对保证恒温槽温度均匀起着非常重要的作用。

2. 恒温槽灵敏度的测定

在指定温度下，观察恒温槽温度的波动情况。用玻璃贝克曼温度计或精密数字温度温差仪记录温度随时间的变化，当恒温槽温度波动基本稳定后，测定其最低温度 T_1 和最高温度 T_2，则恒温槽的灵敏度 S 可用下式计算：

$$S = \pm \frac{T_2 - T_1}{2} \tag{2-1-1}$$

灵敏度常以温度为纵坐标，以时间为横坐标，绘制成温度-时间曲线来表示。图 2-1-2 是几种具有不同灵敏度的恒温浴槽对应的温度-时间曲线，其中曲线①是加热功率小、控制回差大、热惰性小引起的情形；曲线②是加热功率大、热惰性小引起的较大超调量；曲线③是加热功率大、热惰性也大引起的超调量；曲线④是加热功率适中、热惰性小、温度波动小、控温灵敏度较高的情形。

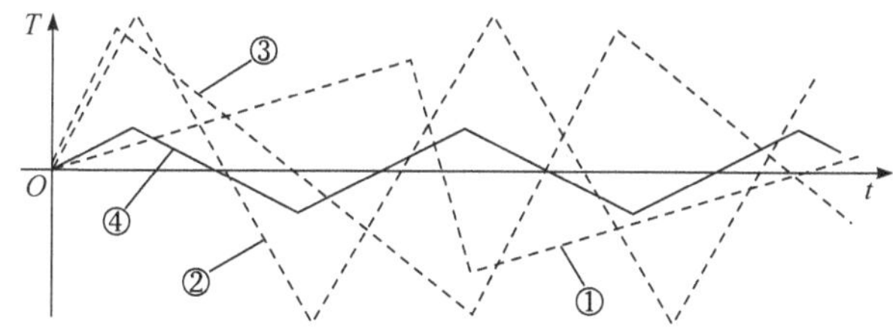

图 2-1-2 恒温槽灵敏度曲线的几种形式

设计一个优良的恒温槽应满足的基本条件包括：①温控仪灵敏度高；②搅拌有力而均匀；③加热器导热良好且功率适当；④搅拌器、温度调节器和加热器相互接近，使被加热的液体能立即搅拌均匀并流经定温计及时进行温度控制。实验室常见的恒温槽有超级恒温槽、玻璃恒温水浴等。

三、实验仪器

数字恒温控制器	1 台	精密数字温度温差仪	1 台
加热器	1 个	搅拌器	1 个
玻璃浴槽	1 个		

四、实验步骤

(1) 向玻璃浴槽中加入约 4/5 容积的自来水或蒸馏水。

(2) 根据所给元件和仪器，安装好恒温槽。经教师检查合格后，方可接通电源。

(3) 调节温度控制单元至要求的温度(以恒定温度 25.0℃为例)。

下面给出两种不同控温器的调整方法：

(i) 水银接触温度计(也称导电表)配合继电器的调节方法。

旋开水银接触温度计上端螺旋调节帽的锁定螺丝，再旋转磁性螺旋调节帽，使温度指示螺母位于低于设定温度 2℃处(如 23.0℃)，开启恒温控制器电源开关，加热开关置于通。时刻注意温度计读数，当达到 23℃时，再次旋转磁性螺旋调节帽，使接触温度计刚好处于断开状态(加热指示灯亮)，改用小功率加热(加热器置于加热)。等待约 1 min 后，旋转磁性螺旋调节帽，使接触温度计刚好处于断开状态，待加热指示灯再次熄灭约 1 min 后，观察温度计读数，若温度仍达不到要求温度，则再次旋转磁性螺旋调节帽，使接触温度计刚好处于断开状态。

如此反复缓缓加热，直到温度达 25.0℃为止，旋紧锁定螺丝，使之不再转动。

(ii) 智能数字恒温控制器的调节方法

开启电源开关，按恒温控制器面板上的设定按钮“↻”，设定温度的百位闪动，再按“↻”按钮至十位闪动，按“▲”或“▼”键，使十位显示为 2，然后按“↻”按钮至个位闪动，按“▲”或“▼”键使个位显示 5，再按两次“↻”至各位正常显示，恒温器即进入工作状态，加热指示灯点亮，按“回差”键选择实验要求的回差值(控温精度或误差)，本实验设为 0.1。当温度远离设定值时，加热开关置于“强”，搅拌置于“快”，当温度接近要求的恒温值时，将加热开关置于“弱”，搅拌置于“慢”。此时加热灯时亮时熄，恒温器进入恒温状态。

若恒温控制器更换了温度探头或长期未经校正，则温度显示可能与实际温度有较大偏差，此时应采取预调和逐步加热的方式进行。具体步骤如下：

温度设定方法同前。用一支标准温度计或经标准物校准的温度计测量水浴的温度，开启恒温控制器电源，先调“设定温度”至预调温度(如 23℃)，回差置于“0.1”，搅拌置于“快”，加热置于“强”，当恒温指示灯亮时，读取标准温度计读数 T_B，将搅拌置于“慢”，加热置于“弱”。再根据实际温度 T_B 与要求温度的差值大小，按 0.3℃、0.2℃或 0.1℃间隔，调整新的设定温度。

如此反复，直至标准温度计读数达到要求的温度为止。

(4) 精密数字温度温差仪设置。

开启电源开关，调“▲”或“▼”键，当时间显示“10”时松开，仪器即自动从 10 倒计数到 0 并发出蜂鸣声，提示 10 s 已到，仪器自动重置为“10”再次开始倒计时。

当温度温差仪上的温度示值在设定温度附近稳定波动，且加热指示灯时亮时熄时，再稳定 5 min 后按“采零”键使温差读数为 0.000，并记录此时的温度和温差值。待定时器发出蜂鸣声时，同时记录温度和温差数据。此后，每隔 10 s 蜂鸣声响起时读数一次，共记录 30 min。

换一种记录方式，使用秒表记录时间。先观察并记录温差到最低点和最高点的温差读数，并从最低温差点开始按秒表“START”键计时，到最高温差点时按秒表的“LAP”键，记录温差从最低点到最高点的时间，再按一下“LAP”键继续计时，当温差到最低点时，再按秒表的“LAP”键，记录温差从最高点到最低点的时间；继续测定并记录两个周期后结束。分别计算上升段平均时间 t_U 和下降段平均时间 t_D，通常 $t_U < t_D$，分别将 t_U 和 t_D 的 1/5 取整至半整数后取 4～7 点作为计时间隔[$t_{U/X}$ 和 $t_{D/X}$，具体计算参见实验启示(5)]，进行下述测定。

当温差到最低点时，按秒表“START”键启动计时，同时记录温度、温差值和时间，开始上升段测量；等到间隔 $t_{U/X}$时，按秒表的“LAP”键，同时记录温度和温差值，记录时间，记录完成后按“LAP”键；到第 2 个 $t_{U/X}$间隔时，再按秒表的“LAP”键，同时记录温度和温差值，记录时间，完成后再按“LAP”键；如此重复，直至最后一点时，改为温差到最高点时按秒表“LAP”键，同时记录温度、温差和时间，完成后按“LAP”键。此后进入下降段测量，按前述上升段相同测量方法，以时间差为 $t_{D/X}$ 进行等间隔测量，直至最后一点时，改为最低温差点时按“LAP”键，同时记录温度、温差和时间。如此重复 3～5 个周期后结束。

(5) 在前述恒定温度基础上上调恒温槽恒定温度 10℃，重复步骤(3)、步骤(4)，测量不同温度下的恒温槽灵敏度。

五、数据处理

(1) 列表给出原始数据。

(2) 以温差为纵坐标，时间为横坐标，分别绘制不同恒温温度下的灵敏度曲线。参考单位刻度：温度或温差坐标，每厘米 0.1℃；时间坐标，每厘米 2 min。

(3) 分别找出两种测量方法曲线中的最低温差 ΔT_1 和最高温差 ΔT_2，根据式(2-1-1)计算其灵敏度 S。比较两种测量方法的优劣。

(4) 一般恒温槽的温差变化要求在 ± 0.15℃之内，评价所测试的恒温槽的性能，分析本实验产生偏差的原因，并提出合理建议。

六、思考题

(1) 为什么开启恒温槽之前，要将接触温度计的温度指示调节到低于所需温度处？如果高了会产生什么后果？

(2) 如果接通电源后温度一直上升，故障可能出现在什么地方？

(3) 如果所需恒定的温度低于室温，如何配置恒温槽？

七、实验启示

(1) 当用水银接触温度计作控温元件时，为使恒温槽温度稳定，当水温达到指定温度后，水银接触温度计也会调至某一特定位置，此时应将调节帽上的固定螺丝拧紧，以免其因振动或者操作者无意识地触摸而发生偏移，导致温度改变。

(2) 当恒温槽的温度和所要求的温度相差较大时，可以适当加大加热功率，但当温度接近指定温度时，应将加热功率降到合适的功率。

(3) SWQ 智能数字恒温控制器和精密数字温度温差仪上都显示水温的测量值，但后者的精度高，为 0.01℃，以后者的水温温度指示值为准。这两者都属于电子设备，随着使用年限的延长，其精度和稳定性都会变差，要保证实验精度，必须用标准温度计定期对其进行检验和校正。

(4) 若上升段时间 t_U 很短，说明加热功率过大；若上升段时间 t_U 很长，则说明加热功率太小；若下降段时间 t_D 很短，说明搅拌过快，或保温太差；若下降段时间 t_D 很长，说明搅拌过慢，或保温性能太好，不利于散热。

(5) 上升段平均时间 $t_{U/5}$ 和下降段平均时间 $t_{D/5}$ 的计算方法示例：

示例一：设上升段平均时间 t_U=58"，下降段平均时间 t_D=1'32"。$t_{U/X} = t_U/5 = 58''/5 = 11.6''$，因 58" = 12" × 4 + 10"，即上升段测 5 点，其中前 4 点间隔为 12"，第 5 点在间隔约 10"时测最高点温度、温差和时间；$t_{D/X} = t_D/5 = 1'32''/5 = 18.4''$，因 92" = 18" × 4 + 20"，即前 4 点间隔为 18"，第 5 点约在 20"时测最低点温度、温差和时间；也可测 6 点，因 92" = 15" × 5 + 17"，即前 5 点间隔为 15"，第 6 点约在 17"时测最低点温度、温差和时间。

示例二：若计算间隔小于 10"，则以 10"为测定间隔，减少测定次数，多出的时间加在最后一次上。例如 t_U = 36"，t_D = 1'13"，则 $t_{U/X} = t_U/5 = 36''/5 = 7.2'' < 10''$，因 36" = 10" × 2 + 16" = 12" × 3，即测 3 点，可以按前两点间隔为 10"，第 3 点约隔 16"时测最高点温度、温差和时间，或按 12"等间隔测量；$t_{D/X} = t_D/5 = 1'13''/5 = 14.6''$，因 73" = 15" × 4 + 13"，即下降段测 5 点，前 4 点间隔为 15"，第 5 点约在 13"时测最低点温度、温差和时间。

参 考 文 献

东北师范大学等校. 1989. 物理化学实验. 2 版. 北京：高等教育出版社.
复旦大学等. 2004. 物理化学实验. 3 版. 北京：高等教育出版社.

(责任编撰：铜仁学院　杨凯旭)

实验 2　燃烧热的测定

一、目的要求

(1) 用环境恒温式热量计测定指定固体试样的燃烧热。

(2) 明确燃烧热的定义，了解等压燃烧热与等容燃烧热的差别。

(3) 掌握氧弹式热量计的实验技术，学会用雷诺图解法校正温度改变值。

二、实验原理

1. 热量的种类

热是因温度差而交换或传递的能量。热的种类较多，因所发生的过程不同而异。常见的热可分为下列三类：

(1) 反应热：在等温下，当反应进度为 1 mol 时，反应体系与环境之间交换或传递的热称为摩尔反应热，包括反应热、生成热和燃烧热等。

(2) 相变热：等温等压下，1 mol 物质由一种相态转变为另一种相态而与环境之间交换或传递的热称为摩尔相变热，包括溶化热与凝固热、汽化热与凝聚热、升华热与凝华热、转晶热等。

(3) 混合热：在等温下，由两种及两种以上的物质混合时与环境之间交换或传递的热，包括混合热、溶解热、稀释热等。

若体系只做体积功，不做非体积功，则等压过程中体系与环境之间所交换或传递的热就等于“焓”，故等压下的上述反应热、相变热、混合热又可称为反应焓、相变焓和混合焓。

2. 燃烧热的定义

根据热化学的定义：在一定温度及标准压力下，1 mol 指定相态的物质完全氧化时的反应热称为该物质的标准摩尔燃烧热。完全氧化的含义是指指定物质中各元素均变为指定相态的产物。例如，C、H、N、S、Cl 等元素的产物规定为 $CO_2(g)$、$H_2O(l)$、$N_2(g)$、$SO_2(g)$和 HCl(aq)等。

3. 量热方法

1) 按测量原理分类

(1) 补偿式量热(电热补偿式、相变补偿式)：将实测系统与恒温系统进行温度比较，通过添加或吸收准确可知的热量以补偿被测系统，使其温度始终与恒温环境保持一致的测量方法。

(2) 温差式量热(时间温差式、位置温差式)：保持环境温度恒定不变或恒速变化，测量被测系统与该参比环境的温度差，从而得到热效应大小的方法。

2) 按工作方式分类：

(1) 绝热式[$T_{体}=T_{环}=f(T)$，$R_{热}=\infty$]：通过添加或吸收准确已知的热量，使环境温度自始至终跟随被测系统温度的变化而变化且大小相同的测量方法。因系统始终与环境温度一致，故无热交换发生，形成一个人为的绝热系统。

(2) 恒温式[$T_{体}=T_{环}=$ 恒定值，$R_{热}\rightarrow 0$]：通过向系统添加或吸收准确已知的热量，使系统的温度自始至终与环境温度保持一致且恒定不变的测量方法。因此，系统与环境之间的热交换畅通无阻。

(3) 环境恒温式[$T_{体}=f(T)$，$T_{环}=$ 恒定值，$R_{热}=f(\Delta T)$]：保持环境温度恒定，测量系统温度与环境温度之间的大小变化，从而测量出热效应的方法。热效应大小不同，则产生的温差大小不同。

4. 量热仪器

(1) 氧弹式热量计(时间温差式)：绝热式、恒温式、环境恒温式。

(2) 差示扫描热量计(DSC，电热补偿式)：功率补偿式、热流补偿式。

(3) 差热分析仪(DTA，电热温差式)。

热量计的基本原理是能量守恒。本实验采用环境恒温氧弹式热量计。该装置由内、外两桶组成。外桶较大，盛满处于室温的自来水，用于保持环境温度恒定；内桶较小，用于盛放吸热用的纯水、燃烧样品的关键部件“氧弹”及搅拌装置等，内、外桶之间经支撑装置实现空气隔离。实验时，外桶因盛放大量的水保持温度基本不变，而内桶中因样品完全燃烧所释放的能量使得氧弹本身及周围的介质和附件的温度升高，与外桶之间产生温度差。分别测定标准样品和待测样品在介质中燃烧前后的温度变化值，即可求出待测样品的等容燃烧热。计算公式如下：

$$-\frac{m}{M}Q_{V,\mathrm{m}}-Q_l l=K\Delta T \tag{2-2-1}$$

式中，m、M 和 $Q_{V,\mathrm{m}}$ 分别为样品的质量(g)、摩尔质量($\mathrm{g\cdot mol^{-1}}$)和摩尔等容燃烧热($\mathrm{kJ\cdot mol^{-1}}$)；$l$、$Q_l$ 分别为点火丝的长度(cm)和单位长度的燃烧热($\mathrm{kJ\cdot cm^{-1}}$)；ΔT 为样品燃烧前后水温变化的校正值(℃或 K)；K 为仪器的水当量($\mathrm{kJ\cdot ℃^{-1}}$ 或 $\mathrm{kJ\cdot K^{-1}}$)，也称热量计常数或仪器常数，是热量计内桶所有物质(包括内桶本身、内搅拌器、内桶中定量的水及盛装样品并充高压氧气的氧弹等)每升高 1.0℃所吸收的热量。

为了保证样品完全燃烧，氧弹内一般充有过量的高压氧气或其他氧化剂，因此氧弹一般由密封性能好、耐高压和耐腐蚀的优质不锈钢制成。由于其内、外桶之间存在变化的温度差，故其间有热量交换且随温度差的变化而变化，从而实际测量的温差与应有温差间产生差距。为了减少热辐射和空气对流产生的热量传递，降低测量误差，内、外桶之间的器壁多采用抛光的不锈钢或镀光亮铬的铜板制成。

5. 雷诺温度校正图

由于环境恒温氧弹式热量计的内、外桶之间不可避免有热量交换，测量的温度差并非完全由样品燃烧产生，还有内、外桶之间因热辐射和空气对流产生的热量交换，故需要对其进行校正。最常用的校正温度的方法是雷诺(Reynold)温度校正图法，简称雷诺图。具体方法是首先称取适量的样品预测其燃烧热，再根据热量计的水当量，设计准确实验所需的样品量，以使水温能上升 1.6～2.0℃。然后预调内桶的水温至比外桶水温低 0.8～1.0℃，按操作步骤进行实验，即可获得如图 2-2-1 所示的温度-时间曲线。其中图(a)是较理想的情况，图中 *BF* 段是点火燃烧前的情况，其温度上升是由搅拌及外桶向内桶传热所致，*F* 点是样品开始燃烧的起点，燃烧热传入介质并使内桶温度沿 *FHD* 迅速上升，*D* 点是能观察到的最高温度，因 *D* 点温度高于外桶(环境)，内桶向外桶传递热量，故 *DE* 段温度下降。其中 *GH* 水平线对应外桶温度，相当于环境温度。过温度-时间曲线与 *GH* 的交点 *H* 作垂线 *ab*，分别作 *BF* 和 *ED* 的延长线交 *ab* 于 *A*、*C* 两点，则 *A*、*C* 两点间的温度差即为经过校正的温度差 ΔT。若热量计内桶的水温在使用过程中控制不当，如过高或过低，都将导致雷诺图的校正误差加大。

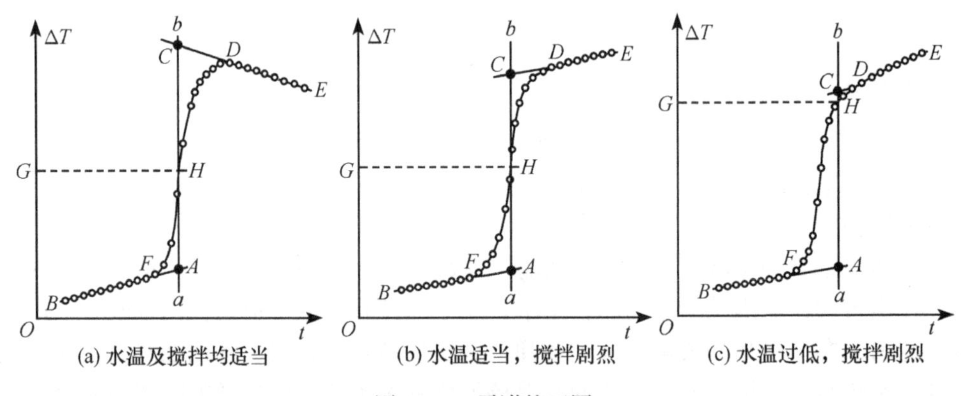

图 2-2-1　雷诺校正图

三、仪器与试剂

环境恒温氧弹式热量计	1 套	精密数字温度温差仪	1 台
计算机控制与数据采集系统	1 套	高压氧气钢瓶及减压阀	1 套
电子天平(精度 0.0001 g)	1 台	台秤(精度 0.01 g)	1 台
充气机	1 台	万用电表	1 块
液压压片机	1 台	容量瓶(1000 mL)	1 个
苯甲酸(量热标准品)		萘或硬脂酸(A. R.)	
引燃专用丝			

四、实验步骤

1. 实验流程

图 2-2-2 为实验流程示意图。

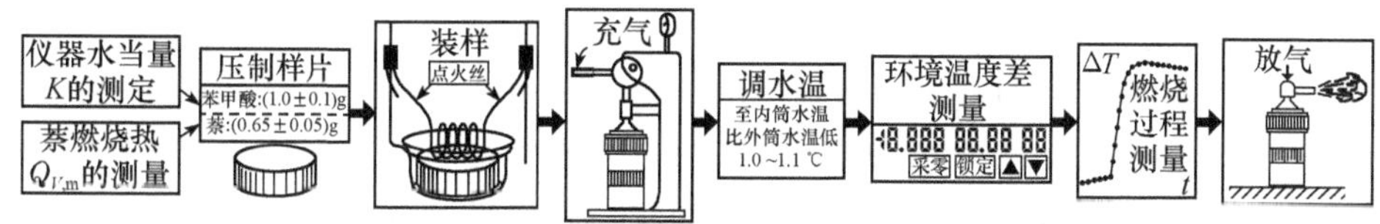

图 2-2-2 实验流程示意图

2. 测定热量计的水当量

启动计算机，运行计算机量热控制程序，设置温差测量范围为-1.5～+1.5℃，最大测量时间 30 min 或 45 min，点火时间 10 min，数据采集接口按提示设置(COM1、COM3 或 COM4)，采样测量间隔为 30 s。

(1) 试样制作。用台秤称取 0.95～1.05 g 苯甲酸(切勿超过 1.1 g)，在液压压片机上压制成圆片。将样片用干净的镊子夹住，在干净的玻璃板(或称量纸)上轻击三四次，去除未压紧的样品浮粉，再用分析天平精确称量并记录。

(2) 装试样。将氧弹内壁洗净擦干，特别是不锈钢电极下端安装点火丝处，若有棕黑色膜，一定要用 200～400 目水砂纸轻轻打磨并擦净。在氧弹内置入 5 mL 蒸馏水，将样片放置在金属坩埚中放平。用直尺量取 12～18 cm 的点火丝(记录长度，准确至毫米)，在直径约为 2 mm 的万用表表笔上，将点火丝的中段绕成 4～6 圈螺旋管状(螺间距约 0.5 mm)。将螺旋部分紧贴样片表面，两端固定在电极上。注意连接在中心弯曲电极上的点火丝千万不能与坩埚或氧弹弹筒相接触！用万用表检查氧弹盖上部两电极间的电阻值，一般应在 2～10 Ω，小心旋转氧弹盖至拧不动为止(外露螺丝不超过 2 齿)。注意：氧弹在移动过程中要保持垂直状态，以免样品从坩埚中掉出或使点火丝脱离样品表面。

(3) 充气。开启氧气钢瓶总阀，调减压阀使其出口压力为 2 MPa。将氧弹置入充气机内，迅速压下充气手柄并保持 2 min，再快速抬起手柄。再次用万用表检查两电极间的电阻，应与充气前基本相当。若电阻变化太大，则应将气体放掉后重新安装和充气。

(4) 调水温。开启精密数字温度温差仪(简称温差仪)，将测温探头(简称探头)置于外桶测温孔内，至温差变化不大于 0.004℃ · min^{-1} 时按采零钮使温差读数显示为 0.000，再将测温探头转入盛有约 4000 mL 新鲜自来水的塑料盆中并不断搅拌，用热水或冰块小心调节水温至温差读数显示为–1.3～–1.2℃即可。

(5) 水温检查。将氧弹小心放在内桶托架上，装好点火电极。用 1000 mL 容量瓶准确量取已调好温度的自来水 3000 mL 于内桶中，盖好盖子。将探头置于内筒测温孔内，开启搅拌，若温差读数显示为–1.1～–0.8℃(最好在–0.9℃左右)时可进行下一步。否则，要将内桶水倒出重新调温至符合要求为止。

(6) 环境温度温差测定。将测温探头置于外筒测温孔内，待其温差变化不大于 0.004℃ · min^{-1} 时，按采零钮使温差读数显示 0.000，再按锁定钮，待读数稳定 10 s 左右后，记录外筒温度(环境温度)和温差(相对于外桶本身的温度)。

(7) 燃烧过程测量。将探头置于内筒测温孔内，温度和温差显示值均先快后慢地下降，当显示值开始上升时，用鼠标点击“开始绘图”，计算机即自动记录实验数据并绘图，当记满 20 个数据时，计算机自动控制热量计点火，在 0.5～1 min 内，温差读数将迅速上升(图中温差曲线几乎垂直上升，若在 1 min 内温差变化小于 0.1℃说明点火失败，可用手动点火尝试补救)，直至两次连续读数的差值小于 0.002℃时，再继续测量 20 个数据(10 min)后，点击“停止绘图”，停止实验。点击“保存”，以适当名称将上述实验数据保存(共约 60 个数据)。

若没有配置计算机，可设置温差仪的定时器。按温差仪上的“▲”钮或“▼”钮，使温差仪右侧定时显示器显示为 30(计时间隔设为 30 s)，仪器即自动倒计时，至 0 时蜂鸣器响，仪器又自动置为 30 并减数计时；将探头置于内筒测温孔内，温度和温差显示值均先快后慢地下降，当显示值基本不变或上升且蜂鸣器响时，记录温差读数，此后，每次蜂鸣器响即记录温差读数。当记满 20 个数据时，按下热量计上的点火钮，点火指示灯先熄后亮，约 5 s 后再次熄灭，继续记录温差数据。直至两次连续读数的差值小于 0.002℃时，再继续记录 20 个数据(10 min)后，停止实验(点火后 0.5～1 min 内，温差读数将迅速上升，若在 1 min 内温差变化小于 0.1℃，说明点火失败)。

(8) 放气并检查。小心取出探头，再取出氧弹，用放气阀放出余气。旋开氧弹盖，检查样品燃烧是否完全，氧弹中应没有明显的燃烧残渣。测量并记录燃烧后剩余的点火丝长度，倒掉内桶中的水并擦干。

样品点燃及燃烧完全与否是本实验的关键，若有黑色粉状或者絮状残渣，应重做实验。

3. 未知试样燃烧热的测量

同法称取(0.65±0.05) g 萘或(0.70±0.05) g 硬脂酸，点“清除”钮清除前述实验的图形和数据，重复上述步骤(1)～(8)，测定未知试样的燃烧热。

五、数据处理

(1) 用合适的表格列出苯甲酸的所有实验数据，并根据表中的数据绘制苯甲酸的 ΔT-t 曲线，作雷诺校正图，根据所得校正温差 ΔT 用式(2-2-1)计算仪器的水当量 K。

(2) 列出未知试样的实验数据，并作未知试样的 ΔT-t 雷诺校正曲线，根据所得 ΔT 及上步所得 K，用式(2-2-1)计算未知试样的摩尔等容燃烧热 $Q_{V,\mathrm{m}}$，并根据 $Q_{p,\mathrm{m}} = Q_{V,\mathrm{m}} + \Delta nRT$ 计算 $Q_{p,\mathrm{m}}$。

(3) 已知在 25℃下，苯甲酸的摩尔质量 $M_{苯甲酸} = 122.12\ \mathrm{g \cdot mol^{-1}}$，苯甲酸的摩尔等容燃烧热 $Q_{V,\mathrm{m}} = -3226.9\ \mathrm{kJ \cdot mol^{-1}}$，量热标准苯甲酸的热值参见量热标准苯甲酸试剂瓶上的标签。点火丝标准长度燃烧热 $Q_{l,\mathrm{m}} = -2.9\ \mathrm{J \cdot cm^{-1}}$。

(4) 在 25℃时，试样萘的 $\Delta_c H_m^\ominus = -5153.8\ \mathrm{kJ \cdot mol^{-1}}$，$M = 128.17\ \mathrm{g \cdot mol^{-1}}$；试样硬脂酸的 $\Delta_c H_m^\ominus = -11280.4\ \mathrm{kJ \cdot mol^{-1}}$，$M = 284.48\ \mathrm{g \cdot mol^{-1}}$。

(5) 要求在雷诺图中给出 ΔT 的数据，要求给出 K、$Q_{V,\mathrm{m}}$ 和 $Q_{p,\mathrm{m}}$ 的具体计算过程(包括公式、代入已知数据和计算结果三步)。

作图建议：纵坐标(温差 ΔT)，每厘米 0.1℃；横坐标(时间 t)，每厘米 2 min。

六、思考题

(1) 如何由萘的标准摩尔燃烧焓求萘的标准摩尔生成焓？

(2) 试推导出萘的摩尔等容燃烧热 $Q_{V,\mathrm{m}}$ 的平均误差传递公式。

七、实验启示

(1) 氧弹式热量计是一种较为精确的经典实验仪器。对某些精确测定，需要扣除实验中在氧弹内的空气中所含的氮气的燃烧热。方法是预先在氧弹内放入 5～10 mL 蒸馏水，燃烧后将所生成的稀硝酸溶液倒入 150 mL 的锥形瓶中，并用少量蒸馏水洗涤氧弹内壁两三次后一并收集到锥形瓶内，煮沸片刻赶走 CO_2 气体，用酚酞作指示剂，以 0.100 $mol \cdot L^{-1}$ 的 NaOH 标准溶液滴定。转换系数为 $-5.983\ kJ \cdot mol^{-1}$，即 1 mol NaOH 的用量相当于 −5.983 kJ 的热。

(2) 本装置也可用于测定液体可燃物的燃烧热。实验以药用胶囊为样品管，将点火丝缠绕在胶囊外，外套薄壁玻璃管。胶囊的平均燃烧热应预先标定以便扣除。

参 考 文 献

北京大学化学学院物理化学实验教学组. 2002. 物理化学实验. 4 版. 北京: 北京大学出版社.
复旦大学等. 2004. 物理化学实验. 3 版. 北京: 高等教育出版社.
傅献彩, 沈文霞, 姚天扬, 等. 2005. 物理化学(上册). 5 版. 北京: 高等教育出版社.

(责任编撰：中南民族大学　袁誉洪)

实验 3　溶解热的测定

一、目的要求

(1) 了解测定溶解热的基本原理。
(2) 掌握量热法的测量技术。
(3) 测定 KNO_3 的积分溶解热。

二、实验原理

物质溶于溶剂时，常伴随热效应的产生。研究表明，温度、压力以及溶质和溶剂的性质、用量都对热效应有影响。物质的溶解过程常包括溶质晶格的破坏和分子或离子的溶剂化等过程。一般晶格的破坏为吸热过程，溶剂化作用为放热过程，总的热效应由这两个过程的热量的相对大小决定。

溶解热可分为积分溶解热和微分溶解热。积分溶解热是在标准压力和一定温度下，1 mol 溶质溶于一定量溶剂中所产生的热效应，可由实验直接测定。微分溶解热是指在标准压力和一定温度下，1 mol 溶质溶于大量某浓度的溶液中所产生的热效应，需要通过作图法求解，量热曲线雷诺图见图 2-3-1。

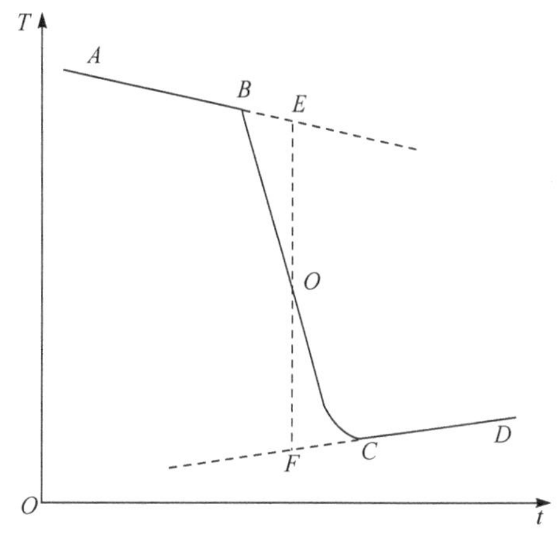

图 2-3-1　量热曲线雷诺图

本实验测定的是积分溶解热。在恒压条件下，测定积分溶解热是在绝热的热量计(杜瓦瓶)中进行的，过程中吸收或放出的热全部由系统的温度变化反映出来。

首先标定量热系统热容 C(热量计和溶液温度升高 1℃所吸收的热量)。将某温度下已知积分溶解热的标准 KCl 加入热量计中溶解，用贝克曼温度计或精密温度温差仪测量溶解前后量热系统的温度变化，并用雷诺图法求出真实温度差 ΔT_S，若系统绝热性能很好，且搅拌热可忽略，由热力学第一定律可得公式：

$$\frac{m_S}{M_S}\Delta_{sol}H_{m,S}^{\ominus}+C\Delta T_S=0 \tag{2-3-1}$$

由式(2-3-1)变形可得

$$C=-\frac{m_S}{M_S}\cdot\frac{\Delta_{sol}H_{m,S}^{\ominus}}{\Delta T_S} \tag{2-3-2}$$

式中，m_S、M_S分别为标准物 S(KCl)的质量和摩尔质量；$\Delta_{sol}H_{m,S}^{\ominus}$ 为标准压力和一定温度下 1 mol KCl 溶于 200 mol 水中的积分溶解热；ΔT_S 为 KCl 溶解前后温度变化值。不同温度下 KCl 的积分溶解热见附表Ⅱ-3，如 25℃时 $\Delta_{sol}H_{m,KCl}^{\ominus}$ =17.57 kJ · mol^{-1}。

然后测定待测物 B 的积分溶解热。若待测物质的质量为 m_B，摩尔质量为 M_B，溶解前后温度的变化为 ΔT_B，则由式(2-3-3)可得待测物质的积分溶解热：

$$\Delta_{sol}H_{m,B}^{\ominus}=-C\frac{M_B}{m_B}\Delta T_B \tag{2-3-3}$$

上述计算中包含了水溶液热容、容器及必要的搅拌装置都相同的假设条件。

三、仪器与试剂

溶解热实验装置	1 套	分析天平(精度 0.0001 g)	1 台
精密数字温度温差仪	1 台	电子秒表	1 块
台秤(精度 0.01 g)	1 台	大号称量瓶(30 mL)	1 个
容量瓶(250 mL)	1 个		

分析纯 KCl 和 KNO_3(均经 120℃烘干 2 h，并经研磨至粒度 Φ 0.5～1 mm)

四、实验步骤

热量计热容 C 的测定步骤如下。

(1) 按实验温度根据附表Ⅱ-2 计算 250 mL 蒸馏水的物质的量 $n_{水}$；用洗净干燥的称量瓶准确称取计算量处理过的 KCl 标样备用。[例如 20℃时，m_{KCl} = 250 × 0.9982/18.02/200 × 74.55 = 5.162 (g)]

(2) 标准 KCl 溶解过程测定。用容量瓶准确量取 250 mL 蒸馏水，小心加入杜瓦瓶中，盖好瓶盖及加样孔塞。保持一定的搅拌速度。开启精密数字温度温差仪电源，待温度温差仪读数变化在 0.005℃以内时，依次按下温度温差仪的采零和锁定按钮。10 s 后读取温度温差仪上的温度示数并记录，此即溶解过程的初始温度。

按秒表右键启动计时，通过秒表左键计量时间，每到整数分钟时读取一次温差示数，读完第 10 个数据后，立即取下加样孔塞，小心地插入专用漏斗，立即将称量好的 KCl 全部倒入杜瓦瓶中，取下漏斗，重新盖上孔塞，立即读取一个温差数据并按秒表左键记录时间，此后，每到半整数分钟时记录一个温差数据。

待温差达到最低点后开始上升时，单独记录温度温差仪上的温度示数。此值即溶解过程的末态温度，不必用秒表左键计时，此步骤属额外操作，不影响温差数据的测量和记录。

继续前面每到半整数分钟记录一个温差数据的规律，10 min 后，即可结束温差数据记录。所有数据记入表 2-3-1 中。

关闭搅拌器，连同感温探头一起拔下大橡皮塞，取出搅拌子，将水溶液倒入回收桶内，用蒸馏水充分润洗杜瓦瓶三四次。

(3) KNO_3 溶解热的测定。按 1 mol KNO_3 与 400 mol 水(水量仍按 250 mL 计算)的比例，准确称取计算量已处理好的 KNO_3 固体试样，用 KNO_3 代替 KCl，重复步骤(2)的操作。数据记录参照表 2-3-1。例如 28℃时，$m_{KNO_3} = 250 \times 0.9962/18.02/400 \times 101.10 = 3.493$ (g)。

五、数据处理

(1) 以 KCl 溶解过程数据作温差-时间曲线，用雷诺法求真实温差 ΔT_S，以溶解过程的初始温度和末态温度的平均值为溶解过程温度 T，由附表Ⅱ-3 查知该温度下标准 KCl 的积分溶解热 $\Delta_{sol}H_{m,KCl}^{\ominus}$，按式(2-3-2)计算热量计仪器常数，即热容 C。

表 2-3-1　溶解过程数据记录

初始温度：　℃			250 mL 水量 $n_水$：　mol			溶质质量 m：　g		末态温度：　℃
开始溶解前			溶解过程中			溶解末期		
序号	时间	温差/℃	序号	时间	温差/℃	序号	时间	温差/℃
1			1			1		
2			2			2		
3			3			3		
4			4			4		
5			5			5		
6			6			6		
7			7			7		
8			8			8		
9			9			9		
10			10			10		
11			11			11		
12			12			12		
⋮			⋮			⋮		
20			20			20		

(2) 以 KNO_3 溶解过程的数据作温差-时间曲线，用雷诺法求得真实温差 ΔT_B，以溶解过程的初始温度和末态温度的平均值为溶解过程温度 T，并按式(2-3-3)计算，即得温度 T 下 KNO_3 的积分溶解热 $\Delta_{sol}H_{m,KNO_3}^{\ominus}$。

(3) 已知：$M_{H_2O} = 18.02\ g \cdot mol^{-1}$，$M_{KCl} = 74.55\ g \cdot mol^{-1}$，$M_{KNO_3} = 101.10\ g \cdot mol^{-1}$。

(4) 作图建议：y 轴(温度/温差)，每厘米 0.1℃；x 轴(时间)，每厘米 2 min。

六、思考题

(1) 试分析实验中影响温差 ΔT 测量的各种因素，并提出改进意见。

(2) 试从误差理论分析影响本实验准确度的最关键因素。

(3) 为什么要对实验所用的 KCl 及 KNO_3 的粒度做规定？粒度过大或过小会给实验带来怎样的影响？

七、实验启示

由于实际使用的杜瓦瓶并不是严格的绝热系统，在测量过程中系统与环境存在微小的热交换，如传导热、辐射热、搅拌热等，因此不能直接读取温度差 ΔT，必须对测量值进行校正，以消除热交换的影响，求得真实温差 ΔT。本实验采用雷诺图解法对测量数据进行校正，其方法如下：

(1) 将观测到的温度(为提高测量精度，实际读取的是温度温差仪的温差 ΔT)对时间作图，得到一条溶解过程温度变化曲线，如图 2-3-1 所示。AB 段表示正式加入样品前(一般取 10 min 为宜)体系与环境热交换所引起的温度变化；至 B 点时加入样品，温度从 B 点快速下降至 C 点溶解完全；CD 段表示溶解完毕后由体系与环境的热交换而引起的温度变化(对等取 10 min 为宜)。

(2) 取 BC 段横坐标之中点 O 作垂线分别交 AB 和 CD 的延长线于 E、F 两点，则 EF 就可以近似地认为是真实温差 ΔT，即 $\Delta T = T_{末} - T_{始} = T_F - T_E$。

参 考 文 献

北京大学化学学院物理化学实验教学组. 2002. 物理化学实验. 4 版. 北京：北京大学出版社.
孙尔康，徐维清，邱金恒. 1998. 物理化学实验. 南京：南京大学出版社.

(责任编撰：中南民族大学　黄正喜)

实验 4　中和热和离解热的测定

一、目的要求

(1) 明确中和热和离解热的定义和区别。
(2) 掌握中和热和离解热的测定。
(3) 加深对热量的理解。

二、实验原理

中和反应和许多其他化学反应一样都伴随着热效应，表现为反应过程中有热交换，即放热或吸热现象。由于化学反应通常是在等温等压或者等温等容条件下进行的，热效应又可称为等压热效应(Q_p)或者等容热效应(Q_V)。因为 $Q_p = \Delta H$，$Q_V = \Delta U$，这种热效应的值在数值上等于对应的状态函数的变化值，即其数值与反应发生的途径无关，与所参与反应的物质的量、物质的状态及化学反应计量式有关，所以，等温等压条件下酸碱反应的中和热也称为中和焓。

对于强酸和强碱，由于它们在水中几乎完全离解，中和反应的净结果是 H^+ 和 OH^- 的反应，即 $H^+ + OH^- \longrightarrow H_2O$，在浓度足够低的条件下，这类反应的中和热与酸的阴离子、碱的阳离子无关，即任何强酸和强碱的中和热几乎是相同的。对于有弱酸、弱碱参与的中和反应，情况稍微复杂些，它们在水溶液中没有完全离解，因此反应的总热效应中还包含弱酸、弱碱的离解热。因此，根据赫斯(Hess)定律，可以在此实验基础上进一步测定弱酸、弱碱的离解热。

在平行实验测量过程中，应尽量保持测定条件一致。测量过程所用溶液应准确配制，必要时还要进行标定。实验所求的热效应均为反应进度为 1 mol 时的中和热，因此，当酸溶液的浓度准确量取时，碱溶液的用量可以稍微过量，反之亦然。

1. 中和热和离解热的定义

中和热属于化学反应热的一种。在一定的温度、压力和浓度下，在稀溶液中，1 mol 的强酸(H^+)和 1 mol 的强碱(OH^-)完全发生中和反应时产生的热效应称为中和热。如果参与反应的是弱酸或弱碱，弱酸或弱碱先发生离解过程，离解过程也会有热量即离解热。当弱酸与强碱反应生成 1 mol 水时，放出来的热量值是中和热和离解热两部分的综合值。

2. 测量方法

(1) 仪器常数 K 的测定：根据焦耳-楞次定律(Joule-Lenz's law)，通过电流加热来测量仪器的仪器常数 K。计算公式如下：

$$UIt = K\Delta T_1 \tag{2-4-1}$$

式中，U、I 和 t 分别为通电电压(V)、电流(A)和通电时间(s)；ΔT_1 为通电后溶液温度的变化值(由雷诺校正图获得)。

(2) 中和热(heat of neutralization，$\Delta_{neu}H_m$)的测定：以 NaOH 和 HCl 为例，设中和反应过程中所消耗的酸(或碱)的物质的量 n(mol)为 $n = cV$，则中和反应使温度升高 ΔT_2，中和热计算公式如下：

$$-cV\Delta_{neu}H_m = K\Delta T_2 \tag{2-4-2}$$

式中，ΔT_2 为中和热引起系统温度的变化值(由雷诺校正图获得)。

(3) 乙酸离解热(heat of dissociation，$\Delta_{dis}H_m$)的测定：当 CH_3COOH 与 NaOH 反应生成 1 mol 水时，放出的热量包含中和热和离解热，测出反应放出的热量，扣除上面测定的中和热，即可得到离解热。计算公式如下：

$$-cV(\Delta_{neu}H_m + \Delta_{dis}H_m) = K\Delta T_3 \tag{2-4-3}$$

式中，ΔT_3 为一定量 CH_3COOH 溶液与稍过量的 NaOH 溶液反应生成水时引起的系统温度的变化值(由雷诺校正图获得)。

将由式(2-4-3)所得的反应热($\Delta_{neu}H_m + \Delta_{dis}H_m$)减去由式(2-4-2)所得的中和热($\Delta_{neu}H_m$)，可得弱酸的离解热($\Delta_{dis}H_m$)。

三、仪器与试剂

中和热测定装置	1 套	计算机控制与数据采集系统	1 套
容量瓶(1000 mL)	1 个	量筒(100 mL，1000 mL)	各 1 个
NaOH 溶液(1.0 $mol \cdot L^{-1}$)		HCl 溶液(1.0 $mol \cdot L^{-1}$)	
CH_3COOH 溶液(1.0 $mol \cdot L^{-1}$)			

四、实验步骤

1. 仪器常数 K 的测定

(1) 擦净量热杯，用容量瓶量取 1000 mL 蒸馏水注入其中，调节搅拌转速适中，塞紧杯盖。

(2) 打开中和热测定装置和计算机，启动中和热测定程序，确定计算机程序与实验装置正常连接。

(3) 程序正常运行约 5 min 后(雷诺校正图温度升高的前一段)，开启电热校正电源开关，调节输出至指定的电压和电流，当温度升高约 0.8℃时(温度升高的一段)，关断电热校正电源，记录通电电压 U、电流 I 和通电时间 t。

断开电源后，系统的温度还会继续升高，此时要保证程序继续运行，当温度不变后继续运行 5 min(雷诺校正图温度升高的后一段)，关闭程序，保存数据。

2. 中和热测定

(1) 擦净量热杯，取 800 mL 蒸馏水注入其中，加入 100 mL 的 1.0 mol · L^{-1} 的 HCl 溶液，再另取 100 mL 1.0 mol · L^{-1} 的 NaOH 溶液备用。保持搅拌速率与前述校正实验相同，盖紧杯盖，继续搅拌约 2 min 后进行下一步。

(2) 运行中和热测定程序，确定计算机程序和实验装置正常连接。

(3) 程序正常运行 5 min 后(雷诺校正图温度升高的前一段)，迅速加入碱液，由于中和反应放热，温度迅速上升，当温度不变后继续运行 5 min(雷诺校正图温度升高的后一段)，保存数据，关闭测试程序，关闭搅拌器。

3. 乙酸离解热测定

用 1.0 mol · L^{-1} CH_3COOH 溶液代替 HCl 溶液重复上述操作，得乙酸离解热数据。实验结束后，关闭中和热测定装置。整理仪器，打扫卫生。

五、数据处理

(1) 将仪器常数测定实验数据手工绘制成 ΔT[温差(K 或℃)]-t[时间(min)]图，进行雷诺图校正，求出 ΔT_1；或将数据输入到 Origin 或 Excel 中，作出对应的图，然后采用雷诺校正法分析，求出 ΔT_1。采用式(2-4-1)计算仪器常数 K。

(2) 将中和热实验数据手工绘制成 ΔT[温差(K 或℃)]-t[时间(min)]图，进行雷诺图校正，求出 ΔT_2；或将数据输入到 Origin 或 Excel 中，作出对应的图，然后采用雷诺校正法分析，求出 ΔT_2。采用式(2-4-2)计算 $\Delta_{neu}H_m$。

(3) 将离解热实验数据手工绘制成 ΔT[温差(K 或℃)]-t[时间(min)]图，进行雷诺图校正，求出 ΔT_3；或将数据输入到 Origin 或 Excel 中，作出对应的图，然后采用雷诺校正法分析，求出 ΔT_3。利用已经求出的 K 和 $\Delta_{neu}H_m$，根据式(2-4-3)计算 $\Delta_{dis}H_m$。

(4) 在 25℃时，中和反应的中和热 $\Delta_{neu}H_m = -57.36$ kJ · mol^{-1}。根据实验值计算相对误差并分析误差产生的原因。

六、思考题

(1) 在各步操作没有失误的前提下，若改用 200 mL 1.0 mol · L^{-1} 的盐酸和 200 mL 1.0 mol · L^{-1} 的 NaOH 溶液，所测中和热的数值是否约为本实验结果的 2 倍？

(2) 如果所用强酸和强碱的浓度很高，为什么测出的中和热会比理论值大？

(3) 用此实验方法能不能测出弱碱的离解热？能不能测出弱酸+弱碱系统中和反应的中和热和离解热？

(4) 本实验中酸或碱为什么可以稍微过量?

(5) 用丙三醇代替水作介质进行实验，可以提高实验的灵敏度，试说明可能的原因。

七、实验启示

(1) 实验用到的溶液浓度要准确，三个实验中溶液的总量要保持一致，这样仪器常数 K 值才能通用。因此，必须保证准确取用溶液。

(2) 所用强酸、强碱、弱酸溶液必须是稀溶液，其浓度不能太大。

参 考 文 献

吴子生, 严忠. 1995. 物理化学实验指导书. 长春: 东北师范大学出版社.

南京大学等. 2014. 物理化学实验. 2 版. 南京: 南京大学出版社.

(责任编撰：三峡大学 周新文)

实验 5 甲基红的酸离解平衡常数的测定

一、目的要求

(1) 测定甲基红的酸离解平衡常数。

(2) 掌握分光光度法测定甲基红离解常数的基本原理。

(3) 掌握分光光度计和 pH 计的使用方法。

二、实验原理

弱电解质离解常数测定方法很多，如电导法、电动势法、光度法等。本实验根据甲基红离解前后具有不同的颜色和对单色光的吸收特征，借助分光光度法原理测定其离解常数。甲基红别称：对-二甲氨基-邻-羧基偶氮苯、4-二甲氨基偶氮苯-2′-羧酸、对二甲氨基偶氮苯邻羧酸、对二甲氨基苯偶氮邻苯甲酸、对二甲氨基偶氮苯邻羟酸、酸性红 2、甲红、甲烷红、烷红，其结构式如图 2-5-1 所示。

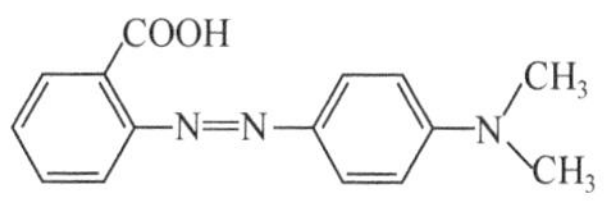

图 2-5-1 甲基红的结构式

甲基红在酸性溶液中以两种离子形式存在，是一种弱酸型的染料指示剂，具有酸式(HMR)和碱式(MR^-)两种形式，在溶液中部分离解，在碱性溶液中呈黄色，酸性溶液中呈红色。离解平衡如图 2-5-2 所示。

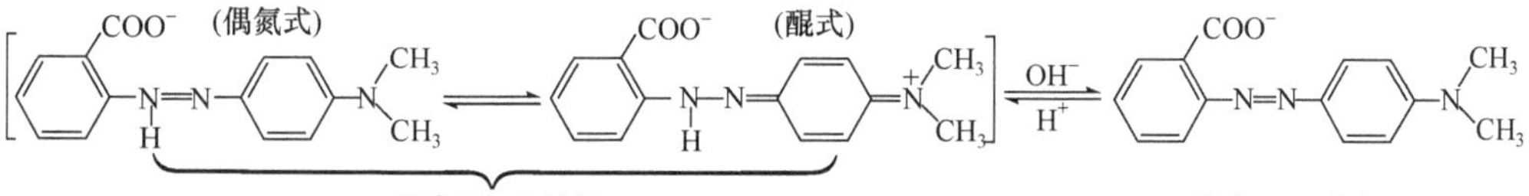

图 2-5-2 不同酸碱度下甲基红的平衡关系

简单地表示为 $\mathrm{HMR(酸式)} \rightleftharpoons \mathrm{H^+ + MR^-(碱式)}$

其离解平衡常数

$$K_a = \frac{[H^+][MR^-]}{[HMR]} = \frac{c_{H^+}c_{MR^-}}{c_{HMR}} \tag{2-5-1}$$

$$pK_a = pH - \lg\frac{c_{MR^-}}{c_{HMR}} \tag{2-5-2}$$

由于 HMR 和 MR^-两者在可见光谱范围内具有强的吸收峰，溶液中的离子强度变化对它的酸离解平衡常数没有显著的影响，而且在简单 CH_3COOH-CH_3COONa 缓冲系统中，很容易在 pH = 4～6 范围内使其颜色改变，因此，$\frac{c_{MR^-}}{c_{HMR}}$比值可用分光光度计法测定求得。

对任一化学平衡系统，分光光度计测得的吸光度包括系统中各物质的贡献，根据朗伯-比尔定律 $A = -\lg(I/I_0) = \varepsilon bc$，其中 c 为物质的量浓度($mol \cdot L^{-1}$)，ε 为摩尔吸光系数，b 为光程长度(cm)，即比色皿的厚度。由此可知同一甲基红溶液在不同波长下总的吸光度为

$$A_1 = b(\varepsilon_{HMR,1}c_{HMR} + \varepsilon_{MR^-,1}c_{MR^-}) \tag{2-5-3}$$

$$A_2 = b(\varepsilon_{HMR,2}c_{HMR} + \varepsilon_{MR^-,2}c_{MR^-}) \tag{2-5-4}$$

式中，A_1、A_2分别为 HMR 和 MR^-在最大吸收波长 λ_1 和 λ_2 处所测得的总的吸光度。$\varepsilon_{HMR,1}$、$\varepsilon_{MR^-,1}$和 $\varepsilon_{HMR,2}$、$\varepsilon_{MR^-,2}$ 分别为在波长 λ_1 和 λ_2 下的摩尔吸光系数。各物质的摩尔吸光系数值可由作图法求得。例如，首先配制 pH = 2 的具有各种浓度的甲基红酸性溶液，在波长 λ_1 处分别测定各溶液的吸光度对浓度作图，得到一条通过原点的直线，由直线斜率可求得 $\varepsilon_{HMR,1}$ 值，其余摩尔吸光系数求法类同。利用式(2-5-3)和式(2-5-4)联立求解可得 c_{MR^-} 和 c_{HMR}，再测得溶液的 pH，按式(2-5-2)求出 pK_a 值。

三、仪器与试剂

分光光度计	1 台	氧气钢瓶及减压阀	1 套
计算机控制系统	1 套	移液管(10 mL、5 mL)	各 1 支
酸度计	1 台	217 型饱和甘汞电极	1 支
玻璃电极	1 支	量筒(50 mL)	1 个
容量瓶(100 mL)	5 个	容量瓶(500 mL)	1 个
容量瓶(25 mL)	6 个	烧杯(50 mL)	4 个
乙醇(A. R.，95%)		乙酸($0.02\ mol \cdot L^{-1}$)	
甲基红(A. R.)		HCl ($0.01\ mol \cdot L^{-1}$、$0.1\ mol \cdot L^{-1}$)	
乙酸钠($0.05\ mol \cdot L^{-1}$、$0.01\ mol \cdot L^{-1}$)			

四、实验步骤

1. 制备溶液

(1) 甲基红溶液：称取 0.400 g 甲基红，加入 300 mL 95%乙醇，待溶解后，转移至 500 mL 容量瓶中用蒸馏水定容。

(2) 甲基红标准溶液：取 10.0 mL 上述溶液于 100 mL 容量瓶中，加入 50 mL 95%乙醇，用蒸馏水定容。

(3) 溶液 A：取 10.0 mL 标准甲基红溶液于 100 mL 容量瓶中，加入 10 mL 浓度为 $0.1\ mol \cdot L^{-1}$ 的 HCl 溶液，用蒸馏水定容。

(4) 溶液 B：分别吸取标准甲基红溶液 10.00 mL 和 $0.05\ mol \cdot L^{-1}$ 乙酸钠溶液 20 mL 至

100 mL 容量瓶中，用蒸馏水定容。

2. 吸收光谱曲线的测定

以蒸馏水为空白，测定溶液 A 和溶液 B 的吸收光谱曲线，找出最大吸收峰的波长 λ_1、λ_2。从波长 380 nm 开始，每隔 20 nm 测定一次，在最大吸收峰附近，每隔 5 nm 测定一次，每改变一次波长都要用空白溶液校正，直至波长为 600 nm 为止，作 A-λ 曲线，求出波长 λ_1、λ_2 的值。也可用连续调整法（波长扫描）直接测定出最大吸收波长 λ_1 和 λ_2。

3. 测定试样在最大吸收波长 λ_1 和 λ_2 下的摩尔吸光系数

(1) 分别移取溶液 A 5.00 mL、10.00 mL、15.00 mL、20.00 mL 于 4 个 25 mL 容量瓶中，然后用 0.01 mol · L^{-1} 盐酸定容。此时甲基红主要以 HMR 形式存在。

(2) 分别移取溶液 B 5.00 mL、10.00 mL、15.00 mL、20.00 mL 于 4 个 25 mL 容量瓶中，然后用 0.01 mol · L^{-1} 乙酸钠溶液定容。此时甲基红主要以 MR^-形式存在。

(3) 在波长为 λ_1、λ_2 处分别测定上述各溶液的吸光度 A。若在 λ_1、λ_2 处上述溶液符合朗伯-比尔定律，则可得 4 条 A-c 直线，由此可求得 $\varepsilon_{HMR,1}$、$\varepsilon_{MR^-,1}$ 及 $\varepsilon_{HMR,2}$、$\varepsilon_{MR^-,2}$。

4. 测定混合溶液的总吸光度及其 pH

在 4 个 100 mL 容量瓶中分别加入 10 mL 标准甲基红溶液和 25 mL 0.05 mol · L^{-1} 乙酸钠溶液，并分别加入 50 mL、25 mL、10 mL、5 mL 的 0.02 mol · L^{-1} 乙酸溶液，最后用蒸馏水定容，制成一系列待测液。测定在 λ_1、λ_2 下各溶液的吸光度 A_1 和 A_2，用酸度计测 4 种溶液的 pH。

由于在 λ_1 和 λ_2 下所测得的吸光度是 HMR 和 MR^-吸光度的总和，所以溶液中 HMR 和 MR^-的相对量可由式(2-5-3)和式(2-5-4)求得。将此结果代入式(2-5-2)，即可计算得出甲基红的酸离解平衡常数 pK_a 值。

五、数据处理

将实验所得数据记于表 2-5-1 中，并根据式(2-5-1)计算甲基红酸离解平衡常数。

表 2-5-1　甲基红的酸离解平衡常数的计算数据表

溶液序号	c_{MR^-}/c_{HMR}	$\lg(c_{MR^-}/c_{HMR})$	pH	pK_a	
1					
2					
3					
4					

六、思考题

(1) 在本实验中，温度对测定结果有什么影响？采取哪些措施可以减少由此引起的实验误差？

(2) 为什么要用相对浓度？为什么可以用相对浓度？

(3) 在吸光度测定中，应怎样选择比色皿？

(4) 在测定吸光度时，为什么每个波长下都要用空白液校正零点？理论上应该用什么溶液作为空白液？本实验用的是什么溶液？

七、实验启示

对已知的简单缔合和离解类型的反应，如甲基橙在水溶液中的离解平衡等，溶液中包含的反应物和产物在可见光范围内具有特征吸收，因此可依照本实验所述方法研究这些类型反应的平衡，得出 pK_a 值。

参 考 文 献

傅献彩, 沈文霞, 姚天扬, 等. 2005. 物理化学(上册). 5 版. 北京：高等教育出版社.
克罗克福特 H D, 诺威尔 J W, 拜尔德 H W, 等. 1980. 物理化学实验. 郝润蓉, 等译. 北京: 人民教育出版社.
武汉大学. 2016. 分析化学(上册). 6 版. 北京: 高等教育出版社.

(责任编撰：三峡大学　代忠旭)

实验 6　温度对氨基甲酸铵分解反应平衡常数的影响

一、目的要求

(1) 加深理解温度对反应平衡常数的影响，由不同温度下平衡常数的数据，计算标准摩尔等压反应热效应 $\Delta_r H_m^\ominus$、标准摩尔反应吉布斯自由能变 $\Delta_r G_m^\ominus$ 和化学反应的标准摩尔熵变 $\Delta_r S_m^\ominus$。

(2) 明确固体分解压力的概念，用静态法测定不同温度下氨基甲酸铵的分解压力，并求出不同温度下分解反应的平衡常数及平衡常数与温度的关系。

(3) 进一步掌握低真空实验技术。

二、实验原理

氨基甲酸铵为化学工业中尿素生产过程的生成物，不稳定，其分解反应为

$$NH_2COONH_4(s) \xlongequal{\quad} 2NH_3(g) + CO_2(g)$$

该反应是可逆的多相反应，若不将分解产物从系统中移走，则反应极易达到平衡。在实验条件下可把气体视为理想气体，则分解反应的标准平衡常数 $K_p^\ominus$ 为

$$K_p^\ominus = \left(\frac{p_{NH_3}}{p^\ominus}\right)^2\left(\frac{p_{CO_2}}{p^\ominus}\right) \tag{2-6-1}$$

式中，p_{NH_3}、p_{CO_2} 分别为 NH_3 和 CO_2 的平衡分压。若系统的总压为 p，则有

$$p = p_{NH_3} + p_{CO_2}$$

从分解反应式可知：$p_{NH_3} = 2p_{CO_2}$，故 $p_{NH_3} = \frac{2}{3}p$，$p_{CO_2} = \frac{1}{3}p$，代入式(2-6-1)得

$$K_p^\ominus = \left(\frac{2p}{3p^\ominus}\right)^2\left(\frac{p}{3p^\ominus}\right) = \frac{4}{27}\left(\frac{p}{p^\ominus}\right)^3 \tag{2-6-2}$$

因此，系统达到平衡后，测量其平衡总压 p，即可计算出标准平衡常数 $K_p^\ominus$。

温度对分解反应平衡常数的影响很大，可用范托夫公式表示：

$$\left(\frac{\partial \ln K_p^\ominus}{\partial T}\right)_p = \frac{\Delta_r H_m^\ominus}{RT^2} \tag{2-6-3}$$

式中，T 为热力学温度；$\Delta_r H_m^\ominus$ 为标准摩尔反应焓。

当温度变化不大时，$\Delta_r H_m^\ominus$ 可视为常数，对式(2-6-3)进行不定积分，得

$$\ln K_p^\ominus = \frac{-\Delta_r H_m^\ominus}{RT} + C \tag{2-6-4}$$

以 $\ln K_p^\ominus$ 对 $1/T$ 作图，应为一条直线，其斜率为 $-\Delta_r H_m^\ominus / R$，由此可求 $\Delta_r H_m^\ominus$。

由某温度下的标准平衡常数，可根据以下热力学关系式，计算该温度下的标准摩尔反应吉布斯自由能变 $\Delta_r G_m^\ominus$：

$$\Delta_r G_m^\ominus = -RT \ln K_p^\ominus \tag{2-6-5}$$

式中，R 为摩尔气体常量，数值为 $8.314\ \text{J} \cdot \text{mol}^{-1} \cdot \text{K}^{-1}$。

利用实验温度范围内标准摩尔等压反应热效应的平均值和某温度下的标准摩尔吉布斯自由能变化值，可近似求算该温度下反应的标准摩尔熵变 $\Delta_r S_m^\ominus$：

$$\Delta_r S_m^\ominus = \frac{\Delta_r H_m^\ominus - \Delta_r G_m^\ominus}{T} \tag{2-6-6}$$

三、仪器与试剂

改进的饱和蒸气压装置	1台	玻璃恒温水浴	1套
冷凝管或冷阱	1套	真空泵	1套
硅油		氨基甲酸铵(自制)	

四、实验步骤

按图 2-6-1 接好测量线路。

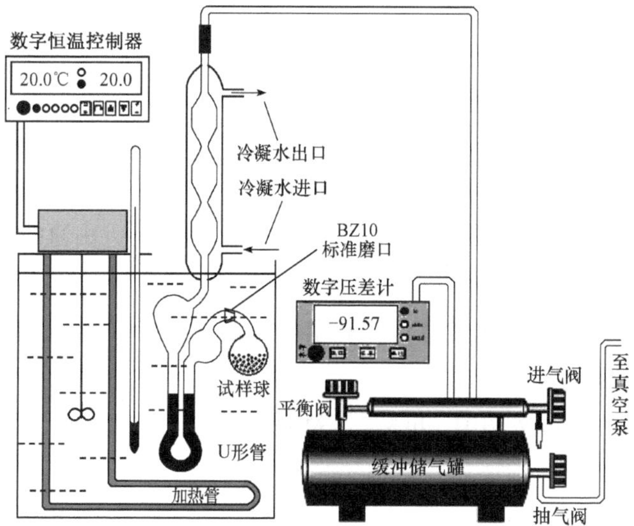

图 2-6-1　实验装置图

(1) 在玻璃试样球中装入约 1/3 的氨基甲酸铵固体，U 形管中加入硅油至直形管中部，磨口处涂抹少量真空脂，将试样球与 U 形管接好并夹紧。

(2) 按照图 2-6-1 所示连接仪器及装置。开机预热 5～10 min，开启数字压差计电源开关，按单位选择钮至显示单位“kPa”。关紧平衡阀，打开进气阀，待压力计显示数字稳定后，按下置零键，使面板显示值为 0(测量过程中不可再置零)。

(3) 检查气密性。关闭进气阀，打开抽气阀，开启真空泵电源，打开平衡阀，抽至压力约为−70 kPa 时，关闭抽气阀，并观察压力计显示数值：压力变化不大于 0.6 $kPa \cdot min^{-1}$，说明系统气密性良好，可以试验；若压力变化值大于 0.6 $kPa \cdot min^{-1}$，需要检查漏点并消除，否则无法保证实验顺利进行和实验结果的准确性。

(4) 调节恒温水浴温度至 30.0℃，打开搅拌，调转速至快。到达设定温度后，保持恒温 10 min 左右。

(5) 关闭进气阀，打开抽气阀，开启真空泵电源抽气，缓慢开启平衡阀，使试样球与 U 形管等位计空间内的气体呈不连续的气泡通过 U 形管中的液体排出，当 U 形管内的液体冒泡约 3 min 后(如果冒泡剧烈，可适当调节进气阀控制冒泡速度)，关闭抽气阀，调节进气阀和平衡阀，使 U 形管两侧液面等高，保持平稳状态约 5 min 后，记录压差计读数、恒温器温度及大气压，作为一组数据(保持液面等高可能需要反复调节平衡阀和进气阀)，将数据记入表 2-6-1 中。

(6) 微开平衡阀，使少量气泡再次从 U 形管中逸出，控制冒泡的速度，并保持 3 min，调节平衡阀和进气阀，使 U 形管内两侧液面等高，并保持平稳状态约 3 min 后，记录压差计读数。

(7) 重复步骤(5)～(6)，得到同一指定温度下和大气压下的 3 个平行压差数据。注意在同一恒定温度下测得的压差计数值之间的差异≤0.1 kPa。

(8) 重复步骤(4)～(7)，分别测定 30℃、35℃、40℃、45℃和 50℃共 5 个实验温度点的数据。

(9) 待实验完成后，确定抽气阀处于关闭状态，缓慢开启进气阀和平衡阀引入空气，直至压力计显示为零。关闭冷却水，切断所有电源。

五、数据处理

(1) 将实验数据填入表 2-6-1 中，并按要求进行必要的处理。由 $p_{分} = p_{atm} + \Delta p$ 计算分解压，按式(2-6-2)计算各实验温度下的标准平衡常数 $K_p^{\ominus}$ 。

(2) 根据表 2-6-1 中不同温度下的 $K_p^{\ominus}$ 值，作 $\ln K_p^{\ominus}$ -1/T 图，由直线斜率计算在实验温度区间内氨基甲酸铵分解反应的平均标准摩尔反应焓 $\Delta_r H_m^{\ominus}$ 。

(3) 根据式(2-6-5)和式(2-6-6)计算各实验温度时氨基甲酸铵分解反应的标准摩尔吉布斯自由能变 $\Delta_r G_m^{\ominus}$ 和标准摩尔熵变 $\Delta_r S_m^{\ominus}$ 。

(4) 作图建议：$\ln K_p^{\ominus}$ -1/T 图中，$\ln K_p^{\ominus}$ ，每厘米 0.1；1/T，每厘米 0.02 K^{-1}。

表 2-6-1　实验数据记录及处理

控制温度/℃		30.0	35.0	40.0	45.0	50.0
实验温度	t/℃					
	T/K					
大气压 p_{atm}/kPa						
压差Δp/kPa	1					
	2					
	3					
	4					
	平均					
分解压 $p_{分}$/kPa						
$K_p^{\ominus}$						
$\Delta_r G_m^{\ominus}$ / (kJ · mol^{-1})						
$\Delta_r S_m^{\ominus}$ / (J · mol^{-1} · K^{-1})						

表 2-6-2 为不同温度下氨基甲酸铵的分解压(参考值)。

表 2-6-2　不同温度下氨基甲酸铵的分解压(参考值)

实验温度/℃	25.0	30.0	35.0	40.0	45.0	50.0
$p_{分}$/kPa	11.73	17.07	23.80	32.93	45.33	62.93

六、思考题

(1) 试述真空实验测量中的检漏方法。

(2) 本实验和纯液体的饱和蒸气压实验都使用等压计,测定的体系和测定的方法有什么区别？等压计的作用是什么？

(3) 当将空气缓慢放入系统时，如果放入的空气过多，将出现什么现象？应怎样克服？

附录：自制氨基甲酸铵

NH_3 与 CO_2 气体在室温下接触即能生成 NH_2COONH_4，不需要催化剂。如果 NH_3 与 CO_2 都是干燥的，则无论两者比例如何，其产物仅为 NH_2COONH_4；在有水分存在时，则有$(NH_4)_2CO_3$ 或 NH_4HCO_3 生成。在制备 NH_2COONH_4 时必须保持反应物 NH_3、CO_2 和反应系统的内部干燥。

NH_2COONH_4 制备反应是放热的，产物 NH_2COONH_4 遇冷极易形成致密且黏附力极强的硬块，影响反应散热，若在玻璃或金属反应器中产物难以取出，用聚乙烯薄膜袋作反应器，不仅易于散热，产物还不沾器壁，稍加揉搓即成粉末。

NH_3 用固体 KOH 干燥，CO_2 用浓硫酸干燥，聚乙烯薄膜反应器可通入干燥的 N_2 吹扫 1 min 赶走潮气，用带调节阀的转子流量计控制气体的流量，反应尾气通入饱和食盐水中以吸收未反应完全的氨，然后排出室外。装置见图 2-6-2。

反应过程中，首先开启 CO_2，然后缓慢开启 NH_4，并使 NH_4 流量比 CO_2 流量大一倍。若总流量适宜，且两气体的比例恰当，则反应进行完全，尾气鼓泡很少。反应结束后，可将产物密封于磨口锥形瓶中并置于干燥器中保存。

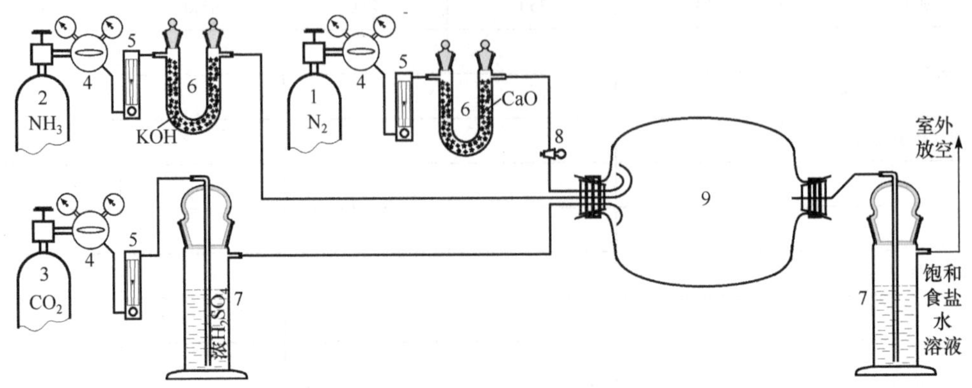

图 2-6-2　氨基甲酸铵制备装置

1. N_2气体钢瓶；2. NH_3气体钢瓶；3. CO_2气体钢瓶；4. 减压阀；5. 转子流量计；6. 干燥管；7. 洗气瓶；8. 闸阀；9. 聚乙烯塑料袋(Φ 30 cm × 0.1 mm)

参 考 文 献

复旦大学等. 2004. 物理化学实验. 3 版. 北京: 高等教育出版社.
夏海涛. 2014. 物理化学实验. 2 版. 南京: 南京大学出版社.

(责任编撰：铜仁学院　王　霞)

实验 7　凝固点降低法测定摩尔质量

一、目的要求

(1) 掌握凝固点降低法测定萘的摩尔质量的实验方法。

(2) 了解凝固点降低法测定摩尔质量的原理，加深对稀溶液依数性质的理解。

二、实验原理

稀溶液具有依数性，凝固点降低是依数性的一种表现。稀溶液的凝固点降低公式为

$$\Delta T_f = \frac{RT_f^{*2}M_A}{\Delta_{fus}H_{m,A}^*}b_B = k_f\frac{m_B}{M_B m_A} \tag{2-7-1}$$

式中，ΔT_f为凝固点降低值；T_f^*为纯溶剂 A 的凝固点；$\Delta_{fus}H_{m,A}^*$ 为纯溶剂 A 的摩尔熔化焓；M_B为溶质 B 的摩尔质量；b_B为溶质 B 的质量摩尔浓度；k_f为溶剂的凝固点降低常数，其数值只与溶剂的性质有关，常用溶剂的 k_f参见附表Ⅱ-10；m_A 和 m_B 分别为溶剂 A 和溶质 B 的质量。

若已知溶剂的 k_f 值，并用图 2-7-1 所示的凝固点测量仪测得溶剂和溶质质量分别为 m_A 、m_B 时溶液的凝固点降低值 ΔT_f，则溶质 B 的摩尔质量可由式(2-7-2)求得

$$M_B = k_f\frac{m_B}{\Delta T_f m_A} \tag{2-7-2}$$

纯溶剂凝固点是其液-固共存的平衡温度。将纯溶剂逐步冷却时，在未凝固之前温度将随时间均匀下降，开始凝固后因放出凝固热补偿了热损失，体系将保持液-固两相平衡共存的状态，温度不变，直到全部凝固为止，其后温度如图 2-7-2 中曲线 a 均匀下降。但在实际过程中常发生过冷现象，其冷却曲线如图 2-7-2 中曲线 b 所示。溶液的凝固点是溶液与溶剂固相共存时的平衡温度，其冷却曲线与纯溶剂不同。当有溶剂凝固析出时，剩余溶液的浓度逐渐增大，因而溶液的凝固点也逐渐下降。

若溶液过冷程度不大，析出固体溶剂的量对溶液浓度影响不大，则以过冷回升的温度作凝固点，对测定结果影响不大，如图 2-7-2 中曲线 b 所示。如果过冷程度太大，凝固的溶剂过多，溶液的浓度变化过大，出现较明显的过冷现象，就会使凝固点的测定结果偏低，如图 2-7-2 中曲线 c 所示。

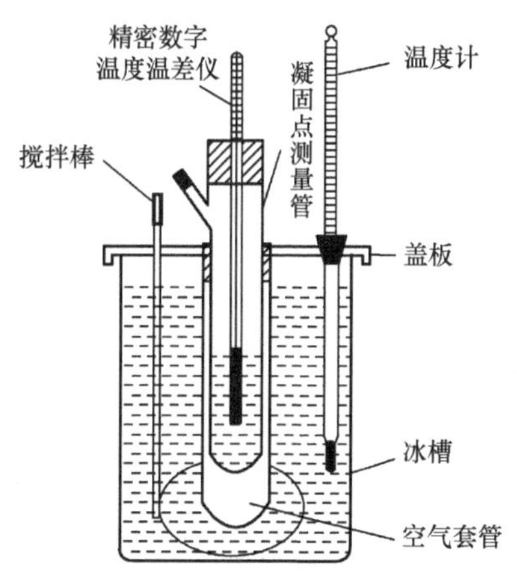

图 2-7-1 凝固点测量仪

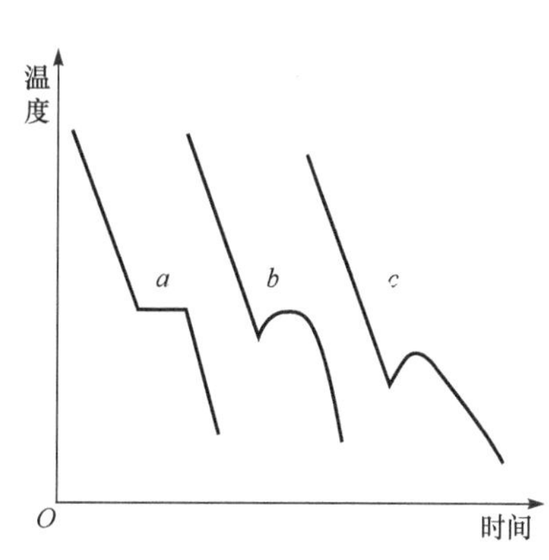

图 2-7-2 冷却曲线

三、仪器与试剂

凝固点测量装置	1 套	精密数字温度温差仪	1 台
电子分析天平	1 台	普通温度计	1 支
移液管(2 mL、25 mL)	各 1 支	环己烷(A. R.)	
萘(A. R.)		碎冰块	

四、实验步骤

(1) 按图 2-7-1 将凝固点测量仪安装好。

(2) 调节冰水浴的温度至 3℃左右。

(3) 打开精密数字温度温差仪电源，开启计算机，打开凝固点测定软件，将测温探头直接插入冰水浴中，待温度下降至 2℃左右，按温度温差仪的采零钮，使温差显示为“0.000”。取出测温探头，洗净擦干，放置在环己烷试剂瓶附近的空气中，待读数稳定后记录室温温度，供后续实验计算环己烷的质量用。

(4) 测定纯溶剂的凝固点。用移液管移取 25 mL 环己烷于凝固点管中，放入磁力搅拌子，立即插入带盖的测温探头，并直接浸入冰水浴中搅拌，单击开始绘图。注意观察凝固点管中的试样，当开始结晶时，立即将凝固管取出擦干，并迅速插入已经在冰水浴中冷却的空气夹套中搅拌，温度降至最低点又回升到最高点，当温度再次下降时，继续记录 5 min 的温差数据，单击停止绘图，保存数据。若没有配置计算机，可从将凝固点管直接浸入冰水浴中搅拌时开始，每 15 s 记录一个温差数据，温度先降后升，到最高点后再次开始下降，从此时起，继续记录 12～14 个数据即可停止。

取出冷凝管，用手温捂热使环己烷全部熔化，重复步骤(4)三次。若在测量过程中过冷较严重，可用测温探头摩擦凝固点管管壁，促使其结晶析出，温度回升。

(5) 用电子分析天平精确称取 0.12 g 左右的萘，倒入上述已测定凝固点的纯环己烷中，搅拌至全部溶解，重复步骤(4)，记录该溶液的步冷曲线数据，重复三次。

五、数据处理

(1) 环己烷的密度参见附表Ⅱ-7，计算室温下环己烷的密度，并根据所取环己烷的体积计算环己烷的质量 m_A。

(2) 由纯溶剂的凝固点 T_f^*和溶液的凝固点 T_f按式(2-7-2)计算萘的摩尔质量。

(3) 计算萘的摩尔质量的相对测量误差。

(4) 若已知环己烷的摩尔熔化焓 $\Delta_{fus}H^*_{m,A}$，试用 $\ln x_A = \dfrac{\Delta_{fus}H^*_{m,A}}{R}(\dfrac{1}{T_f^*}-\dfrac{1}{T_f})$ 计算萘的摩尔质量 M_B，并与按式(2-7-2)计算的结果比较，试讨论两种计算结果的准确性并说明原因。已知萘的 $M_B = 128.17\ g \cdot mol^{-1}$。

六、思考题

(1) 冷却过程中，凝固点管内液体有哪些热交换？对凝固点的测定有什么影响？

(2) 为什么要用空气夹套？不用空气夹套对实验是否有影响？

(3) 若溶质在溶液中有离解或有缔合现象，对摩尔质量的测定值将有什么影响？

(4) 试推导摩尔质量测定的平均误差传递公式。

参 考 文 献

北京大学化学学院物理化学实验教学组. 2002. 物理化学实验. 4 版. 北京：北京大学出版社.

复旦大学等. 2004. 物理化学实验. 3 版. 北京：高等教育出版社.

罗澄源等. 1991. 物理化学实验. 3 版. 北京：高等教育出版社.

夏海涛，许越，赫治湘. 2003. 物理化学实验. 修订版. 哈尔滨：哈尔滨工业大学出版社.

尹业平，王辉宪. 2006. 物理化学实验. 北京：科学出版社.

(责任编撰：黄冈师范学院　黄林勇)

实验 8　纯液体饱和蒸气压的测量

一、目的要求

(1) 明确纯液体饱和蒸气压的定义和气-液两相平衡的概念，掌握克拉珀龙-克劳修斯方程。

(2) 学会使用精密数字压差计测定不同温度下纯液体的饱和蒸气压。掌握真空实验技术。

(3) 学会用图解法求被测液体在实验温区内的平均摩尔汽化焓和正常沸点。

二、实验原理

在某一温度下，被测液体处于密闭真空容器中，表面层的液体分子逃逸形成蒸气，同时，在蒸气中的气体分子因为碰撞而凝结成液体，当两者速率相等时达到动态平衡，此时气相中的蒸气密度不再改变，因而具有一定的饱和蒸气压。据此定义：一定温度下，与纯液体处于平衡状态时的自身蒸气所具有的压力，称为指定温度下该液体的饱和蒸气压。

纯液体的饱和蒸气压随温度的变化而变化，它们之间的关系可用克拉珀龙-克劳修斯方程表示：

$$\frac{\mathrm{d}\ln p^*}{\mathrm{d}T}=\frac{\Delta_{\mathrm{v}}H_{\mathrm{m}}}{RT^2} \tag{2-8-1}$$

式中，p^*为纯液体在温度 T 时的饱和蒸气压(Pa)；$\Delta_{\mathrm{v}}H_{\mathrm{m}}$ 为液体的摩尔汽化焓($\mathrm{J\cdot mol^{-1}}$)；$R=8.314\ \mathrm{J\cdot mol^{-1}\cdot K^{-1}}$，为摩尔气体常量。若温度变化范围不大，$\Delta_{\mathrm{v}}H_{\mathrm{m}}$可视为常数，称为平均摩尔汽化焓。将式(2-8-1)积分可得

$$\ln p^*=\frac{-\Delta_{\mathrm{v}}H_{\mathrm{m}}}{RT}+C \tag{2-8-2}$$

式中，C 为积分常数。由式(2-8-2)可知，在一定温度范围内，测定不同温度下的饱和蒸气压，作 $\ln p^*$-$1/T$ 图可得一条直线，由该直线的斜率可求得实验温度范围内液体的平均摩尔汽化焓。

当外压为 101.325 kPa 时，液体的蒸气压与外压相等时的温度称为该液体的正常沸点。利用式(2-8-2)或由 $\ln p^*$-$1/T$ 图均可求正常沸点。

测定饱和蒸气压常用的方法有动态法、静态法和饱和气流法等。若测定不同恒定外压下样品的沸点，称为动态法，该法适用范围较宽。若将被测液体放在一密闭容器中，在不同的恒定温度下直接测量其平衡时的气相压力，则称为静态法，此法适用于蒸气压比较大的液体。饱和气流法是将一定流量的惰性气体通入盛有液体样品的恒温饱和器中，测定混合气体的压力和组成，通过计算求得蒸气压的方法。本实验采用静态法。

三、仪器与试剂

饱和蒸气压实验装置	1套	数显恒温器	1套
精密数字压差计	1台	射流式真空泵	1台
无水乙醇(A. R.)		蒸馏水或电导水	

四、实验步骤

参照图 2-6-1 连接实验装置，但需将图中试样球与U形管的磨口连接改为耐压硅(橡)胶管连接。

(1) 开启数字压差计电源，按单位选择钮至显示单位“kPa”。关紧平衡阀，打开进气阀，待压差计显示数字稳定后，按采零钮，使显示数字变为 0.00 kPa。

(2) 接通冷凝水，关紧进气阀和抽气阀，打开平衡阀，开启射流式真空泵电源，缓慢打开抽气阀，抽气至压力为−70 kPa 左右。关紧抽气阀，观察整套装置的气密性，压力变化应不大于 $0.6\ \mathrm{kPa\cdot min^{-1}}$；如果符合要求，再关紧平衡阀，观察储气装置的气密性，压力变化也不大于 $0.6\ \mathrm{kPa\cdot min^{-1}}$，直至符合要求为止。

(3) 再次打开抽气阀和平衡阀，抽气至U形管中有气泡连续不断地从试液球中逸出，持

续 3 min。如果接近暴沸，可适当开启进气阀引入空气以抑制暴沸。

注意：进气阀调整切忌幅度过大，以免含有空气的气泡逆行进入试液球影响实验精度。否则，必须重新使气泡从试液球中不断逸出，并持续 3 min。

(4) 调节恒温水浴至 35.0℃。升温过程中，应该关紧平衡阀，此时仍有气泡从试液球中不断逸出，必要时微调进气阀引入空气抑制暴沸，但切忌幅度过大使空气逆行进入试液球，否则要重复步骤(3)。到达设定温度后，恒温 10 min 左右。

(5) 关紧抽气阀，此时可以关闭真空泵(注意共用真空泵的同学是否需要关闭)。

(6) 小心调节平衡阀，使 U 形管中的液面缓慢变化至两侧的液面持平，必要时可配合调整进气阀，保持平稳状态 2～3 min 后记录压力计读数、恒温器温度及大气压，作为一组数据。

(7) 微开平衡阀，使少量气泡从试液球中逸出 1 min，重复步骤(6)，得另一组数据。

(8) 重复步骤(6)～(7)，得到同一指定温度下的 6 组实验数据。注意在同一恒定温度下测得的压力计数值之间的差异≤0.1 kPa。

(9) 重复步骤(4)～(8)，分别测定 35℃、40℃、45℃、50℃、55℃、60℃、65℃、70℃等 8 个实验温度点的数据。

(10) 待实验完成后，确定抽气阀处于关闭状态，缓慢开启进气阀和平衡阀引入空气，直至压力计显示为零。关闭冷却水，切断所有电源。

五、数据处理

(1) 用列表法处理实验数据。注意压差计读数为负值。

$$\text{饱和蒸气压 } p^* = \text{大气压读数} + \text{压差计读数}$$

(2) 根据表中的 p^*和 T 两列数据，作 p^*-T 图，并根据 $\ln p^*$和 $1/T$ 两列数据，作 $\ln p^*$-$1/T$ 直线图。由直线斜率可计算液体在实验温区内的平均摩尔汽化焓 $\Delta_v H_m$。

(3) 利用方程式(2-8-2)计算样品的正常沸点，并求出实验相对测定误差。

(4) 参考文献值：乙醇的正常沸点为 78.37℃，水的正常沸点为 100.0℃。

(5) 作图建议：p^*-T 图中，p^*每厘米 5 kPa；T 每厘米 5 K。$\ln p^*$-$1/T$ 图中，$\ln p^*$每厘米 0.1，$1/T$ 每厘米 0.02 K^{-1}。

六、思考题

(1) 压力和温度的测量都有随机误差，试导出 $\Delta_v H_m$ 的平均误差传递公式。

(2) 用本实验装置可以很方便地研究各种液体，如水、正丙醇、异丙醇、丙酮苯和乙醇等，这些液体大多是易燃的，在加热时应该注意什么问题？

参 考 文 献

复旦大学等. 2004. 物理化学实验. 3 版. 北京：高等教育出版社.
傅献彩，沈文霞，姚天扬，等. 2005. 物理化学(上册). 5 版. 北京：高等教育出版社.
顾月姝，宋淑娥. 2007. 物理化学实验. 2 版. 北京：化学工业出版社.
天津大学物理化学教研室. 2001. 物理化学. 4 版. 北京：高等教育出版社.
郑传明，吕桂琴. 2015. 物理化学实验. 2 版. 北京：北京理工大学出版社.

(责任编撰：中南民族大学　黄正喜)

实验9 双液系的气-液平衡相图

一、目的要求

(1) 了解相图和相律的基本概念，绘制$p^{\ominus}$下环己烷-乙醇双液系气-液平衡相图。

(2) 掌握测定双组分液体的沸点及用折射率确定二元液体组成的方法。

二、实验原理

1. 气-液相图

两种液态物质混合而成的二组分体系称为双液系。根据两组分间溶解度的不同，可分为完全互溶、部分互溶和完全不互溶三种情况。两个组分若能按任意比例互相溶解，称为完全互溶双液系。液体的沸点是指液体的蒸气压与外界压力相等时的温度。在一定的外压下，纯液体的沸点有确定值。但双液系的沸点不仅与外压有关，还与二组分体系的相对含量有关。根据相律：

$$f = C - \Phi + 2 \tag{2-9-1}$$

因此，一个气-液共存的二组分体系，其自由度为 2。只要再任意确定一个变量，整个体系的存在状态就可以用二维图形来描述。例如，在一定温度下，可以画出体系的压力 p 和组分 x 的关系图，即 p-x 图。在一定压力下，可以画出体系的温度 T 和组分 x 的关系图，即 T-x 图。在 T-x 相图上，有温度、液相组成和气相组成三个变量，但只有一个自由度。一旦设定了某个变量，则其他两个变量必有相应的确定值。在一定压力下，双液系的沸点与组成的 T-x 相图一般有下列三种情况。

(1) 混合物的沸点介于两种纯组分之间[图 2-9-1(a)]。

(2) 混合物存在最高沸点[图 2-9-1(b)]。

(3) 混合物存在最低沸点[图 2-9-1(c)]。

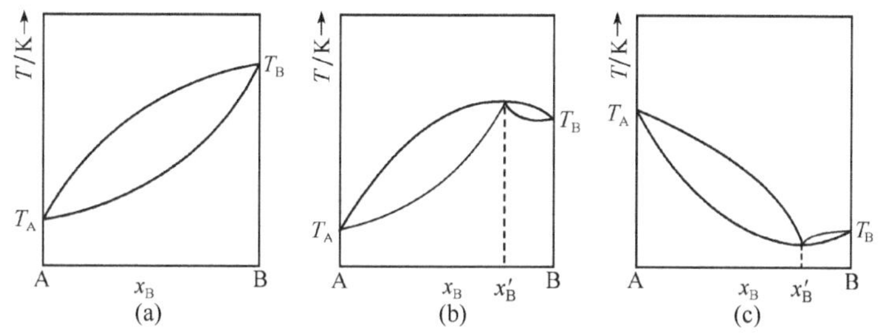

图 2-9-1 完全互溶双液系的沸点-组成图

以苯-甲苯体系为例，苯与甲苯这一双液系基本上接近于理想溶液，其沸点-组成图如图 2-9-1(a)所示。然而绝大多数实际体系与拉乌尔定律有一定的偏差，偏差不大时，溶液的沸点仍介于两纯物质的沸点之间。但是有些体系的偏差很大，以致其相图上出现极值。负偏差很大的体系在 T-x 图上出现极大值，如图 2-9-1(b)所示。正偏差很大时则会出现极小值，如图 2-9-1(c)所示。这样的极值称为恒沸点，其气、液两相的组成相同。例如，H_2O-HCl 体系的最高恒沸点在$p^{\ominus}$时为 108.5℃，恒沸物的组成含 20.24%的 HCl。水-乙醇体系的最低恒沸点在$p^{\ominus}$时为 78.1℃，恒沸物的组成含乙醇 95.57%。

对于具有恒沸点的双液系相图，它们在最低或最高恒沸点时的气相和液相组成相同，因而不能像第一类那样通过反复蒸馏的方法使双液系的两个组分相互分离，只能采取精馏等方法分离出一种纯物质和另一种恒沸混合物。为了测定双液系的 T-x 图，需在气液平衡后，同时测定双液系的沸点和液相、气相的平衡组成。实验中气-液平衡组分的分离是通过沸点仪实现的，而各相组成的准确测定可通过阿贝折射仪测量折射率进行。

本实验测定的环己烷-乙醇双液系相图属于具有最低恒沸点的体系。方法是利用沸点仪在大气压下直接测定一系列不同组成混合物的气-液平衡温度，并收集少量气相和液相冷凝液，分别用阿贝折射仪测定其折射率，据折射率与标样浓度之间的关系，查得对应的气相、液相组成。

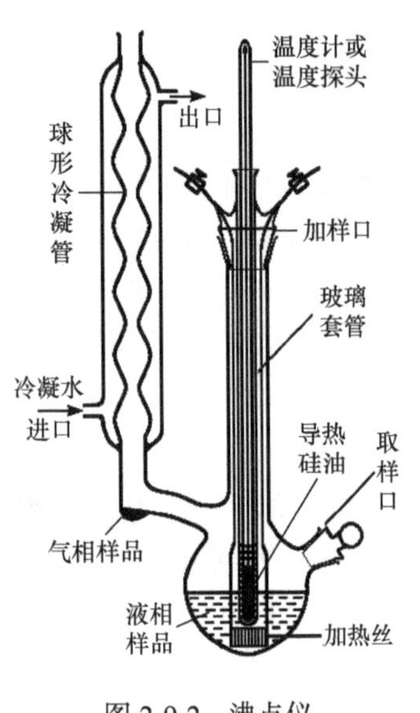

图 2-9-2　沸点仪

2. 沸点测定仪

各种沸点仪的具体构造虽各有特点，但其设计思想都集中在如何正确地测定沸点、便于取样分析、防止过热及避免分馏等方面。本实验所用沸点仪如图 2-9-2 所示。这是一个带回流冷凝管的长颈圆底烧瓶。冷凝管底部有一半球形小室，用以收集冷凝下来的气相样品。电流经粗导线通过浸于溶液中的电热丝。这样既可以减少溶液沸腾时的过热现象，还能防止暴沸。温度计外套的小玻璃管有利于降低周围环境可能造成的温度计读数波动。

通常测定一系列不同配比溶液的沸点及气、液两相的组成，就可以绘制气-液体系的相图。压力不同时，双液系相图略有差异。

3. 组成分析

本实验选用环己烷和乙醇为实验体系，该体系具有最低恒沸点，且液相线较为平坦，实验要求较高，需认真对待。两者折射率相差较大，而折射率测定又只需要少量样品，因此可用折射率-组成工作曲线来测得平衡体系中两相的组成。

三、仪器与试剂

沸点测定仪	2 套	精密数字温度温差仪	2 台
双路直流稳压稳流电源	1 台	超级恒温水浴	1 套
称量瓶(低型 10 mL)	9 个	阿贝折射仪	1 台
长、短滴管	各 2 支	容量瓶(250 mL)	2 个
环己烷(A. R.)		无水乙醇(A. R.)	
丙酮(A. R.)			

分别配制体积比为 0.05、0.15、0.30、0.45、0.55、0.65、0.80 和 0.95 的环己烷-乙醇溶液

四、实验步骤

1. 工作曲线绘制

分别将盛有约 200 mL 无水乙醇和纯环己烷的 250 mL 容量瓶置入 25.0℃恒温水浴中恒温，

20 min 后按表 2-9-1 的体积配比，用移液管精确配制系列环己烷-乙醇标准溶液各 10 mL。为避免样品挥发带来误差，配制过程应尽量迅速，摇匀后马上测量溶液的折射率。

测量上述标准溶液以及无水乙醇和纯环己烷的折射率。每个标样取 3 次，每取一次样测定 2 次。

2. 精密数字温度温差仪的温度校正

没经过校准的电子温度温差仪一般存在较大的偏差，可做简单的相对校正。将 A、B 两套温度温差仪探头头部并在一起，同时置入已恒温至 25.0℃的恒温水浴中，约 5 min 后读取各自的温度，以较接近水浴温度的一个温度温差仪为基准，对另一套温度温差仪进行校正，记录两者的差值，并做好标记。

3. 安装沸点仪

按图 2-9-2 所示，将干燥的沸点仪安装好。检查磨口塞是否密合，电热丝要靠近烧瓶底部，温度计探头距离电热丝至少 0.8 cm。温度计套管中应加入适量的硅油或液体石蜡以完全浸没探头传感部位(探头顶部约 3 cm，若用 1/10 温度计，应没过汞球 3 mm)。

4. 测定无水乙醇和环己烷的沸点

用洁净的沸点仪，由加样口加入适量无水乙醇，使液面达到温度计探头中部(距探头顶 10 mm 处，若用 1/10 温度计，应没过汞球一半)。注意电热丝应完全浸没于溶液中。打开冷却水，接通电源，将电流钮逆时针旋至最小，电压钮顺时针调至最大，再顺时针缓慢调节电流钮直至液体沸腾后，继续调电流钮使蒸气在冷凝管中回流的高度保持在 1.5～2 cm(若使用调压器，则先调至 25 V 预热 2 min，再缓慢调压至蒸气在冷凝管中回流的高度保持在 1.5～2 cm)。然后，每隔 5 min 读取体系的温度，直到两个相邻数据相差在 0.02℃左右时，读取此时的大气压(p)。将电流调至最小后关闭电源，倒出乙醇至废乙醇收集瓶。

采用相同的方法用第二套沸点仪测定环己烷的沸点。废环己烷倒至环己烷收集瓶。

注意：电流调节要适当，防止暴沸。

5. 混合样蒸馏及测定

由沸点仪支管加入环己烷摩尔分数为 0.05 的环己烷-乙醇溶液，采用与步骤 4 完全相同的方法调节沸点仪，同时将一支干净的长吸管去掉胶头，放入冷凝管回流润洗，保持回流 30 min。直至每隔 5 min 读取的两个相邻温度相差在 0.02℃左右时，读取大气压计的读数。将电流调至最小后关闭电源。

首先用已经回流润洗的长吸管从冷凝管上端吸取气相冷凝液，用阿贝折射仪测定并记录其折射率。用已经冷却的液相样品润洗短吸管两三次后，吸取液相样品测定其折射率。气相样品取样 2 次，液相样品取样 3 次，每取一次样测定 2 次。试样转移要迅速，将样品直接滴在折射仪毛玻璃上进行测定。测定完毕，将剩余的试样倒入原标号试样瓶中，供其他同学重复使用。

按上述相同的步骤，用第二套沸点仪测定环己烷摩尔分数为 0.95 的环己烷-乙醇溶液的沸点、大气压及蒸馏后的气相和液相的折射率。

6. 系列环己烷-乙醇溶液的测定

按步骤 5 所述，分别用第一套沸点仪从低浓度至高浓度逐一测定各溶液的沸点、大气压及气、液两相样品的折射率，并用第二套沸点仪从高浓度向低浓度逐一测定各溶液的沸点、大气压及两相样品的折射率。直至完成所有混合溶液的蒸馏和测定。

系列蒸馏溶液可倒回原标号试样瓶，供其他同学使用；每个试样测定后，将沸点仪尽量倒干净即可，千万不要洗涤，也不必干燥。

7. 数据记录

将步骤 1 所测已知浓度环己烷-乙醇溶液的折射率实验数据记录于表 2-9-1 中，将各浓度环己烷-乙醇溶液蒸馏的沸点填入表 2-9-2 中，蒸馏后气相和液相的折射率填入表 2-9-3 中。

表 2-9-1　环己烷-乙醇溶液的组成及其折射率

$V_{醇}$/mL	10.0	8.3	6.8	5.6	4.5	3.5	2.7	1.9	1.2	0.6	0.0
$V_{烷}$/mL	0.0	1.7	3.2	4.4	5.5	6.5	7.3	8.1	8.8	9.4	10.0
$x_{烷}$	0.000	0.100	0.204	0.299	0.399	0.502	0.595	0.698	0.799	0.895	1.000
1											
2											
3											
4											
5											
6											
平均											

注：体积按恒温 25.0℃，且总量为 10 mL 计算，其他温度参照实验启示 3 自行计算。

表 2-9-2　蒸馏试样沸点测定数据

编　号		0.00	0.05	0.15	0.30	0.45	0.55	0.65	0.80	0.95	1.00
大气压/kPa											
测量沸点 t_A/℃	1										
	2										
	3										
	4										
	5										
	6										
	平均										

表 2-9-3 环己烷-乙醇混合物的相关数据

编号			0.00	0.05	0.15	0.30	0.45	0.55	0.65	0.80	0.95	1.00
沸点/℃	测量 t_A/℃											
	大气压/kPa											
	校正 $\Delta t_{压}$/℃											
	正常沸点/℃											
气相	折射率	1										
		2										
		3										
		4										
		平均										
	组成($y_{烷}$)											
液相	折射率	1										
		2										
		3										
		4										
		5										
		6										
		平均										
	组成($x_{烷}$)											

五、数据处理

(1) 根据表 2-9-1 中各浓度溶液的平均折射率及其组成 $x_{环己烷}$作 n-x 图，可得环己烷-乙醇溶液的工作曲线。

(2) 从表 2-9-2 中选取 4 组最接近的实测沸点数据，将其平均后填入表 2-9-3 中。

(3) 沸点的压力校正。在标准压力 $p^{\ominus}$下，蒸气压等于外压时的沸点称为正常沸点。通常实际外压不等于 100.00 kPa，故需对实验沸点 T_A 做压力校正。校正公式(2-9-2)由特鲁顿(Trouton)规则及克拉珀龙-克劳修斯方程推导而得

$$\Delta T_{压} = \frac{8.314 \times T_A \times (100.00 - p)}{88 \times 100.00} = \frac{T_A}{10.58}\left(1 - \frac{p}{100.00}\right) \tag{2-9-2}$$

式中，$\Delta T_{压}$、T_A 的单位为 K；p 的单位为 kPa。经压力校正后，体系的正常沸点应为 $T_{沸} = T_A + \Delta T_{压}$(忽略露颈校正)。

(4) 确定未知溶液组成。从表 2-9-3 中的折射率数据分别计算气相和液相折射率平均值，由平均值从工作曲线上查得气、液两相的组成 $y_{烷}$和 $x_{烷}$，并填入表 2-9-3 中。

(5) 绘制 T-x 相图。将表 2-9-3 中系列溶液的沸点和气、液两相各自的组成单独列于表 2-9-4

中，根据此表绘制环己烷-乙醇体系的 T-x 相图，并从相图上确定最低恒沸点和恒沸物组成。恒沸点组成参考数据如表 2-9-5 所示。

(6) 在 100 kPa 下，乙醇的正常沸点为 77.93℃，环己烷的正常沸点为 80.30℃。作图建议：n-$x_{环}$图中 n 为每厘米 0.01，$x_{环}$为每厘米 0.1；t-$x_{环}$图中 t 为每厘米 2℃，$x_{环}$为每厘米 0.1。

表 2-9-4　标准压力下环己烷-乙醇体系沸点-组成数据

编号	乙醇	0.05	0.15	0.30	0.45	0.55	0.65	0.80	0.95	环己烷
正常沸点/℃										
气相组成($y_{烷}$)	0.0									1.00
液相组成($x_{烷}$)	0.0									1.00

表 2-9-5　标准压力下环己烷-乙醇体系相图的恒沸点数据

沸点/℃	$w_{环己烷}$/%	$x_{环己烷}$
64.8	70.8	0.570
64.8	68.6	0.545
64.9	69.5	0.555

六、注意事项

(1) 测定折射率时，动作要迅速，以避免样品挥发损失，确保数据准确。

(2) 电热丝必须被溶液浸没后方可通电加热，否则电热丝易烧断或燃烧起火。

(3) 每种浓度的样品其沸腾状态应尽量一致。使气泡连续均匀地冒出，不要过于激烈，也不要过慢。测定纯环己烷、无水乙醇的沸点时必须保证沸点仪洁净干燥。

(4) 先开冷却水再加热，系统达到平衡后，停止加热，冷却后方可取样分析。

七、思考题

(1) 测沸点时，溶液过热或出现分馏现象，则绘出的相图发生什么变化?

(2) 为什么工业上通常生产 95%的乙醇? 精馏含水乙醇能否获得无水乙醇?

(3) 试推导沸点的压力校正公式。

(4) 影响实验精度的因素之一是回流好坏，怎样使回流进行充分? 标志是什么? 为什么不能边通电蒸馏边取样测定?

(5) 蒸馏瓶中残余的环己烷-乙醇溶液对下一个试样的测定有没有影响?

八、实验启示

1. 被测体系的选择

本实验所选体系的沸点范围较为合适。由图 2-9-3 可知其折射率组成除高端稍微弯曲外，大部分浓度下均有较好的线性关系，且变化较大，易于用折射法测定组成。由图 2-9-4 可见，该体系与拉乌尔定律存在比较严重的正偏差。作为有最小值的 T-x 相图，该体系有一定的典型意义。

相图的液相线较平坦，在有限的学时内不可能将整个相图精确绘出。也可选用苯-乙醇体系，虽然其液相线有较好的极值，但考虑到苯的毒性，未选用。

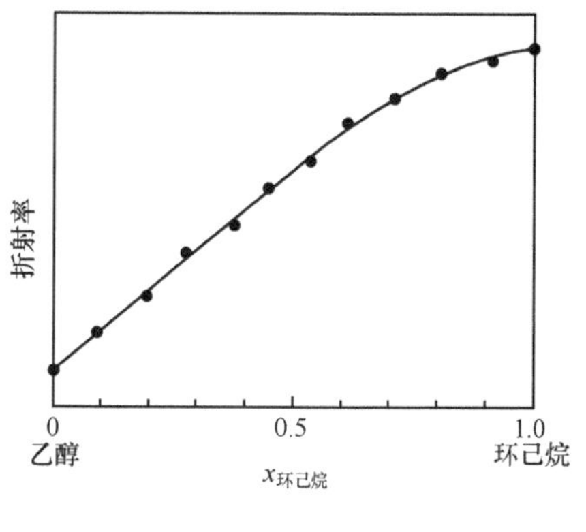

图 2-9-3　折射率-组成图

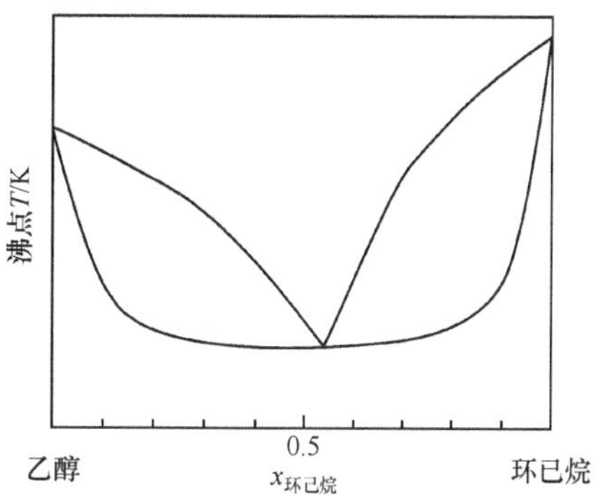

图 2-9-4　环己烷-乙醇的温度-组成图

2. 沸点测定仪

仪器设计必须便于沸点和气、液两相组成的测定。蒸气冷凝部分设计是关键之一。若收集冷凝液的凹形半球容积过大，在客观上造成溶液的分馏；而过小则会因取样太少而给测定带来一定困难。冷凝管和圆底烧瓶之间的连接管过短或位置过低，沸腾的液体就有可能溅入小球内；相反，则易导致沸点较高的组分先被冷凝下来，气相样品的组成将有偏差。在化工实验中，常用罗斯(Rose)平衡釜测得平衡时的温度及气、液相组成的数据，效果较好。

3. 标准溶液配制

为了测定蒸馏平衡体系中气相和液相的组成，常采用标准对比法。只要保持待测液与标准液在相同条件下进行测定，就能保证测量的精度，但这对标准液提出了较高的要求。一般来说，若试剂的挥发性不太大，重量法是配制标准溶液的常用方法。但因重量法操作烦琐，不容易获得指定浓度的溶液，在精度要求不太高的情况下，对液体物质多采用容量法配制。容量法是根据恒温条件下所用试剂的密度，将所需试剂的物质的量折算成体积，在指定温度下分别移取计算量体积的相应试剂混合而成。为避免偏摩尔体积的影响，各物质必须分别准确移取，而不能用容量瓶定容。

若物质 A、B 的摩尔质量分别为 M_A、M_B，在指定温度下的密度分别为 ρ_A、ρ_B(参见附表Ⅱ-7)，配成溶液的总体积为 V，则组分 B 的摩尔分数 x_B 或体积 V_B 为

$$x_B = \frac{1}{1+\frac{M_B}{M_A}\cdot\frac{\rho_A}{\rho_B}\cdot\frac{V-V_B}{V_B}} \quad 或 \quad V_B = \frac{V}{1+\frac{M_A}{M_B}\cdot\frac{\rho_B}{\rho_A}\cdot\left(\frac{1}{x_B}-1\right)} \tag{2-9-3}$$

4. 组成测定

可用多种方法测定蒸馏平衡体系中气相和液相的组成，如紫外光度法、气相色谱法、折射率法等。折射率法测定快速、简单，所需样品量较少，对本实验特别合适。但若操作不当

或测定温度过高都会产生较大误差。为减小误差，通常需重复测定四次以上。应该指出，在环已烷含量较高的部分，折射率随组成的变化率较小，实验误差增大，如图 2-9-3 所示，但作为验证性实验，这种误差是可以接受的。

5. 教学安排

若由实验室事先画好工作曲线，系列溶液也已经预先配制，学生只测定无水乙醇和 8 个溶液的数据，大多可在 6 学时内完成测定。无水乙醇的测定有利于学生熟悉整个操作，并用于校验温度计刻度是否正确。如果不怀疑温度计的刻度或乙醇的纯度，通常不必对环已烷进行测定。为使相图更为完整，可配制 15 个溶液，由两组学生分工，各完成相图的一半。但接近恒沸物组成 $x_{烷} = 0.55$ 的样品则各做一次以便互相核对。为减少测量误差，有兴趣的同学可独立完成。

6. 气-液相图的实用意义

只有掌握了气-液相图，才有可能利用蒸馏方法有效地分离液体混合物。在石油工业和溶剂、试剂的生产过程中，常利用气-液相图来指导并控制分馏、精馏的操作条件。在一定的压力下，恒沸物的组成恒定。利用具有恒沸点组成的盐酸可以配制容量分析用的标准酸溶液。

参 考 文 献

复旦大学等. 2004. 物理化学实验. 3 版. 北京: 高等教育出版社.
傅献彩, 沈文霞, 姚天扬, 等. 2005. 物理化学(上册). 5 版. 北京: 高等教育出版社.
金丽萍, 邬时清, 陈大勇. 2005. 物理化学实验. 2 版. 上海: 华东理工大学出版社.

(责任编撰：中南民族大学　黎永秀)

实验 10　二组分简单共熔合金相图绘制

一、目的要求

(1) 用热分析法(步冷曲线法)测绘 Bi-Sn 二组分金属相图。
(2) 了解固-液相图的特点，进一步学习和巩固相律等有关知识。
(3) 掌握热电偶测量温度的基本原理。

二、实验原理

相图是用以研究系统的状态随浓度、温度、压力等变量改变而发生变化的图形，它可以表示出在指定条件下系统存在的相数和各相的组成，对蒸气压较小的二组分凝聚系统，常以温度-组成图(T-x 图)来描述。

测绘金属相图常用的实验方法是热分析法，其原理是将一种金属或合金熔融并搅拌均匀后，使之缓慢冷却，每隔一定时间记录一次温度(或者用温度数据采集装置连续采集)，制作成温度与时间关系的曲线(T-t 曲线)称为步冷曲线(图 2-10-1)。当熔融体系在均匀冷却过程中无相变化时，其温度将连续均匀地下降，得到一条光滑的冷却曲线；当体系内发生相变时，因体系产生的相变热与自然冷却时体系放出的热量相抵偿，冷却曲线就会出现转折或水平线段，转折点所对应的温度，即为该组成合金的相变温度。

图 2-10-1 中 AB 段均匀冷却，冷却到达 B 点所对应的温度时，有固体析出，放出凝固热，

冷却速度减慢，步冷曲线上出现转折。当熔液继续冷却到 *C* 点对应的温度时，熔液系统以低共熔混合物固体的形式析出，此时系统处于三相平衡共存状态。在低共熔液态混合物全部凝固以前，系统温度保持不变。因此步冷曲线上出现水平线段 *CD*；当熔液完全凝固后即 *D* 点，温度迅速下降(图中线段 *DE*)。若物系点处于固熔体区，则步冷曲线不会出现平台区，而是出现拐点，根据物系点的不同，可能有两个拐点，如图 2-10-2 中 B 含量大于 96% 的步冷曲线，甚至出现三个拐点，如图 2-10-2 中 B 含量为 90% 的步冷曲线。

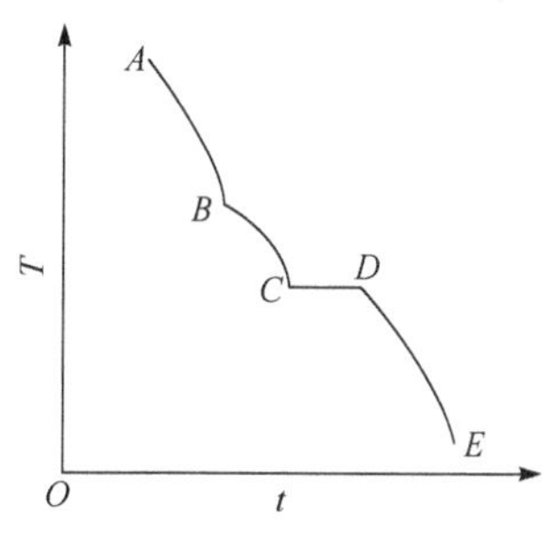

图 2-10-1　步冷曲线

对组成一定的二组分低共熔混合物系，可根据其步冷曲线得出有固体析出时的温度和低共熔点温度。一般来说，除纯物质外，系统由单相进入两相时或由两相进入单相时，步冷曲线均会出现拐点；而当系统中出现三相时，步冷曲线必定出现平台；对纯组分，无论是何种相变，其步冷曲线都只可能出现平台。例如，将纯锡加热到 260℃ 使其熔化，当液态锡冷却至约 232℃时因凝固而其步冷曲线出现一个平台；当降温至约−13.2℃时，在其步冷曲线上又可以观察到一个由白锡向灰锡转变的平台。

根据一系列不同组成的步冷曲线中各转折点的温度及其特点，以横轴表示混合物的组成，纵轴上标出开始出现相变的温度，连接这些点，即可画出二组分系统的 *T-x* 相图。不同组成熔液的步冷曲线对应的相图如图 2-10-2 所示。

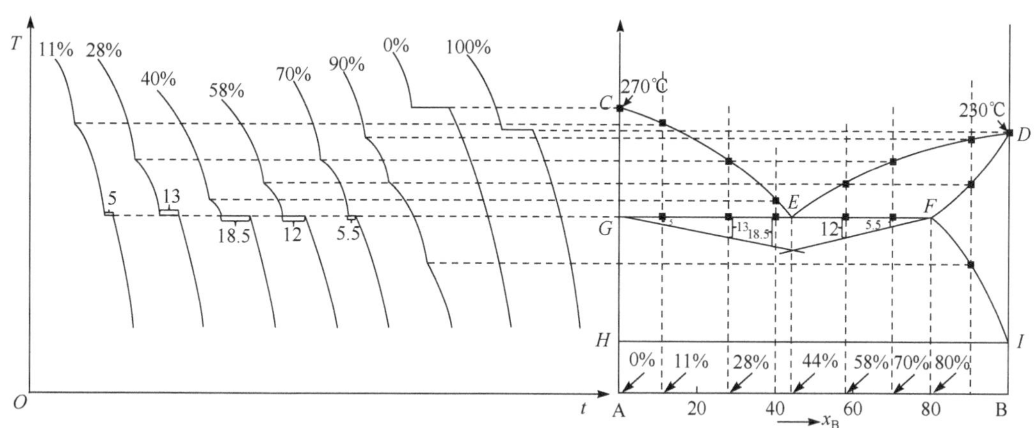

图 2-10-2　步冷曲线与塔曼三角形法的应用

三、仪器与试剂

可控温电炉	1 台	数字程序控温仪	1 台
计算机	1 台	电子台秤	1 台
纯铋(99.9%，粉或小粒)		大号样品试管架	1 个
石墨粉(A. R.)		纯锡(99.9%，粉或小粒)	

四、实验步骤

1. 样品的配制

在 7 个专用的耐高温玻璃试管中，使用感量为 0.01 g 的台秤，分别称取纯锡、纯铋各 50 g，另配制含锡 20%、42%、60%、80%、90% 的铋锡混合物各 50 g，在样品上方各覆盖一层石墨粉并贴上相应的标签。

2. 步冷曲线测试

用程序控温仪设置升温速率为 15℃ · min^{-1}，恒温温度 300℃，恒温时间 10 min，降温速率为 5℃ · min^{-1}，以控制电炉的升降温过程。

升温时，由于玻璃试管内的温度较炉膛内的温度滞后，因此当设置完成后对电炉进行加热时，必须将温度传感器置于炉膛内。当温度达到设定温度并进入恒温状态时，因温度高于混合样品的熔化温度而全部融熔，此时把测温探针放到玻璃试管内，并迅速充分地搅拌，使熔融样品均匀一致，运行计算机中的金属相图测绘软件，调节“冷风量调节”旋钮以配合程序控温器控制降温速率，待显示的温度曲线呈下降趋势时，点击“开始绘图”，测温程序记录温度-时间数据并显示步冷曲线，待步冷曲线显示完整时点击“停止绘图”，保存数据。如此重复绘出 7 条不同组成的步冷曲线。

五、数据处理

(1) 作步冷曲线 T-t 图(计算机绘制的步冷曲线仅供参考，必须手工绘图)。

以温度 T 为纵坐标，作出冷却过程中温度随时间 t 变化的步冷曲线。参考表 2-10-1 中的数据和图 2-10-2 中曲线的特点，从步冷曲线中找出各样品在冷却过程中的特征温度，填入表 2-10-2 中。

表 2-10-1　各物质沸点或熔点的标准温度

物质名称	水	Sn	Bi	42%Sn(Bi)	Pb
沸点或熔点/℃	100.0	231.9	271.3	138	327

表 2-10-2　Bi-Sn 混合物的拐点或平台温度

w_{Sn}/%	0	20	42	60	80	90	100
第一拐点温度/℃							
平台温度/℃							
第三拐点温度/℃							

注：无第三拐点的不用填写，有第二拐点的在平台温度格中填写，并加“#”号以示区别。

(2) 铋-锡二元金属相图。从步冷曲线中可找出各不同物系点 x 的相变温度 T，以此相变温度 T 为纵坐标，相应各物系点的组分 x 为横坐标，绘制 Bi-Sn 二元组分相图。

六、注意事项

(1) 为使步冷曲线上有明显的相变点，必须将热电偶结点放在熔融体的中间偏下处，同时将熔融体搅匀。冷却时，降温速率要小，如无程序控温器，可直接关断电炉电源，利用电炉余热和调节冷风量控制降温速率 5～7℃ · min^{-1} 为宜。

(2) 在测定一个样品时，可将另一个待测样品放入加热炉内预热，以节约时间。若合金的步冷曲线上有多个转折点，如含 Sn 量为 90% 的样品可能有三个拐点，待全部转折点出完后方可停止，否则必须重做。若降至 50℃仍无拐点可直接停止。

(3) 当 Bi-Sn 合金相图中的 Sn 含量大于 85% 时将进入固熔体区，此时，步冷曲线不再出现平台，而是出现两个或三个拐点。可用塔曼三角形法确定低共熔点和三相点中的另两个固熔体组成。方法是首先准确量出各步冷曲线的低共熔平台长度，从相图的低共熔水平线上各组成点垂直向下量出其长度，连接长度线顶点所成的斜直线与低共熔水平线相交，交点即为共熔体极限浓度，两斜直线的交点即为低共熔点，具体应用如图 2-10-2 所示。

七、思考题

(1) 为什么冷却曲线上会出现转折点？纯金属、低共熔金属及合金的转折点各有几个？曲线形状为什么不同？

(2) 在加热过程中，怎样判断样品管中的样品已经全部熔化？

(3) 在样品管中装入试样后再覆盖一层石墨粉的作用是什么？

参 考 文 献

复旦大学等. 2004. 物理化学实验. 3 版. 北京: 高等教育出版社.

傅献彩, 沈文霞, 姚天扬, 等. 2005. 物理化学(上册). 5 版. 北京: 高等教育出版社.

金丽萍, 邬时清, 陈大勇. 2005. 物理化学实验. 2 版. 上海: 华东理工大学出版社.

(责任编撰：中南民族大学　黄正喜)

实验 11　三液系部分互溶相图的绘制

一、目的要求

(1) 熟悉相律，掌握用三角形坐标表示三组分体系相图。

(2) 掌握用溶解度法绘制相图的基本原理。

(3) 用溶解度法作出具有一对共轭溶液的乙酸乙酯-乙醇-水体系的相图。

二、实验原理

三组分体系 $C=3$，在恒温恒压条件下，根据相律，体系的条件自由度 f^{**} 为

$$f^{**}=3-\Phi \tag{2-11-1}$$

式中，Φ 为体系的相数。体系最大条件自由度 $f^{**}=3-\Phi=3-1=2$。因此，浓度变量最多只有两个，可用平面图表示体系状态和组成间的关系，称为三元相图。通常用等边三角形坐标表示，如图 2-11-1 所示。

三角形顶点分别为纯物 A、B、C，AB、BC、CA 三条边分别表示 A 和 B、B 和 C、C 和 A 所组成的二组分体系的组成，三角形内任何一点都表示三组分体系的组成。如图 2-11-1 中的 O 点，其组成表示如下：经 O 点作平行于三角形三边的直线，并交三边于 D、E、F 三点。若将三边均分成 100 等份，则 O 点对应的物系中，A、B、C 的组成(%)分别为：$w_A=OE=CF=a$，$w_B=OF=AD=b$，$w_C=OD=BE=c$。

本实验讨论的乙醇(A)-乙酸乙酯(B)-水(C)相图是具有一对共轭溶液的三液系，即三组分中

两对液体 A 与 B、A 与 C 完全互溶，而 B 和 C 只能有限混溶，如图 2-11-2 所示。

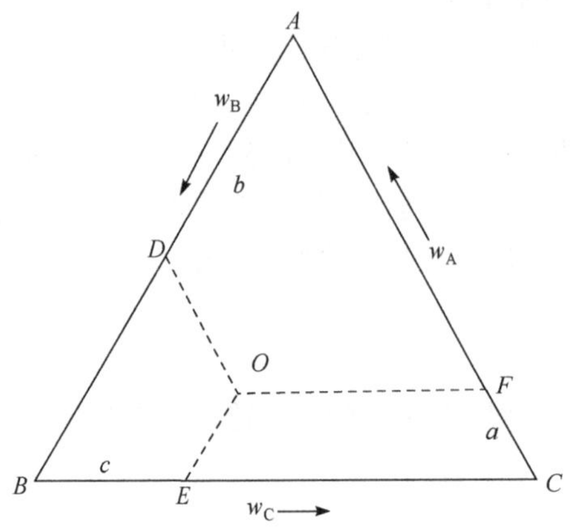

图 2-11-1　等边三角形法三元相图

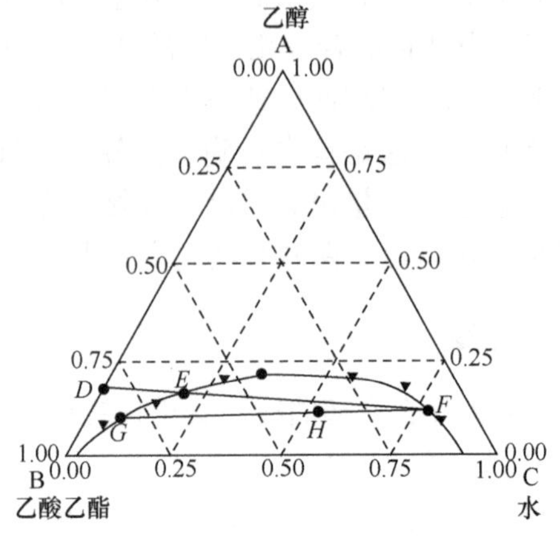

图 2-11-2　共轭溶液的三元相图

三、仪器和试剂

电子分析天平	1 台	梨形分液漏斗(125 mL)	1 个
酸式滴定管(25 mL)	2 支	具塞锥形瓶(50 mL)	11 个
吸量管(10 mL)	2 支	无水乙醇(A. R.)	
乙酸乙酯(A. R.)		蒸馏水	

四、实验步骤

1. 溶解度曲线的绘制

(1) 取 9 个干燥的具塞锥形瓶，按表 2-11-1 中给定的体积，用滴定管及吸量管配制不同浓度的水-乙醇溶液及不同浓度的乙酸乙酯-乙醇溶液。

(2) 用滴定管向水及配好的水-乙醇溶液中滴加乙酸乙酯，滴至清液变浊，将所滴入乙酸乙酯的体积记录于表 2-11-1 中；用滴定管向配好的乙酸乙酯-乙醇溶液中滴加蒸馏水，滴至清液变浊，将所滴入蒸馏水的体积记录于表 2-11-1 中。滴定时必须充分摇荡，动作要迅速。此步操作可用细滴管逐滴加入相应的液体，滴至清液变浊，依差减得体积，计算得到滴入的乙酸乙酯或水的质量及质量分数。

2. 连接线的绘制

(1) 共轭溶液(H 液)配制：在干燥的分液漏斗中，按照表 2-11-2 给定的体积配制，充分振荡使其达到相平衡，静置分层。

(2) 乙酸乙酯-乙醇溶液(D 液)配制：用移液管取 2.50 mL 乙醇放入干燥的具塞锥形瓶中，再在此瓶中用滴定管加入 9.00 mL 乙酸乙酯，振荡。

(3) 将干燥的 50 mL 具塞锥形瓶用电子分析天平称量，按“Tare/去皮”键，用牛皮纸条取出锥形瓶，放入步骤(1)准备好的分液漏斗中的下层(水层)溶液约 1 mL，盖好瓶塞并准确称其质量(m_F)，记录于表 2-11-2 中，按“Tare/去皮”键待用；再用牛皮纸条取出锥形瓶，然后用干燥的滴管逐滴加入步骤(2)准备好的 D 液，不断摇荡，滴至浊液变清，再准确称其质量(m_D)，记录于表 2-11-2 中。

五、数据记录与处理

(1) 根据实验温度分别计算乙酸乙酯、水和乙醇的密度，记录于表 2-11-1 中。将各溶液滴定终点时所用组分的体积填入表 2-11-1 中。

水的密度与温度的关系参见附表Ⅱ-2，乙醇和乙酸乙酯的密度与温度的关系参见附表 Ⅱ-7。

表 2-11-1 乙酸乙酯-乙醇-水溶解度曲线测绘记录

温度：________℃，压力：________kPa，$\rho_{乙酸乙酯}/(g \cdot cm^{-3})$=________，$\rho_{水}/(g \cdot cm^{-3})$=________，$\rho_{乙醇}/(g \cdot cm^{-3})$=________

编号	体积 V/mL			质量 m/g			质量分数 w/%		
	乙酸乙酯	水	乙醇	乙酸乙酯	水	乙醇	乙酸乙酯	水	乙醇
1		5.00	0.00						
2		7.50	1.00						
3		10.00	3.20						
4	2.50		2.10						
5	2.80		1.60						
6	3.10		1.30						
7	4.00		0.90						
8	4.20		0.40						
9	5.00		0.00						

(2) 根据各溶液滴定终点时各组分的体积，及其实验温度下的密度换算为质量，并求出各溶液滴定终点时的质量分数，一并填入表 2-11-1 中。

(3) 将表 2-11-1 中所得各结果绘于三角坐标纸上，将各点连成平滑曲线，即为如图 2-11-2 所示的溶解度曲线。

表 2-11-2 乙酸乙酯-乙醇-水连接线测绘记录

项目		体积/ mL	质量/ g	质量分数
共轭溶液体系(H 液)	乙酸乙酯	3.00		
	水	4.50		
	乙醇	1.00		
乙酸乙酯-乙醇溶液(D 液)	乙酸乙酯	9.00		
	乙醇	2.50		
空瓶质量 m_K/g	加水层后质量 m_W/g	滴定终点质量 m_Z/g	所取水层质量 m_F/g	滴入 D 液质量 m_D/g
$m_D : m_F$				

注：若天平有去皮功能，则空瓶质量 m_K、加水层后质量 m_W 和滴定终点后质量 m_Z 均为空，所取水层质量 m_F 和滴入 D 液质量 m_D 均为直接称量值；若天平无去皮功能，则 $m_F = m_W - m_K$，$m_D = m_Z - m_K$。

(4) 由表 2-11-1 中的密度值及表 2-11-2 中各物质的体积，计算 H 液和 D 液中各组分的质量及其质量分数，利用杠杆规则 $m_D : m_F = DE : EF$ 找到 F 点，连接 FH 并延长交互溶度曲线于 G 点，GHF 即为共轭连接线。

六、思考题

(1) 实验过程中所有玻璃器皿均需干燥，为什么？

(2) 绘制溶解度曲线时，滴至清液变浊为滴定终点；绘制连接线时，滴至由浊变清为滴定终点。分别是为什么？

参 考 文 献

傅献彩, 沈文霞, 姚天扬, 等. 2005. 物理化学(上册). 5 版. 北京: 高等教育出版社.
孟庆民, 刘百军. 2009. 液-液三组分相图实验的绿色化研究. 实验室科学, (1): 107-109.
孙文东, 陆嘉星. 2014. 物理化学实验. 3 版. 北京: 高等教育出版社.
王晓琴, 赵树英, 俞英, 等. 一种可推广的三组分液-液平衡相图测绘实验. 大学教育, (1): 90-92.

(责任编撰：黄冈师范学院 张 凯)

实验 12 差热-热重分析

一、目的要求

(1) 掌握差热-热重分析原理，根据差热-热重曲线解析样品差热-热重过程。

(2) 了解综合热分析仪的工作原理，学会使用综合热分析仪。

(3) 用综合热分析仪测定样品差热-热重曲线，通过微机处理差热和热重数据。

二、实验原理

热分析是在程序控制温度的条件下，测量物质的物理性质随温度的变化关系的一类技术。根据所测物理量的性质，热分析技术可以分为热重法(TG)、微分热重分析法(DTG)、差热分析法(DTA)、差示扫描量热法(DSC)、机械热分析法(TMA)、逸出气体分析法(EGA)等。

1. 热重分析

物质受热时，发生分解、氧化、还原、蒸发、升华或其他质量变化。热重法(thermogravimetry，TG)是在程序控制温度下，测量样品质量与温度或时间关系的一种热分析技术。热重分析曲线就是以样品的质量对温度 T 或时间 t 作图得到的图形(图 2-12-1)。通过分析 TG 曲线可以知道样品的质量随温度变化的情况，还可以根据样品的质量变化推测可能发生的反应。

将热重分析曲线对温度或时间微分，得到微分热重曲线。DTG 曲线提高了热重分析曲线的分辨率，可以比较准确地判断失重过程的发生和变化情况。

2. 差热分析

物质在受热或冷却过程中，当达到某一温度时，往往会发生熔化、凝固、晶形转变、分解、化合、吸附、脱附等物理或化学变化，并伴随焓的改变，因而产生热效应，其表现为物质与环境(样品与参比物)之间有温度差。差热分析(differential thermal analysis，DTA)是在程序控制温度下，测量样品与参比物的温度差与温度之间关系的一种热分析技术。

在理想条件下，DTA 曲线如图 2-12-2 所示。图中横坐标表示温度 T 或升温过程的时间；纵坐标表示样品与参比物之间的温度差 ΔT。参比物通常为在实验温度范围内没有明显热效应的物质，如 Al_2O_3。如果样品的热容不发生变化，又无热效应，两者的温度差 ΔT 基本不变，此时得到一条平滑的基线 AB。随着温度的上升，样品发生了变化，产生了热效应，则在 DTA 曲线上出现相应的变化。例如，DTA 曲线在 BC 段温度差 ΔT 发生变化，出现了台阶，通常与高聚物发生玻璃化转变有关；在 DTA 曲线的 DE 段，出现的峰顶向下的峰为吸热峰，表明样品在这一温度段发生变化时有吸热效应；在 DTA 曲线的 FG 段，出现的峰顶向上的峰为放热峰，表明样品在这一温度段发生变化时放出了热量。

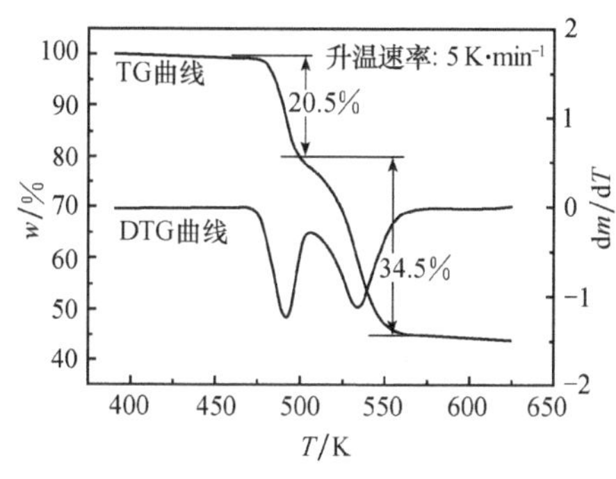

图 2-12-1 热重曲线

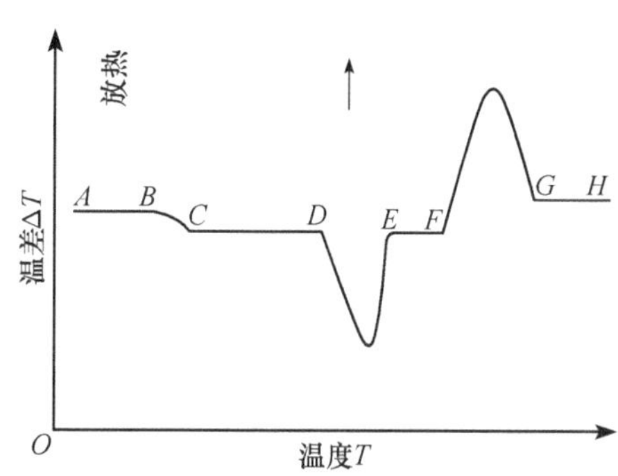

图 2-12-2 差热分析曲线

3. 热重-差热分析联用

单凭 TG、DTA 有时不能揭示反应的内在规律。如果 TG-DTA 联用，可以同时测定样品在反应过程中发生的质量变化和热效应，从而更容易揭示反应的本质。

ZRY-1P 综合热分析仪由热天平、加热炉、冷却风扇、微机控温、天平放大、微分、差热、接口、气氛控制等单元和计算机等组成，其构造如图 2-12-3 所示。

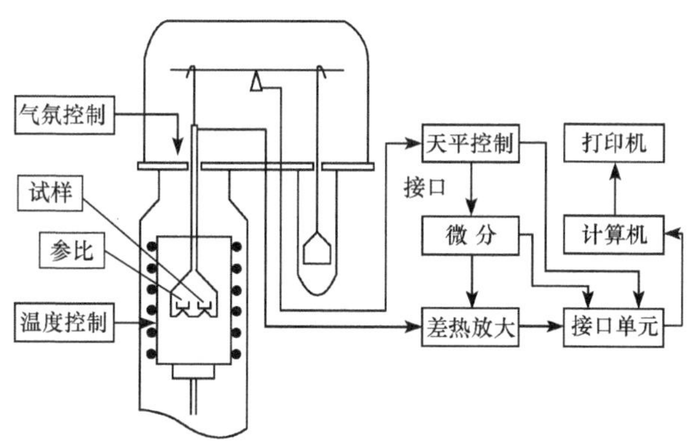

图 2-12-3 综合热分析仪原理图

仪器的天平测量系统采用电子称量，在天平的横梁上端装有遮光板，挡在发光二极管和光敏三极管之间，横梁中间加磁钢和线圈。当天平一侧加入试样时，横梁连同线圈和遮光板发生转动，光敏三极管受发光二极管照射的强度增大，质量检测电路输出电流，线圈的电流在磁钢的作用下产生力矩，使横梁回转，当试样质量产生的力矩与线圈产生的力矩相等时，天平平衡，则试样质量正比于电流，此电信号经放大、模/数转换等处理后输入计算机。在实验过程中，计算机不断采集试样质量，可获得一条试样质量随温度变化的热重曲线。质量信号输入微分电路后，微分电路输出端得到热重的一次微分曲线。

差热信号测量通过样品支架的点状平板热电偶实现，四孔氧化铝杆作吊杆，细软导线作差热输出信号引线。测试时将参比物(α-Al_2O_3 粉)与试样分别放在两个坩埚内，加热炉以一定的速率升温，若试样无热效应，则与参比物的温差不变；若试样在某一温度范围发生吸热(或放热)反应，则试样温度将减速(或加速)上升，与参比物间的温差发生变化，把温差热电势放大，即可得到差热的峰形曲线。

三、仪器与试剂

综合热分析仪	1 套	计算机控制与数据采集系统	1 套
氮气钢瓶及减压阀	1 台	草酸钙($CaC_2O_4 \cdot H_2O$，A. R.)	

四、实验步骤

(1) 开启仪器。打开仪器总电源，依次打开仪器的各个控制单元电源，预热 30 min，然后打开计算机。

(2) 前处理。松开加热炉，移走加热炉中的样品坩埚，换上空坩埚。检查参比坩埚，参比物若有污染，换上装有氧化铝的新坩埚，否则不换。还原加热炉。

(3) 通气。调节减压阀(约 0.05 MPa)和气体流量计旋钮至流量约 5 $mL \cdot min^{-1}$。

(4) 调零。运行计算机上的热天平控制程序，设置“采样”参数，同时观察设置参数与相应仪器控制面板是否一致，若不一致，改为一致。调节电减码使质量显示为零。单击“调零结束”，完成天平调零。

(5) 称量。松开加热炉，在样品坩埚中加入适量样品，样品质量 7～9 mg 为宜，还原加热炉。待质量显示稳定后，输入显示的样品质量。

(6) 设定。控温起始温度(℃)：100；结束温度(℃)：900；升温速率($℃ \cdot min^{-1}$)：5。

(7) 运行。按下加热控制单元电炉“启动”按钮，绿灯亮；单击程序窗口的“Run”按钮，实验开始。注意：如果先按“Run”后启动电炉，会烧坏电炉。

(8) 关机。采样结束后，单击“存盘返回”，再点击“Stop”，当仪器上输出电压显示在 10 V 以下时，按加热控制单元的电炉“停止”红色按钮(该操作顺序不能颠倒)。等待仪器温度控制单元红色 PV 显示温度低于 100℃时，才可关闭载气和风扇。按照步骤(2)取出样品坩埚，换上新的空坩埚，还原加热炉。在计算机上退出所有控制程序，再关闭各单元电源及总电源。

五、数据处理

对于反应：
$$A(s) \longrightarrow B(s) + C(s)$$

非均相反应中，用反应转化率α代替浓度表示非均相体系中的反应进度：

$$\alpha = \frac{w_t - w_\infty}{w_0 - w_\infty} \tag{2-12-1}$$

反应速率表示为

$$\frac{\mathrm{d}\alpha}{\mathrm{d}t}=kf(\alpha) \tag{2-12-2}$$

式中，α 为 t 时刻的反应转化率；$\mathrm{d}\alpha/\mathrm{d}t$ 称为反应速率；$f(\alpha)$为描述反应的形式速率公式，又称动力学模型函数。将阿伦尼乌斯(Arrhenius)公式和升温速率$\beta=\mathrm{d}T/\mathrm{d}t$ 代入，即得非等温非均相反应动力学方程：

$$\frac{\mathrm{d}\alpha}{\mathrm{d}T}=\frac{A}{\beta}f(\alpha)\exp(\frac{-E}{RT}) \tag{2-12-3}$$

通常假定反应遵循简单级数反应，即

$$f(\alpha)=(1-\alpha)^n \tag{2-12-4}$$

(1) 弗里曼(Freeman)法动力学计算。根据上述公式，取对数得

$$\ln\left(\frac{\mathrm{d}\alpha}{\mathrm{d}t}\right)=\ln(\frac{A}{\beta})+n\ln(1-\alpha)-\frac{E}{RT} \tag{2-12-5}$$

采用最小二乘法以 $\ln(\mathrm{d}\alpha/\mathrm{d}t)$对 $\ln(1-\alpha)$及 $1/T$ 进行二元一次线性回归，即得指前因子 A、反应级数 n 和活化能 E(β是已知常数)。

(2) 唐万军法(Tang 法)动力学计算。对上述公式两边进行积分，并且选用唐氏近似方程代替阿伦尼乌斯公式的积分得

$$\ln\left(\frac{\beta}{T^{1.894661}}\right)=\left(\ln\frac{AE}{R}+3.635041-1.894661\ln E\right)-\ln\left\{\frac{1}{n-1}\left[\frac{1}{(1-\alpha)^{n-1}}-1\right]\right\}-1.001450\frac{E}{RT}\quad(n\neq1) \tag{2-12-6}$$

$$\ln\left(\frac{\beta}{T^{1.894661}}\right)=\left(\ln\frac{AE}{R}+3.635041-1.894661\ln E\right)-\ln(1-\alpha)-1.001450\frac{E}{RT}\quad(n=1) \tag{2-12-7}$$

就不同反应级数 n，用最小二乘法以 $\ln(\beta T^{-1.894661})$对 $1/T$ 进行线性回归。回归的相关系数最接近于 1 时的反应级数 n、指前因子 A 和活化能 E 即为所求的动力学参数。

六、思考题

(1) 依据 TG 曲线怎样推断升温过程中可能发生的反应?

(2) 影响热分析曲线的因素有哪些?

参 考 文 献

复旦大学等. 2004. 物理化学实验. 3 版. 北京：高等教育出版社.

傅献彩，沈文霞，姚天扬，等. 2005. 物理化学(上册). 5 版. 北京：高等教育出版社.

胡祖荣，高胜利，赵凤起，等. 2008. 热分析动力学. 2 版. 北京：科学出版社.

Tang W J, Liu Y W, Zhang H, et al. 2003. New approximate formula for Arrhenius temperature integral. Thermochimica Acta, 408(1-2): 39-43.

(责任编撰：中南民族大学　唐万军)

2.2 电 化 学

实验 13 电导法测定弱电解质的离解平衡常数

一、目的要求

(1) 了解弱电解质的离解特性。

(2) 学会用电导法求算弱电解质离解平衡常数的方法。

(3) 掌握数字电导率仪的正确使用方法。

二、实验原理

离解平衡常数是研究电解质溶液性质的重要参数，弱电解质的离解平衡常数测定方法很多，如电位法、分光光度法、毛细管电泳法、电导法等。

用电导法测弱电解质的离解平衡常数具有实验过程简单、实验结果准确等特点。本实验拟采用电导法测定恒温下乙酸的离解平衡常数。

弱电解质 HA 在水溶液中呈下列平衡：

$$\mathrm{HA} \rightleftharpoons \mathrm{H^+} + \mathrm{A^-}$$

$$c(1-\alpha) \qquad c\alpha \qquad c\alpha$$

当离解达到平衡时，有

$$K_c^{\ominus} = \frac{\alpha^2}{1-\alpha}\left(\frac{c}{c^{\ominus}}\right) \tag{2-13-1}$$

式中，c 为 HA 的起始浓度；α 为 HA 的离解度；$c^{\ominus}=1\ \mathrm{mol \cdot L^{-1}}$，是标准浓度。在一定温度下，$K_c^{\ominus}$ 为常数，只要知道一定浓度下的离解度 α，就可求得 $K_c^{\ominus}$ 值。

电导是电阻的倒数，测量电导的实质就是测量电阻。测量方法是用一支电导电极(由两个平行的铂片构成)插入待测溶液中，测定两铂片间的电阻。在测量电解质溶液的电阻时，必须用一定频率的交流电，通常采用的频率为 1000 Hz，以防止被测溶液的电解和电极的极化。所用电极也必须是惰性的，一般用铂黑电极，以保证电极与溶液不发生化学反应。溶液的电导 G、电导率 κ 及电导池常数 K_{cell} 符合下列关系：

$$\kappa = K_{\mathrm{cell}} G \tag{2-13-2}$$

由振荡产生的交流电压加在电极(电导池)上，经运算放大器组成的放大检波电路变换为直流电压，再经集成模数转换器(A/D)转换成数字信号并显示出来。电解质溶液的电导率不仅与温度有关，还与溶液的浓度有关。因此，常用摩尔电导率 Λ_{m} 衡量电解质溶液的导电能力。Λ_{m} 与 κ 之间的关系为

$$\Lambda_{\mathrm{m}} = \kappa / c \tag{2-13-3}$$

式中，Λ_{m} 的单位为 $\mathrm{S \cdot m^2 \cdot mol^{-1}}$；$\kappa$ 的单位为 $\mathrm{S \cdot m^{-1}}$；c 的单位为 $\mathrm{mol \cdot m^{-3}}$。

对弱电解质，$\alpha=\Lambda_{\mathrm{m}}/\Lambda_{\mathrm{m}}^{\infty}$，而 $\Lambda_{\mathrm{m}}^{\infty}=\Lambda_{\mathrm{m}}^{\infty}(\mathrm{H^+})+\Lambda_{\mathrm{m}}^{\infty}(\mathrm{A^-})$。因此，弱电解质的离解平衡常数可表示为

$$K_c^{\ominus} = \frac{\Lambda_m^2}{\Lambda_m^{\infty}(\Lambda_m^{\infty} - \Lambda_m)}\left(\frac{c}{c^{\ominus}}\right) \tag{2-13-4}$$

可见，只要测出一定温度下不同浓度时弱电解质的电导率 κ，就可计算出相应的摩尔电导率 Λ_m、转化率 α 和平衡常数 $K_c^{\ominus}$，将式(2-13-4)线性化得

$$\Lambda_m\left(\frac{c}{c^{\ominus}}\right) = K_c^{\ominus}(\Lambda_m^{\infty})^2\frac{1}{\Lambda_m} - K_c^{\ominus}\Lambda_m^{\infty} \tag{2-13-5}$$

或

$$\frac{1}{\Lambda_m} = \frac{1}{K_c^{\ominus}(\Lambda_m^{\infty})^2}\Lambda_m\left(\frac{c}{c^{\ominus}}\right) + \frac{1}{\Lambda_m^{\infty}} \tag{2-13-6}$$

由式(2-13-5)以 $\Lambda_m c/c^{\ominus}$ 对 $1/\Lambda_m$ 作图或由式(2-13-6)以 $1/\Lambda_m$ 对 $\Lambda_m c/c^{\ominus}$ 作图均得一条直线，由直线的斜率和截距，即可求得弱电解质的无限稀释摩尔电导率 Λ_m^{∞} 和离解平衡常数 $K_c^{\ominus}$。

三、仪器与试剂

数字电导率仪	1 台	超级恒温水浴	1 套
铂黑电极	1 支	容量瓶(50 mL)	5 个
吸量管(5.0 mL)	1 支	吸量管(10.0 mL)	1 支
大试管(Φ 24 mm × 180 mm)	1 支	KCl(0.0100 mol · L^{-1})	
HAc(0.400 mol · L^{-1}，需标定)		电导水	

四、实验步骤

(1) 开启恒温水浴，调恒温温度至 25℃。若室温较高，则调至 30℃或 35℃。

(2) 配制 6 种不同浓度的 HAc 溶液，分别准确取 0.4 mol · L^{-1} 的 HAc 溶液 1.0 mL、2.0 mL、4.0 mL、6.0 mL、8.0 mL、10.0 mL 于 6 个 50 mL 的容量瓶中，用电导水稀释至刻度，并由稀至浓放 2～3 份溶液于恒温水浴中恒温备用。

两种形式的电导率仪使用方法完全不同，本处仅介绍按键式电导率仪(图 2-13-1)的使用，旋钮式电导率仪(图 2-13-2)的使用可参考 5.3.3 节。

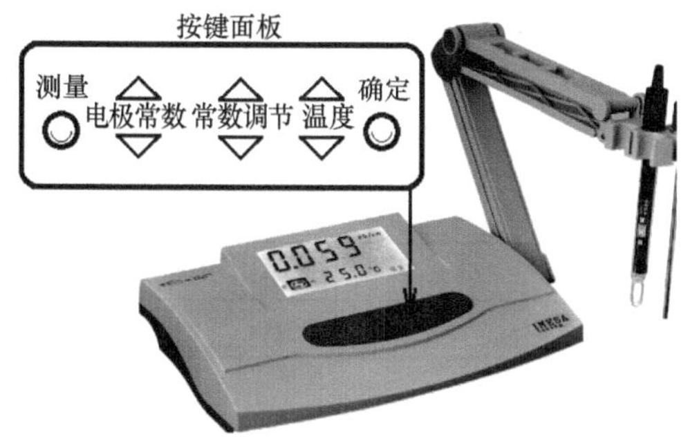

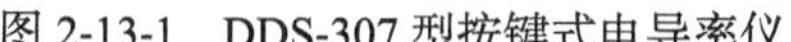

图 2-13-1　DDS-307 型按键式电导率仪

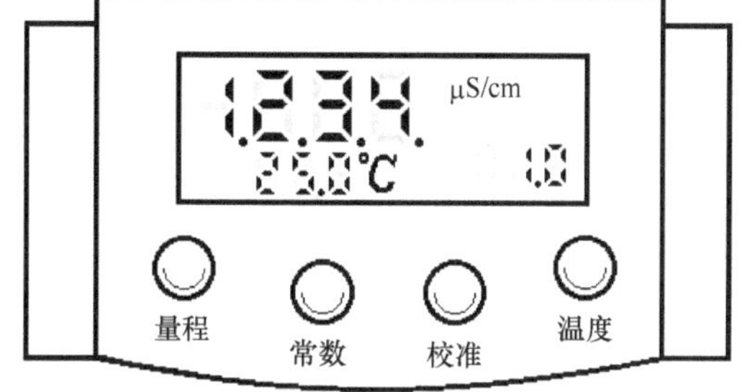

图 2-13-2　DDS-307 型旋钮式电导率仪

(3) 电极常数 K_{cell} 的测定。当温度在 35℃以上时使用 0.02 mol · L^{-1} 的 KCl 标准液标定电极常数，当温度在 35℃以下时一般用 0.01 mol · L^{-1} 的 KCl 标准溶液标定。方法是：开启电导率仪电源，预热约 30 min 后，对电导率仪进行校准。先分别用去离子水和 KCl 标准溶液充分

润洗大试管和铂黑电极后，倒入适量 0.01 mol · L^{-1} KCl 标准溶液，使铂黑电极上端的铂黑浸没在液面以下 1 cm 即可。将其放入恒温水浴中恒温。

按电导率仪温度钮“▼”或“▲”，温度设为 25.0℃，按“确定”保存设置；按电极常数钮的“▼”或“▲”，选择电极种类为“1”，再按常数调节钮的“▼”或“▲”，将电导池常数调为 1.000，按“确定”键后备用。

恒温 15 min 后，从电导率仪上读取标准 KCl 溶液电导率 κ，重复测定 4 次平均，根据相同温度和浓度的文献值 κ_0 按 $K_{cell} = \kappa_0/\kappa$ 计算，即得真实电极常数 K_{cell}(cm^{-1})。重新按常数调节钮的“▼”或“▲”，调电极常数使仪器设定电极常数与计算结果一致(不同温度下 KCl 标准溶液的电导率 κ_0 参见附录Ⅱ-11，如 25℃下 0.01 mol · L^{-1} KCl 标准溶液的 κ_0 = 0.1413 S · m^{-1} = 1413 μS · cm^{-1})。按“确定”键，电导率仪进入测量状态，此时读数应与标准溶液的 κ_0 一致。若有差距，可微调电极常数，直至读数与相应温度下标准溶液的 κ_0 一致。此时的电极常数即为所求。

(4) 用电导水充分洗涤大试管和铂黑电极，再用少量待测液润洗大试管和电极数次，注入待测液，使液面超过铂黑电极 1 cm，恒温 10 min 后，隔 3 min 再测量 1 次；更换待测液后，注意要用新的待测液润洗，如此重复，共测 6 次。

(5) 每测完一个待测样品，用下一个待恒温的试样代替恒温水浴中刚刚测完的试样。从稀到浓依次测定所配各 HAc 溶液。新待测样不必用蒸馏水润洗，直接用下一个被测溶液润洗大试管和铂黑电极 3 次，然后注入被测溶液，按上述步骤(4)依次测定并记录数据。

五、数据处理

(1) 由 0.4 mol · L^{-1} 的 HAc 溶液配制的各不同浓度 HAc 溶液(均定容至 50 mL)的 κ 值，根据式(2-13-3)计算对应的摩尔电导率 Λ_m 并对应填入表 2-13-1 中。

表 2-13-1　不同浓度 HAc 的电导率和摩尔电导率及其离解平衡常数的计算

移取体积 $V_{0.4\_HAc}$/mL		1	2	4	6	8	10
HAc 浓度 c/(mol · L^{-1})		0.008	0.016	0.032	0.048	0.064	0.080
κ/(S · m^{-1})	1						
	2						
	3						
	4						
	5						
	6						
	平均						
Λ_m/(S · m^2 · mol^{-1})							
$K_{c,1}^{\ominus}$	i						
	平均						
$(\Lambda_m c / c^{\ominus})$/(S · m^2 · mol^{-1})							
$(1/\Lambda_m)$/(S · m^2 · mol^{-1})$^{-1}$							

(2) 按式(2-13-4)计算各浓度下的 $K_c^{\ominus}$，并填入表 2-13-1 中，计算其平均值。

(3) 在表格中列出 $\Lambda_m c / c^{\ominus}$ 和 $1/\Lambda_m$ 的计算值。

(4) 根据式(2-13-5)以 $\Lambda_m c/c^{\ominus}$ 对 $1/\Lambda_m$ 作图，得斜率 $k' = K_c^{\ominus}(\Lambda_m^{\infty})^2$，截距 $b' = -K_c^{\ominus}\Lambda_m^{\infty}$，则 $K_{c,2}^{\ominus} = (b')^2/k'$。

(5) 根据式(2-13-6)以 $1/\Lambda_m$ 对 $\Lambda_m c/c^{\ominus}$ 作图，得斜率 $k'' = 1/K_c^{\ominus}(\Lambda_m^{\infty})^2$，截距 $b'' = 1/\Lambda_m^{\infty}$，则 $K_{c,3}^{\ominus} = (b'')^2/k''$。

(6) 比较三种方法所得热力学反应平衡常数 $K_{c,1}^{\ominus}$、$K_{c,2}^{\ominus}$、$K_{c,3}^{\ominus}$ 的大小及精度。

六、参考值

(1) 298 K 时，由不同浓度 HAc 溶液测量值计算 $K_c^{\ominus}$ 时，参考值为 1.86×10^{-5}。

(2) 298 K 时，以 $\Lambda_m c/c^{\ominus}$ 对 $1/\Lambda_m$ 作图求 $K_c^{\ominus}$ 值时，其参考值为 1.92×10^{-5}。

(3) 298 K 时，乙酸的离解平衡常数的文献值 $K_c^{\ominus} = 1.76 \times 10^{-5}$。

(4) 298 K 时，$\lambda_m^{\infty}(H^+) = 349.82 \times 10^{-4}\ S \cdot m^2 \cdot mol^{-1}$，$\lambda_m^{\infty}(Ac^-) = 40.9 \times 10^{-4}\ S \cdot m^2 \cdot mol^{-1}$。

七、思考题

(1) 用电导法测定溶液的电导时为什么要恒温？

(2) 若蒸馏水的电导率为 $10^{-5}\ S \cdot cm^{-1}$，估算在测量 $0.0125\ mol \cdot L^{-1}$ KCl 溶液的摩尔电导率时所引起的误差。

(3) 离解平衡常数 $K_c^{\ominus}$ 是否随溶液的稀释而变化？

参考文献

傅献彩, 沈文霞, 姚天扬, 等. 2006. 物理化学(下册). 5 版. 北京: 高等教育出版社.
孙尔康, 徐维清, 邱金恒. 2003. 物理化学实验. 南京: 南京大学出版社.
夏海涛, 许越, 赫治湘. 2003. 物理化学实验. 修订版. 哈尔滨: 哈尔滨工业大学出版社.
尹业平, 王辉宪. 2006. 物理化学实验. 北京: 科学出版社.

(责任编撰：黄冈师范学院 解明江)

实验 14 电导法测定难溶盐的溶解度

一、目的要求

(1) 掌握电导法测定难溶盐溶解度的原理和方法。

(2) 加深对溶液电导概念的理解及电导测定应用的了解。

(3) 测定难溶盐 $BaSO_4$ 在 25℃纯水中的溶解度和溶度积。

二、实验原理

难溶盐如 $BaSO_4$、$PbSO_4$、AgCl 等在水中溶解度都很小，用常规的化学分析方法很难精确测定其溶解度，但难溶盐在水中微量溶解的部分是完全电离的，因此，常用测定其饱和溶液电导率来计算其溶解度。

难溶盐的溶解度很小，其饱和溶液可近似为无限稀释溶液，饱和溶液的摩尔电导率 Λ_m 与难溶盐无限稀释溶液的摩尔电导率 Λ_m^{∞} 近似相等，即 $\Lambda_m \approx \Lambda_m^{\infty}$。$\Lambda_m^{\infty}$ 可据科尔劳施(Kohlrausch)

离子独立迁移定律，由离子无限稀释摩尔电导率相加而得

$$\Lambda_m(\frac{1}{2}BaSO_4) \approx \Lambda_m^\infty(\frac{1}{2}BaSO_4) = \Lambda_m^\infty(\frac{1}{2}Ba^{2+}) + \Lambda_m^\infty(\frac{1}{2}SO_4^{2-}) \tag{2-14-1}$$

在一定温度下，浓度为 c 的电解质溶液，其摩尔电导率 Λ_m 与电导率 κ 的关系为

$$\Lambda_m = \frac{\kappa}{c} \tag{2-14-2}$$

Λ_m 可由手册查得，溶液的电导率 κ 可直接用电导率仪测定，则溶液浓度 c 便可从式(2-14-2)求得。电导率 κ 与电导 G 的关系为

$$\kappa = \frac{l}{A}G = K_{cell}G \tag{2-14-3}$$

电导 G 为电阻的倒数，可用电导仪测定；$K_{cell} = l/A$ 称为电极常数，是两极间距 l 与电极表面积 A 之比。为防止极化，通常将铂电极镀上一层铂黑。电极常数可通过测定实验温度下已知电导率 κ_0 的标准 KCl 溶液的电导 G_0 求得。

难溶盐在水中的溶解度极微，其已经溶解并电离的正、负离子的电导率与溶剂(H_2O)离解的正、负离子(H^+和 OH^-)的电导率差别不是特别大，以致溶剂的电导率不可忽略。此时，难溶盐饱和溶液的电导率 $\kappa_{溶液}$实际上是难溶盐溶解并电离的正、负离子电导率 $\kappa_{盐}$与纯溶剂离解的正、负离子电导率 $\kappa_{水}$之和，即

$$\kappa_{溶液} = \kappa_{盐} + \kappa_{水} \tag{2-14-4}$$

故测定 $\kappa_{溶液}$后，还必须同时测出配制溶液所用纯水的电导率 $\kappa_{水}$，才能求得 $\kappa_{盐}$。

得到 $\kappa_{盐}$后，由式(2-14-2)即可求得该温度下难溶盐在水中的饱和浓度 c，经换算即得该难溶盐的溶解度。

三、仪器与试剂

集热式磁力搅拌恒温器	1 套	电导率仪	1 台
铂黑电极	1 支	具塞锥形瓶(125 mL)	1 个
试管(Φ 24 mm × 180 mm)	1 支	电导水	
$BaSO_4$(A. R.)		KCl 标准溶液(0.01 mol · L^{-1}，用 G. R.试剂配制)	

四、实验步骤

(1) 调节集热式磁力搅拌恒温器温度在 25.0℃，在水浴锅内放入一个大号磁力搅拌子(最好是玻璃封装搅拌子)搅拌恒温。

(2) 除去 $BaSO_4$ 中可溶性杂质。在洗净的具盖锥形瓶中加入约 5 g $BaSO_4$ 固体，加入约 50 mL 电导水，剧烈振荡洗涤，静置，待溶液基本澄清后小心倾去上层溶液，再加入约 50 mL 电导水，洗涤 3～5 次以除去可溶性杂质。

(3) 制备 $BaSO_4$ 饱和溶液。在上述已经除去可溶性杂质的溶液中加 50 mL 电导水，盖好锥形瓶塞，剧烈振荡以溶解 $BaSO_4$，将充分洗净的磁子放入溶液中，再将盖好瓶塞的锥形瓶置于 25℃恒温器内，调节磁力搅拌器剧烈搅拌 30 min，使 $BaSO_4$ 充分溶解形成饱和溶液，静置，待溶液基本澄清后备用。

(4) 测定电导水的电导率 $\kappa_{水}$。用电导水洗涤电导电极和大试管各 3～5 次。在试管中加入

约 10 mL 电导水，放入电导电极后置于 25℃恒温器中恒温 20 min，测定水的电导率，等待 3 min 再测，如此重复测定 5 次，取平均值得 $\kappa_{水}$。

(5) 测定 25℃饱和 $BaSO_4$ 溶液的电导率 $\kappa_{溶液}$。先用长滴管吸取少量 $BaSO_4$ 饱和澄清溶液洗涤测定过水的电导电极和试管 3 次，再吸取约 10 mL 澄清 $BaSO_4$ 饱和溶液于试管中，插入电导电极，恒温 20 min 后测定电导率，等待 3 min 再测，如此重复测定 3 次。将锥形瓶中的上清液尽量倒净，按步骤(3)重新制备饱和 $BaSO_4$ 溶液，再同法测定 3 次电导率。取 6 次测定结果的平均值得 $\kappa_{溶液}$。

(6) 实验完毕，洗净电极并插入盛有电导水的试管中保存，关闭各仪器。

五、数据处理

(1) 用列表法处理实验数据。

(2) 根据式(2-14-4)求出 $BaSO_4$ 的电导率：$\kappa_{BaSO_4} = \kappa_{溶液} - \kappa_{水}$。

(3) 由物理化学手册查得 $\frac{1}{2}Ba^{2+}$、$\frac{1}{2}SO_4^{2-}$ 在 25.0℃的无限稀释摩尔电导率，由式(2-14-1)计算可得 $\Lambda_m(\frac{1}{2}BaSO_4)$。

(4) 由式(2-14-2)计算得 $c(\frac{1}{2}BaSO_4)$，由 $c(BaSO_4) = \frac{1}{2}c(\frac{1}{2}BaSO_4)$ 可得饱和 $BaSO_4$ 溶液浓度。因溶液极稀，有 $r_{\pm} \approx 1$，则 $BaSO_4$ 的溶度积可用下式近似计算：

$$K_{sp} = a_{Ba^{2+}}a_{SO_4^{2-}} = a_{\pm BaSO_4}^2 = \left(r_{\pm}\frac{c_{\pm BaSO_4}}{c^{\ominus}}\right)^2 \approx \left(\frac{c_{BaSO_4}}{c^{\ominus}}\right)^2 \tag{2-14-5}$$

(5) 计算溶解度 s。利用 $b_{BaSO_4} \approx c_{BaSO_4}$(因溶液极稀，设溶液密度近似等于水的密度，并设 $\rho_{水} \approx 1\times10^3\ kg \cdot m^{-3}$)，可计算出难溶盐 $BaSO_4$ 的溶解度 $s = b_{BaSO_4}M_{BaSO_4}$。注意式(2-14-2)与式(2-14-5)中浓度 c 单位的差别。

六、思考题

(1) 电导率、摩尔电导率与电解质溶液的浓度有什么规律？

(2) 离子独立迁移定律的关系式是什么？

(3) 饱和 $BaSO_4$ 溶液中不能含有任何悬浮物，为什么？

(4) 为什么 $\Lambda_{BaSO_4} \approx \Lambda_{BaSO_4}^{\infty}$？

参 考 文 献

北京大学物理化学教研室. 1981. 物理化学实验. 北京: 北京大学出版社.

复旦大学等. 2004. 物理化学实验. 3 版. 北京: 高等教育出版社.

傅献彩, 沈文霞, 姚天扬, 等. 2005. 物理化学(上册). 5 版. 北京: 高等教育出版社.

天津大学物理化学教研室. 2017. 物理化学(下册). 6 版. 北京: 高等教育出版社.

(责任编撰：广西民族大学　蓝丽红)

实验 15　希托夫法测定离子迁移数

一、目的要求

(1) 掌握希托夫法(Hittorff's method)测定离子迁移数的原理和方法。

(2) 掌握库仑计的使用。

(3) 测定 $CuSO_4$ 水溶液中 Cu^{2+} 的迁移数。

二、实验原理

当电流通过含有电解质的电解池时，经过导线的电流是由电子传递的，而溶液中的电流则由离子传递。如果溶液中无带电离子，该电路就无法导通电流。

溶液中的电流借助正、负离子的移动而通过溶液。离子本身的大小、溶液对离子移动时的阻碍以及溶液中其余共存离子的作用力等诸多因素影响，使正、负离子各自移动的速率不同，各自携带的电荷量也不同。某一种离子迁移所带的电荷量与通过溶液的总电荷量 Q 之比称为该离子的迁移数，总电荷量 Q 为

$$Q = Q_+ + Q_-$$

式中，Q_+和 Q_-分别为正、负离子各自迁移所带的电荷量。正、负离子的迁移数分别为

$$t_- = Q_-/Q，\ t_+ = Q_+/Q \tag{2-15-1}$$

显然

$$t_+ + t_- = 1 \tag{2-15-2}$$

当电解质溶液中含有多种不同的正、负离子时， t_+和 t_-分别为所有正、负离子迁移数的总和，即 $\sum t_+ + \sum t_- = 1$。

离子迁移数的测定有希托夫法、界面移动法(moving boundary method)和电动势法(electromotive force method)等。本实验采用希托夫法测定 Cu^{2+}的迁移数。

希托夫法测定迁移数的原理是根据电解前后两电极区内电解质的物质的量变化来求算离子的迁移数。两个金属电极放在含有电解质溶液的电解池中，可以设想在这两个电极之间的溶液中存在三个区域：阳极区、中间区和阴极区，如图 2-15-1 所示。假定该溶液只含 1-1 价型的正、负离子，且正、负离子具有不同的迁移速率，当直流电通过电解池时，会发生下列情况。

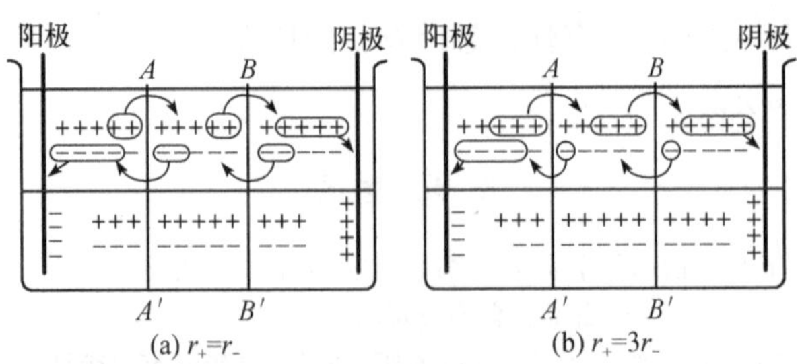

图 2-15-1　离子电迁移示意图

(1) 接通电流后，阳极区的正离子向阴极区移动，阴极区的负离子向阳极区移动，如图 2-15-1 中(a)或(b)的上半部分所示。

(2) 如果正、负离子的迁移速率相同，每有一个正离子从阳极区移出，必定有一个负离子

从阴极区移出，一定时间后，溶液中离子的分布情况如图 2-15-1(a)下半部分所示。

(3) 如果正离子迁移速率是负离子的 3 倍，每有一个负离子从阴极区移出，必定有 3 个正离子从阳极区移出，一定时间后，溶液中离子的分布情况如图 2-15-1(b)下半部分所示。

(4) 如果在阴极上有 4 个正离子还原沉积，则必有 4 个负离子在阳极上放电。其结果是阳极区正离子的减少数比阴极区负离子的减少数等于正离子的迁移速率比负离子的迁移速率，也等于正、负离子迁移的电荷量之比，即

$$\frac{r_+}{r_-}=\frac{\text{正离子迁移的电量}Q_+}{\text{负离子迁移的电量}Q_-}=\frac{\text{阳极区正离子的减少量}}{\text{阴极区负离子的减少量}}=\frac{t_+}{t_-} \tag{2-15-3}$$

根据上面的论述结合式(2-15-2)不难得出下列结果：

$$t_+=\frac{\text{阳极区减少的正离子的物质的量}}{\text{通过溶液的总电荷的物质的量}},\quad t_-=\frac{\text{阳极区减少的负离子的物质的量}}{\text{通过溶液的总电荷的物质的量}} \tag{2-15-4}$$

式中，阴、阳极区减少的电解质的物质的量可分别通过分析通电前、后各个区域中电解质的物质的量的变化量得到。在测量装置中串联一个库仑计，测量通电前、后库仑计的阴极的质量变化，经计算即可得到溶液的总电荷量。

三、仪器与试剂

可见光分光光度计	1 台	希托夫迁移管	1 套
铜库仑计或电子库仑计	1 台	毫安表	1 台
直流稳压电源	1 台	电子天平	1 台
电解铜片(99.999%，即 5 N)		HNO_3(6 mol · L^{-1})	

镀铜液(100 mL 水中含 15 g $CuSO_4 \cdot 5H_2O$、5 mL 浓 H_2SO_4、5 mL 乙醇)

$CuSO_4$标准溶液(0.03 mol · L^{-1}、0.04 mol · L^{-1}、0.05 mol · L^{-1}、0.06 mol · L^{-1}、0.07 mol · L^{-1}、0.10 mol · L^{-1})

无水乙醇(A. R.)

四、实验步骤

(1) 洗净所有容器，用少量 0.10 mol · L^{-1} 的 $CuSO_4$ 溶液润洗希托夫迁移管 3 次，然后在迁移管中装入该溶液，迁移管中不应有气泡，并使活塞 A、B 处于导通状态，见图 2-15-2。

(2) 将 3 个铜电极均用 6 mol · L^{-1} 的 HNO_3 溶液轻微洗涤，除去表面的氧化层，用蒸馏水冲洗后，将其中两个作为阳极的铜电极放入盛有镀铜液的库仑计中并连接在电源正极上；将另一支作为阴极的铜电极用无水乙醇淋洗，热空气吹干(温度不能太高，以免氧化)，在天平上称量得 m_1，然后连接在库仑计的负极上。

(3) 按图 2-15-2 接好测量线路。接通直流稳压电源，调节电流在 10 mA 左右。

(4) 通电 60 min 后，关闭电源，并立即关闭活塞 A、B。

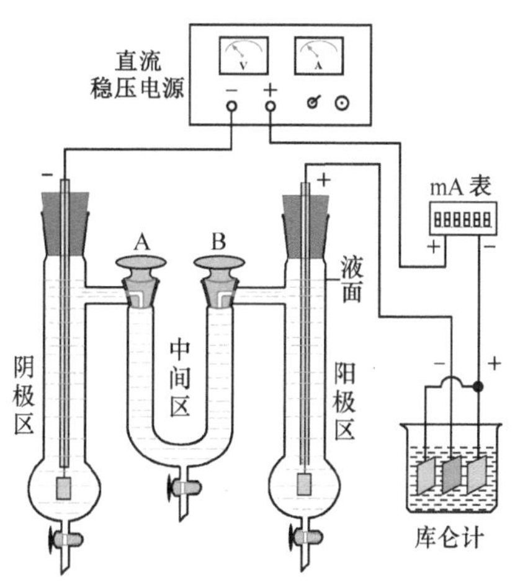

图 2-15-2 迁移数测定装置

取出库仑计中的铜阴极，用蒸馏水冲洗后，用无水乙醇淋洗，再用热空气吹干，然后称量得 m_2。

(5) 取中间区 $CuSO_4$ 溶液和原始 $CuSO_4$ 溶液各 25 mL，分别测定其中 Cu^{2+} 的浓度。若中间区溶液浓度测定结果与原始溶液相差太大，则必须重做实验。

(6) 分别将阴、阳极区的 $CuSO_4$ 溶液全部取出摇匀，分别倒入校正过的 50 mL 酸式滴定管中测定极区溶液体积 $V_阴$ 和 $V_阳$，再用分光光度法测定其中 Cu^{2+} 的浓度。

附：分光光度法测定 Cu^{2+} 的浓度

1) 标准曲线的绘制

由稀到浓依次测量 $CuSO_4$ 标准溶液的吸光度，并绘制吸光度-浓度标准工作曲线。最大吸收波长设定为 830 nm。

2) 反应后各区域 $CuSO_4$ 溶液浓度的测定

收集反应后阳极区、阴极区和中间区的溶液及原始 $CuSO_4$ 溶液，测定其吸光度，再从标准工作曲线上获得对应的浓度。

五、数据处理

1. 计算通过电极的电子的物质的量 $n_电$

根据法拉第定律和库仑计中铜阴极的增重，计算通过迁移管的总电荷量 Q 及通过的电子对(双电子)的物质的量 $n_电$，公式为

$$n_{电,Cu^{2+}} = (m_2 - m_1)/M_{Cu} \tag{2-15-5}$$

则 $Q = 2n_{Cu^{2+}}F$，式中，$F = 96485\ C \cdot mol^{-1}$，$M_{Cu} = 63.546\ g \cdot mol^{-1}$。

2. 利用阴极区 Cu^{2+} 的变化计算 Cu^{2+} 的离子迁移数

(1) 根据原始溶液的分析结果，计算原始溶液中 $CuSO_4$ 的物质的量 $n_始$

$$n_{始,Cu^{2+}} = n_{始,CuSO_4} = c_始 V_阴 \tag{2-15-6}$$

(2) 根据通电后阴极区溶液分析结果，计算阴极区溶液中的 $CuSO_4$ 的物质的量

$$n_{终,Cu^{2+}} = n_{终,CuSO_4} = c_阴 V_阴 \tag{2-15-7}$$

(3) 阴极区离子的迁移情况为：$n_{终,Cu^{2+}} = n_{始,Cu^{2+}} + n_{迁,Cu^{2+}} - n_{电,Cu^{2+}}$，则 Cu^{2+} 迁移的物质的量 $n_迁$ 为

$$n_{迁,Cu^{2+}} = n_{终,Cu^{2+}} + n_{电,Cu^{2+}} - n_{始,Cu^{2+}} \tag{2-15-8}$$

(4) 由式(2-15-5)和式(2-15-8)计算结果，利用式(2-15-9)可求出 Cu^{2+} 和 SO_4^{2-} 的离子迁移数

$$t_{Cu^{2+}} = n_{迁,Cu^{2+}}/n_{电,Cu^{2+}} \quad , \quad t_{SO_4^{2-}} = 1 - t_{Cu^{2+}} \tag{2-15-9}$$

3. 利用阳极区 Cu^{2+} 的变化计算 Cu^{2+} 的离子迁移数

(1) 根据原始溶液的分析结果，计算原始溶液中 $CuSO_4$ 的物质的量 $n_始$

$$n_{始,Cu^{2+}} = n_{始,CuSO_4} = c_始 V_阳 \tag{2-15-10}$$

(2) 根据通电后阳极区溶液分析结果，计算阳极区溶液中的 $CuSO_4$ 的物质的量

$$n_{终,Cu^{2+}} = n_{终,CuSO_4} = c_{阳}V_{阳} \tag{2-15-11}$$

(3) 根据阳极区离子迁移情况有：$n_{终,Cu^{2+}} = n_{始,Cu^{2+}} + n_{电,Cu^{2+}} - n_{迁,Cu^{2+}}$，则 Cu^{2+}迁移的物质的量 $n_{迁}$ 为

$$n_{迁,Cu^{2+}} = n_{始,Cu^{2+}} + n_{电,Cu^{2+}} - n_{终,Cu^{2+}} \tag{2-15-12}$$

(4) 由式(2-15-5)和式(2-15-12)计算结果，利用式(2-15-9)即可求出 Cu^{2+}和 SO_4^{2-} 的离子迁移数。也可分别利用阴极区或阳极区溶液的分析，先计算 SO_4^{2-} 的离子迁移数，再计算 Cu^{2+}的离子迁移数。具体计算过程可以根据 SO_4^{2-} 的迁移情况自行分析，不再赘述。

六、思考题

(1) 本实验中，若中间区的溶液浓度在通电前后有所改变，为什么必须重做实验？

(2) 影响本实验的因素有哪些？

(3) 为什么通过库仑计阴极的电流密度不宜太大或太小？

(4) 本实验有较大的系统误差，是由哪些原因造成的？

七、实验启示

(1) 实验中，电量的确定均是假设电流效率为 100%，因此不可避免地会引入误差，但现在已有精度极高的数字电量计可供应用。

(2) 离子迁移数主要取决于离子在溶液中的运动速度。影响离子运动速度的因素有温度、浓度、离子大小及其水化程度等。实验过程中尽量保证可控因素一致。

参 考 文 献

北京大学化学学院物理化学实验教学组. 2002. 物理化学实验. 4 版. 北京：北京大学出版社.
复旦大学等. 2004. 物理化学实验. 3 版. 北京：高等教育出版社.
傅献彩，沈文霞，姚天扬，等. 2006. 物理化学(下册). 5 版. 北京：高等教育出版社.
洪建和，王君霞，付凤英. 2016. 物理化学实验. 武汉：中国地质大学出版社.
孙尔康，徐维清，邱金恒. 1998. 物理化学实验. 南京：南京大学出版社.

(责任编撰：三峡大学 代忠旭)

实验 16 界面移动法测定离子迁移数

一、目的要求

(1) 掌握界面移动法测定离子迁移数的基本原理和方法。

(2) 进一步掌握库仑计应用技术。

(3) 通过求算 H^+的电迁移率，加深对电解质溶液有关概念的理解。

二、实验原理

电解质溶液的导电是通过溶液内的离子定向迁移和电极反应实现的。通过溶液的总电量 Q 是向两极迁移的阴、阳离子所输送电量的总和。现设两种离子输送的电量分别为 Q_+、Q_-，则总电量

$$Q = Q_+ + Q_- \tag{2-16-1}$$

当线路中的电流为 i，通电时间为 t 时，通过的电量为：$Q=\int_0^t i\mathrm{d}t$，若电流为恒定的 I，则在时间 t 内通过的电量为：$Q = It$。

为表示每一种离子对总电量的贡献，定义离子 j 迁移的电量 Q_j 与总电量 Q 之比为迁移数 t_j，则

$$t_+ = Q_+/Q, \quad t_- = Q_-/Q \tag{2-16-2}$$

离子的迁移数与离子的迁移速率有关，而后者与溶液中的电位梯度有关。为了比较离子的迁移速率，引入离子电迁移率概念。它的物理意义为：当溶液中电位梯度为 1 $V \cdot m^{-1}$ 时的离子迁移速率，用 u_+、u_-表示，其单位为 $m^2 \cdot s^{-1} \cdot V^{-1}$。

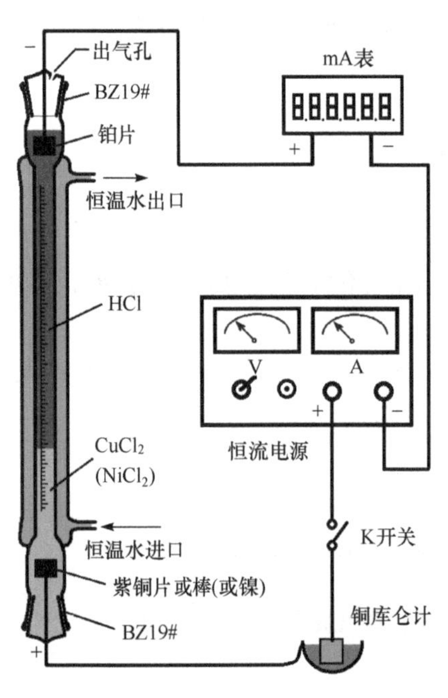

图 2-16-1　界面移动法装置

本实验采用界面移动法测定 HCl 溶液中 H^+的迁移数，其原理如图 2-16-1 所示。在垂直安置且有体积或长度刻度的玻璃管下部装入含甲基橙指示剂的 $CuCl_2$ 溶液，上部小心装入含甲基橙指示剂的 HCl 溶液，顶部插入铂丝或铂片作阴极，底部以紫铜棒作阳极。通电后，H^+向阴极迁移，在铂电极上得到电子还原成氢气放出；Cl^-向铜电极迁移，且在底部与由铜电极氧化而生成的 Cu^{2+}形成 $CuCl_2$ 溶液，逐步替代 HCl 溶液。因 Cu^{2+}的电迁移率小于 H^+，故底部的 Cu^{2+}总是跟在 H^+后面向上迁移。又因 $CuCl_2$ 与 HCl 对指示剂呈现不同的颜色，在迁移管内形成了一个鲜明的界面：下层 Cu^{2+}层因呈弱酸性显黄绿色，上层 H^+层为强酸性显红色。这个界面移动的速率即为 H^+迁移的平均速率。

设迁移管中部横截面积为 S，测得 t 时间内界面从 aa' 迁移到 bb' 的距离为 x，且 HCl 溶液中 H^+的浓度为 c_{H^+}，则 H^+的迁移数为

$$t_{H^+} = \frac{z_{H^+} c_{H^+} VF}{Q} = \frac{c_{H^+} SxF}{It} \tag{2-16-3}$$

式中，z_{H^+} 为 H^+的电荷数($c = 1$)；c_{H^+} 为 H^+的浓度；V 为界面移动的体积；F 为法拉第常量(96485 $C \cdot mol^{-1}$)。

由于迁移管内任一位置都是电中性的，因此下层中的 H^+迁移后即由 Cu^{2+}补充。要保持这种稳定的界面，就意味着 Cu^{2+}的迁移速率与 H^+的迁移速率相等，即

$$u_{Cu^{2+}} \left(\frac{\mathrm{d}E}{\mathrm{d}l}\right)_{Cu^{2+}层} = u_{H^+} \left(\frac{\mathrm{d}E}{\mathrm{d}l}\right)_{H^+层} \tag{2-16-4}$$

式中，$\mathrm{d}E/\mathrm{d}l$ 为电位梯度，即单位长度的电位降。因 H^+的迁移率大，即 $u_{Cu^{2+}} < u_{H^+}$，所以 $\left(\frac{\mathrm{d}E}{\mathrm{d}l}\right)_{Cu^{2+}层} > \left(\frac{\mathrm{d}E}{\mathrm{d}l}\right)_{H^+层}$，此式表明 Cu^{2+}层电位梯度比 H^+层大，即 Cu^{2+}层单位长度的电阻较大。因此，若在下层有 H^+，其迁移速率不仅比同层的 Cu^{2+}快，而且比处在上层的 H^+快，其一直迁移到电位梯度相对较小的上层。反之，处在上层的超前 Cu^{2+}也会因上层电位梯度较小而减

慢迁移速率退到下层来，从而形成并保持稳定、清晰的界面。要使界面快速达到稳定，一般应使形成界面的离子大致满足 $\frac{t_{H^+}}{t_{Cu^{2+}}}=\frac{c_{H^+}}{2c_{Cu^{2+}}}=\frac{c_{H^+}}{c_{1/2Cu^{2+}}}$，此式称为科尔劳施调整比。

同时，随着界面上移，Cu^{2+}浓度的增加不足以抵消 H^+浓度减小带来的迁移管内溶液电阻的增大。若所加电压保持不变，则整个回路的电流逐渐下降；若采用恒流源电路，则迁移管内各部分的电位梯度逐渐增加。

通过界面移动法，不仅可以测定离子的迁移数，还可以测定离子的迁移速率、离子的电迁移率等参数，如式(2-16-5)和式(2-16-6)所示：

$$r_{H^+}=x/t \tag{2-16-5}$$

$$u_{H^+}=\frac{\kappa_{HCl}Sx}{It}=t_{H^+}\frac{\Lambda_{m,HCl}}{F} \tag{2-16-6}$$

式中，κ_{HCl} 为被测 HCl 溶液在实验温度下的电导率($S\cdot m^{-1}$)，$\Lambda_{m,HCl}(=\kappa_{HCl}/c_{HCl})$ 为被测 HCl 溶液在实验温度下的摩尔电导率($S\cdot m^2\cdot mol^{-1}$)。

三、仪器与试剂

300 V/10 mA 恒压/恒流电源	1 台	5½数字万用表	1 台
带恒温夹套迁移管	1 套	超级恒温槽	1 台
电子秒表	1 块	铂电极	1 支
铜棒(Φ 3 mm×30 mm)	1 根	$CuCl_2$ 溶液(0.0265 $mol\cdot L^{-1}$)	
HCl 溶液(0.1 $mol\cdot L^{-1}$)		0.1%甲基橙指示剂	

四、实验步骤

离子迁移数测定线路图如图 2-16-1 所示。

(1) 放出迁移管恒温夹套中的水，用去离子水润洗迁移管内壁三四次，用电吹风机吹干迁移管内壁，连接好恒温水管，调节恒温水浴温度使系统恒温于 25.0℃。

(2) 在迁移管底部安装好铜电极，一定要塞紧、夹好，防止漏液，以免影响实验，然后将迁移管垂直固定。

(3) 先在迁移管底部小心注入含甲基橙指示剂的浓度为 0.0265 $mol\cdot L^{-1}$ 的 $CuCl_2$ 溶液，使其体积约占迁移管刻度部分的 1/3。若有气泡，可旋转、摇动或轻敲迁移管排出。注意将移液管出液口直接插入迁移管底部，且不使移液管触碰到迁移管管壁，以免 $CuCl_2$ 溶液沾污了迁移管上部，并随溶液的流出不断上提移液管。

(4) 在 $CuCl_2$ 溶液上部小心缓慢注入含甲基橙指示剂的浓度为 0.1 $mol\cdot L^{-1}$ 的 HCl 溶液，若有气泡，千万不可摇动或敲击迁移管，只能用细铜漆包线将其引出。

指示剂与溶液体积比均为 2∶100。

(5) 在迁移管顶部安装好铂电极，使铂片刚好浸没在溶液中即可。用导线将迁移管底部的铜电极经开关与恒流电源的正极相连，顶部铂电极的铜导线与万用表的“mA”极(正极)相连，万用表的“COM”端(负极)连接到电源的负极，将数字万用表的挡位选择旋钮调到“DC 20 mA”，若恒流电源的电流足够稳定，可以不接铜库仑计。

检查电路接线准确无误后开启电源，预热约 2 min 后，合上开关 K，迅速调整电压旋钮使电源输出电压约为 100 V；通过调节“粗”“细”两个电流调节旋钮，使电流表读数为 3.000 mA，同时启动秒表计时。注意：本实验以高压直流电为电源，通电之后千万不要用手触及线路中的任何金属部分，以防触电。

(6) 待迁移管内界面移动约 2 mm 后注意观察，当界面清晰且界面刚好迁移到某刻度时，按下秒表的“LAP”键，同时记录万用表上的电流值、迁移管上的刻度值和秒表上的时间。此后，界面每移动 2 mm 或 0.5 mL，都要记录相应的时间、电流表读数和迁移管上的刻度，直至界面移动的总距离为 30 mm 时停止。

所有数据均记录在表 2-16-1 中。

(7) 关掉电源开关，取下连接导线，倒出迁移管中的溶液并将迁移管清洗干净。

表 2-16-1　数据记录

序号	距离/mm 体积/mL	时间/(mm′ss″)	电流/mA	序号	距离/mm 体积/mL	时间/(mm′ss″)	电流/mA
1				11			
2				12			
3				13			
4				14			
5				15			
6				16			
7				17			
8				⋮			
9				⋮			
10				30			

五、数据处理

(1) 由表 2-16-1 中的电流和时间数据绘制 I-t 图，如图 2-16-2 所示，求出曲线下的面积(总电量 Q)。具体情况参见讨论(1)。

(2) 将总电量 Q 及其对应的界面移过的体积($V=S\cdot x$)代入式(2-16-3)，求得 H^+ 的迁移数 t_{H^+}。

(3) 考虑到电流的波动及迁移管刻度未经校正，可以取不同体积间隔的电流和时间数据，按步骤(1)和(2)求得对应的电量 Q，分别求得 t_{H^+}，再取平均值。

(4) 分别用式(2-16-5)和式(2-16-6)计算 H^+ 的迁移速率 r_{H^+} 和电迁移率 u_{H^+}。

(5) 也可用讨论(4)中所述方法计算 t_{H^+}、r_{H^+} 和 u_{H^+}，并与前述计算对比分析。

(6) 已知 25.0℃时 0.1 $mol\cdot L^{-1}$ HCl 溶液的摩尔电导率为 0.03913 $S\cdot m^2\cdot mol^{-1}$，30.0℃时为 0.04191 $S\cdot m^2\cdot mol^{-1}$，$t_{H^+}=0.8314$(25.0℃)，计算各测量值的相对误差。

六、思考题

(1) 为什么在迁移过程中会得到一个稳定界面?为什么界面移动速率就是 H^+ 的移动速率?

(2) 怎样得到一个清晰的移动界面?

(3) 实验过程中的电流值一定会逐渐减小吗?为什么?

(4) 怎样求得 Cl^-的迁移数?

七、讨论

(1) 在利用 I-t 曲线计算总电量 $Q(=\int_0^t I\mathrm{d}t)$ 时，可根据其线型采用不同的方法。如图 2-16-2(a)所示为水平直线，可直接用 $Q = I_4 \times (t_4 - t_0)$计算；若为图(b)所示的斜直线，可用梯形法计算，$Q = (I_0 + I_4) \times (t_4 - t_0)/2$；若为图(c)所示的单调变化的二次曲线，则可将整个实验区间简单地等分为 4 等份，使用辛普森(Simpson)公式求总电量，$Q = (I_0 + 4I_1 + 2I_2 + 4I_3 + I_4) \times (t_4 - t_0)/12$；若曲线较为复杂，则可以将整个区间等分成偶数 m 份，并用下列辛普森公式进行计算：$Q = \frac{h}{3}[I_0 - I_m + 2\sum_{j=1}^{m/2}(2I_{2j-1} + I_{2j})]$，其中，$h = (t_m - t_0)/m$，$x_{2j-1} = t_0 + (2j - 1) \times h$，$x_j = t_0 + 2jh$。

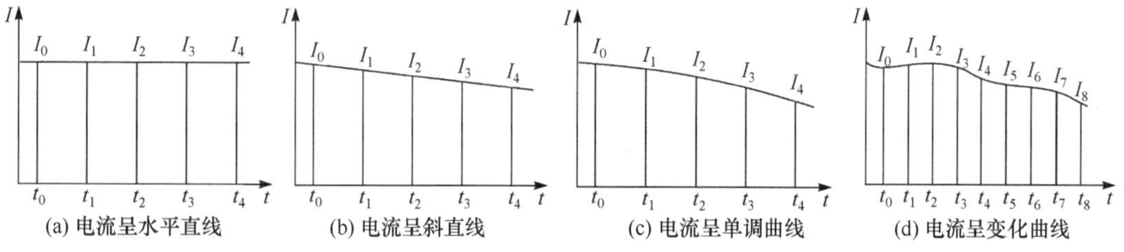

图 2-16-2　电流-时间曲线形式

(2) 界面移动法的关键是形成一个鲜明的移动界面，为此必须：①选择恰当的辅助离子，使主、辅两种离子具有明显的折射率或者颜色的差别，以形成清晰的界面，且有合适的浓度使其满足科尔劳施调整比，以使主、辅两种离子具有近似的迁移速率。②防止迁移管内两层间的对流和扩散。所以，在向迁移管内加入第二种溶液时要极其小心，实验过程中的温度也应该均匀，且温度不宜过高；电流的大小直接影响电位梯度大小，过大的电流必定引起离子的剧烈移动，使不可逆因素增加；迁移管截面积要小；实验时间不宜过长，以免溶液浓度发生过大的变化，影响实验的精度。③当主、辅离子颜色差别不是特别明显时，可加入少量指示剂，以加强两层的颜色反差。

(3) 影响离子迁移数的因素主要是溶液的浓度与温度。温度升高，正、负离子迁移数差值减小，要提高实验精度，就必须恒温。考虑到离子间相互作用的复杂性，浓度影响难有普遍规律可循。

(4) 若电源不够稳定，或不同部位有电导率的变化，可能影响测量的精度。此时可考虑对计算式(2-16-3)做如下变化：

$$t_{\mathrm{H^+}} = \frac{c_{\mathrm{H^+}}VF}{It} \approx c_{\mathrm{H^+}}F\frac{\mathrm{d}V}{\mathrm{d}(It)} = c_{\mathrm{H^+}}SF\frac{\mathrm{d}x}{\mathrm{d}(It)} \tag{2-16-7}$$

即作 V-It 图，由直线斜率得到 $\mathrm{d}V/\mathrm{d}(It)$；或作 x-It 图，由直线斜率得到 $\mathrm{d}x/\mathrm{d}(It)$，代入式(2-16-7)计算，可提高实验精度。

相应地，式(2-16-5)、式(2-16-6)可变为

$$r_{H^+} = \frac{x}{t} \approx \frac{dx}{dt} \tag{2-16-8}$$

$$u_{H^+} = \frac{\kappa_{HCl} Sx}{It} \approx \kappa_{HCl} \frac{dV}{d(It)} \tag{2-16-9}$$

参考文献

傅献彩, 沈文霞, 姚天扬, 等. 2005. 物理化学(上册). 5 版. 北京: 高等教育出版社.

关新新, 徐杰. 1997. 界面移动法测定离子迁移数实验数据处理方法的改进. 郑州大学学报(自科版), 29(4): 85-87.

张小平, 刘亮, 刘旭, 等. 2015. 界面移动法测定 H^+离子迁移数实验的改进. 中国西部科技, 14(7): 99-100.

(责任编撰：中南民族大学　袁誉洪)

实验 17　原电池电动势的测定

一、目的要求

(1) 测定 Cu-Zn 电池电动势和 Cu、Zn 电极的电极电势。

(2) 学会一些电极的制备和处理方法。

(3) 掌握数字电位差计的测定原理和正确的使用方法。

二、实验原理

原电池由正、负两极和相应的电解质溶液组成。电池在放电过程中，正极上发生还原反应，负极上发生氧化反应，电池反应是电池中所有反应的总和。

在测量电池电动势时，电池必须在可逆条件下工作，即放电和充电过程都必须在准平衡状态下进行，此时只允许无限小的电流通过电池。因此，在用电化学方法研究化学反应的热力学性质时，所设计的电池应尽量避免出现液体接界。在精确度要求较高的测量中，常用盐桥减小液体接界电势。为使电池反应在接近热力学平衡的条件下进行，一般均采用电位差计测量电池的电动势。

电池的书写规定是左边为负极，右边为正极。如果电池反应是自发的，则电池电动势为正。

下面以 Cu-Zn 电池为例进行分析。电池表示式为

$$Zn(s) \mid ZnSO_4(m_1) \parallel CuSO_4(m_2) \mid Cu(s)$$

式中，符号“|”为两个不同相之间的界面，存在相应的相间电势；“||”为连通两种液相的盐桥；m_1 和 m_2 分别为 $ZnSO_4$ 和 $CuSO_4$ 的质量摩尔浓度。

当电池放电时：

负极发生氧化反应　　$Zn(s) \longrightarrow Zn^{2+}(m_1) + 2e^-$

正极发生还原反应　　$Cu^{2+}(m_2) + 2e^- \longrightarrow Cu(s)$

电池总反应为　　$Zn(s) + Cu^{2+}(m_2) \longrightarrow Zn^{2+}(m_1) + Cu(s)$

对任意电池，当电极电势均以还原电势表示时，其电动势等于两个电极电势的差，其计算公式为

$$E = \varphi_{+(右)}(\text{还原电势}) - \varphi_{-(左)}(\text{还原电势}) \tag{2-17-1}$$

对 Cu-Zn 电池有

$$\varphi_+ = \varphi_{Cu^{2+}/Cu} = \varphi^{\ominus}_{Cu^{2+}/Cu} - \frac{RT}{2F}\ln\frac{1}{a_{Cu^{2+}}} \tag{2-17-2}$$

$$\varphi_- = \varphi_{Zn^{2+}/Zn} = \varphi^{\ominus}_{Zn^{2+}/Zn} - \frac{RT}{2F}\ln\frac{1}{a_{Zn^{2+}}} \tag{2-17-3}$$

式中，$\varphi^{\ominus}_{Cu^{2+}/Cu}$ 和 $\varphi^{\ominus}_{Zn^{2+}/Zn}$ 为实验条件下铜电极和锌电极的标准电极电势。

对于单个离子，其活度是无法测定的，但强电解质的活度与物质的平均质量摩尔浓度和平均活度系数之间有如下关系：

$$a_{Cu^{2+}} = \gamma_{Cu^{2+}}\frac{m_{Cu^{2+}}}{m^{\ominus}},\quad a_{Zn^{2+}} = \gamma_{Zn^{2+}}\frac{m_{Zn^{2+}}}{m^{\ominus}},\quad a_{\pm} = \gamma_{\pm}\frac{m_{\pm}}{m^{\ominus}} \tag{2-17-4}$$

式中，γ_+ 为电解质的平均活度系数(对 1-1 型和 2-2 型电解质有 $\gamma_+ = \gamma_- = \gamma_{\pm}$)，其数值大小与物质的种类、浓度、所处温度等因素有关；$m^{\ominus} = 1.0\ \mathrm{mol\cdot kg^{-1}}$，称为标准质量摩尔浓度。

在电化学中，电极电势的绝对值至今无法测量，在实际测量中规定以标准氢电极的电极电势作为零标准，并规定以标准氢电极为负极与其他被测电极组成电池，测量该电池所得的电动势即为被测电极的电极电势。

标准氢电极即电极溶液中氢气的饱和压力为 100 kPa，且溶液中 H^+的活度为 1 时的电极，规定该电极的电极电势为 0 V。由于标准氢电极制作、使用都极为不便，在实际测定中常采用第二级的标准电极(一般为难溶盐电极，常称参比电极)。饱和甘汞电极(SCE)是其中最常用的参比电极，常用的还有硫酸亚汞电极和氯化银电极。这些电极的氢标还原电极电势已经过精确测定，可根据需要选用。

上述讨论的电池在电池总反应中发生了化学反应，因而称为化学电池。还有一类电池，其电池总反应的净结果只是一种物质从高浓度(或高压力)状态向低浓度(或低压力)状态的转移，从而产生电动势，这种电池称为浓差电池，其标准电池电动势 $E^{\ominus} = 0$。下列电池都是浓差电池：

Cu(s) | $CuSO_4$(m_1 = 0.010 mol · kg^{-1}) || $CuSO_4$(m_2 = 0.10 mol · kg^{-1}) | Cu(s)

Cd(Hg)(a_1) | $CdSO_4$(a_s) | Cd(Hg)(a_2)

Pt, H_2(p_1) | HCl(a) | H_2(p_2), Pt

Pt, O_2(p) | H_2SO_4(m_1 = 0.10 mol · kg^{-1}) || H_2SO_4(m_2 = 0.010 mol · kg^{-1}) | O_2(p), Pt

电池电动势的测量必须在电池处于可逆条件下进行。根据对消法(又称补偿法)原理(在外电路中加一个方向相反而电动势几乎相等的电池或可调电压源与被测电池对消)设计而成的电位差计可以满足这种测量要求。随着电子技术的发展和实验设备投入的加大，精度高、使用方便的数字电位差计也逐步应用到基础实验中。

由于电极电势的大小不仅与电极的种类、溶液的浓度等因素有关，还与电池所处的温度密切相关。物理化学手册通常列出的是 100.00 kPa 及 298.15 K 时的电极电势，其他温度下的电极电势应根据温度校正公式进行校正，或直接在指定条件下测定。本实验是在室温下测定的电极电势 φ_T，为比较方便，可由式(2-17-5)计算得到 $\varphi^{\ominus}_T$，再按式(2-17-6)校正至 $\varphi^{\ominus}_{298}$：

$$\varphi_{j,T} = \varphi^{\ominus}_{j,T} - \frac{RT}{zF}\ln\frac{1}{a_j} \tag{2-17-5}$$

$$\varphi_T^\ominus = \varphi_{298}^\ominus + a(T/\mathrm{K} - 298.15) + b(T/\mathrm{K} - 298.15)^2 \tag{2-17-6}$$

对铜电极[Cu^{2+}/Cu]而言：$a = -1.6\times10^{-5}\,\mathrm{V}$，$b = 0$。

对锌电极[Zn^{2+}/Zn]而言：$a = 1.0\times10^{-4}\,\mathrm{V}$，$b = 3.1\times10^{-7}\,\mathrm{V}$。

三、仪器与试剂

数字电化学综合测试仪	1 台	饱和标准电池	1 个
玻璃电极管	3 支	电镀装置	1 套
毫安表(100～200 mA)	1 块	饱和甘汞电极	1 支
铜电极	2 支	饱和氯化银电极	1 支
锌电极	1 支	烧杯(50 mL)	5 个
镀铜溶液		硫酸铜(0.1000 mol · kg^{-1}、0.0100 mol · kg^{-1})	
硫酸锌(0.1000 mol · kg^{-1})		饱和硝酸亚汞溶液	
氯化钾(饱和溶液、固体)		硫酸(6 mol · L^{-1})	
硝酸(6 mol · L^{-1})			

四、实验步骤

1. 电极制备

1) 铜电极

先用 100～200 目水砂纸打磨紫铜棒电极以除去紫黑色氧化层，直至呈现均匀光亮的粉红色。将电极放在 6 mol · L^{-1} 的 HNO_3 溶液中浸洗 1～2 min，除去剩余氧化层和杂物，取出后分别用水冲洗、蒸馏水淋洗。再将铜电极置于盛有电镀液的烧杯中作阴极，另取一根经清洁处理的铜棒作阳极进行电镀(如图 2-17-1 所示，注意两电极不可短路)，控制电流密度 $j = 15\ \mathrm{mA\cdot cm^{-2}}$ 为宜。电镀 1 h 后取出铜电极用蒸馏水冲洗，再用相应浓度的 $CuSO_4$ 溶液淋洗。

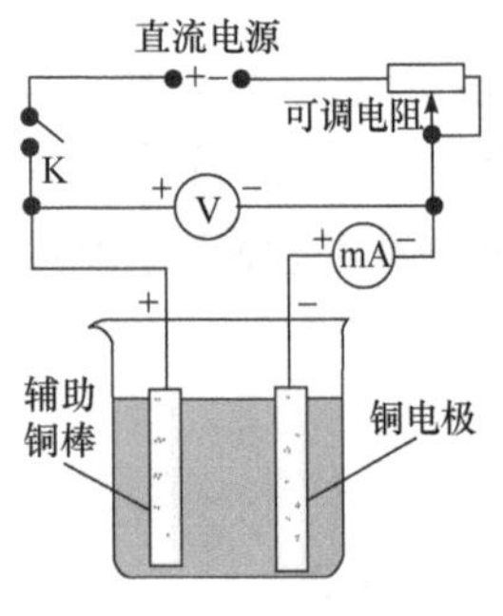

图 2-17-1　铜电镀装置

由于新镀出的铜活性很高，表面极易氧化，故必须在测量前进行电镀，且尽快将处理过的铜电极装配好。电极装配方法如下：

将处理好的铜电极插入已用 0.100 mol·kg^{-1} $CuSO_4$ 溶液润洗过的电极管内并塞紧，将电极管的虹吸管管口插入装有相同浓度 $CuSO_4$ 溶液的烧杯中，用洗耳球自支管抽气，将溶液吸入至电极管抽气支管口为止(图 2-17-2)。电极的虹吸管内不可有气泡，也不能有漏液现象。

2) 锌电极

先用 100～200 目水砂纸打磨锌电极以除去灰黑色氧化层，直至呈现均匀光亮的银白色，再用 6 mol·L^{-1} H_2SO_4 溶液浸洗 1～2 min，除去表面上剩余的氧化层，取出后分别用自来水冲洗、去离子水淋洗，然后插入装有饱和 $Hg_2(NO_3)_2$ 溶液的广口瓶中，用镊子夹住棉球粘附溶液后在电极上轻轻摩擦 8～10 s，使锌电极表面上形成一层均匀的锌汞齐，取出用蒸馏水冲洗，再用 0.100 mol·kg^{-1} $ZnSO_4$ 溶液淋洗。

锌电极的装配方法与铜电极相同，只是分别用不同浓度的 $ZnSO_4$ 溶液代替 $CuSO_4$ 溶液。

2. 电池组合

按图 2-17-3 所示，将约 40 mL 饱和 KCl 溶液注入 50 mL 小烧杯中，并加适量固体 KCl 作盐桥，将前法自制铜电极与锌电极一并放入小烧杯中组成如下电池：

$$Zn(s)\,|\,ZnSO_4(0.100\ mol\cdot kg^{-1})\,||\,CuSO_4(0.100\ mol\cdot kg^{-1})\,|\,Cu(s)$$

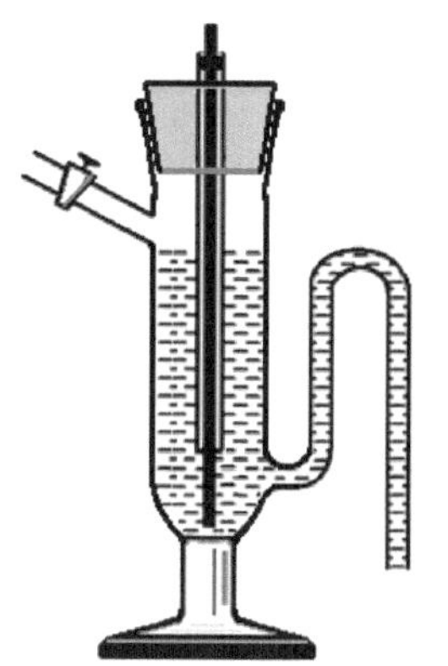

图 2-17-2　电极管及组装好的电极

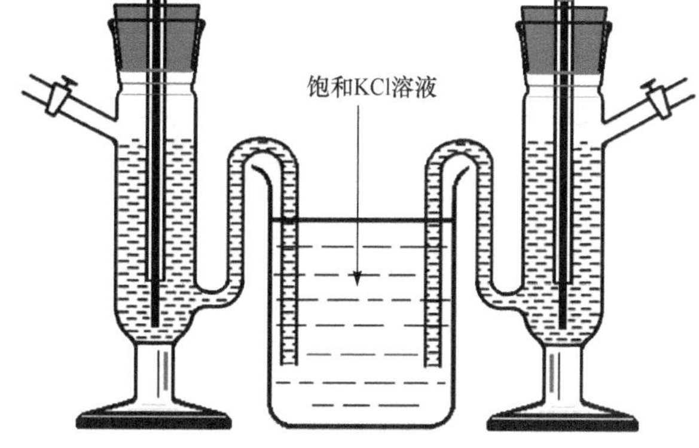

图 2-17-3　电池组装示意图

同法组成下列各电池：

$$Zn(s)\,|\,ZnSO_4(0.100\ mol\cdot kg^{-1})\,||\,KCl(饱和)\,|\,Hg_2Cl_2(s)\,|\,Hg(s)$$

$$Zn(s)\,|\,ZnSO_4(0.100\ mol\cdot kg^{-1})\,||\,KCl(饱和)\,|\,AgCl(s)\,|\,Ag(s)$$

$$Hg(l)\,|\,Hg_2Cl_2(s)\,|\,KCl(饱和)\,||\,CuSO_4(0.100\ mol\cdot kg^{-1})\,|\,Cu(s)$$

$$Ag(s)\,|\,AgCl(s)\,|\,KCl(饱和)\,||\,CuSO_4(0.100\ mol\cdot kg^{-1})\,|\,Cu(s)$$

$$Cu(s)\,|\,CuSO_4(0.0100\ mol\cdot kg^{-1})\,||\,CuSO_4(0.100\ mol\cdot kg^{-1})\,|\,Cu(s)$$

3. 电动势测量

1) 仪器校验

(1) 将标准电池“+”“−”极对应与“外标”插孔连接，测量选择钮置于“外标”。

(2) 读取标准电池内温度计的温度，按附表Ⅱ-9 所列校正数据或表后所列公式校正实验温度下标准电池的电动势。

(3) 从大到小依次调节 10^0、10^{-1}、10^{-2}、10^{-3}、10^{-4} 五个旋钮和补偿旋钮，使电位指示显示值与经温度校正的外置标准电池的电动势值相同。

(4) 待检零指示数值稳定后，按采零键，此时检零指示应显示为“0000”。

2) 测量电池电动势

(1) 将待测电池连接线按“+”“−”极对应与“测量”插孔连接。

(2) 将测量选择旋钮置于“测量”，将 10^0、10^{-1}、10^{-2}、10^{-3}、10^{-4} 和补偿旋钮逆时针旋转到底。

(3) 从大到小依次调节 10^0、10^{-1}、10^{-2}、10^{-3}、10^{-4} 五个旋钮，使检零指示的显示值为负数且绝对值最小。

(4) 调补偿旋钮使检零指示为“0000”。此时电位指示即为被测电池电动势。

将各旋钮归零，重复上述(3)、(4)两步，每隔 2 min 测量一次，每个电池组测定平行 3 次，分别测定前述各组电池的电动势。数据记录在表 2-17-1 中。

4. 关机

实验完毕，关闭电位差计电源开关，拔下电源线插头。

表 2-17-1　实验数据记录

序号		1	2	3	4	5	6
电池组合		Zn-Cu	Zn-Hg_2Cl_2	Zn-AgCl	Hg_2Cl_2-Cu	AgCl-Cu	Cu-Cu
室温 t/℃							
标准电池 E_s/V							
待测电池 E_x/V	1						
	2						
	3						
	平均						

五、数据处理

(1) 按式(2-17-7)计算各实验温度下饱和甘汞电极的电极电势，填入表 2-17-2 和表 2-17-3 中。

$$\varphi_{SCE} / V = 0.2415 - 7.61\times10^{-4}(t / ℃ - 25.0) \tag{2-17-7}$$

(2) 根据测量的电池组合 2 和组合 4 的电动势，分别按式(2-17-5)和式(2-17-6)计算铜电极和锌电极的电极电势 $\varphi_T^{\ominus}$、$\varphi_{298}^{\ominus}$，并计算标准电极电势的测定值与文献值的相对误差 $\eta = \dfrac{\varphi_{298,测}^{\ominus} - \varphi_{298,标}^{\ominus}}{\varphi_{298,标}^{\ominus}}\times100\%$，一并填入表 2-17-2 和表 2-17-3 中。

表 2-17-2　锌电极电势计算

序号	电池组合	$T_实$/K	φ_{SCE}/V	φ_T / V	$\varphi_T^{\ominus}$ / V	$\varphi_{298}^{\ominus}$ / V	η/%
1	Zn-Hg_2Cl_2						

表 2-17-3　铜电极电势计算

序号	电池组合	$T_实$/K	φ_{SCE}/V	φ_T / V	$\varphi_T^{\ominus}$ / V	$\varphi_{298}^{\ominus}$ / V	η/%
3	Hg_2Cl_2-Cu						

(3) 依次按式(2-17-6)和式(2-17-5)计算铜电极、锌电极在实验温度下的标准电极电势 $\varphi_T^{\ominus}$ 和电极电势 φ_T，再按式(2-17-1)计算 Zn-Cu 电池的理论电动势 $E_理$，计算相对测量误差。

六、思考题

(1) 电池除可用作电源外，还可用于研究构成电池的化学反应的热力学性质。如果用电动势法测量电池反应的热力学函数，需要测定哪些数据？

(2) 在 323.2 K 的温度下，氢的标准还原电极也是零吗？为什么？

(3) 锌电极与锌汞齐电极是一回事吗？二者有什么共同点？

(4) 在用电位差计测量电池电动势的过程中，若检流计的光点总是向一个方向偏转，可能的原因有哪些？

七、注意事项

实验测量过程中，若检零指示显示溢出符号“OU.L”，说明电位指示显示值与被测电池电动势差值过大，应从大到小依次调节 10^0、10^{-1}、10^{-2}、10^{-3}、10^{-4} 五个旋钮中的某一个或某几个，直至检零指示显示出数值。10^0、10^{-1}、10^{-2}、10^{-3}、10^{-4} 五个旋钮的调整灵敏度的大小依次减小。

标准电池不可偏倒，应避免振动，否则易破坏电池的稳定性、重现性和精度。

参 考 文 献

复旦大学等. 2004. 物理化学实验. 3 版. 北京: 高等教育出版社.
傅献彩, 沈文霞, 姚天扬, 等. 2005. 物理化学(上册). 5 版. 北京: 高等教育出版社.
山东大学. 1990. 物理化学与胶体化学实验. 2 版. 北京: 高等教育出版社.
天津大学物理化学教研室. 2001. 物理化学. 4 版. 北京: 高等教育出版社.
郑传明, 吕桂琴. 2015. 物理化学实验. 2 版. 北京: 北京理工大学出版社.

(责任编撰：中南民族大学 王 立)

实验 18 电势-pH 曲线的测定

一、目的要求

(1) 了解 φ-pH 曲线的意义及应用。

(2) 测定 Fe^{3+}/Fe^{2+}-EDTA 络合体系的 φ-pH 曲线。

(3) 掌握测量原理和 pH 计的使用方法。

二、实验原理

标准电极电势的概念被广泛应用于氧化还原体系之间的反应。许多氧化还原反应都与溶液的 pH 有关，此时电极电势不仅随溶液的浓度和离子强度变化，还随溶液的 pH 不同而改变。在一定浓度的溶液中，改变溶液的酸碱度，同时测定相应的电极电势，然后以电极电势 φ 对 pH 作图，可得 φ-pH 图。

本实验讨论的是 Fe^{3+}/Fe^{2+}-EDTA 体系，该体系在不同 pH 时络合的产物有差异。设 EDTA 的酸根离子为 Y^{4-}，则可将 pH 分为三个区间来讨论电极电势的变化。

(1) 在高 pH 时，络合物为 $Fe(OH)Y^{2-}$和 FeY^{2-}，电极反应为

$$Fe(OH)Y^{2-} + e^- \longrightarrow FeY^{2-} + OH^-$$

根据能斯特(Nernst)方程，存在如下关系式：

$$\varphi = \varphi^\ominus - \frac{RT}{F}\ln\frac{a_{FeY^{2-}}a_{OH^-}}{a_{Fe(OH)Y^{2-}}} \tag{2-18-1}$$

式中，$\varphi^{\ominus}$ 为标准电极电势；a 为活度。

根据活度与质量摩尔浓度 m 间的关系($a=\gamma m/m^{\ominus}$)，同时考虑到稀溶液中水的活度积常数 K_w 可以看作水的离子积常数，根据 pH 的定义，则式(2-18-1)可改写为

$$\varphi=\varphi^{\ominus}-\frac{RT}{F}\ln\frac{\gamma_{FeY^{2-}}K_w}{\gamma_{Fe(OH)Y^{2-}}}-\frac{RT}{F}\ln\frac{m_{FeY^{2-}}}{m_{Fe(OH)Y^{2-}}}-\frac{2.3026RT}{F}pH \tag{2-18-2}$$

令 $b_1=\frac{RT}{F}\ln\frac{\gamma_{FeY^{2-}}K_w}{\gamma_{Fe(OH)Y^{2-}}}$，在溶液离子强度和温度一定时，$b_1$ 为常数，则

$$\varphi=(\varphi^{\ominus}-b_1)-\frac{RT}{F}\ln\frac{m_{FeY^{2-}}}{m_{Fe(OH)Y^{2-}}}-\frac{2.3026RT}{F}pH \tag{2-18-3}$$

当 EDTA 过量时，络合物的浓度可近似看作铁离子浓度，即 $m_{FeY^{2-}}\approx m_{Fe^{2+}}$，$m_{Fe(OH)Y^{2-}}\approx m_{Fe^{3+}}$。当 $m_{Fe^{3+}}$ 与 $m_{Fe^{2+}}$ 比例一定时，φ 与 pH 呈线性关系，其斜率为 $-2.3026RT/F$。

(2) 在 pH 的特定范围内，Fe^{2+}和 Fe^{3+}分别与 EDTA 生成稳定的络合物 FeY^{2-}和 FeY^{-}，其电极反应为 $FeY^{-}+e^{-}=\!=\!=FeY^{2-}$，相应的电极电势表达式为

$$\varphi=\varphi^{\ominus}-\frac{RT}{F}\ln\frac{a_{FeY^{2-}}}{a_{FeY^{-}}}=(\varphi^{\ominus}-b_2)-\frac{RT}{F}\ln\frac{m_{FeY^{2-}}}{m_{FeY^{-}}} \tag{2-18-4}$$

式中，$b_2=\frac{RT}{F}\ln\frac{\gamma_{FeY^{2-}}}{\gamma_{FeY^{-}}}$，当温度一定时，$b_2$ 近似为常数，在此 pH 范围内，体系的电极电势只与 $m_{FeY^{2-}}/m_{FeY^{-}}$ 的值有关，而与溶液的 pH 无关。

(3) 在低 pH 时，体系的电极反应为 $FeY^{-}+H^{+}+e^{-}=\!=\!=FeHY^{-}$，同理可得

$$\varphi=(\varphi^{\ominus}-b_3)-\frac{RT}{F}\ln\frac{m_{FeHY^{-}}}{m_{FeY^{-}}}-\frac{2.3026RT}{F}pH \tag{2-18-5}$$

式中，$b_3=\frac{RT}{F}\ln\frac{\gamma_{FeHY^{-}}}{\gamma_{FeY^{-}}}$，当温度一定时，$b_3$ 也近似为常数。因此，在 $m_{Fe^{2+}}/m_{Fe^{3+}}$ 不变时，φ 与 pH 呈线性关系，斜率为 $-2.3026RT/F$。

因此，如果将 Fe^{3+}/Fe^{2+}-EDTA 体系与另一参比电极组合成电池，测定该电池的电动势，就可求得体系的电极电势。同时采用酸度计测定相应的 pH，即可绘制出 φ-pH 曲线。

三、仪器与试剂

5½数字万用表	1 台	数字酸度计	1 台
250 mL 恒温玻璃瓶	1 个	磁力搅拌器	1 台
电子台秤	1 台	复合电极	1 支
温度计	1 支	恒温水浴	1 台
氮气钢瓶	1 个	电炉	1 个

$(NH_4)_2Fe(SO_4)_2\cdot 6H_2O$ (A. R.)　　$(NH_4)Fe(SO_4)_2\cdot 12H_2O$ (A. R.)

HCl (A. R.)　　NaOH (A. R.)

EDTA (乙二胺四乙酸二钠盐)

四、实验步骤

1. 复合电极及 pH 计的校正

新购或长期未用的复合电极在使用前必须用 3 mol · L^{-1}的 KCl 溶液浸泡 24 h。使用完毕应清洗干净，并将电极头套于含有 3 mol · L^{-1}的 KCl 溶液的保护套中。

按图 2-18-1 接好测量线路。

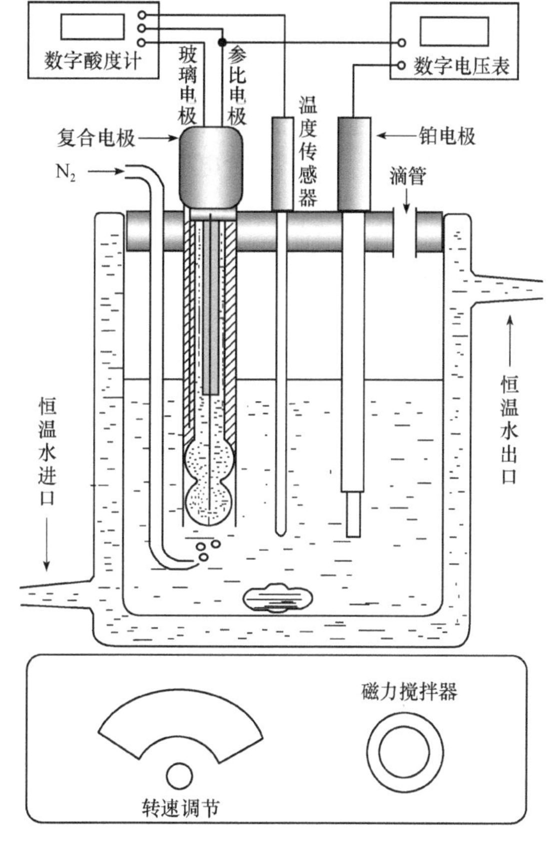

图 2-18-1 电势-pH 测定装置

pH 计校正：

(1) 调整好恒温水浴，使恒温至实验温度(通常为 25℃)，接通 pH 电源，预热 30 min。将选择开关置于“℃”，调温度旋钮，使 pH 计显示温度与被测液实际温度一致；将选择开关旋至“pH”挡，将“斜率”旋钮顺时针旋到底(100%的位置)。

(2) 将复合电极放入恒温的 pH = 9.18 的标准缓冲溶液中，轻轻摇晃至读数稳定，调“定位”旋钮，使 pH 计显示读数与该温度下相应标准缓冲液 pH 一致。

(3) 取出电极，用蒸馏水清洗干净后，再插入 pH = 4.01(25.0℃)的标准缓冲溶液中，轻轻摇晃至读数稳定后，调“斜率”旋钮，使显示的读数与相应温度下该标准缓冲溶液的 pH 一致。

(4) 重复步骤(2)和(3)，直至“定位”和“斜率”旋钮不再变动为止。

注意：仪器经标定后，“定位”和“斜率”旋钮不能再动，否则要重新调整。

2. 溶液配制

预先分别配制下列溶液各 50 mL：

(1) 0.1 mol · L^{-1} 的$(NH_4)Fe(SO_4)_2$ (配制前需加两滴 4 mol · L^{-1} 的 HCl)。

(2) 0.1 mol · L^{-1} 的$(NH_4)_2Fe(SO_4)_2$ (配制前需加两滴 4 mol · L^{-1} 的 HCl)。

(3) 0.5 mol · L^{-1} 的 EDTA (配制时需加 1.5 g · L^{-1} 的 NaOH)。

(4) 4 mol · L^{-1} 的 HCl。

(5) 2 mol · L^{-1} 的 NaOH。

按次序将下列试剂迅速加入恒温玻璃瓶中：10 mL 0.1 mol · L^{-1} 的$(NH_4)Fe(SO_4)_2$ 溶液、10 mL 0.1 mol · L^{-1} 的$(NH_4)_2Fe(SO_4)_2$ 溶液、15 mL 0.5 mol · L^{-1} 的 EDTA、20 mL 蒸馏水，立即通入氮气，控制氮气流量为约每秒冒 5 个气泡至实验结束。

3. 电极电势和 pH 测定点

调整恒温水浴温度至要求的温度(如 25℃等)。打开磁力搅拌器，待磁子旋转稳定后，再插入玻璃电极，然后用 2 mol · L^{-1} 的 NaOH 调节溶液 pH 至 7.5～8.0，分别从数字电压表和 pH 计直接读取数据并记录。随后用滴管缓慢滴加 4 mol · L^{-1} 的 HCl 溶液调节溶液的 pH，每次改变值约为 0.2，待数值稳定后记录相应的 pH 和电压数值。逐一进行测定，直至溶液的 pH 为 3 左右。然后按上述方法用 2 mol · L^{-1} 的 NaOH 调节溶液的 pH 至 8 左右并同时记录有关数据。

实验结束后，取出复合电极，用蒸馏水冲洗干净后装入含有 3 mol · L^{-1} 的 KCl 溶液的保护套中，关闭仪器。

五、数据处理

(1) 以表格形式记录数据。

(2) 将测定的电极电势换算成相对标准氢电极的电势。

(3) 绘制 φ-pH 曲线，并由 φ-pH 曲线确定 FeY^-和 FeY^{2-}稳定存在的 pH 范围。

六、思考题

(1) 写出 Fe^{3+}/Fe^{2+}-EDTA 体系在电势平台区、低 pH 和高 pH 时，体系的基本电极反应及其所对应的电极电势计算公式的具体形式，并指出各项的物理意义。

(2) 玻璃电极与氢电极相比有什么优点？使用时注意事项是什么？

七、注意事项

复合 pH 电极在使用中应注意电极管中是否有外参比液，如果太少则需要添加以 AgCl 饱和的 3 mol · L^{-1} 的 KCl 溶液。应避免将复合电极长期浸泡在蒸馏水、含蛋白质的溶液和酸性氟化物的溶液中，严禁与有机硅油脂接触。

在滴定过程中，无论是加酸还是加碱，滴加过程一定要缓慢，千万不可来回滴定。因为反应过程不可逆，加酸与加碱的曲线是不重合的，是一条滞回曲线。

参 考 文 献

北京大学化学学院物理化学实验教学组. 2002. 物理化学实验. 4 版. 北京：北京大学出版社.
复旦大学等. 2004. 物理化学实验. 3 版. 北京：高等教育出版社.
傅献彩, 沈文霞, 姚天扬, 等. 2006. 物理化学(下册). 5 版. 北京：高等教育出版社.
徐家宁, 朱万春, 张忆华, 等. 2006. 基础化学实验(下册). 北京：高等教育出版社.

(责任编撰：中南民族大学　黎永秀)

实验 19　氯离子选择性电极的性能测试与应用

一、目的要求

(1) 了解氯离子选择性电极的基本性能及其测试方法。

(2) 掌握用氯离子选择性电极测定氯离子浓度的基本原理。

(3) 学会氯离子选择性电极的基本使用方法。

二、实验原理

如果某电极的电极电势与电解质溶液中 B 离子的活度的对数呈线性关系，则称该电极为

B 离子选择性电极。根据 B 离子所带电荷，可将离子选择性电极分为阳离子选择性电极和阴离子选择性电极。玻璃电极是常用的选择性测量溶液中氢离子浓度的阳离子选择性电极，氯离子选择性电极则是一种测定水溶液中氯离子浓度的阴离子选择性电极。氯离子选择性电极结构简单，使用方便，广泛应用于环境监测、水质分析、地质科考等，涉及农牧业、生物、医药、食品等众多行业。

本实验采用的氯离子选择性电极是 $AgCl$-Ag_2S 的混晶全固态电极。

1. 电极电势与离子浓度的关系

氯离子选择性电极以 AgCl 为电化学活性物质。当它与被测溶液接触时，发生离子交换反应，在电极膜片表面建立具有一定电位梯度的双电层，产生电位差。在一定的温度压力下，其电极电势 φ 与被测溶液中的 Cl^- 平衡，故有

$$\varphi = \varphi_0 - \frac{RT}{F}\ln a_{Cl^-} \tag{2-19-1}$$

在测量时，常用饱和甘汞电极(SCE)与氯离子选择性电极在被测溶液中组成可逆电池。因饱和甘汞电极的电极电势在温度一定时有定值，故有

$$E = \varphi_0 - \varphi_{SCE} - \frac{RT}{F}\ln a_{Cl^-} = E_0 - \frac{RT}{F}\ln a_{Cl^-} \tag{2-19-2}$$

当溶液中氯离子含量相对较低，且溶液的离子强度又较大时，氯离子的活度系数可近似看作常数，对 1-1 型电解质有：$a_{Cl^-} \approx c_{Cl^-} = c_{KCl} = c_{NaCl}$。为了确定电极的测量范围，通常使用 KCl 或 NaCl 配制标准溶液以测定电极的工作曲线。在实验条件下，式(2-19-2)又可近似写成

$$E \approx E_0' - \frac{RT}{F}\ln c_{Cl^-} = E_0' + \frac{2.3026RT}{F}\mathrm{p}c_{Cl^-} \tag{2-19-3}$$

式中，c 为物质的量浓度($mol \cdot L^{-1}$)。

显然，式(2-19-3)中的 E_0' 除与活度系数和电极所处温度有关外，还与膜片制备工艺有关，在离子强度和温度一定时，E-$\ln c_{Cl^-}$ (或 E-$\mathrm{p}c_{Cl^-}$)呈线性关系。只要测定不同浓度 KCl 溶液的电动势 E 值，并作 E-$\ln c_{Cl^-}$ (或 E-$\mathrm{p}c_{Cl^-}$)图，其中直线部分就是电极的测量范围。本氯离子选择性电极的测量范围为 5×10^{-5}～$0.1\ mol \cdot L^{-1}$。

2. 电极的选择性和选择性系数

在同一电极膜上，往往可以有多种离子进行不同程度的交换，从而影响电极的响应，甚至带相反电荷的离子也有明显的效果。经特殊工艺生产的离子选择性电极对特定离子具有较好的选择性，但某些离子的存在仍将严重影响电极的使用。

离子选择性电极的选择性差异常用选择性系数表达。选择性系数与定义的公式形式、测定方法和条件有关。一般离子选择性电极的选择性系数 K_{ij} 可定义如下：

$$E = E^{\ominus} \pm \frac{RT}{z_i F}\ln(a_i + K_{ij}a_j^{z_i/z_j}) \tag{2-19-4}$$

式中，“±”对阳离子取“+”，对阴离子取“−”；z_i 和 z_j 分别为离子 i 和离子 j 所带的电荷数。由式(2-19-4)可知，选择性系数 K_{ij} 越小，干扰离子 j 对被测离子 i 的干扰就越小，电极的选择性也就越高。

测定 K_{ij} 最简单的方法是分别溶液法。分别测定在具有相同活度的被测离子 i 和干扰离子 j 的两种溶液中该离子选择性电极对应的电池电动势 E_1 和 E_2

$$E_1 = E^{\ominus} \pm \frac{RT}{z_i F} \ln a_i$$

$$E_2 = E^{\ominus} \pm \frac{RT}{z_i F} \ln(K_{ij} a_j^{z_i/z_j})$$

又因 $a_i = a_j = a$，上述两式相减得

$$\Delta E = E_2 - E_1 = \pm \frac{RT}{z_i F} \ln(K_{ij} a^{z_i/z_j - 1})$$

即

$$K_{ij} = a^{1 - z_i/z_j} \exp\left[\pm \frac{z_i F(E_2 - E_1)}{RT}\right] \tag{2-19-5}$$

若 $z_i = z_j = 1$，则式(2-19-5)可变为

$$K_{ij} = \exp\left[\pm \frac{F(E_2 - E_1)}{RT}\right] \tag{2-19-6}$$

因为选择性系数与诸多因素有关，所以在表示一个离子选择性电极时，常需注明测定方法及条件。在考查选择性系数时，通常将 $K_{ij} \leqslant 1\times10^{-3}$ 认为无明显干扰。从表 2-19-1 可以看出，Br^-、CN^-、SO_3^{2-} 等对氯离子选择性电极的干扰相当严重。

表 2-19-1　AgCl-Ag₂S 膜片式氯离子选择性电极对常见阴离子的选择性系数 K_{ij}

阴离子 j	Br^-	CN^-	SO_3^{2-}	NO_3^-	SO_4^{2-}	CO_3^{2-}	$C_2O_4^{2-}$
$K_{Cl^-,j}$	4.0	1.0	0.2	5.5×10^{-4}	1×10^{-4}	4.6×10^{-5}	4.5×10^{-5}

三、仪器与试剂

高输入电阻数字电压表	1 台	磁力搅拌器	1 台
217 型饱和甘汞电极	1 支	氯离子选择性电极	1 支
容量瓶(250 mL)	1 个	容量瓶(100 mL)	7 个
移液管(10 mL)	5 支	移液管(20 mL、50 mL)	各 1 支
烧杯(50 mL)	1 个	KNO_3 (0.100 mol · L^{-1})	若干

待测样品 A(氯化钠注射液)　　待测样品 B(葡萄糖氯化钠注射液)

标准 KCl 溶液(0.200 mol · L^{-1}，用 0.100 mol · L^{-1} 的 KNO_3 溶液溶解和定容)

四、实验步骤

1. 溶液配制

由于标准溶液浓度范围较宽，故采用逐级稀释法配制系列标准溶液。下列各溶液在配制过程中，稀释、定容一律用 0.100 mol · L^{-1} 的 KNO_3 溶液。

(1) 用洁净的 250 mL 容量瓶从公用 0.2000 mol · L^{-1} 的 KCl 标准溶液中取约 200 mL 备用

(标注为 1#，其余 7 个洁净的 100 mL 容量瓶标注为 2#～8#)。注：下文中各处 “标液” 均指“KCl 标准溶液”。

(2) 准确移取 1#瓶中备用液 50 mL 于洁净的 2#瓶中定容摇匀，得 0.1000 mol · L^{-1} 标液；再从 1#瓶中准确移取备用液 20 mL 于 3#瓶中，定容摇匀，得 0.0400 mol · L^{-1} 标液。

(3) 准确移取 2#瓶中 0.1000 mol · L^{-1} 标液 10 mL 于 4#瓶中，定容摇匀，得 0.0100 mol · L^{-1} 标液；再准确移取 4#瓶中 0.0100 mol · L^{-1} 标液 10 mL 于 6#瓶中，定容摇匀，得 0.00100 mol · L^{-1} 标液；同法，从 6#瓶中 0.00100 mol · L^{-1} 标液稀释得 0.00010 mol · L^{-1} 标液于 8#瓶中备用。

(4) 同上法，用 3#瓶中标液配制浓度 0.00400 mol · L^{-1} 标液于 5#瓶中，再用 5#瓶中标液配制 0.00040 mol · L^{-1} 标液于 7#瓶中。经上列 4 步，配制出一系列共 8 个 KCl 标准溶液。

注意：由于浓度差距大，每次移液管在移取下一个溶液前，一定要先用蒸馏水充分冲洗，再用下一个待取液润洗两三次后才能使用。

2. 各溶液电动势的测定

1) 工作曲线的测定

用电导水冲洗电极和测量用的小烧杯，再用少量 KCl 待测液荡洗烧杯和润洗电极两三次，在烧杯中倒入约 50 mL KCl 待测液，装配电极使其浸入待测液，开动磁力搅拌，5 min 后读取并记录电动势(E)，2 min 后再测一次。更新溶液，重复操作，同法再测 2 个数据，共得 4 个数据。同法，从稀到浓依次测量各浓度的标准 KCl 溶液，数据填入表 2-19-2。

2) 选择性系数的测定

同上法，分别测定两个电极在 0.100 mol · L^{-1} 的 KNO_3 和 0.100 mol · L^{-1} 的 KCl 溶液(用纯水配制，千万不要含有 KNO_3！)中的电动势 E，每个样品平行测定 4 个数据。

3) 试样的测定

(1) 用洁净且已用待测样 A 润洗过的 10 mL 移液管准确移取 A 样 10 mL 于洁净的 100 mL 容量瓶中，以 0.100 mol · L^{-1} KNO_3 溶液定容摇匀，得 A 样稀释液备用。

(2) 采用(1)相同的方法，配制 B 样待测稀释液。

(3) 用测定标准 KCl 试样相同的方法，分别测量 A 样稀释液和 B 样稀释液的电动势 E_A 和 E_B 各 4 个数据，填入表 2-19-3。

五、数据处理

(1) 将实验数据填入表 2-19-2 并进行必要处理，作 E-lg c_{KCl} 图。

表 2-19-2 不同浓度标准 KCl 溶液的电动势测定值

浓度 c/(mol · L^{-1})		0.000100	0.000400	0.00100	0.00400	0.0100	0.04000	0.1000	0.2000
电动势 E/V	1								
	2								
	3								
	4								
	平均								
lg[c/(mol · L^{-1})]									

中间符合直线关系的数据点画直线；仔细观察图中的首、尾实验点，若与中间数据在同一条直线上，则画实直线连接，若明显偏离直线，则画虚直线延长线。根据实验数据点与直线的符合程度确定电极的大致测量范围。

(2) 由 $0.100\ \text{mol}\cdot\text{L}^{-1}$ 的KCl溶液的电动势 E_1 和 $0.100\ \text{mol}\cdot\text{L}^{-1}$ 的 KNO_3 溶液的电动势 E_2，根据式(2-19-6)计算氯离子选择性电极对硝酸根的选择性系数 K_{Cl^-,NO_3^-}。

表 2-19-3　不同试样溶液的电动势测定值

试样		$0.100\ \text{mol}\cdot\text{L}^{-1}$ KCl	$0.100\ \text{mol}\cdot\text{L}^{-1}$ KNO_3	A 样稀释液	B 样稀释液
电动势 E/V	1				
	2				
	3				
	4				
	平均值				

(3) 由实验所得试样稀释液的电动势的平均值 E_A 和 E_B，分别从 E-$\lg c_{Cl^-}$ 图中查得对应 Cl^- 的浓度 c_{Cl^-}，再根据式(2-19-7)计算待测样品中 NaCl 的质量分数

$$w_{NaCl}=\frac{c_{Cl^-}M_{NaCl}V}{d_0V_0}\times 100\% \tag{2-19-7}$$

式中，V 为待测稀释液的体积(0.100 L)；V_0 为待测原液的体积(0.010 L)；d_0 为待测原液的密度(室温时约为 $1.006\ \text{kg}\cdot\text{L}^{-1}$)。

(4) 作图建议：E-$\lg c_{Cl^-}$ 图的 y 轴(E)，$0.02\ \text{V}\cdot\text{cm}^{-1}$；$x$ 轴($\lg c$)，$0.2\ \text{cm}^{-1}$。

(5) 参考值：注射用盐水，0.9% NaCl；注射用葡萄糖盐水，0.9% NaCl。

六、思考题

(1) 如何确定氯离子选择性电极的测量范围？被测溶液中氯离子浓度过高或过低对测量结果有什么影响？

(2) 当按本实验所述的分别溶液法确定的选择性系数 $K_{ij}\gg 1$ 或 $K_{ij}\ll 1$ 时，分别说明什么？若 $K_{ij}=1$ 又说明什么？

(3) 在本实验中，所有的溶液配制均用浓度为 $0.1\ \text{mol}\cdot\text{L}^{-1}$ 的 KNO_3 溶液，试说明其目的。若用蒸馏水配制，可能出现什么问题？

参 考 文 献

复旦大学等. 2004. 物理化学实验. 3 版. 北京：高等教育出版社.
傅献彩, 沈文霞, 姚天扬, 等. 2005. 物理化学(上册). 5 版. 北京：高等教育出版社.
天津大学物理化学教研室. 2001. 物理化学. 4 版. 北京：高等教育出版社.

(责任编撰：中南民族大学　李　哲)

实验 20　线性电位扫描法测定金属的极化曲线

一、目的要求

(1) 了解金属钝化行为的原理和测量方法。

(2) 掌握线性电位扫描法测定阳极极化曲线和钝化行为的方法。

(3) 测定 Cl^- 浓度对 Ni 钝化的影响。

二、实验原理

1. 金属的钝化

金属作阳极时通常会发生电化学溶解。在金属的阳极溶解过程中，其电极电势必须高于其热力学电势，电极过程才可能发生，这种电极电势偏离其热力学电势的行为称为极化。当阳极极化不大时，阳极过程的速率(溶解电流密度)随着电势变高(正)而逐渐增大，这是金属的正常溶解。

但对某些金属，当电极电势高到某一数值时，其溶解速率达到最大，而后其阳极溶解速率反而随着电势变高(正)大幅降低，这种现象称为金属的钝化。

金属钝化根据其钝化的类别可分为化学钝化和电化学钝化两种。处于某一特定阳极电位下的金属的阳极溶解速率反而很低的现象是电化学钝化，此时其电流密度一般为 10^{-6}～10^{-8} A · cm^{-2}。若把铁浸入浓硝酸(密度大于 1.25 kg · L^{-1})中，开始时铁溶解在酸中并放出 NO，但经过一段时间后，铁几乎停止溶解，此时的铁即使放在硝酸银溶液中也不能置换出银，这种现象称为化学钝化。

金属为什么会由活化状态转变为钝化状态，至今还存在不同的观点。有人认为金属钝化是由于金属表面形成了一层保护性的致密氧化膜，因而阻止了金属的进一步溶解，称为氧化物理论；另一种观点认为金属钝化是由于金属表面吸附了氧，形成了氧吸附层或氧化物吸附层，因而抑制了腐蚀的进行，称为表面吸附理论；第三种观点认为，开始是氧的吸附，随后金属从基底迁移至氧吸附膜中，然后发展为无定形金属-氧基结构而使金属溶解速率降低，称为连续模型理论。

2. 影响金属钝化的几个因素

研究发现，金属所在的溶液中存在的 H^+、卤素离子以及某些氧化性的阴离子对金属钝化现象影响显著。各种纯金属的钝化能力也极不相同，以 Fe、Ni、Cr 三种金属为例，易钝化的顺序是 Cr＞Ni＞Fe。因此，合金中添加一些易于钝化的金属，可提高合金的钝化能力和钝态的稳定性。不锈钢就是典型的例子。

实验表明，升温或加强搅拌，均可推迟或防止钝化过程发生，这显然与离子扩散有关。测量前，研究电极活化处理方式及其程度也将影响金属的钝化过程。

3. 研究金属钝化的方法

电化学研究金属钝化通常采用两种方法：恒电流法和恒电位法。由于恒电位法能测得完整的阳极极化曲线，因此在金属钝化研究中比恒电流法更能反映电极的实际过程。恒电位法是使研究电极的电势恒定地维持在所需值，然后测量对应于该电势下的电流。由于电极表面状态未达稳定状态之前，电流会随时间而改变，因此一般测出的曲线为“暂态”极化曲线。在实际测量中，常采用下列两法之一。

1) 静态法

将电极电势较长时间地维持在某一恒定值，同时测量电流随时间的变化，直到电流值基本上达到某一稳定值。再变换一个新的电位，同法测定该电位下的电流随时间的变化，直至电流稳定不变时为止。如此逐点地测量各个电极电势(如每隔 20 mV、50 mV 或 100 mV)下的稳定电流值，以获得完整的极化曲线。

2) 动态法

用如图 2-20-1(a)所示单次或如图 2-20-1(b)所示连续扫描信号控制电极电势以一定的速率连续改变，测量对应电势下的瞬间电流值，并以该瞬时电流与对应电极电势作图，即可获得整个极化曲线。所采用的扫描速率(电势变化的速率)需根据研究体系的性质选定。一般来说，电极表面建立稳态的速率越慢，扫描速率也越慢，这样才能使所测得的极化曲线与采用静态法时接近。

上述两种方法都已获得广泛的应用。从测量结果比较可知，静态法测量结果虽较接近稳态值，但测量过程繁杂，时间太长。实际工作中多采用动态法进行测定。本实验也采用动态法。

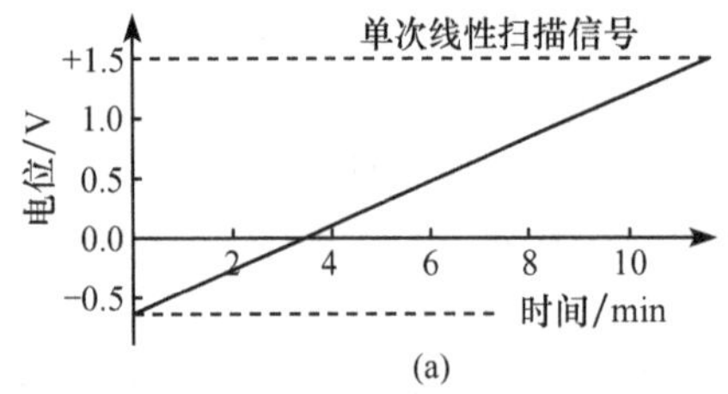

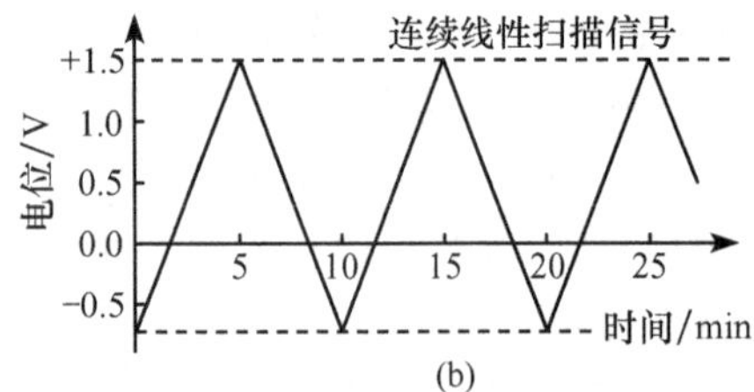

图 2-20-1　扫描信号波形

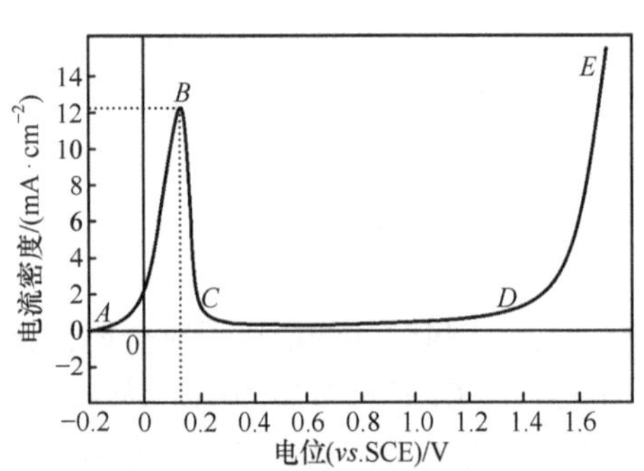

图 2-20-2　Ni 的单次扫描钝化曲线

根据扫描信号的不同，可将动态法分为单次扫描和连续扫描方式，其所得极化曲线也各不相同。用单次扫描动态法测量金属的阳极极化曲线时，对于多数金属均可得到类似如图 2-20-2 所示的曲线。

图中曲线大致可分为 4 个区域：

(1) 活性溶解区(*AB* 段)。此时金属进行正常阳极溶解，阳极电流随着电势的正移而不断增大，极化电流符合塔费尔(Tafel)公式。

(2) 过渡钝化区(*BC* 段)。随电极电势升至 *B* 点，电流达最大值，即临界钝化电流 ($i_{钝}$)，所对应的电势称临界钝化电势。此后，金属开始发生钝化，随着电势的正移，金属溶解速率不断降低，并过渡到钝化状态。

(3) 稳定钝化区(*CD* 段)。在此区域内金属的溶解速率降低到最小值，且基本不随电势的变化而改变，此时的电流密度称钝态金属的稳定溶解电流密度。

(4) 超钝化区(*DE* 段)。此时阳极电流又重新随电势正移而增大，电流增大的原因可能是高价金属离子的产生，或是 O_2 的析出，也可能是两者同时出现。

三、仪器与试剂

恒电位仪	1 台	*X-Y* 函数记录仪	1 台
五颈玻璃电解池	1 套	低频信号发生器	1 台
硫酸亚汞(Hg_2SO_4)电极	1 支	铂电极	1 支

金相砂纸(02 目和 06 目)　　镍箔(厚度 0.1～0.2 mm，研究电极)

硫酸(0.1 mol · L^{-1})　　硫酸(0.1 mol · L^{-1}，含 0.5 mol · L^{-1} KCl)

四、实验步骤

(1) 固定五颈烧瓶，用移液管准确移入 0.1 mol · L^{-1} 的 H_2SO_4 溶液 50.0 mL。

(2) 在烧瓶的中央插口中装入研究电极(镍电极)，在斜口中装入 Hg_2SO_4 参比电极，在与斜口相对的另一侧垂直口中装好辅助铂电极，将电极连接在恒电位仪的对应位置。其中，参比电极所用盐桥为饱和 K_2SO_4 溶液，其毛细管管口距研究镍电极中间部位 1～2 mm，过近会影响电极表面附近的电流分布状态，过远会因溶液电阻产生压降，从而产生误差。

(3) 开路电压(自然电位)的测量及初始电位的确定。将恒电位仪的电位量程旋转至 2 V，电位测量选择置于参比，将开关从关调至自然。等待 10 s，记录电位显示中的数值，即为开路电压。初始电位按比开路电压低 0.1 V 的方式确定。

$$\text{初始电位} = \text{开路电压} - 0.1\ \text{V}$$

(4) 研究电极(镍)的阴极极化。将恒电位仪的电位测量选择置于给定，工作选择置于恒电位，通过粗调和细调将电位调至初始电位，再将电源开关从自然调至极化，保持约 300 s(约 5 min)。

极化完毕，将电源开关从极化调至自然。此过程的目的是还原，即减少研究电极(镍)表面的氧化态物质。

(5) 记录仪的预备。将记录笔控制开关打至抬笔(UP)，拧下笔帽；将记录纸抹平，使记录纸中部水平粗线恰好通过两个红点，静电吸纸开关打至吸附(CHART)，吸住记录纸；将记录仪 *X*、*Y* 轴的输入(INPUT)开关同时扳到调零(ZERO)挡，分别调节两调整(POSITION)钮，使记录笔至合适的位置，放笔一两次，在纸上留下红点，此点即极化曲线的电位和电流坐标原点(0, 0)；将笔抬起(UP)备用。

当记录仪上两个量程开关均放在 0.25 V · cm^{-1} 挡时，记录纸上的电位刻度值为 0.25 V · cm^{-1}，电流刻度值为 25 mA · cm^{-1}。通过测量并换算，可从钝化曲线上得到钝化电位 $E_{\text{钝}}$(V)、稳定钝化区间电位 E_{CD}(V)和钝化电流密度 $i_{\text{钝}}$(A · cm^{-2})。

(6) 钝化曲线的测量。

(i) 将恒电位仪的电位测量选择置于外控，工作选择置于外扫描。

(ii) 将信号发生器的波形选择置于矩形波，半周期设定为 5 s，调节电压指示旋钮，使电位显示为+1.4 V 或–1.4 V。

(iii) 将信号发生器的波形选择置于锯齿波(或三角波)，半周期定为 600 s。

(iv) 待恒电位仪的电位显示值等于初始电位时，迅速将电源开关从自然调至极化挡，并将记录仪两输入(INPUT)开关同时调至测量(MEAS)，随即将记录笔放下(DOWN)。观察电流变化，记录钝化区最小电流作为稳定钝化区电流密度 $i_{\text{钝},m}$(A · cm^{-2})。

(v) 当电位显示值超过+1.0 V 后，将进入过钝化区，应该严密观察电流变化，电流值一旦超过 100 mA，立即抬起记录仪上的笔，再将两输入(INPUT)开关扳到调零(ZERO)挡，并且将恒电位仪的电源开关从极化调至自然挡。

(7) 关闭恒电位仪电源，更换镍电极，根据表 2-20-1，用少量 2 号溶液振荡洗涤五颈瓶两次，再加入 2 号溶液 50 mL，重复上述各步骤。再依次做完 3 号和 4 号溶液的极化曲线。

表 2-20-1 实验溶液配制表

序号	溶液配制	溶液组成
1	50.0 mL 0.1 mol · L^{-1} H_2SO_4	0.1 mol · L^{-1} H_2SO_4
2	50.0 mL 0.1 mol · L^{-1} H_2SO_4 + 1.0 mL (0.1 mol · L^{-1} H_2SO_4 + 0.5 mol · L^{-1} KCl)	0.1 mol · L^{-1} H_2SO_4 0.0098 mol · L^{-1} KCl
3	50.0 mL 0.1 mol · L^{-1} H_2SO_4 + 4.3 mL(0.1 mol · L^{-1} H_2SO_4 + 0.5 mol · L^{-1} KCl)	0.1 mol · L^{-1} H_2SO_4 0.0396 mol · L^{-1} KCl
4	50.0 mL 0.1 mol · L^{-1} H_2SO_4 + 12.5 mL(0.1 mol · L^{-1} H_2SO_4 + 0.5 mol · L^{-1} KCl) [或 + 5.0 mL(0.1 mol · L^{-1} H_2SO_4 + 1.0 mol · L^{-1} KCl)]	0.1 mol · L^{-1} H_2SO_4 0.10 mol · L^{-1} KCl [或 0. 09 mol · L^{-1} KCl]

五、数据处理

(1) 在极化曲线图上找出临界钝化电位 $E_{钝}$、临界钝化电流 $i_{钝}$、稳定钝化区间电位 E_{CD} 及稳定钝化区电流 $i_{钝,m}$，并将所得数据列入表 2-20-2。

表 2-20-2 数据记录表

序号	溶液组成/(mol · L^{-1})	开路电位/V	初始电位/V	$E_{钝}$/V	$i_{钝}$/mA	E_{CD}/V	$i_{钝,m}$/mA
1							
2							
3							
4							

(2) 用一张透明或半透明的描图纸(最小刻度为 1 mm)将 4 条极化曲线描在同一张图中，注意一定要保持各图的坐标原点重合，比较不同 KCl 浓度对镍极化性能的影响，结合上述所得各参数，讨论极化曲线在实际应用中的意义。

六、思考题

(1) 通过阳极极化曲线的测定，对极化过程和极化曲线的应用有怎样的理解？

(2) 如果要对某系统进行阳极电保护，首先必须明确哪些参数？

参 考 文 献

傅献彩, 沈文霞, 姚天扬, 等. 2005. 物理化学(上册). 5 版. 北京: 高等教育出版社.
贾铮, 戴长松, 陈玲, 等. 2006. 电化学测量方法. 北京: 化学工业出版社.
刘永辉. 1987. 电化学测试技术. 北京: 北京航空航天大学出版社.
吴浩青, 李永舫. 1998. 电化学动力学. 北京: 高等教育出版社.

(责任编撰：中南民族大学　袁誉洪)

2.3 动 力 学

实验 21　过氧化氢催化分解反应速率常数的测定

一、目的要求

(1) 掌握体积法或压力法测定反应级数的方法。

(2) 了解一级反应的特点。

(3) 测定 H_2O_2 分解反应速率常数和半衰期。

(4) 根据不同温度的反应速率常数计算 H_2O_2 分解的活化能。

二、实验原理

反应的反应速率与反应物浓度的一次方成正比的反应称为一级反应。属于一级反应的反应有很多，如放射性同位素的衰变、有机分子重排、五氧化二氮的分解等。过氧化氢很不稳定，在没有催化剂的中性或碱性水溶液中也能缓慢分解，分解反应如下：

$$2H_2O_2(l) \!=\!=\!=\! 2H_2O(l) + O_2(g)$$

若在反应体系中加入碘离子，则反应被催化加速分解，反应机理如下：

第一步 $$H_2O_2 + I^- \!=\!=\!=\! IO^- + H_2O$$

第二步 $$H_2O_2 + IO^- \!=\!=\!=\! H_2O + O_2 + I^-$$

第二步反应速率比第一步快很多，整个反应的速率取决于第一步。若反应速率用 H_2O_2 的浓度减少表示，则它与 I^- 和 H_2O_2 的浓度成正比，其速率方程表示为

$$-\frac{d[H_2O_2]}{dt} = k[I^-][H_2O_2] \tag{2-21-1}$$

式中，$[H_2O_2]$、$[I^-]$分别为 H_2O_2 和 I^- 的浓度($mol \cdot L^{-1}$)；t 为反应时间(s)；k 为反应速率常数。显然，这是个二级反应，反应速率大小与 H_2O_2 和 I^- 的浓度有关。

在反应过程中，I^- 是催化剂，在反应中不断消耗和再生，其浓度基本维持不变，可视为常数，令 $k' = k[I^-] = k[I^-]_0$，则速率方程可简化为

$$-\frac{d[H_2O_2]}{dt} = k'[H_2O_2] \tag{2-21-2}$$

式中，k'为表观速率常数。此式表明，反应速率与 H_2O_2 浓度的一次方成正比，故称为一级反应。因此，这是个准级数反应。将式(2-21-2)积分得

$$\ln\frac{[H_2O_2]}{[H_2O_2]_0} = -k't \tag{2-21-3}$$

式中，$[H_2O_2]$为 t 时刻体系中 H_2O_2 的浓度；$[H_2O_2]_0$ 为 H_2O_2 的初始浓度。若以 $\ln[H_2O_2]$对 t 作图，可得一条直线，其斜率为$-k'$，由此可求得速率常数。

反应物浓度降低到起始浓度一半所需的时间称为半衰期 $t_{1/2}$。根据式(2-21-3)得

$$t_{1/2} = \ln2/k' = 0.6931/k' \tag{2-21-4}$$

可用下述两种方法求出$[H_2O_2]$与 k' 的关系。

1. 体积法

在 H_2O_2 催化分解过程中，t 时刻 H_2O_2 的浓度$[H_2O_2]$可通过测量在相应的时间内反应放出的 O_2 的体积求得，因为在分解反应中放出 O_2 的体积与已分解了的 H_2O_2 浓度成正比。令 V_0 为开始测量 H_2O_2 分解时的死体积，V_∞ 为 H_2O_2 完全分解时所测量的体积，V_t 为 H_2O_2 在 t 时刻放出的 O_2 的测量体积，则

$$[H_2O_2]_0 \propto (V_\infty - V_0) = A(h_0 - h_\infty), \qquad [H_2O_2] \propto (V_\infty - V_t) = A(h_t - h_\infty)$$

式中，h_0、h_t、h_∞ 分别为反应计时开始时、时间 t 及进行完全时量气管中液面的高度；A 为量气管的内横截面积，若量气管直接标注为体积刻度，则 $A = -1$。将上面的关系式代入式(2-21-3)得

$$\ln\frac{[H_2O_2]}{[H_2O_2]_0} = \ln\frac{V_\infty - V_t}{V_\infty - V_0} = \ln\frac{h_t - h_\infty}{h_0 - h_\infty} = -k't \qquad (2\text{-}21\text{-}5)$$

或写成

$$\ln(V_\infty - V_t) = -k't + \ln(V_\infty - V_0) \qquad (2\text{-}21\text{-}6)$$

若 H_2O_2 催化分解是一级反应，以 $\ln(V_\infty - V_t)$对 t 作图或以 $\ln(h_t - h_\infty)$对 t 作图应得一条直线，从直线的斜率可求表观反应速率常数 k'。这种利用积分动力学方程确定反应级数的方法称为积分法。

2. 压力法

在保证体系的温度 T、体积 V 不变(恒温、恒容)时，由 $pV = nRT$ 得 $n_i = p_iV/RT$，可知体系产生的 O_2 物质的量 n_i 与其相应的压力 p_i 成正比。

在 H_2O_2 催化分解过程中，t 时刻 H_2O_2 的浓度$[H_2O_2]$可通过测量在相应的时间内反应放出的 O_2 的压力求得，因为分解反应中放出 O_2 的压力与已分解了的 H_2O_2 浓度成正比。令 p_0 为开始测量时体系的初始压力(包含没排尽的空气、水蒸气及测量时已经分解出来的 O_2 等)，p_∞ 为 H_2O_2 全部分解后体系的总压力，p_t 为 H_2O_2 分解到时刻 t 时测量的压力，则

$$[H_2O_2]_0 \propto (p_\infty - p_0),\quad [H_2O_2] \propto (p_\infty - p_t)$$

$$\ln\frac{[H_2O_2]}{[H_2O_2]_0} = \ln\frac{p_\infty - p_t}{p_\infty - p_0} = -k't \qquad (2\text{-}21\text{-}7)$$

以 $\ln(p_\infty - p_t)$对 t 作图应得一条直线，从直线斜率可求表观反应速率常数 k'。

三、 仪器与试剂

集热式磁力搅拌恒温器	1 套	直口二颈圆底烧瓶(100 mL)	1 套
秒表	1 块	H_2O_2 恒温量气装置	1 套
5 mL 刻度移液管	1 支	50 mL 量筒	1 个
KI(0.2 mol · L^{-1})		10% H_2O_2 溶液	

四、实验步骤

1. 体积法

(1) 反应装置如图 2-21-1 所示。其中，(a)是恒温量气管部分，(b)、(c)和(d)是不同形式的反应器部分，可根据条件搭配选用。若用(a) + (b)或(a) + (c)组合，用集热式磁力搅拌加热器恒温，连接量气管的恒温水用功率为 20～30 W 的微型潜水水泵抽取循环即可。若用(a) + (d)组合，则需要用普通磁力搅拌器提供搅拌作用，用超级恒温器给量气管和夹套恒温反应器提供串联恒温水。

若用恒温器的水温代替反应温度，则可用如图(e)加接出气管口的含 BZ29# 磨口塞的单口圆底烧瓶代替(b)图中的反应器。

打开量气管的放空阀，举起水准瓶，再打开水准阀，使量气管中的水面上升至顶端弯管 2 cm 以下处，关闭放空阀，降低水准瓶，使量气管内液面差达 50 cm 以上，若 5 min 内没有

观察到液面高度明显变化，可开始下一步实验。否则说明系统密封不良，应仔细检查。

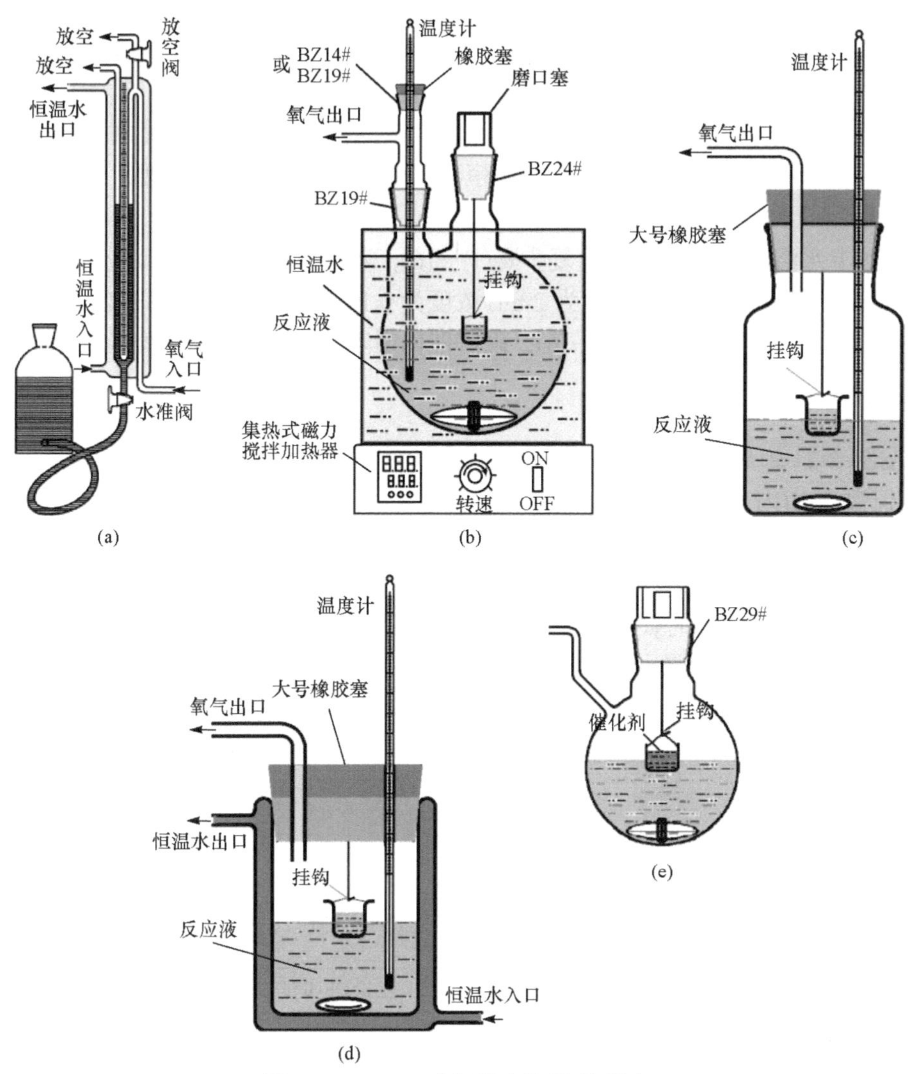

图 2-21-1 H_2O_2分解测定装置(体积法)

(2) 开启集热式磁力搅拌加热器电源，调节恒温器温度为指定值(如 30.0℃)。

(3) 在集热式恒温器水浴锅内放入一枚大号玻璃密封磁子，搅拌调至最慢，将另一枚洁净的搅拌子放入洗净的二颈烧瓶内，用移液管加入 5 mL 10% H_2O_2溶液，用量筒加入 43 mL 蒸馏水。向洁净的小塑料杯中加入 1 mL 已恒温的 0.2 mol · L^{-1} KI 溶液，并用镊子将其挂在瓶盖的挂钩上，小心放入反应瓶中，盖紧瓶盖，打开放空阀。

(4) 小心缓慢地调节搅拌速度，以保持盛放催化剂的小塑料杯不翻倒。

(5) 恒温 15 min 后，瞬间加速搅拌致装催化剂的塑料杯翻倒，举起水准瓶，打开放空阀，调水准瓶高度，使 U 形管中两侧液面处于水平且上升至距顶端三通口约 1 cm 处，约 1 min 后关闭放空阀。再调水准瓶高度，当 U 形管内两侧液面刚好处于水平时启动秒表计时，同时准确读取 U 形管上的高度或体积数据。此后，每隔 2 min 调整并记录一组数据，共记录 40 min 或体积增量达 30 mL 时止。

可将水准瓶固定在升降台上，以利用升降台准确、稳定地调整水准瓶高度，使 U 形管内两侧的液面在读数时处于水平状态。

(6) 反应 40 min 或体积增量达 30 mL 后，改为每 5 min 测量一次，直至体积基本不再变化为止。此时量气管的读数即为 h_∞ 或 V_∞，每 2 min 测一次，共 3 次。

为加快测量 h_∞ 或 V_∞ 的速率，可将反应瓶放入恒温在 55℃的恒温器中加快反应，当体积基本不变时，再将反应瓶放回原反应温度的恒温器中，恒温后如前法读数，即为 h_∞ 或 V_∞，每隔 2 min 测量一次，共 3 次。

(7) 调恒温水浴温度至 40℃，重复步骤(1)～(6)，测定另一温度下的反应数据，以计算反应的活化能 E_a；或保持温度不变，改为 2 mL 浓度为 0.1 mol · L^{-1} KI 催化剂(1 mL 0.2 mol · L^{-1} 催化剂中加 1 mL 水)，重复步骤(1)～(6)，确定催化剂浓度对反应速率的影响。

2. 压力法

(1) 按图 2-21-2 用耐压胶管将反应器上方压力测试口与仪器压力接口相连接，并将反应器固定在恒温槽内(内含搅拌子)。

(2) 在恒温槽内加水，直至淹没反应器。将恒温槽内冷凝管接口与外接冷却液相连(一般接自来水即可)。

(3) 打开仪器电源，此时仪器处于置数状态，将搅拌选择开关置于手动，调节搅拌速率，再置于自动状态，此时搅拌停止。

(4) 用移液管吸取 10 mL 10%的 H_2O_2，缓慢放入反应器中，将约 15 mL 浓度为 0.2 mol · L^{-1} 的 KI 溶液放入样品管中，将样品管插入恒温槽边沿圆孔中，以便恒温。将恒温槽恒定到指定温度。

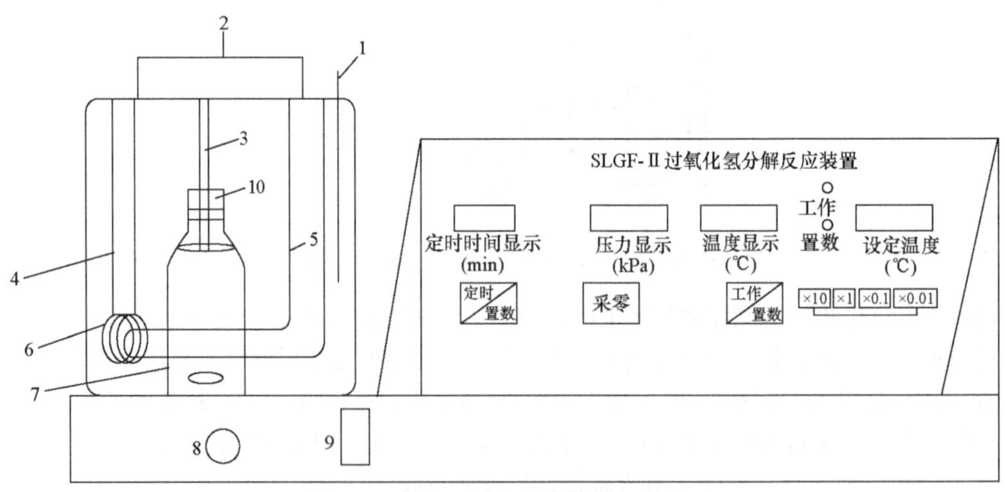

图 2-21-2 H_2O_2 分解测定装置(压力法)

1. 温度传感器；2. 电机盒；3. 搅拌器；4. 玻璃水槽；5. 加热器；6. 冷凝管；7. 反应器；8. 搅拌速率旋钮；9. 手动/自动搅拌选择开关；10. 反应器压力接口

注意：当设定温度低于环境温度时，需要接通温度低于环境的冷却液以便控温；当设定温度大于环境温度 2～3℃时，无需打开冷却液。

(5) 设置定时时间(如 1 min)，此时仍应处于置数状态，定时器不工作。

(6) 当恒温槽温度达到设定温度并恒温一段时间后，旋开反应器盖子，用移液管吸入

10 mL 已恒温好的 KI 溶液，将移液管下端尽可能靠近 H_2O_2 液面，缓慢放入反应器中，以避免溶液相互搅拌提前反应。立即旋紧盖子(切记不得漏气)，此时将压力示置采零(把反应前体系压力看成零)，并迅速将“定时/置数”置于“定时”状态，此时搅拌自动开启，定时器工作。蜂鸣器鸣响时说明定时已到，记下此时体系压力值 p_t 并连续记录。

(7) p_∞的测定。

(i) 停止记录数据后，设置恒温槽恒温到 55℃，恒温 20～30 min，让 H_2O_2 完全分解。

(ii) 将恒温槽温度重新设置为系统测定时的初始温度并保持在“置数”状态。

(iii) 接通冷却液，当水温降至设定温度以下约 2℃时关闭冷却液，按“工作/置数”键，将恒温槽置于“工作”状态，当温度恒定且压力值基本稳定后，读取压力值，即为 p_∞。

五、数据处理

(1) 记录反应条件(反应温度、催化剂及其浓度)、反应时间 t 和量气管读数 V_t 或 h_t(体积法)或压力表读数 p_t(压力法)，填入表 2-21-1 或表 2-21-2。

表 2-21-1　体积法数据记录

反应温度:_______℃　　大气压:_______kPa

t(mm′ss″pp)	V_t/mL 或 h_t/mm	t(mm′ss″pp)	V_t/mL 或 h_t/mm	t(mm′ss″pp)	V_t/mL 或 h_t/mm	t(mm′ss″pp)	V_t/mL 或 h_t/mm
0							
						⋮	⋮

注：计时起点对应的体积(或高度)即 V_0(或 h_0)，体积不再变化时即为 V_∞或(h_∞)。

表 2-21-2　压力法数据记录

反应温度:_______℃　　大气压:_______kPa

t(mm′ss″pp)	p_t/kPa	t(mm′ss″pp)	p_t/kPa	t(mm′ss″pp)	p_t/kPa	t(mm′ss″pp)	p_t/kPa
0							
						⋮	⋮

注：计时起点对应的压力即为 p_0，压力不再变化时即为 p_∞。

(2) 列表法处理数据。

对体积法，用指定反应温度下的测定数据，依次得到$(V_\infty - V_t)$和 $\ln(V_\infty - V_t)$，或$(h_t - h_\infty)$和 $\ln(h_t - h_\infty)$，分别作不同温度下的 $\ln(V_\infty - V_t)$-t 图或 $\ln(h_t - h_\infty)$-t 图，从所得直线的斜率求得表观反应速率常数 k_1' 和 k_2'。

由式(2-21-5)可求得半衰期 $t_{1/2}$，再由 $k_1' = k_1[\mathrm{I}^-]_0$、$k_2' = k_2[\mathrm{I}^-]_0$ 求得不同温度下真实的反应速率常数 k_1、k_2和 E_a。

对压力法，用指定反应温度下的数据，依次得到$(p_\infty - p_t)$和 $\ln(p_\infty - p_t)$，分别作不同温度下的 $\ln(p_\infty - p_t)$-t 图，从所得直线斜率求表观反应速率常数 k_1' 和 k_2'。由式(2-21-5)求半衰期 $t_{1/2}$，由 $k_1' = k_1[\mathrm{I}^-]_0$、$k_2' = k_2[\mathrm{I}^-]_0$ 求不同温度下真实反应速率常数 k_1 和 k_2。

(3) 根据阿伦尼乌斯公式计算反应的活化能

$$E_a = \frac{RT_1T_2}{T_2 - T_1}\ln\frac{k_2}{k_1} \tag{2-21-8}$$

(4) 参考值

25.0℃时，表观反应速率常数 $k = 1.20 \times 10^{-2}\ \mathrm{min}^{-1}$，半衰期 $t_{1/2} = 57.8\ \mathrm{min}$。

35.0℃时，表观反应速率常数 $k = 2.32 \times 10^{-2}\ \mathrm{min}^{-1}$，半衰期 $t_{1/2} = 29.9\ \mathrm{min}$。

反应的活化能：$E_a = 49.4\ \mathrm{kJ \cdot mol^{-1}}$。

六、思考题

(1) 如果在开始测定 V_0 时已经放掉一部分氧气，这样做对实验结果有没有影响？为什么？

(2) 若量气管漏气，对实验结果有什么影响？

(3) 实验过程中，磁力搅拌子上吸附大量气体会对实验结果产生什么影响？转速大小会影响实验的准确性吗？

(4) 反应瓶中存在的空气对实验结果有没有影响？为什么？

(5) 若水准瓶调整不当，使 U 形管中液体两侧高度不一致，会造成什么后果？

七、注意事项

(1) 从反应器氧气出口至量气管氧气入口间要用尽可能短的耐压管连接，以免对测量产生太大影响。量气管的恒温水水温自始至终保持不变。

(2) 循环连接水管也要尽量短，以减少因管路降温过大造成较大的误差。

(3) 为了达到较好的保温效果，最好给气管和水管外都套上一层保温泡沫管。

(4) 采用压力法测量时，p_t 测量时间不能过长，因为压力对反应的正向不利，反应后期可能偏离速率方程，产生较大的偏差。体积法因在等压下进行，因而测量精度较高，但弊端是测量过程相对复杂。

参 考 文 献

陈栋华, 江柏堤. 1987. 过氧化氢催化分解实验的改进. 中南民族大学学报, 1: 88.

金丽萍, 邬时清, 陈大勇. 2005. 物理化学实验. 2 版. 上海: 华东理工大学出版社.

夏海涛, 许越, 赫治湘. 2003. 物理化学实验. 修订版. 哈尔滨: 哈尔滨工业大学出版社.

尹业平, 王辉宪. 2006. 物理化学实验. 北京: 科学出版社.

(责任编撰：广西民族大学　蓝丽红)

实验 22　电导法测定乙酸乙酯皂化反应的速率常数

一、目的要求

(1) 掌握电导法测定反应速率常数的原理和方法。

(2) 了解二级反应的特点，学会用图解计算法求二级反应的速率常数。

(3) 掌握用电导法测定乙酸乙酯皂化反应的速率常数的方法，学会反应活化能的测定方法。

二、实验原理

乙酸乙酯皂化反应是一个二级反应，其反应式为

$$CH_3COOC_2H_5 + Na^+ + OH^- \longrightarrow CH_3COO^- + C_2H_5OH + Na^+$$

在反应过程中，除 Na^+ 外，各物质的浓度均随时间而变。测定该反应体系组分浓度的方法很多，例如，可用标准酸滴定测出不同时刻 OH^- 的浓度。又因反应过程中溶液的总体电导率是下降的，故也可以通过测定溶液的电导率来监测体系的浓度变化。只要能跟踪反应物浓度随时间变化，即可求算反应的速率常数。

若设反应物 $CH_3COOC_2H_5$ 和 NaOH 的初始浓度分别为 $c_{0,A}$ 和 $c_{0,B}$，且在任意时间 t，反应所产生的 CH_3COO^- 和 C_2H_5OH 的浓度为 x，则有

$$CH_3COOC_2H_5 + NaOH \longrightarrow CH_3COONa + C_2H_5OH$$

$t=0$	$c_{0,A}$	$c_{0,B}$	0	0
$t=t$	$c_{0,A}-x$	$c_{0,B}-x$	x	x
$t=\infty$	$c_{0,A}-c$	$c_{0,B}-c$	c	c

其中，最终产物的浓度 c 的大小与 $c_{0,A}$ 和 $c_{0,B}$ 的相对大小有关，c 与 $c_{0,A}$ 和 $c_{0,B}$ 中的小者相等。若逆反应可忽略，上述二级反应的速率方程可表示为

$$\frac{d(c_{0,A}-x)}{-dt}=\frac{d(c_{0,B}-x)}{-dt}=\frac{dx}{dt}=k(c_{0,A}-x)(c_{0,B}-x) \tag{2-22-1}$$

若 $c_{0,A}=c_{0,B}=c_0$，将式(2-22-1)积分得

$$\frac{1}{c_0-x}-\frac{1}{c_0}=kt \quad 或 \quad \frac{x}{c_0(c_0-x)}=kt \tag{2-22-2}$$

若 $c_{0,A}\neq c_{0,B}$，将式(2-22-1)积分得

$$\frac{1}{c_{0,A}-c_{0,B}}\ln\frac{c_{0,B}(c_{0,A}-x)}{c_{0,A}(c_{0,B}-x)}=kt \tag{2-22-3a}$$

或

$$\ln\frac{c_{0,A}-x}{c_{0,B}-x}=(c_{0,A}-c_{0,B})kt+\ln\frac{c_{0,A}}{c_{0,B}} \tag{2-22-3b}$$

显然，只要测出反应进程中任意时刻 t 时的 x 值，再将已知浓度代入式(2-22-2)或式(2-22-3b)，即可得到反应的速率常数 k。

因反应体系是稀水溶液，故可假定 CH_3COONa 全部电离。而 $CH_3COOC_2H_5$ 和 CH_3CH_2OH

在溶液中电离度极小可忽略，溶液中参与导电的离子有 Na^+、OH^- 和 CH_3COO^- 等，Na^+ 在反应前后浓度不变，OH^- 的迁移率比 CH_3COO^- 大得多。随着反应时间的增加，OH^- 不断减少，而 CH_3COO^- 不断增加，所以体系的电导率不断下降。在一定范围内，可以认为体系电导率的减少量与反应物 NaOH 浓度的下降、产物 CH_3COO^- 浓度的增加成正比，即

$$\kappa_t = \beta_{NaOH}(c_{0,B} - x)/c_{0,B} + \beta_{NaAc}x/c \tag{2-22-4}$$

在反应刚开始的瞬间，即 $t = 0$ 时，$x = 0$，即反应物还没有消耗，故有

$$\kappa_0 = \beta_{NaOH} \tag{2-22-5}$$

此值即为反应前初始 NaOH 溶液的电导率；若 $x = c_{0,B}$，有

$$\kappa_\infty = \beta_{NaAc}c_{0,B}/c \tag{2-22-6}$$

即 NaOH 刚好消耗完时产物乙酸钠溶液对应的电导率，要达到这个条件必定有 $c_{0,A} \geqslant c_{0,B}$，此时 $c = c_{0,B}$，故式(2-22-6)变为

$$\kappa_\infty = \beta_{NaAc} \tag{2-22-7}$$

此即为 NaOH 溶液浓度相同的 NaAc 溶液的电导率。将 $c = c_{0,B}$ 代入式(2-22-4)，有

$$\kappa_t = \beta_{NaOH}(c_{0,B} - x)/c_{0,B} + \beta_{NaAc}x/c_{0,B} \tag{2-22-8}$$

由式(2-22-5)减式(2-22-8)得

$$\kappa_0 - \kappa_t = (\beta_{NaOH} - \beta_{NaAc})x/c_{0,B} = (\kappa_0 - \kappa_\infty)x/c_{0,B} \tag{2-22-9}$$

由式(2-22-9)得

$$x = c_{0,B}(\kappa_0 - \kappa_t)/(\kappa_0 - \kappa_\infty) \tag{2-22-10}$$

将 $c_0 = c_{0,B}$ 及式(2-22-10)一并代入式(2-22-2)得

$$\frac{\kappa_0 - \kappa_t}{\kappa_t - \kappa_\infty} = c_0 kt \tag{2-22-11}$$

式中，κ_0 和 κ_t 分别为溶液起始和任意时刻 t 时的电导率；κ_∞为反应终了时的电导率。对 $c_{0,A} = c_{0,B} = c_0$ 的情况，只要测出 κ_0、κ_∞和一组 κ_t 值，作$(\kappa_0 - \kappa_t)/(\kappa_t - \kappa_\infty)$-$t$ 图得到一直线，从直线斜率即可求得速率常数 k。

为减少被测变量的个数，节省实验时间，可将式(2-22-11)变换如下

$$\frac{\kappa_0 - \kappa_t}{t} = c_0 k\kappa_t - c_0 k\kappa_\infty \tag{2-22-12a}$$

或

$$\kappa_t = \frac{1}{c_0 k} \times \frac{\kappa_0 - \kappa_t}{t} + \kappa_\infty \tag{2-22-12b}$$

或

$$\frac{t}{\kappa_0 - \kappa_t} = \frac{1}{\kappa_0 - \kappa_\infty}t + \frac{1}{c_0 k(\kappa_0 - \kappa_\infty)} \tag{2-22-12c}$$

即作$(\kappa_0 - \kappa_t)/t$-κ_t 图，或作 κ_t-$(\kappa_0 - \kappa_t)/t$ 图，由其斜率即可求得速率常数 k；或作 $t/(\kappa_0 - \kappa_t)$-t 图，由其斜率和截距即可求得速率常数 k。可见，用式(2-22-12)的三种形式均只需要测定已知初始浓度 c_0 下反应的 κ_0 及 κ_t-t 数据，即可得 k 和 κ_∞。

$c_{0,A} \neq c_{0,B}$ 时的情况比较复杂，可参考有关文献，此处不予讨论。

三、仪器与试剂

数字电导率仪	1 台	恒温器	1 台

电子秒表	1块	玻璃双管反应器	1个
铂黑电导电极	1支	移液管(20 mL)	1支
大试管(Φ 24 mm × 180 mm)	1支	洗耳球	1个

$CH_3COOC_2H_5$(0.0200 mol · L^{-1})　　NaOH(0.0100 mol · L^{-1}，0.0200 mol · L^{-1})

CH_3COONa(0.0100 mol · L^{-1})

四、实验步骤

1. 仪器预热

将恒温水浴恒温至所需温度(在两个相差 10℃的温度下进行实验，低温应高于室温 5℃以上，如 25℃/35℃或 30℃/40℃)，开启电导率仪电源进行预热。

2. κ_0 的测定

(1) 分别用电导水和 0.0100 mol · L^{-1} 的 NaOH 溶液润洗大试管 3 次，再倒入适量 0.0100 mol · L^{-1} 的 NaOH 溶液至距试管底部 4～5 cm；用电导水洗涤铂黑电极，再用 0.0100 mol · L^{-1} 的 NaOH 溶液淋洗 3 次后，插入至大试管底部。将装好待测液和电极的大试管置于恒温水浴中恒温 10～15 min。

(2) 用调好零点和满度的电导率仪测量溶液的电导率，每隔 2 min 测量一次，共测量 3 次。

(3) 更换 0.0100 mol · L^{-1} 的 NaOH 溶液，重复步骤(1)～(2)。若两组数据的测量误差超出允许范围内，则必须再次重复测定，直至符合要求为止。

3. κ_∞的测定[若按式(2-22-12)处理，此步可省略]

实验测定过程不可能等到 $t = \infty$，故反应也不可能完全进行到底。实验通常以 0.0100 mol · L^{-1} 的 CH_3COONa 溶液模拟完全反应产物的电导率作为 κ_∞。测量方法与 κ_0 的测量方法相同。但必须注意，每次更换测量溶液时，需先用电导水淋洗电极和大试管，再用被测溶液淋洗两三次。

4. κ_t 的测定

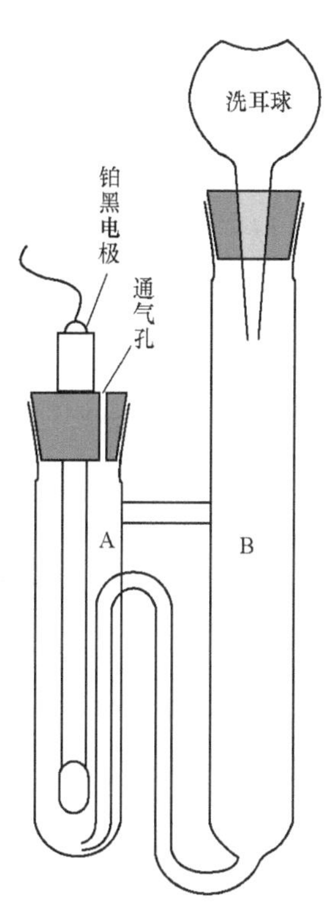

图 2-22-1　双管反应器

(1) 将双管反应器(图 2-22-1)两管反复用电导水冲洗，轻轻甩干，再用大号镊子夹住滤纸将反应管内、外擦干，然后用电吹风吹干。将双管反应器固定在恒温浴中恒温，用电导水反复冲洗铂黑电极 3 次，用滤纸吸干备用。

(2) 用移液管准确量取 20 mL 0.0200 mol · L^{-1} 的 NaOH 溶液放入洗净并干燥的双管反应器的 A 管(短管)中，将套好橡胶塞的铂黑电极放在 A 管中，盖好橡胶塞；用另一支移液管准确吸取 20 mL 0.0200 mol · L^{-1} 的 $CH_3COOC_2H_5$ 溶液，小心缓慢地注入双管反应器的 B 管(长管)中，盖上带洗耳球的橡胶塞，恒温 15 min。

(3) 用洗耳球从 B 管压气，将 $CH_3COOC_2H_5$ 溶液快速压入 A 管中，当溶液被压入一半时，开始计时，并继续压气，将 B 管中的溶液全部压入 A 管，放松洗耳球，使 A 管中的溶液吸入 B 管，约吸入一半时，再用力挤压洗耳球，使 B 管中溶液再次全部进入 A 管。如此反复 4～6 次，使溶液混合均匀且 B 管中的溶液全部吹入 A 管后，用吸足空气的洗耳球塞紧 B 管。立即测量溶液的电导率并按秒表“LAP”键计时。

(4) 从第 2 个数据开始，等到整数分钟时读数，每隔 1 min 测量一次，直至电导率基本不变为止。根据反应温度的不同，整个反应需 30 min～1 h。

(5) 反应结束，取出电极，倒掉反应液，洗净双管反应器和电导电极。

5. 反应活化能的测定

重复上述 2～4 各步，测定另一温度下的反应速率常数，按式(2-22-13)所示的阿伦尼乌斯方程计算反应的活化能

$$E_a = \frac{RT_2T_1}{T_2 - T_1}\ln\frac{k_2}{k_1} \tag{2-22-13}$$

式中，k_1、k_2 分别为温度 T_1、T_2 时的反应速率常数；E_a 为反应的活化能。

五、数据处理

(1) 用列表法处理实验数据。

将实验所得数据填入表 2-22-1 中，并按表格要求处理数据，获得 $t/(\kappa_0 - \kappa_t)$数据。根据所得 $t/(\kappa_0 - \kappa_t)$和 t 数据作 $t/(\kappa_0 - \kappa_t)$-t 图。两个不同温度的 $t/(\kappa_0 - \kappa_t)$-t 图可以画在同一坐标系中。

(2) 分别从两个不同温度的两条直线的斜率、截距和已知初始浓度，按式(2-22-12c)计算反应的速率常数 k_1、k_2。

(3) 根据式(2-22-13)，计算反应的活化能 E_a。

(4) 作图建议：X 轴(t/min)，每厘米 2 min；Y 轴[$t/(\kappa_0 - \kappa_t)$]，每厘米 2 min · cm · μS^{-1}。

表 2-22-1　实验数据及处理

t/min	κ_t/(μS · cm^{-1})	$(\kappa_0 - \kappa_t)$/(μS · cm^{-1})	$t/(\kappa_0 - \kappa_t)$/(min · cm · μS^{-1})	t/min	κ_t/(μS · cm^{-1})	$(\kappa_0 - \kappa_t)$/(μS · cm^{-1})	$t/(\kappa_0 - \kappa_t)$/(min · cm · μS^{-1})

(5) 参考值如表 2-22-2 所示。

表 2-22-2 速率常数与温度的关系及反应活化能

$c_{CH_3COOC_2H_5}$/(mol·L^{-1})	c_{NaOH}/(mol·L^{-1})	t/℃	k/(mol^{-1}·L·min^{-1})	E_a/(kJ·mol^{-1})
0.021	0.021	25	6.85	50.34
		35	13.24	
$\ln k = -4098.60/T + 0.017361T + 10.4307$				

六、注意事项

(1) 由于空气中的 CO_2 会溶入电导水和配制的 NaOH 溶液中，使溶液浓度发生改变，因此在实验中可使用煮沸的电导水，同时采取在配好的 NaOH 溶液瓶上装配碱石灰吸收管等方法处理。$CH_3COOC_2H_5$ 溶液会缓慢水解，且水解产物又会消耗 NaOH，故所用的溶液必须新鲜配制。

(2) 反应液混合过程中的压气动作要快，但又要有控制，注意不要使溶液冲出。

(3) 除第一个数据外,其他各数据应该尽量保持在整数分钟时测定,以便于进行数据处理。

(4) 在 NaOH 溶液初始浓度 b 略大于 $CH_3COOC_2H_5$ 溶液的初始浓度 a 时，可以推导出如下公式：

$$\ln\frac{(\kappa_t - P/Q)}{(\kappa_t - \kappa_\infty)} = b_\infty kt + \ln\frac{(\kappa_0 - P/Q)}{(\kappa_0 - \kappa_\infty)} \tag{2-22-14}$$

式中，P 和 Q 分别是与有关离子的摩尔电导率 λ_m 以及 NaOH 的初始浓度 b 有关的常数。

$$\left.\begin{aligned} P &= 1/(\lambda_{OH^-} - \lambda_{Ac^-}) \\ Q &= b(\lambda_{Na^+} + \lambda_{Ac^-})/(\lambda_{OH^-} - \lambda_{Ac^-}) \end{aligned}\right\} \tag{2-22-15}$$

而 $b_\infty = b - a$，可根据反应终了时的 pH 计算：$\lg b_\infty = \mathrm{pH} - 14$。

利用此法，只要测量反应终了时反应体系的 pH 及反应过程中的数据，利用 $P = Q\kappa_\infty - b_\infty$ 作 $\ln\dfrac{(\kappa_t - P/Q)}{(\kappa_t - \kappa_\infty)}$-$t$ 图，无需精确配制反应系统中 $CH_3COOC_2H_5$ 溶液的浓度就可得到反应的速率常数 k。

七、思考题

(1) 为什么本实验要在恒温条件下进行，且 NaOH 和 $CH_3COOC_2H_5$ 溶液在混合前还要预先恒温？

(2) 反应分子数与反应级数是两个完全不同的概念，反应级数只能通过实验来确定。试问怎样从实验结果验证乙酸乙酯皂化反应为二级反应？

(3) 乙酸乙酯皂化为吸热反应，在实验过程中怎样处置这一影响而使实验得到较好的结果？

(4) 若两个反应物的初始浓度不同，但差别很小，对数据处理有影响吗？

参 考 文 献

冯安春，冯喆. 1986. 简明电导法测量乙酸乙酯皂化反应速率常数. 化学通报, 3: 55-58.

傅献彩, 沈文霞, 姚天扬, 等. 2006. 物理化学(下册). 5 版. 北京: 高等教育出版社.
孙尔康, 徐维清, 邱金恒. 1998. 物理化学实验. 南京: 南京大学出版社.

(责任编撰：中南民族大学　袁誉洪)

实验 23　旋光法测定蔗糖转化反应的速率常数

一、目的要求

(1) 测定蔗糖转化反应的速率常数 k、半衰期 $t_{1/2}$ 和活化能 E_a。

(2) 了解蔗糖转化反应体系中各物质浓度与旋光度之间的关系。

(3) 了解旋光仪的基本原理，掌握旋光仪的正确使用方法。

二、实验原理

蔗糖在水中可水解成葡萄糖与果糖，其反应为

$$C_{12}H_{22}O_{11}(\text{蔗糖}) + H_2O \longrightarrow C_6H_{12}O_6(\text{葡萄糖}) + C_6H_{12}O_6(\text{果糖}) \tag{2-23-1}$$

在纯水中，此反应的反应速率极慢，通常需要在 H^+的催化作用下进行。研究表明：反应速率与参与反应的蔗糖、水及催化剂 H^+的浓度有关。由于反应物浓度较稀，尽管有部分水分子参与了反应，但是作为溶剂的水是大量存在的，故仍可近似认为在整个反应过程中水的浓度恒定不变。另外，作为催化剂的 H^+的浓度也恒定不变。因此，该反应可视作准一级反应(或称假一级反应)，即该反应的反应速率只与蔗糖的浓度有关。其反应速率方程可表示为

$$-\frac{\mathrm{d}c}{\mathrm{d}t} = kc \tag{2-23-2}$$

式中，c 为反应到 t 时蔗糖的浓度；k 为反应速率常数。将式(2-23-2)积分可得

$$\ln c = -kt + \ln c_0 \tag{2-23-3}$$

式中，c_0 为反应开始时蔗糖的初始浓度。

当 $c = 0.5c_0$ 时，反应所用的时间 t 称为反应的半衰期，即反应物消耗了反应物初始浓度的一半所需要的时间，用 $t_{1/2}$ 表示：

$$t_{1/2} = \frac{\ln 2}{k} \tag{2-23-4}$$

从式(2-23-3)知，只要测定在不同反应时间蔗糖的相应浓度，并以 $\ln c$ 对 t 作图，可得一条直线，由该直线的斜率即可得反应的速率常数 k，由式(2-23-4)可计算反应的半衰期 $t_{1/2}$。然而，反应在不断地进行，要直接快速分析出反应物的浓度比较困难。本实验中的蔗糖及其转化产物都具有旋光性，它们具有不同的旋光能力，故可利用体系在反应进程中旋光度的变化来度量反应的进程。

物质的旋光能力用比旋光度度量，比旋光度用下式表示：

$$[\alpha]_D^{20} = \frac{\alpha}{\rho_B l} \tag{2-23-5}$$

式中，$[\alpha]_D^{20}$右上角的“20”为指定温度 20℃，右下角 D 为用钠灯光源 D 线的波长(589 nm)，α 为测得的旋光度(°)；l 为样品管长度(dm)；ρ_B 为试样 B 的质量浓度($g \cdot mL^{-1}$)。

测量物质旋光度的仪器称为旋光仪。溶液的旋光度与溶液中所含物质的旋光能力、溶液

性质、溶液浓度、样品管长度及温度等均有关系。当其他条件固定且浓度较小时，旋光度 α 与旋光物质的浓度 c 呈线性关系，即

$$\alpha=\beta c \tag{2-23-6}$$

式中，β 为比例常数，与物质的旋光能力、溶液性质、溶液浓度、样品管长度及温度等有关。

在本实验中，反应物蔗糖是右旋性物质，其比旋光度为 $[\alpha]_{\mathrm{D}}^{20}=66.6°$；生成物中葡萄糖也是右旋性物质，其比旋光度为 $[\alpha]_{\mathrm{D}}^{20}=52.5°$，但是果糖是左旋性物质，其比旋光度为 $[\alpha]_{\mathrm{D}}^{20}=-91.9°$。由于生成的果糖和葡萄糖的量相同，但果糖的左旋性比葡萄糖的右旋性大，所以生成物的混合溶液总体呈现左旋性质。随着反应不断地进行，体系的右旋角不断减小，反应至某一时刻，体系的旋光度恰好等于零，而后就变成左旋，直至蔗糖完全转化，这时左旋角达到最大值 α_∞。

反应刚开始时，蔗糖尚未转化，此时体系的旋光度为

$$\alpha_0=\beta_{反}c_0 \tag{2-23-7}$$

式中，$\beta_{反}$ 为联系旋光度与反应物浓度的比例常数。

反应终止时($t=\infty$)，蔗糖已完全转化，其旋光度为

$$\alpha_\infty=\beta_{生}c_0 \tag{2-23-8}$$

式中，$\beta_{生}$ 为联系旋光度与生成物浓度的比例常数。

当任意时间 t 时，蔗糖浓度为 c，此时旋光度为 α_t，则为

$$\alpha_t=\beta_{反}c+\beta_{生}(c_0-c) \tag{2-23-9}$$

由式(2-23-7)、式(2-23-8)和式(2-23-9)联立可解得

$$c_0=\frac{\alpha_0-\alpha_\infty}{\beta_{反}-\beta_{生}}=\beta'(\alpha_0-\alpha_\infty) \tag{2-23-10}$$

$$c=\frac{\alpha_t-\alpha_\infty}{\beta_{反}-\beta_{生}}=\beta'(\alpha_t-\alpha_\infty) \tag{2-23-11}$$

将式(2-23-10)和式(2-23-11)代入式(2-23-3)即得

$$\ln(\alpha_t-\alpha_\infty)=-kt+\ln(\alpha_0-\alpha_\infty) \tag{2-23-12}$$

由式(2-23-12)可知，以 $\ln(\alpha_t-\alpha_\infty)$对 t 作图可得一条直线，从该直线的斜率即可求得反应的速率常数 k，进一步可求得半衰期 $t_{1/2}$。通过测定不同温度下的速率常数，可以求出反应的活化能 E_{a}。

三、仪器与试剂

自动旋光仪	1 台	超级恒温水浴	1 台
秒表	1 块	带恒温夹套的旋光管	1 支
容量瓶(50 mL)	2 个	锥形瓶(150 mL)	1 个
蔗糖溶液(200 g · L^{-1})		HCl 溶液(4.00 mol · L^{-1})	

四、实验步骤

(1) 调节恒温水浴至所需的反应温度 25℃。将蔗糖溶液和 HCl 溶液各 50 mL 分别置于 50 mL 容量瓶中，将其置于前述恒温水浴中恒温备用。

(2) 开启旋光仪，经 15 min 预热后，钠灯发光稳定，仪器进入待测状态。

(3) 旋光仪的零点校正。将装有蒸馏水的旋光管外部用滤纸擦干后放入样品室，盖好箱盖，待显示读数稳定后，按清零钮完成校零。

(4) 测量 α_t。待试样恒温 15～20 min 后，将已恒温的蔗糖溶液 50 mL 注入预先洗净的 150 mL 锥形瓶内，再将已恒温的 50 mL HCl 溶液加入前述锥形瓶中，同时启动秒表记录反应时间，迅速摇匀后，立即用少量反应液荡洗旋光管两次，然后将反应液装满旋光管，盖好塞子。用滤纸将旋光管外部擦干后将其放进旋光仪内，盖好箱盖，约稳定 5 s 后读取旋光度值，同时按动秒表左侧"LAP"按钮计时。第一个数据要求在反应开始 3 min 内测定。在反应开始后 30 min 内，每分钟测量一次；以后由于反应物浓度降低，反应速率变慢，可以将测量间隔改为 2 min，直至测量到旋光度为 −3°为止，所测各数据即为 α_t。测定尽量在整数分钟时进行。

注意：当旋光度在 ±4°以内时，自动测定值可能不准，应按复测钮测定。

(5) 测量 α_∞。将步骤(4)剩余的反应混合液立即置于 55℃的水浴内恒温 40 min，以加速反应，使其在短时间内反应完全。待 40 min 后取出转置于前述实验温度(如 25℃)下恒温 10 min，用少量该反应液荡洗旋光管两次后，将反应液装入旋光管，再恒温 5 min 后测定旋光度，每 3 min 测定一次，直至两个相邻读数偏差≤0.003，连续 4 个数据最大偏差≤0.005，即可停止测量，取其平均值为 α_∞。

(6) 调恒温水浴至 35℃，重复上述步骤(3)～(5)，测量该温度下的反应数据。

(7) 测量完毕，关闭电源开关，拔下插头，将仪器擦拭干净。

五、数据处理

(1) 分别将两个不同温度下的反应过程所测得的旋光度 α_t 与对应时间 t (min)列表，作出 α_t-t 曲线图。

(2) 在 α_t-t 曲线上等间隔取 12 组 α_t-t 数据(注意不是实验记录的数据)，并列出相应的 $\ln(\alpha_t-\alpha_\infty)$值，作 $\ln(\alpha_t-\alpha_\infty)$-$t$ 图，由直线斜率求反应的速率常数 $k(\text{min}^{-1})$ (写出取点计算过程)，并根据式(2-23-4)计算反应半衰期 $t_{1/2}$ (min)。

(3) 根据实验所得的 $k_1(T_1)$和 $k_2(T_2)$，利用阿伦尼乌斯方程计算反应的平均活化能 E_a。阿伦尼乌斯方程如下

$$E_a=\frac{RT_1T_2}{T_2-T_1}\ln\frac{k_2}{k_1} \tag{2-23-13}$$

式中，E_a 为反应的活化能($\text{J}\cdot\text{mol}^{-1}$)；$R$ 为摩尔气体常量；T 为热力学温度(K)。

(4) 作图的坐标取值建议：

(i) 可将两个不同温度 α_t-t 图画在同一坐标中，两个不同温度 $\ln(\alpha_t-\alpha_\infty)$-$t$ 图也画在另一张图中，但都要标明各自的温度。

(ii) 单位刻度：$\ln(\alpha_t-\alpha_\infty)$，每厘米 0.1；$\alpha_t$，每厘米 1°；$t$，每厘米 2 min。

参考值 $k(\times10^{-3}\ \text{min}^{-1})$为 38.128(298.2 K)、171.24(308.2 K)，E_a=108.4 $\text{kJ}\cdot\text{mol}^{-1}$。

六、思考题

(1) 配制蔗糖溶液时称量不够准确，对测量结果是否有影响？

(2) 在反应开始时，为什么是将 HCl 溶液加入蔗糖溶液中，而不是相反？

(3) 实验中用蒸馏水校正旋光仪的零点，试问在蔗糖转化反应过程中所测的旋光度 α_t 是否必须要进行零点校正?

七、注意事项

(1) 将旋光管放入仪器前，要注意从旋光管两端窗口观察，应无气泡阻挡光路，否则必须排除；通光面两端若有水雾或水滴，一定要用滤纸轻轻擦干；旋光管安放时应注意标记的位置和方向，以保证每次测量时一致。

(2) 注意：不同反应温度下的 α_∞是不同的，不可只测量一组 α_∞。

参 考 文 献

复旦大学等. 2004. 物理化学实验. 3 版. 北京：高等教育出版社.
傅献彩, 沈文霞, 姚天扬, 等. 2006. 物理化学(下册). 5 版. 北京：高等教育出版社.
罗澄源等. 1991. 物理化学实验. 3 版. 北京：高等教育出版社.

(责任编撰：中南民族大学　杨昌军)

实验 24　丙酮碘化反应的速率方程

一、目的要求

(1) 测定酸催化条件下丙酮碘化反应的级数和速率常数。

(2) 掌握用比例法确定反应级数的方法，加深对复杂反应的理解。

(3) 学会使用分光光度计测量动力学数据。

二、实验原理

大多数化学反应是由若干个基元反应组成的复杂反应。很多情况下，复杂反应的反应速率和反应物活度之间的关系不能用质量作用定律预示。用实验方法测定反应速率和反应物活度之间的计量关系，并据此建立反应方程式，是研究反应动力学的一个重要内容。

动力学研究中常用的方法有：积分法、微分法、分数寿期法(含半衰期法)、孤立法和比例法等多种。其中，比例法是动力学研究中常用的一种，即在某一组实验中，只有某一物质设计成一系列不同的初始浓度，而其他物质的初始浓度均保持不变，借此求得该反应物的反应级数。更换一种物质，按相同方法，依次获得各参与反应的反应物的级数，从而确立反应的速率方程。

丙酮卤化反应是一个复杂反应，其总反应为

$$CH_3COCH_3 + X_2 \xlongequal{H^+} CH_3COCH_2X + X^- + H^+ \tag{2-24-1}$$

其中，H^+是反应的催化剂，由于该反应本身能生成 H^+，因此这是一个自催化反应。实验表明，反应速率几乎与卤素的种类及其浓度无关，但与溶液中的丙酮和氢离子浓度密切相关。因加入的 H^+浓度远较反应生成的 H^+浓度大，故可忽略自催化作用的影响。对于上述反应，首先假设其反应速率方程为

$$-\frac{\mathrm{d}c_{碘}}{\mathrm{d}t}=kc_{丙}^{x}c_{酸}^{y}c_{碘}^{z} \tag{2-24-2a}$$

式中，x、y和z分别为丙酮、氢离子和碘的反应级数。

初始速率即反应刚开始时($t\to 0$)的反应速率。由于反应刚开始，各反应物可认为还没消耗，故初始速率也应满足式(2-24-2a)，此时速率方程变为

$$-\frac{\mathrm{d}c_{碘,0}}{\mathrm{d}t}=kc_{丙,0}^{x}c_{酸,0}^{y}c_{碘,0}^{z} \tag{2-24-2b}$$

对式(2-24-2b)取对数得

$$\lg(-\frac{\mathrm{d}c_{碘,0}}{\mathrm{d}t})=\lg k+x\lg c_{丙,0}+y\lg c_{酸,0}+z\lg c_{碘,0} \tag{2-24-3}$$

在一系列的实验中，先固定其中两种物质(如丙酮和氢离子)的初始浓度不变，配制一系列第三种物质(如碘)的浓度不同的溶液。于是，反应初始速率只是该碘溶液初始浓度的函数。然后以 $\lg(-\mathrm{d}c_{碘,0}/\mathrm{d}t)$对 $\lg c_{碘,0}$ 作图，应得一条直线，直线斜率即为该碘的反应级数 z。同理，可以得到其他两种物质的反应级数。

因碘在可见光区有一个较强的吸收带，而在该区中盐酸和丙酮无明显吸收，可用分光光度计法直接观察碘浓度的变化，以跟踪反应的进程。根据朗伯-比尔定律有

$$A=-\lg T=-\lg(I/I_0)=\varepsilon bc_{碘} \tag{2-24-4}$$

式中，A 为溶液的吸光度；T 为透光率；I 和 I_0 分别为某一定波长的光线通过待测溶液和空白溶液后的光强；ε 为摩尔吸光系数；b 为样品池光程长度。以 $\lg T$ 对时间 t 作图，其斜率应为 $\varepsilon b(-\mathrm{d}c_{碘}/\mathrm{d}t)$，如已知 ε 和 b，则可计算出反应速率。

在实验中，丙酮和酸大大过量，用少量的碘来限制反应程度。实验发现，$\lg T$ 对 t 的关系为一直线，显然只有当$-\mathrm{d}c_{碘}/\mathrm{d}t$ 不随时间变化时，该直线关系才能成立，故得出丙酮碘化对碘为零级反应。正因为在此条件下反应对碘为零级，$c_{碘}$-t 线(或 A-t 线)为一条直线，其斜率固定不变，省去了外推至 $t=0$ 以求$-\mathrm{d}c_{碘,0}/\mathrm{d}t$ 的麻烦。

在本实验中，选定丙酮和氢离子浓度均为 0.12～0.30 mol · L^{-1}，而碘的浓度选为 0.001～0.002 mol · L^{-1}，仅为前两者的 1%左右，故在反应过程中可视 $c_{丙}$和 $c_{酸}$为常数，即 $c_{丙}=c_{丙,0}$，$c_{酸}=c_{酸,0}$，而 $z=0$，将式(2-24-2a)积分得

$$c_{碘1}-c_{碘2}=kc_{丙,0}^{x}c_{酸,0}^{y}(t_2-t_1) \tag{2-24-5}$$

将式(2-24-4)代入式(2-24-5)可得式(2-24-6)，以求反应速率常数 k

$$k=\frac{\lg T_2-\lg T_1}{t_2-t_1}\cdot\frac{1}{\varepsilon b}\cdot\frac{1}{c_{丙,0}^{x}c_{酸,0}^{y}} \tag{2-24-6}$$

三、仪器与试剂

数字分光光度计	1 套	超级恒温水浴	1 套
容量瓶(100 mL)	3 个	棕色容量瓶(50 mL)	1 个
移液管(5 mL、10 mL)	各 3 支	烧杯(50 mL)	1 个

丙酮溶液(2.00 mol · L^{-1}，重量法)　　盐酸溶液(2.00 mol · L^{-1}，需标定)

碘溶液(0.0200 mol · L^{-1})：因优级纯 KIO_3 经 120℃干燥 2 h 后可视为基准物，由准确的

KIO_3 与适量 HCl 及过量 KI 反应即得准确浓度的碘溶液，不用标定。

$$KIO_3 + 5KI + 6HCl = 3I_2 + 6KCl + 3H_2O$$

准确称取干燥过的 KIO_3 晶体 0.1427 g，在 50 mL 烧杯中加入约 20 mL 微热蒸馏水溶解，再加入 1.20 g KI 加热溶解，然后加入 0.40 $mol \cdot L^{-1}$ 的盐酸 10 mL 混合摇匀，倒入 100 mL 的容量瓶中，稀释至刻度，摇匀备用。

碘溶液也可以直接配制，但需要标定。称取 1.20 g KI 固体于 50 mL 烧杯中，加入约 10 mL 蒸馏水，加热搅拌溶解，再加入 0.509 g 晶体碘，稍微加热并搅拌溶解，加两滴盐酸，转移至 100 mL 棕色容量瓶中定容，摇匀备用。取 20～25 mL 备用碘液，用浓度为 0.02 $mol \cdot L^{-1}$ 的标准 $Na_2S_2O_3$ 溶液标定。

所得碘溶液不太稳定，久置易析出 I_2 晶体，最好现配现用。

四、实验步骤

1. 仪器调整

(1) 将恒温水浴温度调至 25.0℃或 30.0℃，搅拌速率一定要调为“快”。检查恒温水管道，确保连接分光光度计恒温夹套的恒温水水流通畅。

(2) 测量模式。开启分光光度计电源，将波长调节盘调到 520 nm 处，按工作模式钮 MODE 至 T 灯点亮。

(3) 调零。将比色皿槽推拉杆调至“调零透射比”位置(若无此挡，可将挡光板或黑色遮光池置于光路中)，按“0%”钮，使仪器显示为 0。

(4) 确定参比池。在两个洗净的比色皿中均装入蒸馏水，用滤纸吸干后放入分光光度计中，任选一个比色皿推入光路，按“100%”钮，略等片刻，仪器显示 100。再将另一个比色皿置于光路中测量，选择这两个比色皿中透光率数据相对较大者用作参比池，放在内侧第一个比色皿槽中(R 槽或称参比槽)，另一个比色皿则用于换装反应溶液(可称反应池)。一般将反应池置于紧靠参比池以利于恒温和测量。

(5) 调满度。将上述确定的参比池置于光路中，按“100%”钮，仪器显示闪烁的 BLR，使仪器显示为 100。

由于调零和调满度相互牵连，可能需要反复几次调整零点和满度才能完成。

2. 测量各种不同反应体系的 T-t 数据

(1) 将贴有“酮”标签并洗净的 100 mL 容量瓶用 2.00 $mol \cdot L^{-1}$ 丙酮润洗两次，装入约 80 mL 丙酮溶液，与装有蒸馏水的洗瓶一并置于恒温水浴中恒温备用。

(2) 按表 2-24-1 中的体积配比，在一个 100 mL 容量瓶中分别移入定量且已经恒温的 2.00 $mol \cdot L^{-1}$ 盐酸溶液和 0.0200 $mol \cdot L^{-1}$ 碘液，再加蒸馏水至约 80 mL，置于恒温水浴恒温 10～15 min；按相同方法，用另一个 100 mL 容量瓶按照表 2-24-1 配制下一个反应的反应混合液。为加快恒温速度，可快速小幅度轻摇容量瓶。

(3) 待溶液恒温后，按表 2-24-1 体积配比，向盛放指定混合液的容量瓶中移入指定体积已恒温的丙酮溶液，并在丙酮溶液流出约一半时启动秒表，用已恒温的蒸馏水定容，迅速摇匀后，用该反应液快速润洗比色皿两三次，再放入适量反应液并用滤纸擦干后置于光路中，测量反应液的透光率。必须在 3 min 内测量第一个 T 值，同时按秒表“LAP”键计时，以后每隔 1 min 读数一次，直至 $T \geq 90\%$。

除第一个数据外，从第二个数据开始，必须等到整数分钟时读数，在读数的同时按秒表左键(LAP 键)，秒表显示时间与整数分钟之差应小于 0.5 s 以训练计时技巧。要了解更具体的操作技术，参见 5.2.3 节。

为防止零点和满度偏离过大，建议每隔 3～5 min，在测量并记录好一组数据之后，马上检查分光光度计的零点和满度，若有偏离，迅速调整好。

(4) 按表 2-24-1 体积配比配制反应液，重复上述实验操作步骤(2)～(3)，完成所有 7 组反应数据测试。

表 2-24-1　实验反应物配比表

编码	A	B	C	D	E	F	G
丙酮溶液/mL	10.0	10.0	10.0	5.0	10.0	15.0	10.0
盐酸溶液/mL	10.0	10.0	10.0	10.0	5.0	10.0	15.0
碘液溶液/mL	15.0	10.0	5.0	10.0	10.0	10.0	10.0

3. 摩尔吸光系数与光程长度乘积 εb 的测定

取 5.0 mL 0.0200 mol · L^{-1} 的碘液于 50.0 mL 的棕色容量瓶中定容，用少量该溶液润洗比色皿两三次后，测定该碘液透光率，每隔 5 min 测量 1 次，共测 3 次。

五、数据处理

(1) 分别列出所测各反应的 T-t 值，处理后每组反应的数据可作一张 $\lg T$-t 图，共 7 张 $\lg T$-t 图，分别求出各直线的斜率(slope，简写为 Sp)，填入表 2-24-2 中。

表 2-24-2　数据处理

编码		A	B	C	D	E	F	G
Sp/min^{-1}								
$\lg(Sp/min^{-1})$								
$c_{丙}/(mol \cdot L^{-1})$								
$\lg[c_{丙}/(mol \cdot L^{-1})]$								
$c_{酸}/(mol \cdot L^{-1})$								
$\lg[c_{酸}/(mol \cdot L^{-1})]$								
$c_{碘}/(mol \cdot L^{-1})$								
$\lg[c_{碘}/(mol \cdot L^{-1})]$								
$k/(mol^{-1} \cdot L \cdot min^{-1})$	k_j							
	平均							

(2) 以斜率 Sp 对浓度 c 作双对数图，从其斜率可求得反应对各物质的级数。

由实验 B、D、F 的 lgSp 对 $\lg c_{丙}$作图，斜率即为丙酮的反应级数 x；同法，由实验 B、E、G 确定 H^+的反应级数 y；由实验 A、B、C 确定碘的反应级数 z。

(3) 根据式(2-24-6)计算各组反应的速率常数 k，也填入表 2-24-2 中，最后求出反应速率常数 k 的平均值。

(4) 给出实验最后确定的反应速率方程式。

六、参考值

(1) 摩尔吸光系数 ε 可用 0.001 $mol \cdot L^{-1}$ 或 0.002 $mol \cdot L^{-1}$ 碘液测定，约 180 $mol^{-1} \cdot L \cdot cm^{-1}$。

(2) 反应级数：$x = 1$，$y = 1$，$z = 0$。

(3) 反应速率常数与温度的关系参见表 2-24-3。

表 2-24-3　反应速率常数与温度的关系

反应温度/℃	0	25	27	35
$10^5k/(mol^{-1} \cdot L \cdot s^{-1})$	0.115	2.86	3.60	8.80
$10^3k/(mol^{-1} \cdot L \cdot min^{-1})$	0.069	1.72	2.16	5.28

(4) 实验活化能 $E_a = 86.2\ kJ \cdot mol^{-1}$。

七、思考题

(1) 在本实验中，从反应物混合到开始计时，由于定容、混合、润洗比色皿等一系列中间过程有一段较长的操作时间，这对实验结论有什么影响？如果从测定第一个数据时才开始计时，对实验结论又是否有影响？

(2) 影响本实验结果精确度的主要因素有哪些？

参 考 文 献

北京大学化学学院物理化学实验教学组. 2002. 物理化学实验. 4 版. 北京：北京大学出版社.
复旦大学等. 2004. 物理化学实验. 3 版. 北京：高等教育出版社.
武汉大学化学与分子科学学院实验中心. 2004. 物理化学实验. 武汉：武汉大学出版社.

(责任编撰：中南民族大学　陈　喜)

实验 25　化学振荡——B-Z 反应

一、目的要求

(1) 了解 Belousov-Zhabotinski 反应(简称 B-Z 反应)基本原理，掌握研究化学振荡反应的一般方法。

(2) 掌握硫酸介质中铈离子作催化剂时，丙二酸被溴酸氧化体系的基本原理。

(3) 了解化学振荡反应的电势测定方法。

(4) 测定硫酸-丙二酸-$HBrO_3$-硝酸铈铵化学振荡体系振荡反应的诱导期与振荡周期，并求出有关反应的活化能。

二、实验原理

有些自催化反应有可能使反应体系中某些物质的浓度随时间(或空间)发生周期性的变化，这类反应称为化学振荡反应。最著名的化学振荡反应是 1959 年首先由别诺索夫(Belousov)观察发现，随后继续被柴波廷斯基(Zhabotinski)研究并报道的以金属铈离子作催化剂时柠檬酸被

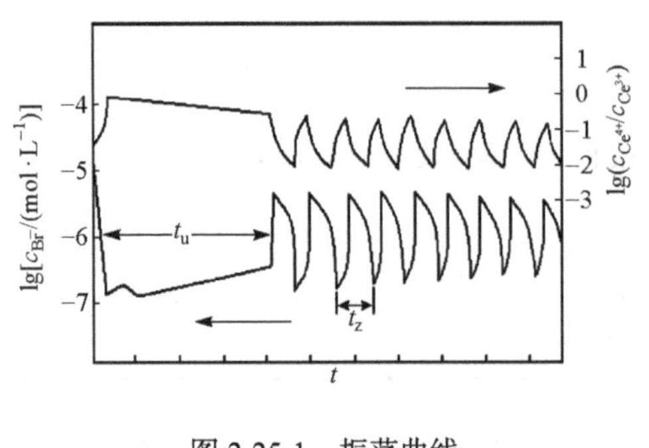

图 2-25-1　振荡曲线

$HBrO_3$ 氧化发生的化学振荡现象。后来又发现了一批溴酸盐的类似反应，人们把这类反应统称为 B-Z 振荡反应。例如，丙二酸在溶有硫酸铈的酸性溶液中被溴酸钾氧化的反应就是一个典型的 B-Z 振荡反应。典型的 B-Z 系统中，铈离子和溴离子浓度的振荡曲线如图 2-25-1 所示。

对于以 B-Z 反应为代表的化学振荡现象的解释，目前被普遍认同的是 Field、Körös 和 Noyes 在 1972 年提出的 FKN 机理。FKN 机理提出反应由三个主过程组成：

过程 A　(1) $Br^- + BrO_3^- + 2H^+ \longrightarrow HBrO_2 + HBrO$

(2) $Br^- + HBrO_2 + H^+ \longrightarrow 2HBrO$

(3) $HBrO + Br^- + H^+ \longrightarrow Br_2 + H_2O$

(4) $Br_2 + CH_2(COOH)_2 \longrightarrow BrCH(COOH)_2 + Br^- + H^+$

过程 B　(5) $HBrO_2 + BrO_3^- + H^+ \longrightarrow 2BrO_2 + H_2O$

(6) $BrO_2 + Ce^{3+} + H^+ \longrightarrow HBrO_2 + Ce^{4+}$

(7) $2HBrO_2 \longrightarrow BrO_3^- + H^+ + HBrO$

过程 C　(8) $4Ce^{4+} + BrCH(COOH)_2 + H_2O + HBrO \longrightarrow 2Br^- + 4Ce^{3+} + 3CO_2 + 6H^+$

过程 A 消耗 Br^-，产生能进一步反应的 $HBrO_2$，HBrO 为中间产物。过程 B 是一个自催化过程，在 Br^- 消耗到一定程度后，$HBrO_2$ 才按式(5)、式(6)进行反应，并使反应不断加速，同时，Ce^{3+} 被氧化为 Ce^{4+}。$HBrO_2$ 的累积还受到式(7)的制约。过程 C 中丙二酸溴化为 $BrCH(COOH)_2$，与 Ce^{4+} 反应生成 Br^-，使 Ce^{4+} 还原为 Ce^{3+}。过程 C 对化学振荡非常重要，如果只有 A 和 B，就是一般的自催化反应，进行一次就完成了，正是 C 的存在，以丙二酸的消耗为代价，重新得到 Br^- 和 Ce^{3+}，反应得以再启动，形成周期性的振荡。

该体系的总反应为

$$2H^+ + 2BrO_3^- + 3CH_2(COOH)_2 \xrightarrow{Ce^{3+}} 2BrCH(COOH)_2 + 3CO_2 + 4H_2O$$

振荡的控制离子是 Br^-。

由上述可见，产生化学振荡需满足三个条件：

(1) 反应必须远离平衡态。化学振荡只有在远离平衡态，具有很大的不可逆程度时才能发生。在封闭体系中振荡是衰减的，在敞开体系中可以长期持续进行。

(2) 反应历程中应包含有自催化的步骤。产物之所以能加速反应，是因为自催化反应，如过程 A 中的产物 $HBrO_2$ 同时是反应物。

(3) 体系必须有两个稳态存在，即具有双稳定性。

化学振荡体系的振荡现象可以通过多种方法观察到，如观察溶液颜色的变化，测定吸光度随时间的变化，测定电势随时间的变化等。

按在 FKN 机理基础上建立的俄勒冈模型推导，可得振荡周期 t 与过程 C 即反应式(8)的速率系数及有机物浓度呈反比关系，比例常数还与其他步骤的速率系数有关。如测定不同温度下的振荡周期，并近似忽略比例常数随温度的变化，则可应用公式

$$\ln\frac{1}{t_{诱}}=-\frac{E_{诱}}{RT}+I \tag{2-25-1}$$

$$\ln\frac{1}{t_{振}}=-\frac{E_{振}}{RT}+I' \tag{2-25-2}$$

可估算过程 C 即反应式(8)的表观活化能 $E_{诱}$、$E_{振}$。另一方面，随着反应的进行，有机物浓度逐渐减少，振荡周期逐渐增大，并最终停止振荡，反应终止。

本实验采用电动势法测量反应过程中离子浓度的变化。以甘汞电极作为参比电极，用铂电极测定不同价位铈离子浓度的变化，用溴离子选择性电极测定溴离子浓度的变化。本实验通过测定离子选择性电极上的电势随时间变化的 φ-t 曲线观察 B-Z 反应的振荡现象，同时测定不同温度对振荡反应的影响。根据 φ-t 曲线，得到诱导期($t_{诱}$)和振荡周期($t_{1振}$，$t_{2振}$，…)。

三、仪器与试剂

超级恒温槽	1 台	磁力搅拌器	1 台
双笔记录仪	1 台	玻璃恒温反应器(100 mL)	1 个
溴离子选择性电极	1 支	铂电极	1 支
217 型饱和甘汞电极	1 支	容量瓶(100 mL)	1 个
丙二酸(0.45 mol · L^{-1})		溴酸钾(0.25 mol · L^{-1})	

硫酸铈铵(0.004 mol · L^{-1}，含 0.20 mol · L^{-1} 硫酸)

四、实验步骤

(1) 按图 2-25-2 连接好仪器，打开超级恒温槽，将温度调节到 25.0℃ ± 0.1℃。铂电极所连接的记录笔灵敏度设为 25 mV · cm^{-1}，与溴离子选择性电极连接的记录笔灵敏度设为 50 mV · cm^{-1}，走纸速率设为 60 cm · h^{-1}。

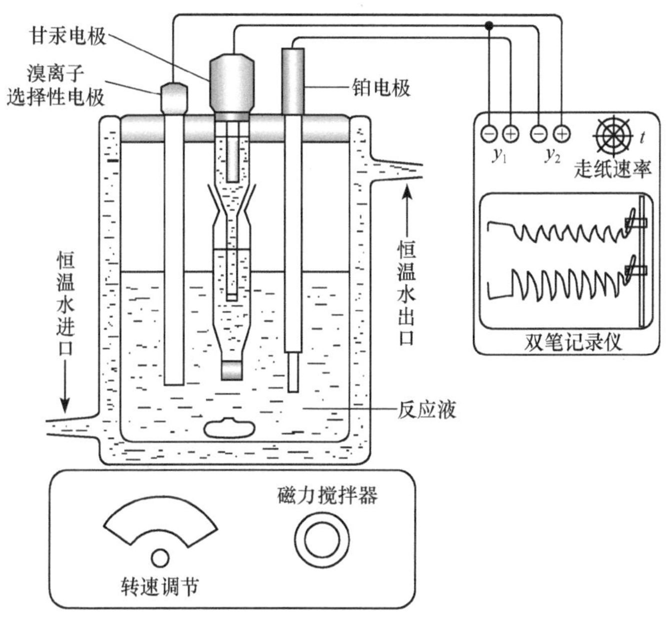

图 2-25-2 振荡反应装置

(2) 在恒温反应器中分别加入已配好的丙二酸溶液 10 mL、溴酸钾溶液 10 mL 和硫酸溶液 10 mL，开启磁力搅拌器；将盛有硫酸铈铵溶液的容量瓶放入恒温器恒温，待恒温 15 min 后取已恒温硫酸铈铵溶液 10 mL 加入反应器中，同时打开记录仪记录相应电势-时间曲线，观察溶液的颜色变化，一般有 3～5 个周期即可。

(3) 改变温度为 30℃、35℃、40℃、50℃，重复上述实验。

五、数据处理

(1) 从φ-t 曲线中得到诱导期和第一、第二振荡周期。

(2) 根据 $t_{诱}$、$t_{1振}$、$t_{2振}$与 T 的数据，作 $\ln(1/t_{诱})$-$1/T$ 和 $\ln(1/t_{1振})$-$1/T$ 图，由直线的斜率求表观活化能 $E_{诱}$、$E_{振}$。

六、思考题

(1) 影响诱导期和振荡周期的主要因素有哪些?

(2) 简述你所了解的振荡反应过程。

(3) 日常生活中哪些现象与振荡反应有关?

七、注意事项

(1) 实验所用试剂均用不含 Cl^- 的去离子水配制，且参比电极不能直接使用普通甘汞电极，应使用双盐桥甘汞电极，外面夹套中充以饱和 KNO_3 溶液，因为甘汞电极中所含 Cl^- 会抑制振荡反应的发生和持续。也可直接用硫酸亚汞参比电极。

(2) 配制 4×10^{-3} mol · L^{-1} 的硫酸铈铵溶液时，一定要在 0.20 mol · L^{-1} 硫酸介质中配制并用该硫酸溶液定容，以防止发生水解导致溶液混浊而影响实验。

(3) 若无双笔记录仪，也可只用溴离子选择性电极和参比电极，记录一种离子的振荡曲线，两种曲线振荡频率相同，只是波形有所区别。

(4) 振荡波形形状、振幅及频率与反应体系中各物质的相对比例、浓度大小和反应的温度有极大的关系，故每次实验除改变个别指定条件外，其他条件最好保持一致。不同温度下单种离子振荡波形如图 2-25-3 所示。

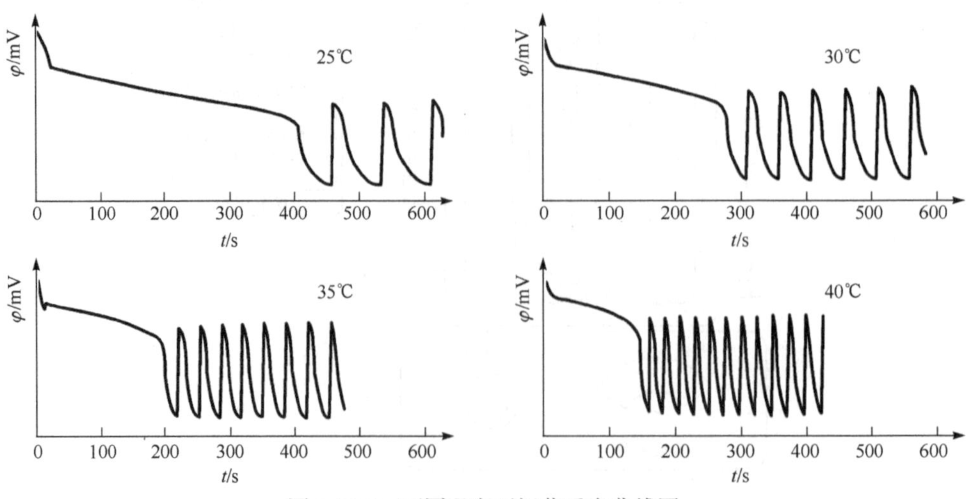

图 2-25-3　不同温度下振荡反应曲线图

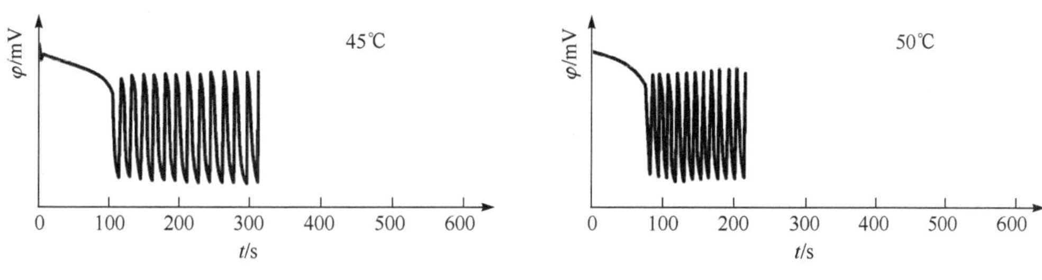

图 2-25-3(续)

参 考 文 献

北京大学化学学院物理化学实验教学组. 2002. 物理化学实验. 4 版. 北京: 北京大学出版社.
复旦大学等. 2004. 物理化学实验. 3 版. 北京: 高等教育出版社.
傅献彩, 沈文霞, 姚天扬, 等. 2006. 物理化学(下册). 5 版. 北京: 高等教育出版社.
金丽萍, 邬时清, 陈大勇. 2005. 物理化学实验. 2 版. 上海: 华东理工大学出版社.

(责任编撰：六盘水师范学院　雷以柱)

实验 26　二氧化钛的制备、表征和模拟染料废水的光催化降解

一、目的要求

(1) 了解半导体 TiO_2 光催化剂的制备方法。
(2) 掌握 X 射线衍射仪测量原理，初步了解透射电子显微镜在催化剂表征中的应用。
(3) 研究影响 TiO_2 光催化活性的主要因素。
(4) 了解半导体光催化的模型及光催化氧化法在降解有机有毒污水中的应用。

二、实验原理

以 TiO_2 为代表的半导体光催化氧化技术是从 20 世纪 70 年代逐步发展起来的一门新兴环保技术。1972 年，Fujishima 和 Honda 发现了半导体 TiO_2 单晶电极上光致分解水产生 H_2 和 O_2 的现象，这一重要发现为人类开发利用太阳能开辟了崭新的途径。1976 年，Carey 首次报道 TiO_2 悬浮液在紫外光照射下能降解联苯和氯联苯，开拓了半导体光催化在环保中应用的先河。TiO_2 光催化技术作为新兴环境净化技术，其实用化研究受到广泛重视。

半导体光催化的基本原理如图 2-26-1 所示。在一定波长紫外光(能量大于 TiO_2 的禁带宽度，即 $h\nu>E_g$)的照射下，半导体的价带电子会激发而跃迁到导带，这样在价带位置留下空穴(带正电荷)，而在导带位置上停留有光生电子(带负电荷)，即形成电子-空穴对。空穴具有氧化能力，而电子具有还原能力。在半导体电场的作用下，电子-空穴对开始由体相向表面迁移。在迁移过程中，一部分电子-空穴对可能发生复合，以热形式释放能量。迁移到表面的电子和空穴可与催化剂表面的吸附物种发生氧化和还原反应。光激发产生的活性物种能把催化剂表面的有机污染物(染料、含氯碳氢化合物和农药等)氧化降解，直至矿化为 CO_2 和 H_2O。

TiO_2 常见晶形有两种：锐钛矿(anatase)和金红石(rutile)。这两种晶形都是由相互连接的 TiO_6 八面体组成，差别在于八面体的畸变程度和相互连接方式不同。TiO_2 晶形可由 X 射线粉末衍射(XRD)表征。锐钛矿型 TiO_2 的特征衍射峰位于 $2\theta = 25.3°$，而金红石型 TiO_2 的特征衍

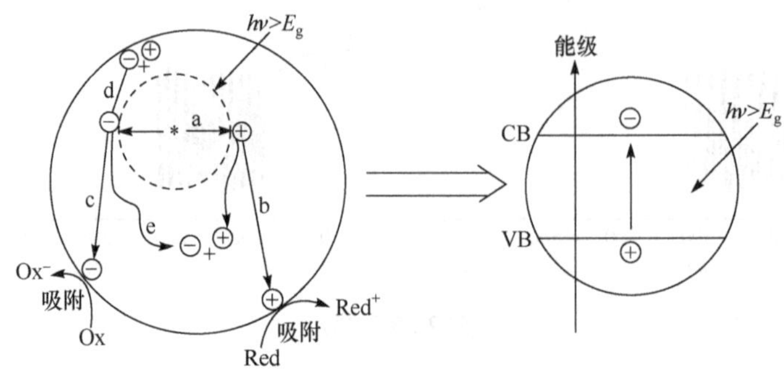

图 2-26-1　半导体颗粒上的主要迁移过程

a. 受光激发电子-空穴对分离；b. 空穴氧化电子给体；c. 电子受体还原；d. 电子-空穴表面复合；e. 电子-空穴体相复合

射峰位于 $2\theta = 27.5°$。结构上的差别导致这两种晶形的 TiO_2 具有不同的密度和电子能带结构(锐钛矿型 TiO_2 的 E_g 为 3.2 eV，金红石型 TiO_2 的 E_g 为 3.0 eV)，进而导致光催化活性的差异。催化剂晶粒的大小也是影响 TiO_2 光催化活性的重要因素。

本实验通过制备并表征 TiO_2 的结构，考察 TiO_2 对活性艳红 X-3B 的光催化降解活性。X-3B 的分子结构及其紫外-可见(UV-vis)吸收光谱如图 2-26-2 所示。光催化反应装置如图 2-26-3 所示。

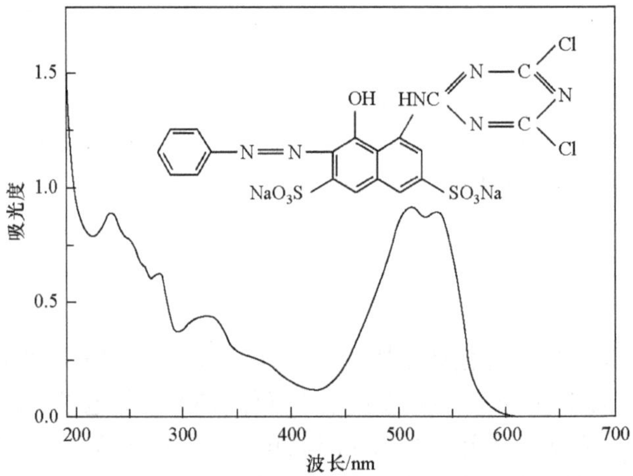

图 2-26-2　X-3B 的分子结构及其 UV-vis 吸收光谱图

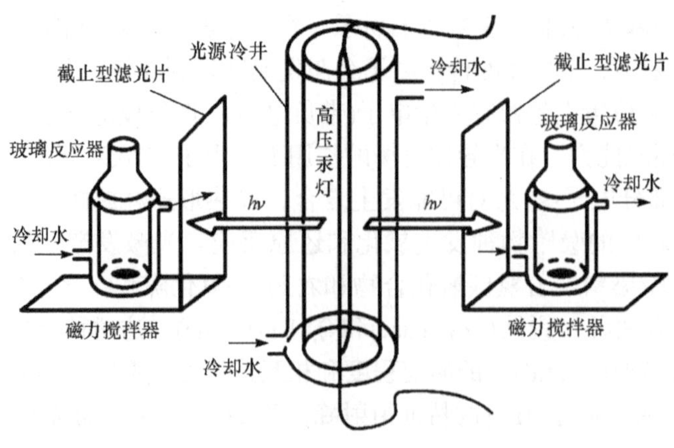

图 2-26-3　光催化反应装置

三、仪器与试剂

X射线粉末衍射仪	1台	透射电子显微镜	1台
UV-vis 光谱仪	1台	水循环真空泵	1台
磁力搅拌器	1台	电热鼓风干燥箱	1台
超声波清洗器	1台	调速恒温振荡器	1台
电动离心机	1台	取液枪(1 mL)	1支
水热反应釜(100 mL)	1套	光催化反应器	1套
硝酸(A. R.)		硝酸银(A. R.)	
四氯化钛($TiCl_4$，A. R.)		氯化钡(A. R.)	
硫酸钛[$Ti(SO_4)_2$，A. R.]		染料活性艳红 X-3B(A. R.)	

四、实验步骤

1. 催化剂的制备

(1) 2 mol · L^{-1} $TiCl_4$溶液的配制。在快速磁力搅拌下，将110 mL $TiCl_4$缓慢滴入装有300 mL蒸馏水的烧杯中，拌匀后倒入500 mL容量瓶定容备用。

(2) 1 mol · L^{-1} $Ti(SO_4)_2$溶液的配制。取120 g $Ti(SO_4)_2$，加水搅拌至完全溶解，定容至500 mL备用。

(3) 以$TiCl_4$为钛源制金红石型TiO_2。在30℃水浴温度下，将一定量2 mol · L^{-1} $TiCl_4$溶液在磁力搅拌下滴入300 mL的1.5 mol · L^{-1} NaOH溶液中，调节$TiCl_4$用量使溶液pH为0.5、1.2或2.9，得白色沉淀。将沉淀陈化过夜，用布氏漏斗过滤，将滤饼转移到水热釜中，并用滤液稀释到80 mL左右，用玻璃棒搅匀后，将其密封并于250℃反应24 h，取出抽滤、洗涤至滤液用1% $AgNO_3$试液检验无白色沉淀。将滤饼于110℃干燥3 h，研磨后备用。

(4) 同上法，以1 mol · L^{-1} $Ti(SO_4)_2$代替$TiCl_4$为钛源，以$Ti(SO_4)_2$用量控制水热反应pH为3.6、4.4或5.6，水热反应在200℃下进行24h，制备不同晶粒尺寸的锐钛矿型TiO_2。过滤抽洗至用$BaCl_2$或$Ba(NO_3)_2$溶液检测滤液中无硫酸根离子。

2. 催化剂的表征

TiO_2粉末的晶相结构采用X射线粉末衍射仪测试；利用透射电子显微镜观察催化剂的形貌；催化剂的紫外-可见漫反射光谱(UV-vis DRS)采用带积分球的UV-vis光谱仪测定，以$BaSO_4$为参比。

3. X-3B在TiO_2表面的吸附

取50 mL 1.00×10^{-4} mol · L^{-1} X-3B溶液于100 mL具塞锥形瓶中，然后称取50 mg TiO_2催化剂加入该瓶中，摇匀，超声处理5 min后，再将其置于振荡器上避光振荡过夜，以使X-3B在催化剂表面达到吸附-脱附平衡。

4. 光催化降解实验

取步骤3平衡后的溶液2～3 mL，立即过滤，所得的滤液为0 min样品。将剩余溶液全部倒入带夹层的硼硅酸耐热玻璃反应瓶并转移至反应装置(图 2-26-3)中，连接冷却水，打开磁力搅拌器，以 300 W 高压汞灯为光源(主波长 365 nm)。开启光催化反应器，每隔 15 min 取一次样，反应 90 min 后停止。所得试样经 0.45 μm 膜过滤，滤液在光度仪上进行光谱测定，以 X-3B 在 510 nm 处的吸收进行定量分析。

对比实验包括暗反应或无光催化剂的空白光反应实验。与光催化实验相比，其区别在于不光照或不加光催化剂，其他反应条件不变。

五、结果与讨论

(1) 根据 X 射线粉末衍射图确定样品的晶形，计算 TiO_2 的晶粒大小。

(2) 通过透射电子显微镜照片，比较不同晶形 TiO_2 的形貌差异。

(3) 通过一级动力学方程拟合，分别计算 X-3B 在上述几种情况下降解的速率常数。通过比较速率常数大小，评价光催化剂的光催化活性。

本实验内容较多，开设本实验时可据教学计划安排选做其中某些部分。例如，只做制备与表征，或者只做制备与表面吸附，又或者利用现有 TiO_2 光催化剂做表面吸附和光催化活性等，并根据实际所做内容进行必要讨论。

六、注意事项

(1) 用 $TiCl_4$ 合成 TiO_2 时，因 $TiCl_4$ 极易挥发，在空气中遇潮气水解而呈白烟，故移取 $TiCl_4$ 时必须戴丁腈橡胶手套并在通风橱中进行。

(2) 2 $mol \cdot L^{-1}$ $TiCl_4$ 溶液的酸度很大，$pH \approx -1.1$，滴加时注意控制流量，一定要在充分搅拌的情况下慢速滴加。$Ti(SO_4)_2$ 溶液的 pH 很小，注意控制。

七、参考数据

两种晶形 TiO_2 的 XRD 谱图见图 2-26-4，其透射电子显微镜照片如图 2-26-5 所示。

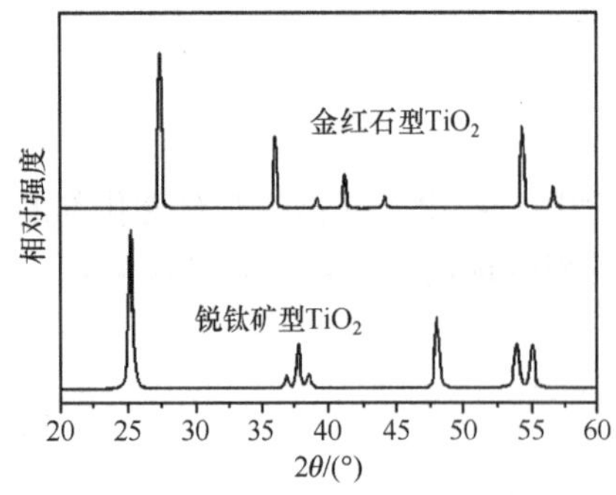

图 2-26-4 锐钛矿型和金红石型 TiO_2 的 XRD 谱图

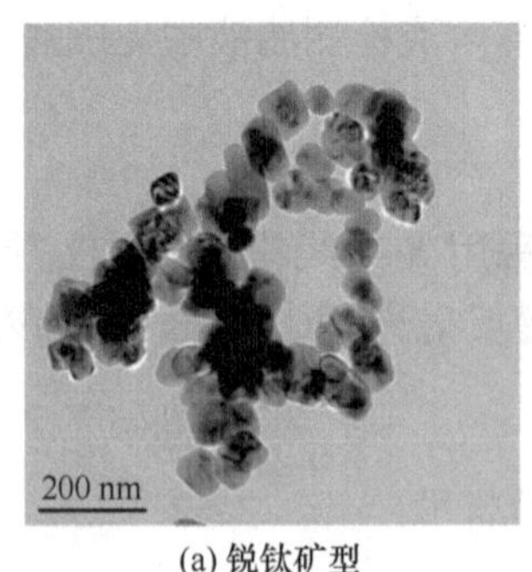

(a) 锐钛矿型

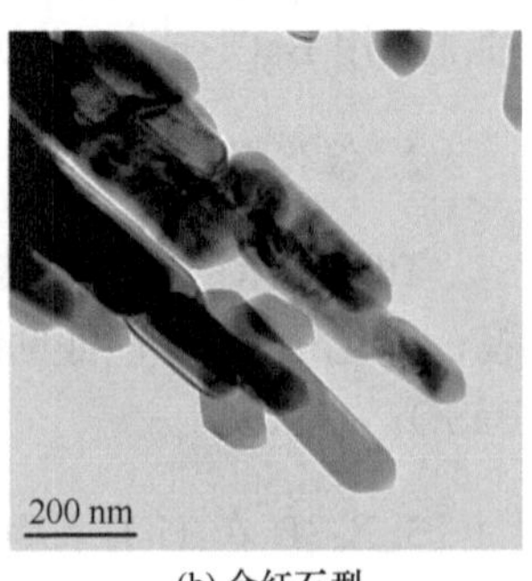

(b) 金红石型

图 2-26-5 水热合成法制备 TiO_2 的透射电子显微镜照片

八、思考题

(1) 影响 TiO_2 光催化活性的因素有哪些？

(2) TiO_2 光催化技术可以在哪些环保领域得到应用？

参 考 文 献

刘松翠, 吕康乐, 邓克俭, 等. 2008. 三种不同晶型二氧化钛的制备及光催化性能研究. 影像科学与光化学, 26: 138-147.

Yan M, Chen F, Zhang J, et al. 2005. Preparation of controllable crystalline titania and study on the photocatalytic properties. J Phys Chem B, 109: 8673-8678.

(责任编撰：中南民族大学　杨昌军)

2.4　表面与胶体化学

实验 27　最大气泡法测表面张力

一、目的要求

(1) 掌握最大气泡压力法测定表面张力的原理和技术。

(2) 测定不同浓度正丁醇水溶液的表面张力。

(3) 根据吉布斯吸附公式计算溶液表面的吸附量，以及饱和吸附时每个分子所占的表面积和饱和吸附分子层厚度。

二、实验原理

处于液体表面的分子，由于受到不平衡的力的作用而具有表面张力。表面张力定义是在表面上垂直作用于单位长度上使表面收缩的力，它的单位是 $N \cdot m^{-1}$。

当加入溶质时，液体的表面张力会发生变化，有的会使溶液的表面张力比纯溶剂的高，有的则会使溶液的表面张力降低，于是溶质在表面的浓度与溶液本体的浓度不同。这就是溶液的表面吸附现象。

在一定的温度和压力下，溶液的表面吸附量($\varGamma$)与溶液的表面张力(γ)及溶液的浓度(c)之间的关系为

$$\varGamma = -\frac{c}{RT}\left(\frac{\partial \gamma}{\partial c}\right)_T \tag{2-27-1}$$

这是 1878 年吉布斯用热力学方法导出来的吸附公式。式中，R 为摩尔气体常量；T 为热力学温度。若$(\partial\gamma/\partial c)_T<0$，则 $\varGamma>0$，为正吸附，这时溶质的加入使表面张力下降，随溶液浓度的增加，表面张力降低，这类物质称为表面活性物质。反之，若$(\partial\gamma/\partial c)_T>0$，则 $\varGamma<0$，为负吸附，这类物质称为非表面活性物质。表面活性物质具有不对称性结构(O—)，由极性亲水基团(O)和非极性疏水基团(—)构成。在水溶液表面，极性部分指向液体内部，非极性部分指向空气，表面活性物质分子在溶液表面排列情况随溶液浓度不同而异，如图 2-27-1 所示。当浓度很小时，分子平躺在液面上，如图 2-27-1(a)所示；浓度增大时，表面分子有一部分呈竖向排列，如图 2-27-1(b)所示；当浓度增大到一定程度时，被吸附分子占据了所有表面，表面分子呈现整齐的竖向排列，形成饱和吸附层，如图 2-27-1(c)所示。

(a) (b) (c)

图 2-27-1　被吸附的分子在界面上的排列方式

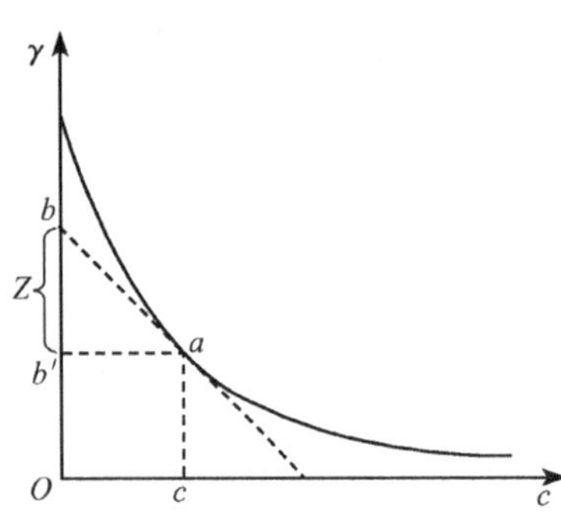

图 2-27-2　表面张力与浓度的关系

由实验测出表面活性物质不同浓度(c)时对应表面张力γ值，作γ-c 曲线，如图 2-27-2 所示。在该曲线上任选一点a，过 a 点作曲线的切线以及平行于横坐标直线，分别交纵坐标于 b、b'，令 $b-b'=Z$，则 $Z=-c(\partial\gamma/\partial c)$，代入式(2-27-1)，则 $\Gamma=Z/RT$；在γ-c 曲线上取不同点，即可得不同的 Z 值，从而可求不同浓度下的吸附量。

实验表明：吸附量和浓度的关系可用朗缪尔等温吸附方程来描述：

$$\Gamma=\Gamma_\infty\frac{Kc}{1+Kc} \tag{2-27-2}$$

式中，Γ_∞为饱和吸附量($mol \cdot m^{-2}$)；K 为吸附平衡常数；c 为吸附平衡时溶液的物质的量浓度($mol \cdot dm^{-3}$)。式(2-27-2)可以改写成如下形式：

$$\frac{c}{\Gamma}=\frac{1}{\Gamma_\infty}c+\frac{1}{\Gamma_\infty K} \quad 或 \quad \frac{1}{\Gamma}=\frac{1}{\Gamma_\infty}+\frac{1}{\Gamma_\infty K}\cdot\frac{1}{c} \tag{2-27-3}$$

以 c/Γ 对 c 作图，得一直线，其斜率的倒数即为 Γ_∞；或者以 $1/\Gamma$ 对 $1/c$ 作图，也得一条直线，其截距的倒数即为 Γ_∞。达到饱和吸附时，在表面排列的分子数为 $\Gamma_\infty L$，其中 L 为阿伏伽德罗常量，于是每个分子在表面上所占的面积σ_A为

$$\sigma_A=\frac{1}{\Gamma_\infty L} \tag{2-27-4}$$

从式(2-27-5)还可求表面活性物质的饱和吸附分子层厚度：

$$d=\frac{\Gamma_\infty}{\rho}M \tag{2-27-5}$$

式中，ρ为表面活性物质的密度；M 为表面活性物质的摩尔质量。

本实验用气泡最大压力法测定表面张力。为避免出泡不均匀的问题，采用如图 2-27-3 所示正压挤出装置。试样放在磨口恒温张力测定管中，B 是管端为平口的玻璃毛细管，小心调节活塞 H 使毛细管管口与试液面刚好相切。实验前，毛细管内外压力均为大气压 p_0。当关闭活塞 D，打开活塞 E 时，容器 C 中的水流至容器 F，毛细管内的压力 p 渐渐增加，逐渐把毛细管液面压至管口，以致形成气泡，见图 2-27-4。

当气泡在毛细管口逐渐长大时，其曲率半径逐渐变小。气泡达到半球形即等于毛细管半径 R' 时，曲率半径最小，附加压力 Δp 最大，有

$$\Delta p=p-p_0=\frac{2\gamma}{R'} \tag{2-27-6}$$

继续鼓气，气泡的曲率半径又逐渐增大，附加压应该减小，但由于气泡向试样内部增大，由液柱产生的压力增加，故实际附加压并不随气泡曲率半径的增大而减小，直至气泡受到的

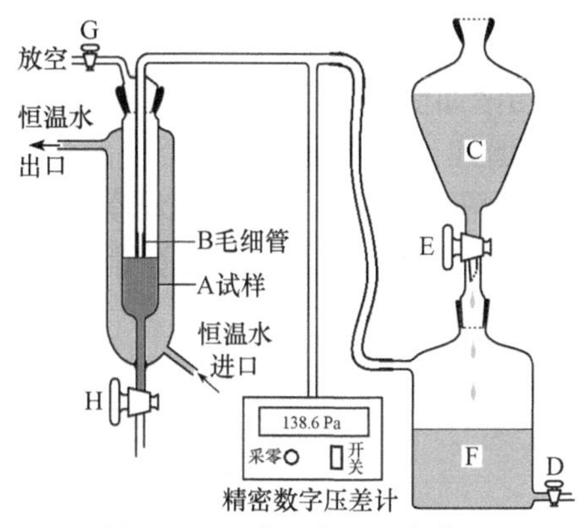

图 2-27-3　表面张力测定装置

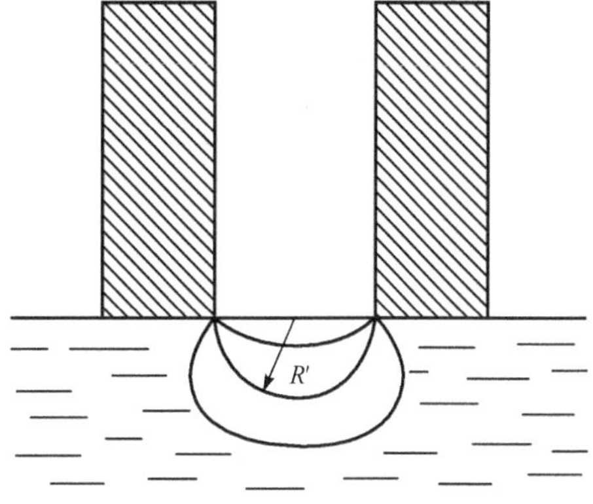

图 2-27-4　毛细管口气泡形成原理

浮力大于其所受的张力而逸出。

实验过程中的最大压力差可用 U 形压差计中的液柱高度差表示

$$\Delta p=\rho g\Delta h \tag{2-27-7}$$

式中，ρ 为 U 形压差计中液体的密度；g 为重力加速度。为了提高实验精度，应选用密度和蒸气压都小的液体作压差计的介质，则

$$\rho g\Delta h=2\gamma/R' \tag{2-27-8}$$

可改写为

$$\gamma= R'\rho g\Delta h/2 = K\Delta p = K'\Delta h \tag{2-27-9}$$

式中，K'和 K 均为仪器常数，可用已知表面张力的物质标定。对于同一支毛细管和压差计，K'和 K 为定值。若两种不同液体的表面张力分别为γ_1和γ_2，测得液柱差分别为 Δh_1、Δh_2或 Δp_1、Δp_2，则

$$\frac{\gamma_2}{\gamma_1}=\frac{\Delta h_2}{\Delta h_1}=\frac{\Delta p_2}{\Delta p_1} \tag{2-27-10}$$

如果其中一种液体的表面张力γ_1已知，如水的表面张力已知，则另一种液体的表面张力γ_2可由式(2-27-11)得出

$$\gamma_2=\frac{\gamma_1}{\Delta h_1}\Delta h_2 \text{ 或 } \gamma_2=\frac{\gamma_1}{\Delta p_1}\Delta p_2 \tag{2-27-11}$$

三、仪器与试剂

表面张力测定装置	1 套	数显恒温器	1 套
精密数字压差计	1 台		

正丁醇水溶液(0.01 mol · L^{-1}、0.02 mol · L^{-1}、0.05 mol · L^{-1}、0.1 mol · L^{-1}、0.2 mol · L^{-1}、0.3 mol · L^{-1} 和 0.4 mol · L^{-1})

四、实验步骤

(1) 检漏。按图 2-27-3 安装好测定装置。关闭活塞 D、活塞 H 和放空阀 G，将容器 C 中装满水，打开活塞 E 放水入 F 中，至压差计读数达 500 Pa 或 6 cm 高环己烷液柱后关闭活塞 E，保持 5 min。若系统密封良好，则打开放空阀 G 备用。

(2) 调恒温器恒温温度至 25.0℃±0.1℃，搅拌速率打到快，以使表面张力测定装置内的温度尽量与恒温器一致。

(3) 在洁净的张力测定管 A 中装入稍过量的蒸馏水，并时常摇动加速恒温，约 10 min 后，将 A 管垂直装稳，小心调节活塞 H 使毛细管 B 的端口与液面恰好相切。

(4) 打开活塞 E，水缓慢滴至容器 F 中，体系压力增加。当系统压力增至一定程度时，有气泡自毛细管口逸出，仔细调节活塞 E 使气泡逸出间隔为 5～10 s。注意观察压差计的读数，当达最大值时(通常在气泡逸出前 0.5 s 左右)，记下该液柱高 Δh(或压差计读数 Δp)，每隔约 2 min 读一次，连续测量 3 或 4 次。

(5) 将张力测定管中的蒸馏水放出，用 0.01 $mol \cdot L^{-1}$ 的正丁醇水溶液润洗张力测定管和毛细管三四次后，用 0.01 $mol \cdot L^{-1}$ 的正丁醇水溶液按步骤(3)和(4)同样的方法，测定该溶液的表面张力，将数据记录到表 2-27-1 中。

按由稀至浓，依次测定不同浓度正丁醇水溶液的表面张力。更换溶液时要细心，注意保护毛细管口，不要碰损；不需要用蒸馏水清洗，直接用下一个待测液润洗即可。

表 2-27-1 表面张力测定数据

实验温度：______℃ 实验室温度：______℃ 大气压：______kPa

浓度 $c/(mol \cdot L^{-1})$		0.0	0.01	0.02	0.05	0.10	0.20	0.30	0.40
Δh/mm 或 Δp/Pa	1								
	2								
	3								
	4								
	平均								

五、数据处理

(1) 将所有实验数据列入表 2-27-2 中。

(2) 利用实验温度下水的表面张力数据(参见附表Ⅱ-8),求张力测定仪的仪器常数 K' 或 K，并根据此常数计算各浓度正丁醇水溶液的γ值，填入表 2-27-2 中。

(3) 用表中的γ和 c 数据，在坐标纸上作γ-c 曲线，用曲线板画出光滑曲线。

(4) 在光滑的曲线上取六七个点，例如，浓度为 0.03 $mol \cdot L^{-1}$、0.05 $mol \cdot L^{-1}$、0.07 $mol \cdot L^{-1}$、0.10 $mol \cdot L^{-1}$、0.15 $mol \cdot L^{-1}$、0.20 $mol \cdot L^{-1}$、0.30 $mol \cdot L^{-1}$ 等处，作切线求出 Z 值，由 $\Gamma = Z/RT$，计算 Γ 及 c/Γ 值，一并填入表 2-27-2 中。

表 2-27-2 表面张力测定数据处理

实验温度：______℃ 实验室温度：______℃ 大气压：______kPa

浓度 $c/(mol \cdot L^{-1})$		0.0	0.01	0.02	0.05	0.10	0.20	0.30	0.40
Δh/mm 或 Δp/Pa	1								
	2								
	3								
	4								
	平均								
$\gamma \times 10^3/(N \cdot m^{-1})$									
Z		—							
$\Gamma/(mol \cdot m^{-2})$		—							
$(c/\Gamma)/m^{-1}$		—							

(5) 根据表 2-27-2 中 c/Γ 和 c 数据作 c/Γ-c 图，根据式(2-27-3)由直线斜率求 Γ_∞，并根据式(2-27-4)和式(2-27-5)计算出饱和吸附时单个分子在表面上所占的面积 σ_A 及吸附分子层的厚度 d。

六、思考题

(1) 做好本实验要注意哪些问题？
(2) 毛细管管口为什么要刚好和液面相切？
(3) 毛细管不干净，或气泡逸出太快，将给实验带来什么影响？
(4) 用本实验数据能否判断临界胶束浓度值？

七、温馨提示

(1) 若用 U 形压差计测量压差，一般使用纯水为工作介质。若采用密度较小的液体，则会增加压差读数，如乙醇(相对密度 0.79)、环己烷(相对密度 0.78)，以希望能减少实验的测量误差。这种方法只适用于抽气减压法。本实验采用的正压挤出法，乙醇可与水以任意比例互溶，而环已烷在水中溶解度很小，但是，这两种非水蒸气类气体可能在毛细管内管口处的溶液中溶解，使溶液性质发生变化，反而影响其局部的表面张力，给实验带来不利影响。是否能够替换，一定要做好对比实验加以确认，若采用数字微压差计就没有这些担忧了。

(2) 在由稀至浓依次测定不同浓度溶液的表面张力时，中间更换溶液时不需要用蒸馏水清洗，而直接用下一个待测液润洗即可，但这种方法只适合同系列溶液。如果是测定不同种类的溶液，必须先用蒸馏水清洗，再用下一个待测液润洗，这称为实验阻断或实验隔断，以防止清洗不当造成不同种类溶液之间串扰。

(3) 用作图法求切线斜率是较传统的做法，建议使用 Excel 或 Origin 对 γ-c 的实验数据进行多项式拟合，将多项式的阶数在 2～4 之间调整，使判定系数 R^2(相关系数的平方)在 0.999 以上，然后利用多项式的微分式求指定浓度 c 时的微分，即可得到相应浓度的 Z 值和 Γ 值，可以获得较高的精度。

参 考 文 献

复旦大学等. 2004. 物理化学实验. 3 版. 北京: 高等教育出版社.
拉甫洛夫 N C. 1992. 胶体化学实验. 赵振国, 译. 北京: 高等教育出版社.
清华大学化学系物理化学实验编写组. 1992. 物理化学实验. 北京: 清华大学出版社.
夏海涛, 许越, 赫治湘. 2003. 物理化学实验. 修订版. 哈尔滨: 哈尔滨工业大学出版社.

(责任编撰：黄冈师范学院　解明江)

实验 28　电导法测定水溶性表面活性剂的临界胶束浓度

一、目的要求

(1) 了解表面活性剂的特性及胶束形成原理。
(2) 用电导法测定十二烷基硫酸钠的临界胶束浓度。
(3) 掌握电导率仪的使用方法。

二、实验原理

能使水的表面张力明显降低的物质称为表面活性物质，特别是有明显“两亲”性质的分子，既含有亲油的足够长的烃基，又含有亲水的极性基团(通常是离子化的)。由这一类分子组成的物质称为表面活性剂，如肥皂和各种合成洗涤剂等。表面活性剂分子都是由极性部分和非极性部分组成的，若按离子类型分类，可分为：①阴离子型表面活性剂，如羧酸盐(肥皂，$C_{17}H_{35}COONa$)、烷基硫酸盐[十二烷基硫酸钠，$CH_3(CH_2)_{11}SO_4Na$]、烷基磺酸盐[十二烷基苯磺酸钠，$CH_3(CH_2)_{11}C_6H_4SO_3Na$]等；②阳离子型表面活性剂，多为铵盐，如十二烷基二甲基叔胺盐酸盐[$RN(CH_3)_2HCl$]和十二烷基二甲基氯化铵[$RN(CH_3)_2Cl$]等；③非离子型表面活性剂，如聚氧乙烯类[$R—O\!\left(H_2CH_2O\right)_{n}H$]等。

表面活性剂进入水中，在低浓度时呈分子分散状态，并且三三两两地把亲油基团靠拢而分散在水中。当溶液浓度加大到一定程度时，许多表面活性物质的分子立刻结合成大的集团，形成“胶束”。以胶束形式存在于水中的表面活性物质是比较稳定的。表面活性物质在水中形成胶束所需的最低浓度称为临界胶束浓度(critical micelle concentration，CMC)。在 CMC 点上，溶液的结构改变导致其物理及化学性质(如表面张力、电导、渗透压、浊度、光学性质等)与浓度的关系曲线上出现明显的转折，如图 2-28-1 和图 2-28-2 所示。该现象是表面活性剂的一个重要特征，也是测定 CMC 的实验依据。

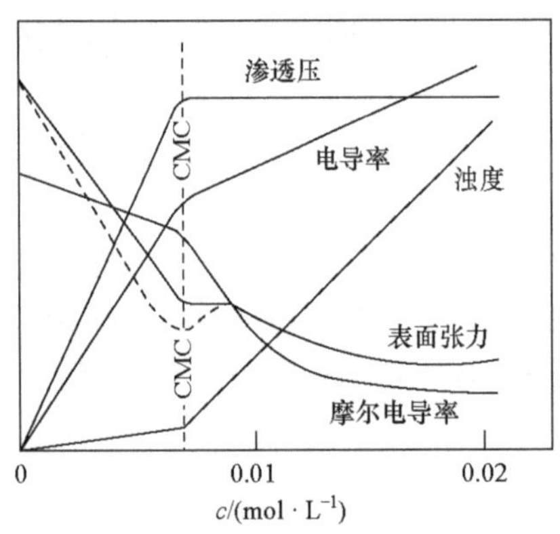

图 2-28-1　十二烷基硫酸钠水溶液的物理性质与浓度的关系

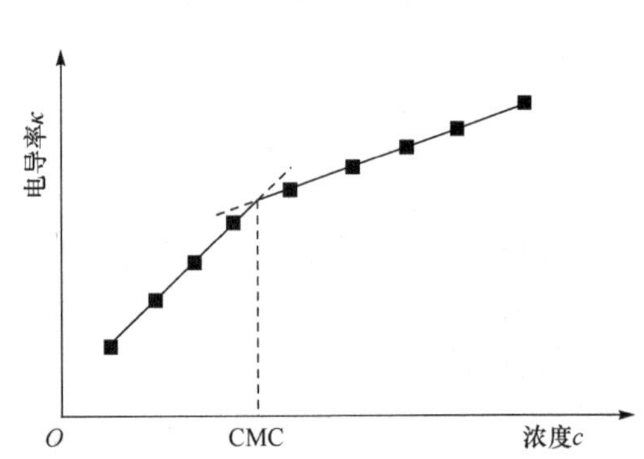

图 2-28-2　十二烷基硫酸钠溶液电导率与浓度的关系

这种特征行为可用生成分子聚集体或胶束来说明。当表面活性剂溶于水后，不但定向地吸附在水溶液表面，而且达到一定浓度时还会在溶液中发生定向排列而形成胶束，表面活性剂为了使自己成为溶液中的稳定分子，有可能采取两种途径：一是把亲水基留在水中，亲油基向油相或空气；二是使亲油基团相互靠在一起，以减少亲油基与水的接触面积。前者就是表面活性剂分子吸附在界面上，其结果是降低界面张力，形成定向排列的单分子膜，后者就形成了胶束。由于胶束的亲水基朝外，与水分子相互吸引，表面活性剂能稳定地分散在水中。

随表面活性剂浓度的增长，球形胶束可能转变成棒状(或称腊肠形)胶束乃至层状胶束，如图 2-28-3 和图 2-28-4 所示。层状胶束可制作液晶，具有各向异性性质。

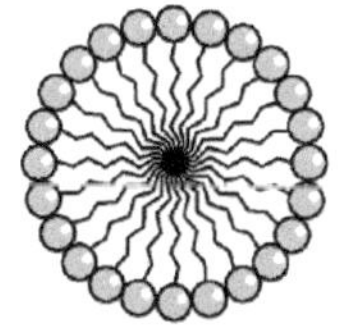
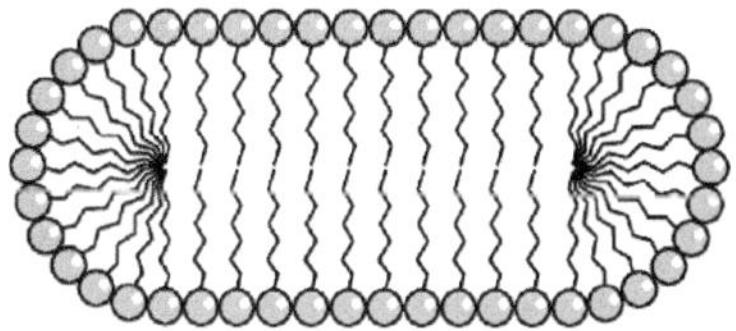

图 2-28-3　球形和棒状胶束结构示意图

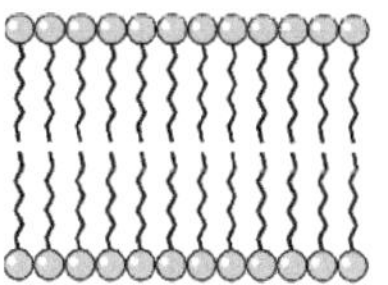
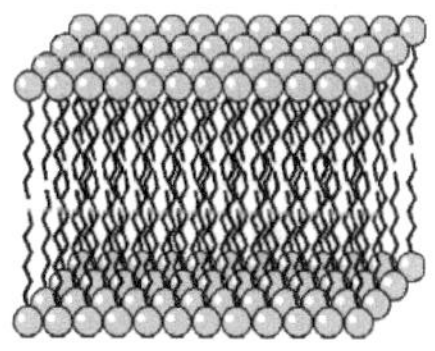

图 2-28-4　层状胶束结构示意图

本实验利用电导率仪测定不同浓度十二烷基硫酸钠水溶液的电导率(也可换算成摩尔电导率)，并作电导率(或摩尔电导率)与浓度的关系图，从图中的转折点即可求得临界胶束浓度(图 2-28-2)。

三、仪器与试剂

数字电导率仪	1 台	超级恒温水浴	1 套
电导电极	1 支	容量瓶(100 mL)	9 个
大试管(Φ 24 mm × 180 mm)	1 个	带刻度移液管(10 mL)	1 支
KCl 溶液 (0.01 mol · L^{-1})		胖肚移液管(10mL、20mL、25 mL)	各 1 支
电导水或去离子水		十二烷基硫酸钠(SLS)溶液(0.050 mol · L^{-1})	

四、实验步骤

(1) 取适量十二烷基硫酸钠在 80℃干燥 3 h，用电导水准确配制 0.050 mol · L^{-1} 的原始溶液(此项工作已由实验室完成)。

(2) 溶液配制。用 250 mL 容量瓶倒取 0.050 mol · L^{-1} 原始液约 200 mL 于恒温水浴中恒温，15 min 后，分别量取该原始液 12 mL、14 mL、16 mL、18 mL、20 mL、24 mL、28 mL、32 mL 至 100 mL 容量瓶中稀释定容，得浓度分别为 0.0060 mol · L^{-1}、0.0070 mol · L^{-1}、0.0080 mol · L^{-1}、0.0090 mol · L^{-1}、0.010 mol · L^{-1}、0.012 mol · L^{-1}、0.014 mol · L^{-1} 和 0.016 mol · L^{-1} 共八个试样。

(3) 电导率仪温度设置。开启电导率仪电源，预热约 30 min 后按温度设置的“▽”“△”钮，将温度设置为目标温度，如 25℃，按“确定”钮设置完成。

(4) 电极常数测定。用 0.01 mol · L^{-1} KCl 标准液标定电极常数 K_{cell}(cm^{-1})。方法如下：用 KCl 标准液润洗电导电极、大试管各 3 次后，倒入适量 0.01 mol · L^{-1} KCl 标准溶液，使电导电极下端铂黑浸没在液面下 1 cm。将其一同放入恒温水浴中恒温；先设置电极常数为 1.000，恒温 15 min 后，读取该标准溶液的电导率 κ_1，以相同温度下的文献值 κ_0(附表Ⅱ-11)，按公式 $K_{cell} = \kappa_0/\kappa_1$ 计算，即得电极常数 K_{cell}。按该常数值重新设置电导率仪电极常数后，电导率显示值应与文献值相同，否则可微调。

(5) 溶液电导率的测定。用电导率仪从稀到浓分别测定上述配制的各溶液的电导率。用适量待测液荡洗电导电极和大试管各 3 次。倒入适量待测液，放入恒温水浴中，恒温后读数。每个待测溶液必须恒温 10 min 以上才能开始测量，每隔 3 min 测量 1 次，共测 3 或 4 次。

注意：同一溶液电导率的最大相对测量偏差不超过 5%，否则继续取样测量。

(6) 调温度至 35.0℃。重复步骤(3)～(5)，测定 35.0℃时上述各溶液的电导率。

五、数据处理

(1) 自行设计表格，并列出各浓度及其对应的电导率值，求出平均值。

(2) 作 κ-c 图，观察数据点特性，分段作直线，根据交叉拐点位置找出临界胶束浓度 CMC。两个温度的 κ-c 图可以作在同一个坐标系中。

(3) 文献值：40℃时 $C_{12}H_{25}SO_4Na$ 的 CMC = 8.7×10^{-3} mol · L^{-1}。

(4) 作图建议：电导率 κ，每厘米 50 μS · cm^{-1}；浓度 c，每厘米 0.001 mol · L^{-1}。

六、思考题

(1) 如果要知道所测得的临界胶束浓度是否准确，可用什么实验方法验证？

(2) 非离子型表面活性剂能否用本实验方法测定临界胶束浓度？为什么？如果不能，可用哪种方法测定？

(3) 溶解的表面活性剂分子之间的平衡与温度和浓度有关，其关系式可表示为

$$\frac{\mathrm{d}\ln c_{\mathrm{CMC}}}{\mathrm{d}T} = \frac{-\Delta H}{2RT^2} \tag{2-28-1}$$

如何测定其热效应值ΔH？

参 考 文 献

复旦大学等. 2004. 物理化学实验. 3 版. 北京：高等教育出版社.
拉甫洛夫 N C. 1987. 胶体化学实验. 陈宗琪，张春光，袁云龙，译. 济南：山东大学出版社.
肖 D J. 1989. 胶体与表面化学导论. 3 版. 张中路，张仁佑，译. 北京：化学工业出版社.
赵国玺. 1984. 表面活性剂物理化学. 北京：北京大学出版社.

(责任编撰：中南民族大学　李　哲)

实验 29　固体比表面积的测定——溶液吸附法

一、目的要求

(1) 学会用亚甲基蓝水溶液吸附法测定活性炭的比表面积。

(2) 了解朗缪尔单分子层吸附理论及溶液法测定比表面积的基本原理。

二、实验原理

溶液的吸附可用于测定固体的比表面积。亚甲基蓝是易于被固体吸附的水溶性染料，研究表明，在一定浓度范围内，大多数固体对亚甲基蓝的吸附是单分子层吸附，符合朗缪尔吸附理论。

朗缪尔吸附理论的基本假设是固体表面均匀，吸附是单分子层吸附，吸附剂一旦被吸附质覆盖就不能被再吸附；在吸附平衡时，吸附和脱附建立动态平衡；吸附平衡前，吸附速率与空白表面成正比，解吸速率与覆盖度成正比。

设固体表面的吸附位总数为 N，覆盖度为 θ，溶液中吸附质的浓度为 c，根据上述假定，有

吸附速率：　$r_{吸} = k_1N(1-\theta)c$　(k_1 为吸附速率常数)

脱附速率：　$r_{脱} = k_{-1}N\theta$　(k_{-1} 为脱附速率常数)

当达到吸附平衡时 $r_{吸} = r_{脱}$，即 $k_1N(1-\theta)c = k_{-1}N\theta$，由此可得

$$\theta = \frac{K_{吸} c}{1 + K_{吸} c} \tag{2-29-1}$$

式中，$K_{吸} = k_1/k_{-1}$ 称为吸附平衡常数，其值取决于吸附剂和吸附质的性质及温度，$K_{吸}$值越大，固体对吸附质的吸附能力越强。以 Γ 表示浓度 c 时的平衡吸附量，以 Γ_∞表示全部吸附位被占据时单分子层的饱和吸附量，则 $\theta = \Gamma/\Gamma_\infty$，代入式(2-29-1)得

$$\Gamma = \Gamma_\infty \frac{K_{吸} c}{1 + K_{吸} c} \tag{2-29-2}$$

整理式(2-29-2)得到如下形式：

$$\frac{c}{\Gamma} = \frac{1}{\Gamma_\infty K_{吸}} + \frac{1}{\Gamma_\infty} c \tag{2-29-3}$$

作 c/Γ-c 图，从直线斜率可求得 $\Gamma_\infty(\mathrm{mol \cdot g^{-1}})$，再结合截距便可得到 $K_{吸}$。若每个吸附质分子在吸附剂上所占据的面积为 σ_A，则吸附剂比表面积可以按照下式计算：

$$S = \Gamma_\infty L \sigma_A \tag{2-29-4}$$

式中，S 为吸附剂的比表面积($\mathrm{m^2 \cdot g^{-1}}$)；$L$ 为阿伏伽德罗常量。

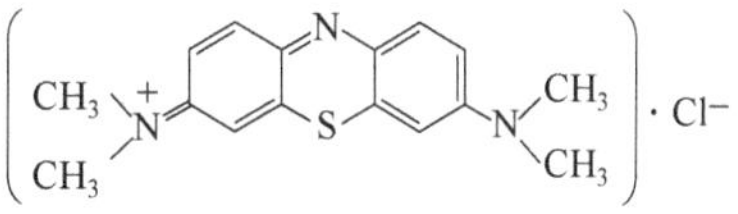

次甲基蓝是亚甲基蓝的三水结晶体，易溶于水，可与众多无机盐生成复盐，化学式分别为：$C_{16}H_{18}ClN_3S \cdot 3H_2O$ 和 $C_{16}H_{18}ClN_3S$，摩尔质量分别为 $373.90\ \mathrm{g \cdot mol^{-1}}$ 和 $319.85\ \mathrm{g \cdot mol^{-1}}$。亚甲基蓝溶液具有氧化性，可以氧化一些还原性较强的物质，如葡萄糖和锌等，也具有较强的吸附和染色能力，其结构式如图 2-29-1 所示。

图 2-29-1 亚甲基蓝分子及其结构

亚甲基蓝的阳离子大小为 $17.0 \times 7.6 \times 3.25 \times 10^{-30}\ \mathrm{m^3}$，其分子吸附有三种取向：平面吸附投影面积为 $135 \times 10^{-20}\ \mathrm{m^2}$，侧面吸附投影面积为 $75 \times 10^{-20}\ \mathrm{m^2}$，端基吸附投影面积为 $39 \times 10^{-20}\ \mathrm{m^2}$。对于非石墨型活性炭，亚甲基蓝以端基吸附取向吸附在活性炭表面，因此 $\sigma_A = 39 \times 10^{-20}\ \mathrm{m^2}$。

根据朗伯-比尔定律，有

$$A = -\lg(I/I_0) = -\lg T = \varepsilon bc \tag{2-29-5}$$

式中，A 为吸光度；I_0 为入射光强度；I 为透过光强度；ε 为摩尔吸光系数；b 为光程长度或液层厚度；c 为溶液浓度。

亚甲基蓝溶液在可见区有两个吸收峰：445 nm 和 665 nm，但在 445 nm 处吸收峰较小，且活性炭吸附对此吸收峰有很大的干扰。因此，本实验选用其最大吸收波长 665 nm 作为工作波长，用可见分光光度计进行测量。

三、仪器与试剂

分光光度计及其附件	1 套	数字分析天平	1 台
恒温振荡器	1 台	2 号砂芯漏斗	5 个
容量瓶(50 mL、100 mL)	各 5 个	具塞锥形瓶	5 个
亚甲基蓝溶液(0.2%原始溶液)		容量瓶(500 mL)	6 个
颗粒状非石墨型活性炭		亚甲基蓝标准溶液($0.3126 \times 10^{-3}\ \mathrm{mol \cdot L^{-1}}$)	

四、实验步骤

1. 样品活化

将颗粒活性炭置于瓷坩埚中，放入 500℃的马弗炉中活化 1 h，然后置于干燥器中备用(此步骤实验前已经由实验室做好)。

2. 溶液吸附

(1) 取 5 个干燥的具塞锥形瓶，按编号顺序分别准确称取活化过的颗粒活性炭约 0.1 g，按表 2-29-1 配制不同浓度的亚甲基蓝溶液 50 mL。塞好锥形瓶，放入恒温振荡器在 30℃振荡 3 h。

表 2-29-1　吸附试样配制比例

编号	1#	2#	3#	4#	5#
$V_{0.2\%亚甲基蓝溶液}$/mL	30	20	15	10	5
$V_{蒸馏水}$/mL	20	30	35	40	45

(2) 将锥形瓶中的混合物倒入砂芯漏斗中抽滤，得到吸附平衡后的滤液。分别量取滤液 5 mL 于 500 mL 容量瓶中，用蒸馏水定容摇匀得平衡稀释液，备用。

3. 原始溶液处理

为准确测定约 0.2%亚甲基蓝原始溶液浓度，量取 2.5 mL 溶液于 500 mL 容量瓶中，并用蒸馏水稀释至刻度，此为原始溶液稀释液，备用。

4. 亚甲基蓝标准溶液的配制

分别准确量取 2 mL、4 mL、6 mL、9 mL、11 mL 浓度为 $0.3126 \times 10^{-3}\ \text{mol} \cdot \text{L}^{-1}$ 的亚甲基蓝标准溶液于 100 mL 容量瓶中，蒸馏水定容摇匀，依次编号 B2、B3、B4、B5、B6 待用。另取配好的 B2 标准溶液 5 mL 于 50 mL 容量瓶中定容，得 B1 标准溶液。B1、B2、B3、B4、B5、B6 六个标准溶液的浓度依次为 0.002、0.02、0.04、0.06、0.09、0.11($\times 0.3126 \times 10^{-3}\ \text{mol} \cdot \text{L}^{-1}$)。

5. 选择工作波长

亚甲基蓝溶液的最大吸收波长为 665 nm。因分光光度计波长未经校正，难免有误差。取 B3 标准溶液，在 600～700 nm 范围内连续测定吸光度，在 665 nm 附近反复调整波长，选吸光度最大处的波长为工作波长。

6. 测定吸光度

(1) 两个比色皿中均放入蒸馏水，选择透射率 T 高的比色皿作参比。

(2) 以 B1 标准溶液为参比，依次测定 B1、B2、B3 标准溶液的透射率 T；再以 B3 标准溶液为参比，测定 B3、B4、B5、B6 标准溶液的透射率 T，每个溶液测定 4 次。

(3) 用洗液洗涤比色皿，再用自来水冲洗，最后用蒸馏水清洗两三次。以 B1 为参比，测定 5#、4#、3# 吸附平衡稀释液的透射率 T；以 B3 为参比，测定 2#、1# 吸附平衡稀释液及原始溶液稀释液的透射率 T。每个溶液测定 4 次。

注意：每次测定都要按调零、调满度、测定的顺序进行，隔 2 min 再重复测定一次，每种溶液都要取两次样测定，相对偏差＞5% 必须再取样测定。

五、数据处理

(1) 作亚甲基蓝标准溶液吸光度-浓度的 A-c 工作曲线。工作曲线有两条：一条是以 B1 为参比，测定的 B1、B2、B3 标准溶液的 A-c 图；另一条是以 B3 为参比，测定的 B3、B4、B5、B6 标准溶液的 A-c 图。所得两条直线即为工作曲线[参见实验末注意事项(4)的相关讨论]。

(2) 求亚甲基蓝原始溶液的浓度和各个平衡液的浓度。①根据稀释后原始溶液测定所用参比液及其吸光度，从对应工作曲线上查得相应浓度，乘以稀释倍数 200，即为原始溶液的浓度 c_0。②由各个吸附平衡稀释液测定所用参比液及其吸光度，从对应工作曲线上查出相应的浓度，乘以稀释倍数 100，即为平衡溶液的浓度 c_i。

(3) 计算吸附溶液的初始浓度 $c_{0,i}$。

根据表 2-29-1 吸附溶液的配制方法，计算各吸附溶液的初始浓度 $c_{0,i}$。

(4) 计算吸附量。由平衡浓度 c_i 及初始浓度 $c_{0,i}$，按式(2-29-6)计算吸附量 Γ_i

$$\Gamma_i = \frac{(c_{0,i} - c_i)V}{m} \tag{2-29-6}$$

式中，V 为吸附溶液的总体积(L)；m 为加入的吸附剂质量(g)。计算结果填入表 2-29-2 中。

(5) 作吸附等温线。以 Γ 为纵坐标，c 为横坐标，作 Γ-c 吸附等温线。

(6) 求饱和吸附量。由 Γ 和 c 数据计算 c/Γ 值，然后作 c/Γ-c 图，由图求得饱和吸附量 Γ_∞。在 Γ-c 图上通过 Γ_∞ 值点作水平虚线，该虚线即为吸附量 Γ 的渐近线。

上述各步计算所得数据均填入表 2-29-2 中。

(7) 计算试样比表面积。将 Γ_∞ 值代入式(2-29-4)，可得试样的比表面积 S。

表 2-29-2　吸附数据处理

参比液		B1			B3			
透射率 T/%	1	5#	4#	3#	3#	2#	1#	原始溶液稀释
	2							
	3							
	4							
	平均							
吸光度 A								
浓度 c_i/(mol · L^{-1})	稀释后							
	稀释前							
配制比		1/10	1/5	3/10	3/10	2/5	3/5	—
原液浓度 $c_{0,i}$/(mol · L^{-1})								—
Γ_i /(mol · g^{-1})								—
(c_i/Γ_i)/(g · L^{-1})								—

六、注意事项

(1) 测透射率时要从稀到浓按顺序测定，每个溶液测 4 次，取平均值。若相对测量偏差大于 5%，必须重新取样测定，直至满足要求为止。因为试样都是经过 100～200 倍稀释后测定的，计算时将产生相对测量值 100～200 倍的偏差。

(2) 用铬酸洗液洗涤比色皿时，接触时间不要超过 2 min，以免损坏比色皿。

(3) 因为亚甲基具有吸附性，应按照从稀到浓的顺序测定，以减少误差。

(4) 朗伯-比尔定律对不同溶液有不同使用范围。溶液颜色较淡时，适用溶液范围就宽，如无机铜盐、镍盐、铬酸盐等；而对颜色很深的溶液，其适用浓度范围就窄，各种合成染料如亚甲基蓝、靛蓝等很低的浓度即可产生极深的颜色，致使朗伯-比尔定律产生较大偏差，适用浓度范围大为缩小。尽管本实验分两段测试，但高浓度段仍是一条明显的曲线，故建议用二次多项式拟合，以提高实验精度。

七、思考题

(1) 根据朗缪尔理论的基本假设，结合本实验数据，算出各平衡浓度的覆盖度，估算饱和吸附的平衡浓度范围。

(2) 溶液产生吸附时，如何判断其是否达到平衡？

参 考 文 献

北京大学化学学院物理化学实验教学组. 2002. 物理化学实验. 4 版. 北京：北京大学出版社.
复旦大学等. 2004. 物理化学实验. 3 版. 北京：高等教育出版社.

（责任编撰：中南民族大学　王树国）

实验 30　固体比表面积的测定——BET 容量法

一、目的要求

(1) 了解 BET 多分子层吸附理论和 BET 容量法测定固体比表面积的基本原理。

(2) 学会用 BET 容量法测定固体的比表面积。

(3) 认识物理吸附仪的工作原理并掌握使用方法。

二、实验原理

固体与气体接触时，表面上的气体浓度会高于气相本体的浓度，气体分子在相界面上富集的现象称为吸附。起吸附作用的物质称为吸附剂，被吸附的物质称为吸附质。

根据吸附质和吸附剂相互作用的性质，吸附可分为物理吸附和化学吸附。化学吸附时，吸附质和吸附剂之间发生电子转移，形成化学键；物理吸附时，吸附质分子依靠范德华力、氢键等较弱的作用吸附在吸附剂表面上。化学吸附与物理吸附对比见表 2-30-1。

表 2-30-1 化学吸附与物理吸附的比较

性质	吸附类型	
	物理吸附	化学吸附
吸附热	10^2～10^3 J · mol^{-1}，近于液化热	10^3～10^5 J · mol^{-1}，近于反应热
吸附温度	较低	高
活化能	几乎不需要活化能	需要活化能
吸附层	单层、多层	单层
吸附平衡	快	慢
吸附稳定性	不稳定，易解吸	较稳定，不易解吸

比表面积和孔径分布是评价催化剂、了解固体表面性质的重要参数，可借助物理吸附来测定。

固体物质的比表面积常用单位质量的固体所具有的总表面积表示，包括外表面和内表面。如果吸附剂内外表面形成完整的单分子吸附层就达到饱和吸附，只要将该饱和吸附量(吸附质分子数)乘以每个分子在吸附剂上占据的面积，就可以求得吸附剂的表面积。

然而，大多数物理吸附不是单分子层吸附。1938 年，布鲁诺尔(Brunauer)、埃米特(Emmett)和特勒(Teller)三人将朗缪尔吸附理论推广到多分子层吸附，建立了 BET 多分子层吸附理论。其基本假设是固体表面是均匀的；吸附质与吸附剂之间的作用力是范德华力，吸附质分子之间的作用力也是范德华力，所以当气相中的吸附质分子被吸附在固体表面上之后，它们还可能从气相中吸附同类分子，因而吸附是多层的。但被吸附在同一层的吸附质分子之间相互无作用，吸附平衡是吸附和解吸的动态平衡，第二层及其以后各层分子的吸附热等于气体的液化热。根据这些假设，推导得到如下 BET 方程

$$\frac{p/p_s}{V(1-p/p_s)}=\frac{1}{V_m C}+\frac{C-1}{V_m C}\cdot\frac{p}{p_s} \tag{2-30-1}$$

式中，p 为吸附平衡压力；p_s 为吸附平衡温度下吸附质的饱和蒸气压；V 为平衡时的吸附体积(STP，指标准状况)；V_m 为单分子层饱和吸附所需的气体体积(STP)；C 为与温度、吸附热和液化热有关的常数。

通过实验可以测得一系列的 p 和 V，以$(p/p_s)/[V(1-p/p_s)]$对 p/p_s 作图得一条直线，有 $k_{斜率}=(C-1)/V_mC$，$b_{截距}=1/V_mC$，可得 $V_m=1/(k_{斜率}+b_{截距})$。如果知道一个吸附质分子的截面积，则可根据式(2-30-2)算出吸附剂的比表面积 A

$$A=\frac{V_m L\sigma_A}{22414m}=2.6867\times10^{19}\times\sigma_A\frac{V_m}{m} \tag{2-30-2}$$

式中，L 为阿伏伽德罗常量；σ_A 为一个吸附质分子的截面积(m^2 · 个$^{-1}$)；m 为吸附剂的质量(g)；22414 是标准状况下 1 mol 气体的体积(mL · mol^{-1})。

根据埃米特和布鲁诺尔的建议，当 σ_A 数据缺乏时，可用式(2-30-3)近似计算

$$\sigma_A=4\times0.866\left(\frac{M}{4\sqrt{2}\rho L}\right)^{\frac{2}{3}} \tag{2-30-3}$$

式中，M 为吸附质的摩尔质量；ρ 为实验温度下吸附质的密度。

本实验以 N_2 为吸附质，在 78 K 时其截面积 $\sigma_A = 16.2 \times 10^{-20}\ m^2$，由式(2-30-2)得

$$A \approx 4.3525 \times \frac{V_m}{m} \tag{2-30-4}$$

BET 公式的适用范围是相对压力 p/p_s 为 0.05～0.35。由于 BET 方法在计算时需要用到吸附质分子的截面积，因此，严格地说该方法也只是相对方法。本实验达到的精度一般可在±5%之内。

BET 容量法适用的测量范围为 1～1500 $m^2 \cdot g^{-1}$，作为基础物理化学实验，最好选择比表面积为 100～1000 $m^2 \cdot g^{-1}$ 的固体样品。在测定之前，需将吸附剂表面上已经吸附的气体或蒸气分子除去，否则会影响比表面积的测定结果。这个脱附过程又称为活化，实验温度和时间由吸附剂的性质而定。本实验选用微球硅胶作吸附剂，脱附温度为 150℃，时间约 1 h，系统压力≤10^{-2} Pa。

三、仪器与试剂

全自动物理吸附仪	1 套	高纯氮(≥99.995%)	1 瓶
氦气	1 瓶	液氮	
微球硅胶			

四、实验步骤

按要求将实验仪器装配好(参阅仪器使用说明)。

(1) 样品称量。取一支干净的样品管，准确称量空样品管后，加入 0.2～0.3 g 微球硅胶，再称其总质量(粗称)，以控制微球硅胶的质量。

(2) 样品活化。将装有试样的样品管接到仪器活化口，将活化温度设为 150℃，开启活化程序进行活化，保持 1～2 h。

(3) 测量参数设定。按仪器操作要求设置测量参数(参阅仪器使用说明)。

(4) 样品质量校正。待测试结束后，取下样品管并在电子天平上准确称量，计算出样品的最终质量，进行质量校正。

(5) 测试报告。选择所测试文件的名称，打印测试报告。

五、数据处理

(1) 从实验所得吸附量 V 和平衡压力 p 数据，根据已知实验温度下液氮的饱和蒸气压 p_s，处理实验数据，一并填入表 2-30-2 中。

表 2-30-2 实验数据处理

序号	V/mL	p/kPa	p/p_s	$\frac{p/p_s}{V(1-p/p_s)}$	序号	V/mL	p/kPa	p/p_s	$\frac{p/p_s}{V(1-p/p_s)}$
1					5				
2					6				
3					7				
4					⋮				

(2) 根据表 2-30-2 中相关数据作 $(p/p_s)/[V(1-p/p_s)]$-p/p_s 图，由直线的斜率 $k_{斜率}$ 和截距 $b_{截距}$，根据 $V_m = 1/(k_{斜率} + b_{截距})$ 计算单分子层饱和吸附量 V_m。

(3) 将所得 V_m 代入式(2-30-4)可求得微球硅胶的比表面积 A，将计算结果与计算机得出的结果进行比较。

六、思考题

(1) 测量吸附量时要求达到吸附平衡。如何判断是否已达到吸附平衡？如果尚未达到吸附平衡就测量吸附量和系统压力，对测量结果有什么影响？

(2) 若用朗缪尔方法处理测量得到的数据，样品的比表面积偏大还是偏小？

(3) 在物理吸附中，脱附等温线与吸附等温线在高比压部分常常不能吻合而出现所谓的滞后环，为什么？如何处理才能得到更准确的孔径分布？

参 考 文 献

复旦大学等. 2004. 物理化学实验. 3 版. 北京: 高等教育出版社.

顾惕人. 1963. BET 法测定固体的比表面. 化学通报, 3: 1.

金丽萍, 邬时清, 陈大勇. 2005. 物理化学实验. 2 版. 上海: 华东理工大学出版社.

罗澄源等. 1991. 物理化学实验. 3 版. 北京: 高等教育出版社.

(责任编撰：中南民族大学　王树国)

实验 31　溶胶的制备、纯化及稳定性和电动电势测试

一、目的要求

(1) 掌握溶胶的制备及渗析法纯化胶体的方法。

(2) 了解胶体的电泳现象并掌握电泳法测定溶胶 ζ 电势的原理和技术。

(3) 学会溶胶稳定性测试技术。

二、实验原理

1. 胶体的扩散双电层结构和 ζ 电势的产生

胶体溶液是分散相粒度为 1～100 nm 的高分散多相体系。在胶体分散体系中，由于胶粒本身的电离，或胶粒向分散介质选择性地吸附一定量的离子，以及胶粒与分散质之间相互摩擦，几乎所有胶体颗粒都带有一定量的电荷。由于整个胶体分散系统呈电中性，因而在胶粒四周的分散介质中，必定具有电量相同而符号相反的对应离子存在，在紧密层和扩散层的反离子形成双电层结构。

在外电场作用下，带电胶粒携带周围一定厚度的吸附层向带相反电荷的电极运动，在荷电胶粒吸附层外界面与介质间相对运动的边界处相对于均匀介质内部产生一个电势，称为 ζ 电势，其值与胶粒大小、浓度、介质性质、pH 及温度等因素有关。ζ 电势越大，胶体体系越稳定，反之亦然。因此，ζ 电势的大小是衡量胶体稳定性的重要参数。双电层结构如图 2-31-1 所示。

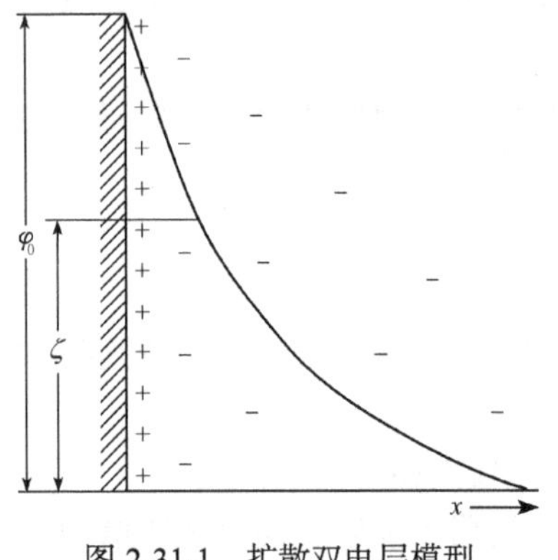

图 2-31-1　扩散双电层模型

2. 电泳法测定ζ电势的原理

在外加电场作用下，荷电胶粒与分散介质间会发生相对运动，胶粒向正极或负极(视胶粒所带电荷而定)移动的现象称为电泳。电泳法又分为两类，即宏观法和微观法。宏观法原理是观察溶胶与另一不含胶粒的导电液体的界面在电场中的移动速度。微观法是直接观察单个胶粒在电场中的泳动速度。对高分散的溶胶，如 $Fe(OH)_3$ 溶胶或 As_2S_3 溶胶，或过浓的溶胶，不宜观察个别粒子的运动，只能用宏观法。对于颜色太浅或浓度过稀的溶胶，则适宜用微观法。本实验采用宏观法。

当带电胶粒在外电场作用下迁移时，胶粒受到的静电力为 $f_1 = q\omega$，胶粒在介质中受到的阻力为 $f_2 = k\pi\eta ru$，若胶粒运动速率 u 恒定，则 $f_1 = f_2$，$q\omega = k\pi\eta ru$，根据静电学原理 $\zeta = q/\varepsilon r$ 得

$$u = \frac{\zeta\varepsilon\omega}{k\pi\eta} \tag{2-31-1}$$

将 $\omega = E/l$，$u = s/t$ 代入式(2-31-1)，整理后得到

$$\zeta = \frac{k\pi\eta sl}{\varepsilon Et}(\text{静电单位}) \tag{2-31-2}$$

若各量使用下列说明中的单位，则上式变成

$$\zeta/\text{V} = 9\times10^9 k\pi\frac{\eta sl}{\varepsilon Et} = 9\times10^9 k\pi\frac{\eta l}{\varepsilon E}u \tag{2-31-3}$$

式中，q 为胶粒的荷电量(C)；ω 为电位梯度($V \cdot m^{-1}$)，等于电极两端电压 E(V)除以极间距 l(m)；k 为比例常数，当胶粒呈球状时 $k = 6$，呈棒状时 $k = 4$，$Fe(OH)_3$胶粒呈棒状；η 为液体介质的黏度(Pa · s)，不同温度对应的 η 值用公式$\eta/\text{Pa}\cdot\text{s} = 1.674\times10^{-3} - 4.237\times10^{-5}(t/℃) + 4.392\times10^{-7}(t/℃)^2$ 计算；ε 为分散介质的相对介电常数，水的 ε 参见附表Ⅱ-19；u 为电泳速率($m \cdot s^{-1}$)，其值等于胶体界面移动距离 s(m) 与对应移动时间 t(s) 所作直线的斜率；9×10^9 是单位转换系数。

利用界面移动法测出时间 t 时胶体移动的距离 s，两铂电极间的电位差 E 和电极间的距离 l，测出胶体溶液的温度 T 并算出 η 值，代入式(2-31-3)可直接算出胶体的 ζ 电势，或按式(2-31-3)以 s 对 t 作图，由斜率和已知的 ε、η，可求 ζ 电势。

3. $Fe(OH)_3$ 溶胶的胶团结构式

根据氢氧化铁溶胶的制备过程以及胶团结构式书写的两个原则(胶核优先吸附与其具有相同组成的离子，胶团呈电中性)，$Fe(OH)_3$ 溶胶的胶团结构可用图 2-31-2 表示，也可以写为 $\{[Fe(OH)_3]_m \cdot nFe^{3+} \cdot (3n - x)Cl^-\}^{x+} \cdot xCl^-$。

$\{[Fe(OH)_3]_m \cdot nFe^{3+} \cdot (3n-x)Cl^-\}^{x+} \cdot xCl^-$

胶核　紧密层　扩散层

胶粒

胶团

图 2-31-2　$Fe(OH)_3$溶胶的胶团结构

4. 溶胶聚沉值的测定

带电质点对电解质十分敏感，在电解质作用下溶胶质点因聚结而下沉的现象称为聚沉。

在指定条件下使某溶胶聚沉时，电解质的最低浓度称为聚沉值，聚沉值常用 mmol · L^{-1} 表示。影响聚沉的主要因素是与胶粒电荷相反的离子的价数、离子的大小及同号离子的作用等。一般来说，反号离子价数越高，聚沉效率越高，聚沉值越小，聚沉值大致与反离子价数的 6 次方成反比。

同价无机小离子的聚沉能力常随其水合离子半径增大而减小，这一顺序称为感胶离子序。与胶粒带有同号电荷的二价或高价离子对胶体体系常有稳定作用，使该体系的聚沉值有所增加。

此外，当使用高价或大离子聚沉时，少量的电解质可使溶胶聚沉；电解质浓度大时，聚沉形成的沉淀物又重新分散；浓度再提高时，又可使溶胶聚沉。这种现象称为不规则聚沉。不规则聚沉的原因是，低浓度的高价反离子使溶胶聚沉后，增大反离子浓度，它们在质点上强烈吸附使其带有反离子符号的电荷而重新稳定；继续增大电解质浓度，重新稳定的胶体质点的反离子又可使其聚沉。

三、仪器与试剂

电泳仪或高压直流稳压电源	1 台	集热式磁力搅拌加热器	1 台
电导率仪(附铂黑电极)	1 台	电泳管(配光亮铂电极)	1 支
皮卷尺(1 m)	1 把	电子秒表	1 块
烧杯(50 mL、250 mL、1000 mL)	各 1 个	MD44-5M 渗析袋	若干
20 mL 试管	6 支	塑料封口夹(7 cm)	2 个
$FeCl_3$(无水，A. R.)		长胶头滴管	2 支
1% $AgNO_3$ 溶液		KCl 溶液(0.01 mol · L^{-1})	

四、实验步骤

1. $Fe(OH)_3$ 溶胶的制备与纯化

(1) 水解法制备 $Fe(OH)_3$ 溶胶。在 50 mL 烧杯中用 10 mL 去离子水溶解 2.5 g 无水 $FeCl_3$，将其快速滴加到装有正在沸腾的 100 mL 去离子水的 250 mL 烧杯中，并不断搅拌，加完后继续加热沸腾 5 min，由于水解而得到红棕色的 $Fe(OH)_3$ 溶胶。

(2) 热渗析法纯化 $Fe(OH)_3$ 溶胶。取渗析袋 12～15 cm，将底部对折 1 cm 后用封口夹夹住，将前述 $Fe(OH)_3$ 溶胶小心倒入渗析袋中，用另一个封口夹夹住上口。在 1000 mL 烧杯中加入 800 mL 约 70℃的去离子水，将一个磁子和装有溶胶的渗析袋一并放入其中，然后将该烧杯放到已经恒温在 70℃的集热式磁力搅拌加热器中，边加热边搅拌，每 5 min 更换一次烧杯中的热水，约交换 12 次后开始从烧杯中取少量水用 $AgNO_3$ 溶液检测，直至检测不出 Cl^-为止。将纯化后的 $Fe(OH)_3$ 溶胶倒入 250 mL 烧杯中用水冷却至室温，静置老化 30 min 备用。

2. 电泳法测定 ζ 电势

(1) 按图 2-31-3 装好实验装置(不放 Pt 电极)。

(2) 用电导率仪测出老化后的 $Fe(OH)_3$ 溶胶的电导率，配制与其电导率相同的 KCl 溶液作为辅助液。

(3) 将洁净的电泳管垂直固定。

若为 A 型电泳管，则从中间扩口加入净化后的溶胶至其高度约为 U 形管 1/2 处，再用两

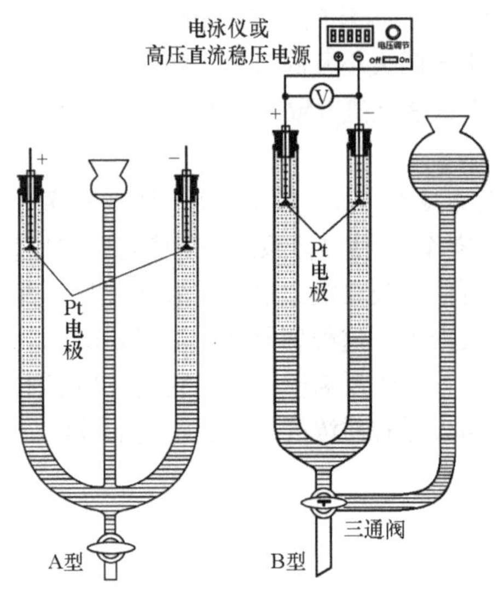

图 2-31-3　电泳装置

个胶头滴管同时沿两边 U 形管壁缓慢、等量地加入 KCl 辅助液，至放入 Pt 电极后仍有约 1 cm 空余，注意两边参比液柱高度相等，保持界面清晰。

若为 B 型电泳管，且如左图摆放时，首先将阀芯置 45°反斜杠“\”位，即如“◣”。从 U 形管左侧管口倒入 KCl 辅助液约至 U 形管 1/2 处，将净化后的溶胶从右侧球管部注入至比 KCl 液柱稍高处；小心逆时针旋转三通阀使阀芯呈“╦”状，排出三通阀芯中的部分空气或水分后迅速顺时针关闭；再继续顺时针旋转至阀芯呈“╣”状，排出阀芯中的另一部分物质后迅速顺时针旋至关闭；然后，继续缓慢顺时针旋转阀门至“╩”位，使球管中的 $Fe(OH)_3$ 溶胶注入 U 形管中，继续用滴管从右侧球管处缓慢滴加溶胶，注意控制速度以保持界面清晰，直至 KCl 辅助液上升到可以淹没 U 形管中铂电极一定高度后停止。

(4) 放置电极。在 U 形管两端管口同时缓慢插入铂电极，防止搅拌影响界面的清晰度。记下界面原始位置的刻度。

(5) 通电。开启高压直流稳压电源或电泳仪，迅速调节输出电压为 80 V，同时按下秒表计时，每隔 5 min 记录一次两侧界面的位移刻度，约测量 40 min。

(6) 用皮卷尺测量两铂电极间的距离，即铂电极端点在 U 形管中心线的距离，用温度计量出胶体溶液温度。需测量三四次，取平均值。

(7) 实验结束后，关闭电源并拔下电源插头。清洗电泳管和电极，然后在电泳管中加入蒸馏水，电极浸泡于电导水中备用。

3. 测定不同电解质对 $Fe(OH)_3$ 溶胶的聚沉值

以 KCl 溶液为例，第一步测定近似聚沉值 C'，第二步测准确聚沉值 C。

(1) 取 6 支试管，编号为 1、2、3、4、5 和对照，在 1 号试管中注入 10 mL 2.5 $mol \cdot L^{-1}$ 的 KCl 溶液，在 2～5 号和对照 5 支试管中各加入蒸馏水 9 mL，然后从 1 号试管中取 1 mL KCl 溶液放入 2 号试管中，摇匀后，再从 2 号试管中取出 1 mL 溶液放入 3 号试管中，依次从上一编号试管中吸取 1 mL KCl 溶液，直至 5 号试管，最后从 5 号管中取出 1 mL 溶液弃去。

用移液管向上述 1～5 号试管及对照管中各加入已净化好的 $Fe(OH)_3$ 溶胶 1 mL，摇匀后，立即记下时间，静置 15 min，观察 1～5 号试管中的聚沉情况，与对照管进行比较，找出有沉淀且对应浓度最小的试管，该试管的浓度即为近似聚沉值 C'，将实验过程出现沉淀与否的现象记入表 2-31-2 中。

(2) 制备浓度 C' 的 KCl 溶液 50 mL。由原 2.5 $mol \cdot L^{-1}$ KCl 稀释而得，根据 $C_1V_1=C'V'$ 可求得 V_1。准确量取 2.5 $mol \cdot L^{-1}$ KCl 溶液 V_1(mL)至 50 mL 容量瓶中，用蒸馏水稀释至刻度，摇匀即得浓度为 C' 的溶液。

(3) 在步骤(1)的 1～5 号试管中，保留具有近似聚沉值 C' 浓度的试管，将其定为 Ⅰ 号试管，另取 4 支试管，编号为Ⅱ、Ⅲ、Ⅳ、Ⅴ，加上原对照试管又得一组 6 支试管的排列。

(4) 在Ⅱ～Ⅴ号试管中分别加入 8 mL、6 mL、4 mL、2 mL 的浓度为 C' 的 KCl 溶液，再向上述各管中加入 1 mL、3 mL、5 mL、7 mL 蒸馏水，摇匀后分别加入 1 mL $Fe(OH)_3$ 溶胶，摇匀后静置 15 min，找出有沉淀生成且对应浓度最小的试管，用这支试管中 KCl 浓度 C_n 和相邻未沉淀的试管中 KCl 浓度 C_{n+1} 求出平均值，即得所求的准确聚沉值 C，即 $C = (C_n + C_{n+1})/2$。将实验过程出现沉淀与否的现象记入表 2-31-3 中。

用上述相同的实验方法，可以根据教学计划时间安排，选做测定 0.1 $mol \cdot L^{-1}$ K_2SO_4 及 0.01 $mol \cdot L^{-1}$ $K_3Fe(CN)_6$ 对 $Fe(OH)_3$ 溶胶的聚沉值。

五、数据处理

1. ζ电势测定数据记录与处理

(1) 测定并记录两铂电极间的距离 l 和加在两电极间的电位差 E，同时测出胶体溶液的温度并查出水的 η 值。

(2) 将电泳过程中的原始数据记录于表 2-31-1 中。

表 2-31-1 通电的不同时刻胶体界面的刻度示值

t/s	0	300	600	900	1200	1500	1800	2100	2400
左界刻度/mm									
左移距离 s/m									
右界刻度/mm									
右移距离 s/m									

(3) 将上述各数据代入式(2-31-3)即可直接算出胶体的 ζ 电势，或以 s 对 t 作图，直线的斜率即为平均速率 u，将 u 代入式(2-31-3)求 ζ 电势。

(4) 将 KCl 溶液对 $Fe(OH)_3$ 溶胶的近似聚沉值 C' 和准确聚沉值 C 测量实验结果分别记入表 2-31-2 和表 2-31-3 中。确定 C'，并计算 C 值。

2. 聚沉值测定数据记录与处理

表 2-31-2 KCl 溶液对 $Fe(OH)_3$ 溶胶的近似聚沉值测定实验设计及现象记录

操作及现象	试管编号					
	1#	2#	3#	4#	5#	对照
2.5 $mol \cdot L^{-1}$ KCl 溶液体积/mL	10.0	—	—	—	—	—
蒸馏水体积/mL	0.0	9.0	9.0	9.0	9.0	9.0
加样后摇匀操作	—	加 1#液 1 mL	加 2#液 1 mL	加 3#液 1 mL	加 1 mL 弃 1 mL*	—
$Fe(OH)_3$ 溶胶体积/mL	1.0	1.0	1.0	1.0	1.0	1.0
管内 KCl 溶液浓度/ ($mol \cdot L^{-1}$)	2.5	2.5×10^{-1}	2.5×10^{-2}	2.5×10^{-3}	2.5×10^{-4}	0
是否有沉淀现象						

注：*表示加 1.0 mL 4# 溶液，摇匀后，再取 1.0 mL 溶液丢弃；— 表示无操作。

表 2-31-3 KCl 溶液对 $Fe(OH)_3$ 溶胶的准确聚沉值测定实验设计及现象记录

操作及现象	试管编号					
	Ⅰ	Ⅱ	Ⅲ	Ⅳ	Ⅴ	对照
浓度为 C'的 KCl 溶液体积/mL	10.0	8.0	6.0	4.0	2.0	9.0
蒸馏水体积/mL	—	1.0	3.0	5.0	7.0	—
$Fe(OH)_3$ 溶胶体积/mL	—	1.0	1.0	1.0	1.0	1.0
管内 KCl 溶液浓度/$(mol \cdot L^{-1})$						
是否有沉淀						

仿照表 2-31-2 和表 2-31-3 设计相应的表格记录 K_2SO_4 及 $K_3Fe(CN)_6$ 溶液对 $Fe(OH)_3$ 溶胶的聚沉值实验结果，求出对应的聚沉值。

六、思考题

(1) 电泳速率与哪些因素有关？
(2) 本实验为什么要求参比液与待测溶胶电导率相同？
(3) 若事先未洗净电泳管壁上残留的微量电解质，对电泳测量结果有什么影响？
(4) 若左右两侧移动距离不同，可能是什么原因？
(5) 影响溶胶聚沉值的因素有哪些？影响最大的因素是什么？
(6) 可以从哪些因素判断溶胶的带电性？

参 考 文 献

北京大学物理化学教研室. 1981. 物理化学实验. 北京：北京大学出版社.
复旦大学等. 2004. 物理化学实验. 北京：高等教育出版社.
山东大学. 1981. 物理化学与胶体化学实验. 北京：高等教育出版社.
郑传明，吕桂琴. 2015. 物理化学实验. 2 版. 北京：北京理工大学出版社.
傅献彩，沈文霞，姚天扬，等. 2006. 物理化学(下册). 5 版. 北京：高等教育出版社.

(责任编撰：广西民族大学　蓝丽红)

实验 32　液体在固体表面接触角的测定

一、目的要求

(1) 了解液体在固体表面的接触角的含义与应用。
(2) 了解接触角的常用测量方法，了解量高法与量角法量角的原理。
(3) 了解接触角测量仪的构造和作用。
(4) 掌握接触角测量仪的使用方法。

二、实验原理

1. 接触角

接触角是表征液体在固体表面润湿性的重要参数之一，由它可了解液体在指定固体表面的润湿程度。接触角测定在防腐、减阻、矿物浮选、注水采油、洗涤、印染、焊接等方面有广泛的应用。

当液滴放置在固体平面上时，液滴能自动地在固体表面铺展开来，或以与固体表面成一定接触角的液滴存在。

如图 2-32-1 所示，当液滴在固体表面不完全铺展开时，在气、液、固三相会合点，液-固界面的水平线与气-液界面切线之间通过液体内部的夹角 θ 称为接触角。

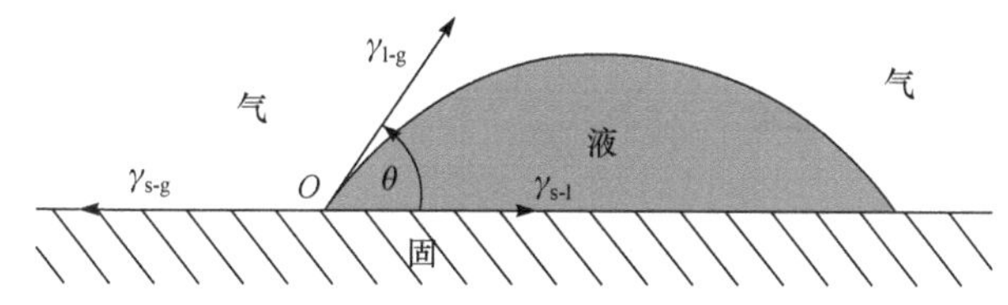

图 2-32-1　接触角示意图

有三种界面张力同时作用于 O 点处的液体分子上，当这三种力处于力学平衡状态时，接触角与三种界面张力之间的关系式可用式(2-32-1)杨氏方程表示

$$\gamma_{s\text{-}g} = \gamma_{s\text{-}l} + \gamma_{g\text{-}l}\cos\theta \tag{2-32-1}$$

式中，$\gamma_{s\text{-}g}$、$\gamma_{s\text{-}l}$、$\gamma_{l\text{-}g}$ 分别为固-气、固-液和液-气界面张力；θ 为接触角，θ 取值在 0°～180°之间。$\theta = 90°$可作为润湿与不润湿的界限：当 $\theta < 90°$时，可润湿；当 $\theta = 0°$时，则完全浸润；当 $\theta > 90°$时，不润湿；当 $\theta = 180°$时，则完全不浸润。

2. 接触角 θ 的测定

接触角的测定方法很多，根据直接测定的物理量分为四大类：角度测量法、长度测量法、力测量法、透射测量法。其中，液滴角度测量法是最常用的，也是最直截了当的一类方法。它是在平整的固体表面上滴一滴小液滴，直接测量接触角的大小。为此，可用低倍显微镜中装有的量角器测量，也可将液滴图像投影到屏幕上或拍摄图像再用量角器测量。但是采用量角器测量无法避免人为作切线的误差。为此，实验常用量角法和量高法进行量角，以减小实验误差。

量角法的测量原理：①将等腰直角量角器的 a、b 两边下移，直到使量角器的 a、b 两边分别和液滴相切；②然后继续垂直下移等腰量角器，直到量角器的顶点和液滴边缘相交于点 C，从而确定液滴的最高点 C 的坐标；③最后绕 C 点逆时针转动，转动 δ 角度，直到 a 边和液滴-气体-固体三相交点 A 相交时，如图 2-32-2 所示，即可求出 θ。

因 $\beta = \delta + 45°$，又因 $\theta = 2\beta$，故 $\theta = 90° + 2\delta$，只要知道量角器 AC 边转过的角度 δ，就可以计算出接触角 θ。当接触角 $\theta > 90°$时，量角器的 AC 边逆时针旋转，取正值。当接触角 $\theta < 90°$时，量角器的 AC 边顺时针旋转，取负值。

量高法的测量原理：当一滴液体的体积小于 6 μL 时，可忽略地球引力对其形状的影响，认为液滴呈标准圆的一部分。如图 2-32-3 所示，只要测量液滴在固体表面上的高度 h 以及与

固体接触面的直径 D，就可用式(2-32-2)计算出接触角。

$$\theta = 180 - \delta = 180 - \phi = 180 - 2\alpha = 2 \times (90 - \alpha) = 2\beta = 2\arctan(2h/D) \tag{2-32-2}$$

JC2000C1 型接触角测量仪可完成接触角的量角法和量高法两种方法测定。

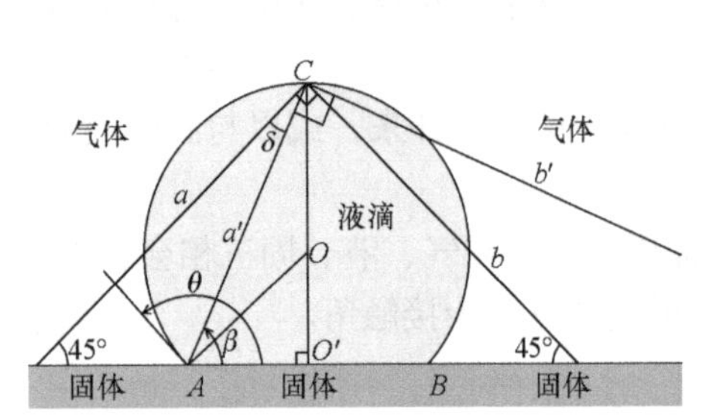

图 2-32-2　量角法测接触角

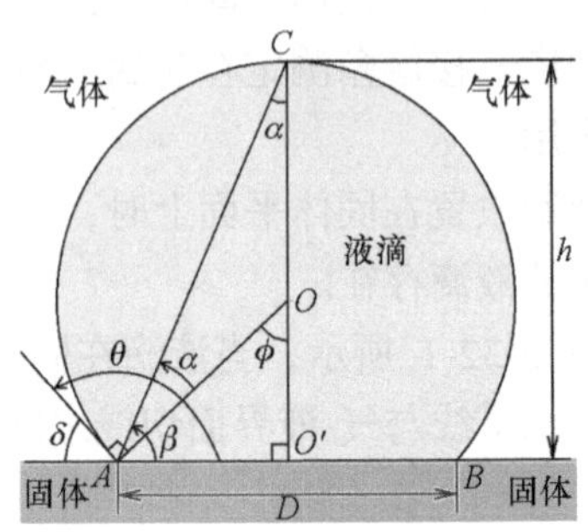

图 2-32-3　量高法测接触角

三、仪器与试剂

接触角测量仪	1 套	液压粉末压片机	1 套
10 μL 微量注射器	1 支	褐煤粉	若干
聚乙烯片	1 片	蒸馏水	
无水乙醇(A. R.)		无水丁醇(A. R.)	

十二烷基苯磺酸钠水溶液(0.05%，0.15%，0.25%)

四、实验步骤

(1) 取约 1 g 褐煤粉置于玛瑙研钵，研磨均匀后放入压片机的压片模具中，关闭液压阀，加压到 20 MPa，保持 60 s，压制成片备用。

(2) 打开仪器电源开关，运行计算机中的 JC2000C1 应用程序，进入主界面。点击界面右上角的“活动图像”按钮，这时可以看到摄像头拍摄的载物台上的影像。

(3) 调焦。调整摄像头焦距到 0.7 倍(测小液滴接触角时通常调到 2～2.5 倍)，然后旋转摄像头底座后面的旋钮调节摄像头到载物台的距离，使图像最清晰。

(4) 采用微量注射器抽取一定量待测液体，将微量注射器固定于活动台上方的注射器孔内。将压制好的褐煤片附于载玻片上，置于载物台上适当的位置。

(5) 从注射器中压出约 0.8 μL 待测液并使其悬于针头上。旋转载物台底座的旋钮使载物台缓慢上升，当褐煤片触碰悬挂在注射器下端的液滴后迅速分开，使液滴留在固体平面上。

(6) 点击“冻结图像”按钮固定画面，点击“File”菜单中的“Save as”将图像保存在指定文件夹中。液滴接触固体样片平面后要在 20 s(最好 10 s)内冻结图像。

(7) 调出保存好的图片，分别采用量角法和量高法处理图形，并求出接触角。

(8) 实验完成后，关闭计算机程序，关闭计算机和接触角测量仪电源。

五、数据处理

将所得实验数据填入表 2-32-1 和表 2-32-2 中。

表 2-32-1　水在不同固体表面的接触角(实验温度______℃)

固体表面		量角法		固体表面		量高法
		左	右			
褐煤	$\delta/(°)$			褐煤	h/mm	
	$\delta_{Adv}/(°)$				Dmm	
	$\theta/(°)$				$\theta/(°)$	
聚乙烯	$\delta/(°)$			聚乙烯	h/mm	
	$\delta_{Adv}/(°)$				D/mm	
	$\theta/(°)$				$\theta/(°)$	

表 2-32-2　不同液体在褐煤表面的接触角(实验温度_______℃)

固体表面		量角法		固体表面		量高法
		左	右			
乙醇	$\delta/(°)$			乙醇	h/mm	
	$\delta_{Adv}/(°)$				D/mm	
	$\theta/(°)$				$\theta/(°)$	
丁醇	$\delta/(°)$			丁醇	h/mm	
	$\delta_{Adv}/(°)$				D/mm	
	$\theta/(°)$				$\theta/(°)$	
0.05%十二烷基苯磺酸钠水溶液	$\delta/(°)$			0.05%十二烷基苯磺酸钠水溶液	h/mm	
	$\delta_{Adv}/(°)$				D/mm	
	$\theta/(°)$				$\theta/(°)$	
0.15%十二烷基苯磺酸钠水溶液	$\delta/(°)$			0.15%十二烷基苯磺酸钠水溶液	h/mm	
	$\delta_{Adv}/(°)$				D/mm	
	$\theta/(°)$				$\theta/(°)$	
0.25%十二烷基苯磺酸钠水溶液	$\delta/(°)$			0.25%十二烷基苯磺酸钠水溶液	h/mm	
	$\delta_{Adv}/(°)$				D/mm	
	$\theta/(°)$				$\theta/(°)$	

六、注意事项

对含有表面活性剂溶液的试样，测定速度应尽可能快。

七、思考题

(1) 液体在固体表面的接触角与哪些因素有关?

(2) 在本实验中，滴到固体表面上的液滴大小对所测接触角读数是否有影响？为什么?

参 考 文 献

北京大学化学系胶体化学教研室. 1993. 胶体与界面化学实验. 北京: 北京大学出版社.

金丽萍, 邬时清, 陈大勇. 2005. 物理化学实验. 上海: 华东理工大学出版社.

周建敏, 蔡洁. 2012. 物理化学实验. 北京: 中国石化出版社.

(责任编撰：六盘水师范学院　雷以柱)

实验 33　黏度法测定水溶性高聚物相对分子质量

一、目的要求

(1) 掌握用乌贝路德(Ubbelohde)黏度计(乌氏黏度计)测定黏度的原理和方法。

(2) 测定多糖聚合物——葡聚糖(dextran，右旋糖苷)的平均相对分子质量。

二、实验原理

黏度是指液体对流动所表现的阻力，这种力反抗液体中邻接部分的相对移动，因此可看作一种内摩擦。图 2-33-1 是液体流动示意图。当相距为 dx 的两个液层以不同速度(v 和 v + dv)移动时，产生的流速梯度为 dv/dx。当建立平衡流动时，维持一定流速所需的力 f' 与液层的接触面积 A 及流速梯度 dv/dx 成正比

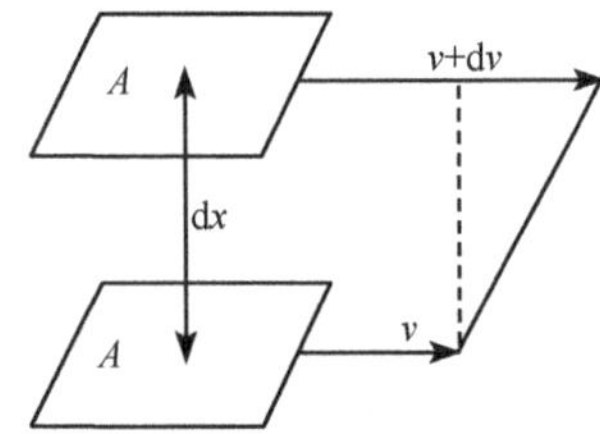

图 2-33-1　液体流动示意图

$$f' = \eta A \frac{\mathrm{d}v}{\mathrm{d}x} \tag{2-33-1}$$

若以 f 表示单位面积液体的黏滞阻力，$f = f'/A$，则

$$f = \eta \frac{\mathrm{d}v}{\mathrm{d}x} \tag{2-33-2}$$

式(2-33-2)为牛顿黏度定律表示式，其比例常数 η 称为黏度系数，简称黏度，单位为 Pa · s。

高聚物在稀溶液中的黏度主要反映了液体在流动时存在内摩擦。其中，因溶剂分子之间的内摩擦表现出来的黏度称为纯溶剂黏度，记作 η_0；此外还有高聚物分子相互之间的内摩擦，以及高分子与溶剂分子之间的内摩擦。三者的总和表现为溶液的黏度 η。在同一温度下，一般来说有 $\eta > \eta_0$。

相对于溶剂，其溶液黏度增加的分数称为增比黏度，记作 η_{sp}，即

$$\eta_{sp} = (\eta - \eta_0)/\eta_0 \tag{2-33-3}$$

溶液黏度与纯溶剂黏度的比值称为相对黏度，记作 η_r，即

$$\eta_r = \eta/\eta_0 \tag{2-33-4}$$

η_r 也是整个溶液的黏度行为，η_{sp} 是扣除了溶剂分子间的内摩擦效应，故有

$$\eta_{sp} = \eta/\eta_0 - 1 = \eta_r - 1 \tag{2-33-5}$$

对于高分子溶液，增比黏度往往随溶液浓度 c 的增加而增加。为了便于比较，将单位浓度下所显示出的增比浓度 η_{sp}/c 称为比浓黏度，而 $\ln\eta_r/c$ 称为比浓对数黏度。η_r 和 η_{sp} 都是量纲为一的量。

为进一步消除高聚物分子间的内摩擦效应，必须将溶液浓度无限稀释，使得每个高聚物分子彼此相隔极远，其相互干扰可以忽略不计。这时溶液所呈现出的黏度行为基本上反映了高分子与溶剂分子之间的内摩擦。该黏度的极限值记为

$$\lim_{c \to 0} \frac{\eta_{sp}}{c} = \lim_{c \to 0} \frac{\ln \eta_r}{c} = [\eta] \tag{2-33-6}$$

$[\eta]$称为特性黏度，其值与浓度无关。实验证明，当聚合物、溶剂和温度确定以后，$[\eta]$的值只与高聚物平均相对分子质量 M 有关，其间的半经验关系可用马克-豪温克(Mark-Houwink)方程式表示：

$$[\eta] = k\bar{M}^{\alpha} \tag{2-33-7}$$

式中，k 为比例常数；α 为与分子形状有关的经验常数。它们都与温度、聚合物种类、溶剂性质有关，在一定的相对分子质量范围内与相对分子质量无关。

k 和 α 的数值只能通过其他绝对方法确定，如渗透压法、光散射法等。用黏度法测定出$[\eta]$，从而求算出 $\bar{M}$ 。用黏度法测量的相对分子质量称为黏均相对分子质量。

测定液体黏度主要有三种方法：①用毛细管黏度计测定液体在毛细管中的流出时间；② 用落球式黏度计测定圆球在液体中的下落速度；③用旋转式黏度计测定液体与同心轴圆柱体相对转动的情况。

测定高分子的$[\eta]$时，用毛细管黏度计最为方便。当液体在毛细管黏度计内因重力作用而流出时遵守泊肃叶(Poiseuille)定律

$$\frac{\eta}{\rho} = \frac{\pi hgr^4 t}{8lV} - m\frac{V}{8\pi tl} \tag{2-33-8}$$

式中，ρ 为液体的密度；l 为毛细管长度；r 为毛细管半径；t 为流出时间；h 为流经毛细管液体的平均液柱高度；g 为重力加速度；V 为流经毛细管的液体体积；m 为与仪器的几何形状有关的常数，在 $r/l \ll 1$ 时，可取 $m = 1$。

对某一支指定的黏度计而言，式(2-33-9)可写成

$$\frac{\eta}{\rho} = \alpha t - \frac{\beta}{t} \tag{2-33-9}$$

式中，$\beta < 1$，当 $t > 100$ s 时，等式右边第二项可以忽略。设溶液的密度 ρ 与溶剂密度 ρ_0 近似相等。这样，通过测定溶液和溶剂的流出时间 t 和 t_0，就可求算 η_r

$$\eta_r = \eta/\eta_0 = t/t_0 \tag{2-33-10}$$

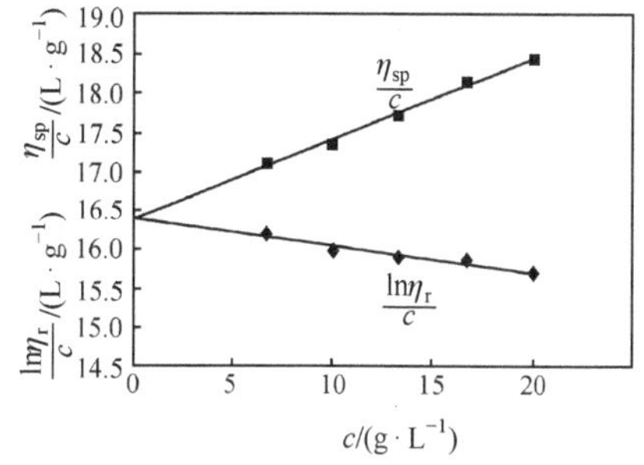

图 2-33-2　外推法求$[\eta]$示意图

进而可计算得到 η_{sp}、η_{sp}/c 和 $\ln\eta_r/c$ 值。配制一系列不同浓度的溶液并分别进行测定，分别以 η_{sp}/c 和 $\ln\eta_r/c$ 为纵坐标，c 为横坐标作图(图 2-33-2)，得到两条直线，分别外推至 $c = 0$ 处，其截距即为$[\eta]$，代入式(2-33-7)计算即可得到 $\bar{M}$ 。

三、仪器与试剂

乌氏黏度计	1 支	移液管(5 mL、10 mL)	各 1 支
透明玻璃恒温水浴	1 套	秒表	1 块
烧杯(50 mL、500 mL)	各 1 个	抽气泵	1 台
锥形瓶(100 mL)	1 个	电吹风	1 把

葡聚糖(右旋糖苷；A. R.，$M_r = 40000$)

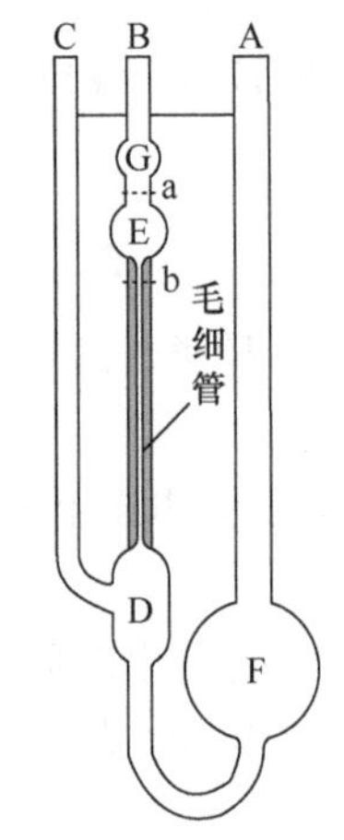

图 2-33-3　乌氏黏度计

四、实验步骤

(1) 溶液配制。用分析天平准确称取 0.9 g 右旋糖苷，倒入预先洗净的 50 mL 烧杯中，加入 30 mL 蒸馏水，在水浴中加热溶解至完全透明，取出自然冷却至室温，再将溶液移至 50 mL 容量瓶中，用蒸馏水稀释至刻度。然后用预先洗净并烘干的 3 号砂芯漏斗过滤，装入 100 mL 锥形瓶中备用(此步工作已由实验室完成)。

(2) 黏度计的洗涤。

(i) 三管乌氏黏度计结构如图 2-33-3 所示。先用 500 mL 玻璃烧杯取适量 80～90℃的热水，将约 40 mL 热水倒入黏度计中，充分摇荡黏度计以冲洗 F 球。

(ii) 冲洗 B 管中的 D 球、E 球、G 球。夹死 C 管上的硅胶管，用洗耳球在 A 管管口处用力吹气，使 F 球中的热水快速进入 B 管，当热水充满 B 管的 G 球时，迅速将洗耳球放到 B 管口，并用力吹 B 管中的热水，使其快速回到 F 球，直至 D 球中无热水止。再将洗耳球放到 A 管管口处，重复上述操作，冲洗毛细管及 D 球、E 球、G 球 3 次。

(iii) 冲洗 C 管、D 球和 F 球。夹死 B 管上的硅胶管，用洗耳球在 C 管管口小心地反复吹吸热水，用热水洗涤 C 管、D 球及 D 与 F 连接的部分，洗涤四五次后，倒出黏度计中的热水，取下 B 管上的夹子。

重复(i)(ii)(iii)步骤，对黏度计进行两三次清洗，每次清洗都加入新鲜热水。

(iv) 去离子水润洗。将黏度计中残存的热水小心甩干，加入约 40 mL 去离子水，重复前述(i)(ii)(iii)步骤，对黏度计进行两三次润洗，每次润洗都加入新鲜去离子水。

(3) 测定溶剂的流出时间 t_0。调恒温水浴至 25℃(若气温超过 25℃，则将水浴恒温至 37℃)。将黏度计垂直安装在透明恒温器中(至 G 球全部淹没在水中)，移取 10 mL 去离子水从 A 管注入黏度计 F 球内。夹死 C 管上的硅胶管使其不通大气。

在 B 管的硅胶管管口用洗耳球将纯水从 F 球经 D 球、毛细管、E 球抽至 G 球中部，取下洗耳球，同时松开 C 管上的夹子，使其与大气相通。此时溶液顺毛细管流下，当液面流经 G、E 两球间的 a 刻线处时，立刻启动秒表计时，至液面流至 E 球下口 b 刻线处停止计时。记下液体流经 a、b 所需的时间。重复测定 4 次，要求最大偏差小于 0.2 s，计算平均值，即为 t_0 值。

(4) 测定溶液流出时间 t。倒掉黏度计中的纯水，分别从 B 管和 C 管各加入 5 mL 无水乙醇润湿黏度计特别是毛细管，从 A 管中倒出，然后将 C 管连接到水射流真空泵上，边抽气边用电吹风机热风吹扫黏度计各处，直至黏度计完全干燥。

用移液管吸取已预先恒温的 $18\ g \cdot L^{-1}$ 右旋糖苷溶液 10 mL，小心注入黏度计的 F 球内，同上法安装黏度计，测定溶液的流出时间 t，重复测定 4 次，要求最大偏差小于 0.2 s，计算平均值，即为 t 值。

然后依次加入 2.00 mL、3.00 mL、5.00 mL、10.00 mL 去离子水。每次加入溶剂纯水稀释后，都要从 C 管用洗耳球小心地反复吹吸，使溶液尽可能混合均匀。以(2) (ii)相同方法用稀释液润洗毛细管和黏度计的 D 球、E 球、G 球，使黏度计内各处溶液的浓度相等，再按上述同样方法测定溶液的流出时间。

(5) 按步骤(2)洗涤黏度计，重复步骤(3)，再次测定溶剂流出时间 t_0 并记录。

五、数据处理

(1) 将实验测定数据列入表 2-33-1，并根据各公式计算 η_r、η_{sp}、η_{sp}/c 和 $\ln\eta_r/c$，一并列入表中。

表 2-33-1 实验数据处理

右旋糖苷初始浓度 c_0=18.0 g · L^{-1}　　室温：______℃　　大气压：______kPa

溶液及操作		0 纯水	c_0 原液	c_1 前液 + 2 mL 水	c_2 前液 + 3 mL 水	c_3 前液 + 5 mL 水	c_4 前液 + 10 mL 水	0 纯水
流出时间 t/s	1							
	2							
	3							
	4							
	平均							
稀释比		0	1	5/6	2/3	1/2	1/3	0
稀释后浓度 c/(g · L^{-1})		0	18.0	15.0	12.0	9.0	6.0	0
η_r		—						—
η_{sp}		—						—
η_{sp}/c		—						—
$\ln\eta_r/c$		—						—

(2) 用表 2-33-1 中的 η_{sp}/c 和 $\ln\eta_r/c$ 对 c 作图，得两条直线，均外推至 $c = 0$ 处，求出$[\eta]$。如果两条直线不能交于一点，则以 η_{sp}/c 为主。

(3) 将$[\eta]$值代入式(2-33-7)，计算黏均相对分子质量 $\bar{M}$ 。

(4) 右旋糖苷水溶液的参数：

25℃时，$k = 9.22 \times 10^{-5}$ L · g^{-1}，$\alpha = 0.5$；

37℃时，$k = 1.41 \times 10^{-4}$ L · g^{-1}，$\alpha = 0.46$。

(5) 作图参考：X 轴，每厘米 1.0 g · L^{-1}；Y 轴，每厘米 0.4 L · g^{-1}。

六、思考题

(1) 可以用哪些方法测量液体物质的黏度？

(2) 乌氏黏度计中的支管 C 有什么作用？除去支管 C 是否仍可以测定黏度？

(3) 评价黏度法测定高聚物相对分子质量的优缺点，指出影响准确性的因素。

参 考 文 献

复旦大学等. 2004. 物理化学实验. 3 版. 北京：高等教育出版社.

傅献彩，沈文霞，姚天扬，等. 2006. 物理化学(下册). 5 版. 北京：高等教育出版社.

钱人元. 1958. 高聚物分子量的测定. 北京：科学出版社.

山东大学. 1990. 物理化学与胶体化学实验. 2 版. 北京：高等教育出版社.

(责任编撰：中南民族大学　王　立)

2.5 结构化学

实验 34　溶液法测定极性分子的偶极矩

一、目的要求

(1) 了解偶极矩与分子电性质的关系。

(2) 掌握溶液法测定偶极矩的实验技术。

(3) 用溶液法测定乙酸乙酯的偶极矩。

二、实验原理

1. 偶极矩与极化度的关系

分子结构可以近似地看成是由电子云和分子骨架(原子核及内层电子)所构成。由于分子空间构型的不同，其正、负电荷中心可能是重合的，也可能不重合。前者称为非极性分子，后者称为极性分子。

1912 年，德拜(Debye)提出用偶极矩(μ)度量分子极性的大小，其定义是

$$\mu = qd \tag{2-34-1}$$

图 2-34-1　偶极矩示意图

式中，q 为正、负电荷中心所带电荷量；d 为正、负电荷中心间距离；μ 为矢量，规定其方向从正到负，如图 2-34-1 所示。因分子中原子间距离数量级为 10^{-10} m，电荷的数量级为 10^{-20} C，所以偶极矩的数量级为 10^{-30} C · m。

通过偶极矩的测定可以了解分子结构中有关电子云的分布和分子对称性等情况，还可以判别几何异构体和分子的立体结构等。

极性分子具有永久偶极矩，在没有外电场存在时，由于分子的热运动，偶极矩指向各个方向的机会相同，因此偶极矩的值等于 0。若将极性分子置于均匀电场中，则偶极矩在电场的作用下会趋向电场方向排列。这时称这些分子被极化了，极化的程度可用摩尔转向极化度 $P_{转向}$衡量。

$P_{转向}$与永久偶极矩平方成正比，与热力学温度 T 成反比，其关系为

$$P_{转向} = \frac{4\pi L}{9k} \cdot \frac{\mu^2}{T} \tag{2-34-2}$$

式中，k 为玻耳兹曼常量；L 为阿伏伽德罗常量。

在外电场作用下，无论极性分子还是非极性分子都会发生电子云对分子骨架的相对移动，分子骨架也会发生变形，这种现象称为诱导极化或变形极化，用摩尔诱导极化度 $P_{诱导}$衡量。显然，$P_{诱导}$可分为两项，即电子极化度 $P_{电子}$和原子极化度 $P_{原子}$。因此，$P_{诱导} = P_{电子} + P_{原子}$。$P_{诱导}$与外电场强度成正比，而与温度无关。

如果外电场是交变电场，极性分子的极化情况则与交变电场的频率有关。当处于频率小于 10^{10} s^{-1} 的低频电场或静电场中时，极性分子所产生的摩尔极化度 P 是转向极化、电子极化和原子极化的总和：

$$P = P_{转向} + P_{电子} + P_{原子} \tag{2-34-3}$$

当频率增加到 10^{12}～10^{14} s^{-1} 的中频(红外)时，电场的交变周期小于分子偶极矩的弛豫时间，极性分子的转向运动跟不上电场变化，即极化分子来不及沿电场定向，故 $P_{转向} = 0$。此时，极性分子的摩尔极化度等于摩尔诱导极化度 $P_{诱导}$。当交变电场频率进一步增大到大于 10^{15} s^{-1} 的高频(可见光和紫外光)时，极性分子的转向运动和分子骨架变形都跟不上电场变化，则极性分子的摩尔极化度等于电子极化度 $P_{电子}$。

因此，原理上只要在低频电场下测得极性分子的摩尔极化度 P，在红外频率下测得极性分子的摩尔诱导极化度 $P_{诱导}$，两者相减得极性分子的摩尔诱导极化度 $P_{转向}$，然后代入式(2-34-2)就可求出极性分子的永久偶极矩 μ。

2. 极化度的测定

物质的摩尔极化度 P 可以通过测量其介电常数 ε 确定，两者之间的关系式为

$$P = \frac{\varepsilon - 1}{\varepsilon + 2} \cdot \frac{M}{\rho} \tag{2-34-4}$$

式中，M 为被测物质的摩尔质量；ρ 为该物质的密度；ε 可以通过实验测定。

但式(2-34-4)是假定分子与分子间无相互作用推导出来的，故其只适用于温度不太低的气相体系。然而，气相下测定物质的介电常数和密度在实验上难度较大，某些物质甚至根本无法使其处于稳定的气相状态。因此，提出了溶液法解决该困难。溶液法的思路是在无限稀释的非极性溶剂的溶液中，溶质分子所处状态与气相时相近，故无限稀释溶液中溶质的摩尔极化度 P_2^{∞} 可看作式(2-34-4)中的 P。

海德斯特兰(Hedestran)首先利用稀溶液的近似公式：

$$\varepsilon_{溶} = \varepsilon_1(1 + \alpha x_2) \tag{2-34-5}$$

$$\rho_{溶} = \rho_1(1 + \beta x_2) \tag{2-34-6}$$

再根据溶液的加和性，推导出无限稀释时溶质摩尔极化度的公式：

$$P = P_2^{\infty} = \lim_{x_2 \to 0} P_2 = \frac{3\alpha\varepsilon_1}{(\varepsilon_1 + 2)^2} \cdot \frac{M_1}{\rho_1} + \frac{\varepsilon_1 - 1}{\varepsilon_1 + 2} \cdot \frac{M_2 - \beta M_1}{\rho_1} \tag{2-34-7}$$

上述三式中，$\varepsilon_{溶}$、$\rho_{溶}$ 分别为溶液的介电常数和密度；M_2、x_2 分别为溶质的摩尔质量和摩尔分数；ε_1、ρ_1 和 M_1 分别为溶剂的介电常数、密度和摩尔质量；α、β 分别为与直线 $\varepsilon_{溶}$-x_2 和 $\rho_{溶}$-x_2 的斜率有关的常数。

已知在红外频率的电场下可以测得极性分子的摩尔诱导极化度，但在实验中由于条件的限制很难做到这一点，因此，一般在高频电场下测定极性分子的电子极化度 $P_{电子}$。

根据光的电磁理论，在同一频率的高频电场作用下，透明物质的介电常数 ε 和折射率 n 的关系为

$$\varepsilon = n^2 \tag{2-34-8}$$

习惯上用摩尔折射度 R_2 表示高频区测得的极化度，此时 $P_{转向} = 0$，$P_{原子} = 0$，则

$$R_2 = P_{电子} = \frac{n^2 - 1}{n^2 + 2} \cdot \frac{M}{\rho} \tag{2-34-9}$$

在稀溶液情况下也存在近似公式：

$$n_{溶} = n_1(1+\gamma x_2) \tag{2-34-10}$$

同样，从式(2-34-9)可以推得无限稀释时溶质的摩尔折射度的公式：

$$P_{电子} = R_2^{\infty} = \lim_{x_2 \to 0} R_2 = \frac{n_1^2-1}{n_1^2+2} \cdot \frac{M_2 - \beta M_1}{\rho_1} + \frac{6n_1^2 M_1 \gamma}{(n_1^2+2)^2 \rho_1} \tag{2-34-11}$$

上两式中，$n_{溶}$为溶液折射率；n_1为溶剂折射率，γ为与 $n_{溶}$-x_2 直线斜率有关的常数。

3. 偶极矩的测定

考虑到原子极化度通常只有电子极化度的 5%～10%，且 $P_{转向}$又比 $P_{原子}$大得多，故常常忽略原子极化度。由式(2-34-2)、式(2-34-3)、式(2-34-7)和式(2-34-11)可得

$$P_{转向} = P_2^{\infty} - R_2^{\infty} = \frac{4}{9}\pi L \frac{\mu^2}{kT} \tag{2-34-12}$$

式(2-34-12)把物质分子的微观性质偶极矩和它的宏观性质介电常数、密度和折射率联系起来，分子的永久偶极矩可用下面简化式计算：

$$\mu = 0.04274 \times 10^{-30} \sqrt{(P_2^{\infty} - R_2^{\infty})T} \tag{2-34-13}$$

在某些情况下，如果需要考虑 $P_{原子}$的影响，只需对 R_2^{∞} 作部分修正即可。

上述测求极性分子偶极矩的方法称为溶液法。溶液法测得的溶质偶极矩与气相测得的真实值间存在偏差，造成这种现象的原因是非极性溶剂与极性溶质分子相互作用的“溶剂化”作用，这种偏差现象称为溶液法测量偶极矩的“溶剂效应”。罗斯(Ross)和萨克(Sack)等曾对溶剂效应开展了研究，并推导出校正公式，有兴趣者可参阅有关参考资料。

此外，测定偶极矩的实验方法还有多种，如温度法、分子束法、分子光谱法以及利用微波谱的斯塔克法等。

4. 介电常数的测定

介电常数是通过测量电容计算而得到的。本实验采用电桥法测量电容。

如果电容池两极间真空时和充满某物质时的电容分别为 C_0 和 C_x，则该物质的介电常数 ε_j 与电容的关系为

$$\varepsilon_j = \varepsilon_x/\varepsilon_0 = C_x/C_0 \tag{2-34-14}$$

式中，ε_0 和 ε_x 分别为真空和待测物质的电容率。

当将电容池插在小电容测量仪上测量电容时，实际测得的电容应该是电容池两极的电容和整个测试系统中的分布电容 C_d 并联构成。C_d 对同一台仪器而言是一个恒定值，称为仪器的本底值，需先求出仪器的 C_d，并在各次测量中予以扣除。因相同电容池中空气与真空的电容相差不大，故有

$$C'_{空} = C_{空} + C_d \approx C'_0 = C_0 + C_d \tag{2-34-15}$$

对标准物和试样也有

$$C'_{标} = C_{标} + C_d \tag{2-34-16}$$

$$C'_x = C_x + C_d \tag{2-34-17}$$

因常见标准物的电容 $C_{标}$已经精确测定，故只要测定同一电容池以空气、标准物分别作为介质

时的电容 $C'_{空}$ 和 $C'_{标}$，由式(2-34-16)和式(2-34-15)即可得到 C_0 和 C_d。从而由被测溶液的电容 C'_x 根据式(2-34-17)得到其真实电容 C_x，并由式(2-34-14)得到其介电常数 ε。

三、仪器与试剂

阿贝折射仪	1 台	精密数字小电容仪	1 台
电容池	1 个	数显恒温器(变压器油浴)	1 台
比重管	1 支	电吹风机	1 把
容量瓶(50 mL)	7 个	$CH_3COOC_2H_5$ (A. R.)	
CCl_4 (A. R.)		变压器油	

四、实验步骤

1. 溶液配制

用称量法配制 6 个不同浓度的 $CH_3COOC_2H_5$-CCl_4 溶液，分别盛于容量瓶中。控制 $CH_3COOC_2H_5$ 摩尔分数(x)在 0.15 左右。操作时，注意防止溶质和溶剂挥发及吸收极性较大的水蒸气。为此，溶液配好后应迅速盖上瓶盖，并置于干燥箱中。

2. 折射率测定

用导水软管连好恒温器与阿贝折射仪，在 25℃±0.1℃恒温条件下，测定 CCl_4 及各配制溶液的折射率。各样品均需加样 3 次，每样测定 3 次，共 9 个数据，然后取平均值。

3. 介电常数测定

1) 电容 C_0 和 C_d 的测定

以 CCl_4 为标准物，其介电常数与温度(℃)的关系参见附表Ⅱ-19，可写为

$$\varepsilon_{标} = 2.238 - 0.0020\times(t/℃ - 20.0) \tag{2-34-18}$$

接通恒温浴导油管，使电容池恒温在 25℃±0.1℃。同时开启电容仪电源，预热 15 min 备用。用电吹风机将电容池两极的间隙吹干，旋上金属盖，将两根屏蔽线分别插入仪器面板上的“电容池”和“电容池座”插座内，两根屏蔽线的另一头暂时不接任何物体，两屏蔽线之间不要短路，也不要接触其他导电体。电容池和电容池座应水平放置。按下校零钮，此时电容仪应显示 0。分别将两根屏蔽线的另一端插入电容池相应的插座，待读数稳定后读取仪器显示值，即为空气的电容 $C'_{空}$，隔 2 min 读取一个数据，共测量 3 次。

用移液管精确量取 10 mL CCl_4 标样注入电容池中，使液面超过两电极高度，旋紧盖子，以防液体挥发，恒温 15 min 且读数稳定后，仪器显示的数据即为标准样品的电容值 $C'_{标}$，隔 2 min 再读一个数据。然后打开金属盖，吸出两极间的 CCl_4 回收，重新装入 10 mL 新 CCl_4 标样，如前法再测标样的电容值，取前后所得 4 个数据的平均值作为标准试样的电容值 $C'_{标}$。

2) 溶液电容 C'_x 的测定

测定溶液电容 C'_x 与测定 CCl_4 标样的方法相同，但在测定每个试样前，均需用电吹风机将电容池吹干，直至所测量的电容值与步骤 1)中空气的电容值 $C'_{空}$ 相同，然后加入新溶液进行测量。每个试样应取样 2 次重复测定，共得 4 个电容 C'_x 数据，且各数据间差值应小于 0.05 pF。

因 $CH_3COOC_2H_5$ 和 CCl_4 均极易挥发，故每次操作后都要盖好盖子。

3) 溶液密度的测定

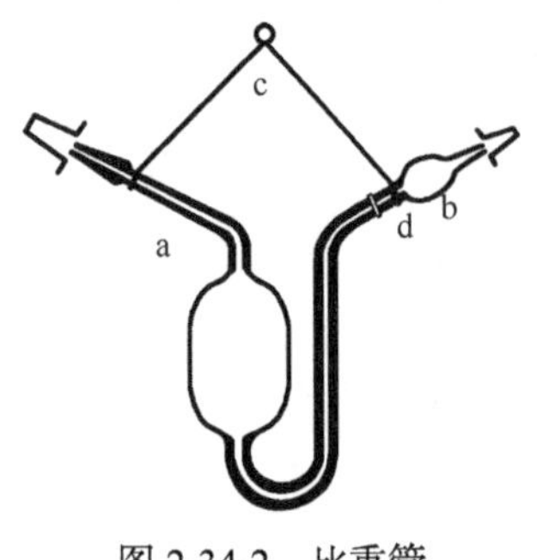

图 2-34-2　比重管

将奥斯特瓦尔德-斯普林格(Ostwald-Sprengel)比重管(图 2-34-2)干燥后精确称量，得空瓶质量 m_0。然后取下磨口小帽，将 a 支管的管口插入事先沸腾再冷却后的蒸馏水中，用针筒连接橡胶管从 b 支管慢慢抽气，将蒸馏水吸入比重管内，使水充满 b 端小球，盖上两个磨口小帽，用不锈钢丝 c 将比重管吊在恒温水浴中，在 25℃± 0.1℃下恒温 10 min。然后，将比重管的 b 端略向上仰，用滤纸从 a 支管管口吸取管内多余的蒸馏水，以调节 b 支管的液面至刻度 d。从恒温槽中取出比重管，将磨口小帽先套 a 端管口，后套 b 端，并用滤纸吸干管外所沾的水，挂在天平上称得总质量 m_1。同上法，对 CCl_4 及配制溶液分别进行测定，所得质量为 m_2，则 CCl_4 和各溶液的密度为

$$\rho_j^{25℃} = \frac{m_2 - m_0}{m_1 - m_0} \cdot \rho_{水}^{25℃} \tag{2-34-19}$$

五、数据处理

(1) 自行设计表格，将实验测定数据和所有计算结果填入表内。按 6 个溶液的实测质量，计算不同溶液的实际浓度 x_2。

(2) 计算 C_0、C_d 和各溶液的 C_x 值，并根据式(2-34-14)求解各组溶液的介电常数 ε_j($\varepsilon_{溶}$)，作 $\varepsilon_{溶}$-x_2 图，由直线斜率及式(2-34-5)计算常数 α 值。

(3) 根据式(2-34-19)计算纯 CCl_4 及各溶液的密度 $\rho_j^{25℃}$，作 ρ_j-x_2 图，并由直线斜率及式(2-34-6)，计算常数 β 值。

(4) 根据测定所得各溶液的折射率，作 $n_{溶}$-x_2 图，由该直线的斜率及式(2-34-10)计算常数γ值。

(5) 将上述各步所得 ρ_1、ε_1、α 和 β 的值代入式(2-34-7)，计算 P_2^∞。

(6) 将上述各步所得 ρ_1、n_1、β 和γ的值代入式(2-34-11)，计算 R_2^∞。

(7) 将上述计算所得 P_2^∞ 和 R_2^∞ 代入式(2-34-13)，计算 $CH_3COOC_2H_5$ 分子的偶极矩 μ 值，并与文献参考值进行比较。

(8) 参考文献值参见表 2-34-1。

表 2-34-1　乙酸乙酯分子的偶极矩

状态	$\mu \times 10^{30}$/(C · m)	温度/℃
气	5.94	30～195
液	6.10	25
在 CCl_4 中	5.87	25
	6.30*	

*学生实验测定统计值。

六、思考题

(1) 分析本实验误差的主要来源，如何改进？

(2) 如何利用溶液法测定偶极矩的"溶剂效应"来研究极性溶质分子与非极性溶剂的相互作用?

参考文献

复旦大学等. 2004. 物理化学实验. 3 版. 北京: 高等教育出版社.
项一非, 李树家. 1989. 中级物理化学实验. 北京: 高等教育出版社.
徐光宪, 王祥云. 1987. 物质结构. 2 版. 北京: 高等教育出版社.

(责任编撰: 中南民族大学 陈 喜)

实验 35 磁化率的测定

一、目的要求

(1) 掌握古埃(Guoy)法测定磁化率的原理和方法。

(2) 通过测定一些络合物的磁化率, 求算未成对电子数并判断其配键类型。

二、实验原理

物质在磁场中会被磁化, 产生一个附加磁场, 这时物质内部的磁场强度 B 等于外加磁场强度 H 和附加磁场强度 H' 之和, 即

$$B = H + H' = H + 4\pi\kappa H \tag{2-35-1}$$

式中, B 又称为磁感应强度; κ 为物质的体积磁化率, 它表示单位体积内磁场强度的变化, 量纲为一。化学上常用比磁化率 χ 表示物质的磁化能力, 定义为

$$\chi = \kappa / \rho \tag{2-35-2}$$

式中, ρ 为物质的密度($kg \cdot m^{-3}$); χ 为单位质量物质的磁化能力, 也称单位质量磁化率。此外, 还经常采用摩尔磁化率 χ_m 表示, 其定义为

$$\chi_m = \chi M = \frac{\kappa M}{\rho} = \kappa M \frac{V}{m} \tag{2-35-3}$$

式中, M 为物质的摩尔质量; χ_m 为物质的量为 1 mol 时物质磁化能力的量度。

根据 κ 的特点可将物质分为三类:

(1) $\kappa > 0$ 的物质称为顺磁性物质。原子或分子中具有未成对电子的物质都是顺磁性物质。因为有未成对电子的原子或分子存在固有磁矩, 这些原子或分子的磁矩像小磁铁一样, 在外磁场中总是趋于顺着外磁场的方向排列, 但原子或分子的热运动又使这些磁矩趋向混乱。在一定温度下, 这两个因素达到平衡, 使原子或分子的磁矩部分顺着磁场方向定向排列, 因而使物质内部磁场增加, 显示顺磁性。

(2) $\kappa < 0$ 的物质称为反磁性物质。原子或分子中电子已经配对的物质一般是反磁性的物质。大部分物质都是反磁性物质。物质内部原子或分子中电子的轨道运动受外磁场作用, 感应出"分子电流", 产生与外磁场方向相反的诱导磁矩。这个现象类似于线圈中插入磁铁会产生感应电流, 同时产生一个与外磁场方向相反的磁场。其磁化强度与外磁场强度成正比, 并随外磁场的消失而消失。原子、分子中含电子数目较多, 电子运动范围较大, 其反磁化率就越大。

(3) 另有少数物质其 κ 值与外磁场 H 有关, 它随外磁场强度的增加而急剧增加, 而且往往还有剩磁现象, 这类物质称为铁磁性物质, 如铁、钴、镍等。

实际上顺磁性物质的磁化率除了分子磁矩定向排列所产生的 $\chi_{顺}$ 之外，还包含感应所产生的反磁化率 $\chi_{反}$ ，即

$$\chi_{\mathrm{m}} = \chi_{顺} + \chi_{反} \tag{2-35-4}$$

由于 $\chi_{顺}$ 比 $\chi_{反}$ 大 2～3 个数量级，因此顺磁性物质的反磁性被掩盖而总体表现为顺磁性。在不是很精确的计算中，可以近似地把 $\chi_{顺}$ 当成 χ_{m} ，即

$$\chi_{\mathrm{m}} \approx \chi_{顺} \tag{2-35-5}$$

顺磁化率与分子磁矩的关系一般服从居里定律，即

$$\chi_{\mathrm{m}} \approx \chi_{顺} = \frac{L\mu_{\mathrm{m}}^2\mu_0}{3kT} \tag{2-35-6}$$

式中，L 为阿伏伽德罗常量；k 为玻耳兹曼常量；μ_0 为真空磁导率($4\pi \times 10^{-7}\ \mathrm{H \cdot m^{-1}}$)；$\mu_{\mathrm{m}}$ 为分子的永久磁矩($\mathrm{J \cdot T^{-1}}$)。由式(2-35-6)可得

$$\mu_{\mathrm{m}} = \sqrt{\frac{3kT}{L\mu_0}\chi_{顺}} = 797.7\sqrt{\frac{\chi_{顺}}{\mathrm{m^3 \cdot mol^{-1}}} \cdot \frac{T}{\mathrm{K}}}\mu_{\mathrm{B}} \tag{2-35-7}$$

式中，$\mu_{\mathrm{B}} = 9.274078 \times 10^{-24}\ \mathrm{J \cdot T^{-1}}$，称玻尔磁子，是单个自由电子自旋所产生的磁矩。

式(2-35-7)将物质的宏观性质(χ_{m} 或 $\chi_{顺}$)与物质的微观性质(μ_{m})联系起来，可经实验测定 $\chi_{顺}$ 来计算物质分子的永久磁矩 μ_{m}。磁矩 μ_{m} 与未成对电子数 n 的关系为

$$\mu_{\mathrm{m}} = \sqrt{n(n+2)}\,\mu_{\mathrm{B}} \tag{2-35-8}$$

例如，Cr^{3+}外层电子的构型为 $3d^3$，实验测得其 $\mu_{\mathrm{m}}=3.77\mu_{\mathrm{B}}$，则由式(2-35-8)可算得 $n \approx 3$ ，即表明 Cr^{3+}有 3 个不成对电子。又如，黄血盐 $K_4[Fe(CN)_6]$的 $\mu_{\mathrm{m}} = 0$，则 $n = 0$，即黄血盐中 Fe^{2+}的 $3d^6$ 电子不是如图 2-35-1(a)排布，而是如图 2-35-1(b)排布。

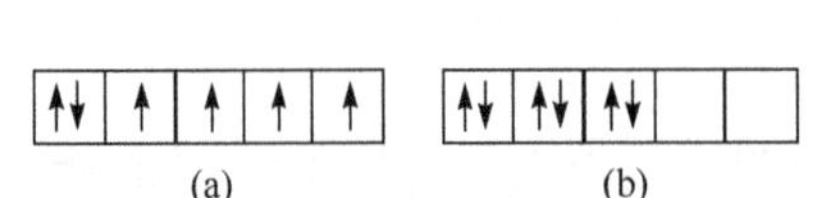

图 2-35-1　Fe^{2+}外层 $3d^6$ 电子可能的排布图

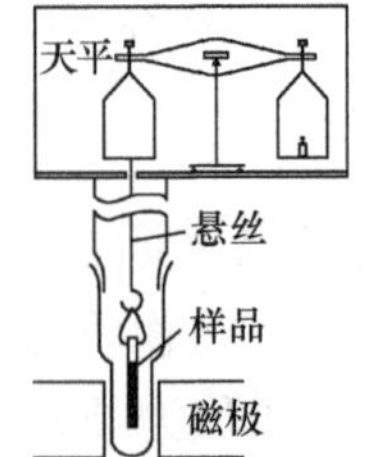

图 2-35-2　古埃天平原理

通过磁化率的测定可以计算分子或离子中的未成对电子数，这对研究自由基和顺磁分子的结构，研究过渡金属离子的价态和配位场理论有着重要的意义。

磁化率常用共振法或天平法测定。本实验采用古埃天平法，原理见图 2-35-2。一个截面积为 A 的圆柱体置于非均匀的磁场中时，物体的小体积元 $\mathrm{d}V$ 在磁场梯度 $\mathrm{d}H/\mathrm{d}z$ 方向受到一个作用力 $\mathrm{d}F$，则

$$\mathrm{d}F = (\kappa - \kappa_0)H\frac{\mathrm{d}H}{\mathrm{d}z}\mathrm{d}V = (\kappa - \kappa_0)HA\mathrm{d}H \tag{2-35-9}$$

式中，$\mathrm{d}V=A\mathrm{d}z$；κ 为被测物质的磁化率；κ_0 为周围介质的磁化率(一般为空气)。沿垂直于磁场方向悬挂一个样品，下端置于磁铁的极缝中心，该处是磁场强度很大的均匀磁场，上端位于

磁场很弱的区域($H\to 0$)，则样品受力 F 为

$$F=\int_{H_0}^{H_1}(\kappa-\kappa_0)HA\mathrm{d}H=\frac{1}{2}(\kappa-\kappa_0)A(H_1^2-H_0^2) \tag{2-35-10}$$

式中，H_1 为极缝中心处磁场强度；H_0 为样品顶端处磁场强度；κ_0 可忽略不计。式(2-35-10)可简化为

$$F=\frac{1}{2}\kappa A(H_1^2-H_0^2) \tag{2-35-11}$$

可通过样品在有、无磁场的两次称量测出 F：

$$F=(\Delta m_{样}-\Delta m_{空})g \tag{2-35-12}$$

式中，$\Delta m_{样}$ 为样品管加样品在有磁场和无磁场时的质量差；g 为重力加速度。

式(2-35-11)中的 $A(H_1^2-H_0^2)$ 可以直接用高斯计测量，也可以用标准样品标定。用标准样标定时，具体计算中并不需要求算 $A(H_1^2-H_0^2)$ 的值。由式(2-35-12)可得

$$\frac{2F_{标}}{\kappa_{标}}=A(H_1^2-H_0^2)=\frac{2F_{样}}{\kappa_{样}}$$

则

$$\kappa_{样}=\kappa_{标}\frac{F_{样}}{F_{标}}=\kappa_{标}\frac{\Delta m_{样}-\Delta m_{空}}{\Delta m_{标}-\Delta m_{空}} \tag{2-35-13}$$

式中，$\Delta m_{样}$ 为样品管加标准样品在有磁场和无磁场时的质量差。待测样品的摩尔磁化率 $\chi_{m,样}$ 为

$$\chi_{m,样}=\frac{\kappa_{样}}{\rho_{样}}M_{样}=\kappa_{样}\frac{V_{样}}{m_{样}}M_{样}=\kappa_{标}V_{样}\frac{\Delta m_{样}-\Delta m_{空}}{\Delta m_{标}-\Delta m_{空}}\cdot\frac{M_{样}}{m_{样}} \tag{2-35-14}$$

若保持标准样品装样体积 $V_{标}$ 与试样体积相同，即 $V_{标}=V_{样}$，则有

$$\chi_{m,样}=\kappa_{标}V_{样}\frac{\Delta m_{样}-\Delta m_{空}}{\Delta m_{标}-\Delta m_{空}}\cdot\frac{M_{样}}{m_{样}}=\chi_{标}M_{样}\frac{m_{标}}{m_{样}}\cdot\frac{\Delta m_{样}-\Delta m_{空}}{\Delta m_{标}-\Delta m_{空}} \tag{2-35-15}$$

式中，$m_{样}$、$m_{标}$ 分别为在无磁场下待测样品的质量和标准样品的质量；V 为待测样品的体积；$\chi_{标}$ 为标准物的比磁化率。本实验采用莫尔盐在指定温度下的比磁化率为标准标定 $A(H_1^2-H_0^2)$。

三、仪器与试剂

电子分析天平	1 台	古埃磁天平	1 套
软质玻璃试管	4 支	$FeSO_4\cdot 7H_2O$(A. R.)	
$CuSO_4\cdot 5H_2O$(A. R.)		$K_4[Fe(CN)_6]$(A. R.)	
莫尔盐[$(NH_4)_2Fe(SO_4)_2\cdot 6H_2O$，A. R.]			
试样装填工具(玛瑙研钵、牛角匙、玻璃小漏斗、玻璃棒)			1 套

四、实验步骤

(1) 按操作规程及注意事项细心启动磁天平。

(2) 称量天平悬丝空重后，将擦洗干净的空样品管挂在磁天平的悬钩上，调节磁极缝隙，使样品管离两磁极距离相等，并使样品管的底部处于磁极缝中心处(可调节样品管上的吊环长

度或天平上的悬丝长度)。

先在励磁电流为 0 A 时称量，然后调节电流控制器，分别在励磁电流为 3 A 和 6 A 的磁场下称量。

将励磁电流调至 8 A，停留一定时间后，将励磁电流调小，再依次在 6 A、3 A 和 0 A 下称量。注意观察样品管在磁场中的位置，取下后在与磁极上缘齐平的样品管高度处做标记 1，再在标记 1 上方 1.0 cm 处做标记 2。

在实验过程中注意，励磁电流只能从小到大，再从大到小，按顺序依次测定，切忌随意调整电流，忌跳跃、穿插地进行测定。

(3) 将莫尔盐粉末小心装入管中，在桌面上轻轻敲击样品管底部，使样品粉末均匀填实，直至高度达到样品管的标记 1 处。

将样品管挂在磁天平的悬钩上，在励磁电流分别为 0 A、3 A 和 6 A 下测定其质量，并记录此时的室温。

将励磁电流调至 8 A，停留一定时间，再将励磁电流调小，依次在 6 A、3 A 和 0 A 下称量。将样品管倒空，按同样方法重新装样至标记 2 处，重新测定并记录。

以上采用励磁电流由小到大、再由大到小的测定方法，是为了抵消实验时磁场剩磁现象的影响。

(4) 倒出样品管中的莫尔盐，并用脱脂棉仔细擦净。小心装入 $FeSO_4 \cdot 7H_2O$ 样品粉末，按步骤(3)的程序进行重复测定。

(5) 用同法对 $CuSO_4 \cdot 5H_2O$ 样品和 $K_4[Fe(CN)_6]$样品进行测定。

测定后的样品均要倒回试剂瓶，可重复使用。注意看清瓶上标签，切忌倒错。

五、数据处理

(1) 将上述所有实验试样在不同电流强度下的质量测定实验数据对应记录于表 2-35-1 中。

表 2-35-1　数据记录

室温_____℃　　悬丝空重_____g

实验条件		在不同磁场下称得的试样质量 m/g						
励磁电流/A		0	3	6	8	6	3	0
空试管					×			
$(NH_4)_2Fe(SO_4)_2 \cdot 6H_2O$ (莫尔盐)	高度 1				×			
	高度 2				×			
$FeSO_4 \cdot 7H_2O$	高度 1				×			
	高度 2				×			
$CuSO_4 \cdot 5H_2O$	高度 1				×			
	高度 2				×			
$K_4[Fe(CN)_6]$	高度 1				×			
	高度 2				×			

(2) 由表 2-35-1 中数据分别计算不同条件下样品管及样品在无磁场时的质量 m 和在不同励磁电流下的质量变化 Δm(取升、降过程中两次测量的平均值)。

(3) 由 $\chi_{标} = \chi_{莫} = 4\pi \dfrac{9500 \times 10^{-9}}{T/\mathrm{K}+1}$ 计算莫尔盐的比磁化率($m^3 \cdot kg^{-1}$)。

(4) 由式(2-35-15)求各样品在不同条件下的摩尔磁化率 χ_m。

(5) 由式(2-35-5)和式(2-35-7)求各样品在不同条件下的分子永久磁矩 μ_m。

(6) 由式(2-35-8)估算各样品在不同条件下的不成对电子数 n。

(7) 将实验计算所得不成对电子数 n 与文献值比较，分析成败的原因。

六、思考题

(1) 在相同励磁电流下，前后两次测量的结果有无差别？两次测量取平均值的目的是什么？在不同励磁电流下测得样品的摩尔磁化率是否相同？

(2) 样品的装填高度及其在磁场中的位置有什么要求？如果样品管的底部不在极缝中心，对测量结果有无影响？不同装填高度对实验有什么影响？

(3) 顺磁性物质和反磁性物质在磁天平中有什么不同的反应？为什么？

参 考 文 献

北京大学化学学院物理化学实验教学组. 2002. 物理化学实验. 4 版. 北京: 北京大学出版社.
复旦大学等. 2004. 物理化学实验. 3 版. 北京: 高等教育出版社.
傅献彩, 沈文霞, 姚天扬, 等. 2006. 物理化学(下册). 5 版. 北京: 高等教育出版社.
金丽萍, 邬时清, 陈大勇. 2005. 物理化学实验. 2 版. 上海: 华东理工大学出版社.

(责任编撰：中南民族大学　袁誉洪)

实验 36　X 射线粉末衍射分析

一、目的要求

(1) 掌握 X 射线粉末衍射分析方法的基本原理和技术，初步了解 X 射线衍射仪的构造和使用方法。

(2) 根据 X 射线粉末衍射谱图，分析鉴定多晶样品的物相。

二、实验原理

1. 晶体与米勒指数

晶体最基本的特征在于其内部结构排列有严格的规律性，即结构中分子、原子或离子的排列存在一定的周期性和对称性。一个理想晶体由许多呈周期性排列的单胞所构成，这种呈周期性排列的最小单位称为晶胞。晶胞有两个要素，一是晶胞的大小和形状，由晶胞参数即晶胞边长 a、b、c 和晶面角 α、β、γ 确定，如图 2-36-1 所示；二是晶胞内部各个粒子(分子、原子或离子等)的坐标位置，由原子坐标参数 x、y、z 确定。其对称性可根据 230 种空间群将其在宏观外形和性质上表现的宏观对

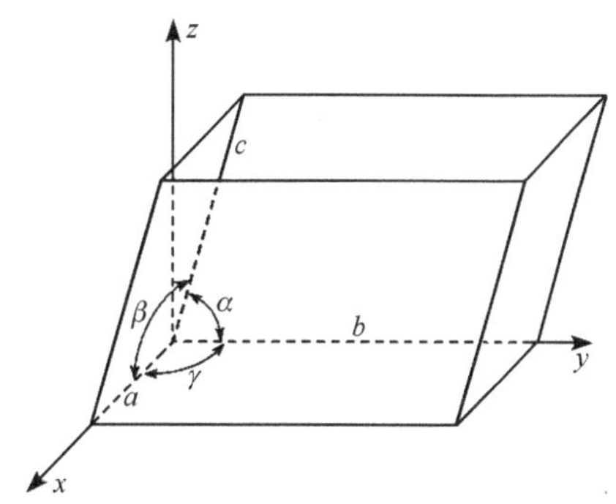

图 2-36-1　晶胞参数

称性分为 32 种点群，从对称性划分，晶体分属七大晶系：立方、四方、三方、六方、正交、单斜和三斜晶系。不同晶系的晶胞参数如表 2-36-1 所示。

表 2-36-1　不同晶系的晶胞参数

晶系	晶胞参数	点群
立方	$a=b=c$，$\alpha=\beta=\gamma=90°$	O_h
四方	$a=b\neq c$，$\alpha=\beta=\gamma=90°$	D_{4h}
三方	$a=b=c$，$\alpha=\beta=\gamma\neq 90°$	D_{3d}
六方	$a=b\neq c$，$\alpha=\beta=90°$，$\gamma=120°$	D_{6h}
正交	$a\neq b\neq c$，$\alpha=\beta=\gamma=90°$	D_{2h}
单斜	$a\neq b\neq c$，$\alpha=\gamma=90°$，$\beta\neq 90°$	C_{2h}
三斜	$a\neq b\neq c$，$\alpha\neq\beta\neq\gamma\neq 90°$	C_1

晶体的空间点阵结构可用三维点阵表示，每个点阵点代表晶体中的一个基本单元。空间点阵可从各个方向予以划分而成为许多组平行的平面点阵。如图 2-36-2 所示，一个晶体可以看成是由一些相同平面网按一定距离 d_1 排列而成，也可看作由另一些平面网按 d_2 或 d_3 等距离排列而成。各种结晶物质的单胞大小、单胞的对称性、单胞中所含的离子、原子或分子的数目以及它们在单胞中所处的相对位置都不尽相同。因此，每一种晶体都必然存在着特定的 d 值，用于表征该种晶体。

为标记这些晶面和点阵平面，米勒(Miller)提出了下列方法：选择一组能把点阵划分成为最简单合理的格子的平移矢量 a、b、c，并将它们的方向分别标定为坐标轴 x、y、z。若晶面在三个坐标轴的截距分别为 r、s、t，将此截距的倒数化为互质的整数比，即 $1/r:1/s:1/t=h:k:l$，其中(h,k,l)称为晶面指标或米勒指数，即该晶面的指标。如果参数 r、s、t 分别为 3、2、1，则其晶面就用(236)表示。指数过高的晶面，其间距及组成晶面的点阵密度都较小，故实际应用的米勒指数常为 0、1、2 等数值。几种沿 z 轴投影的晶面如图 2-36-3 所示。

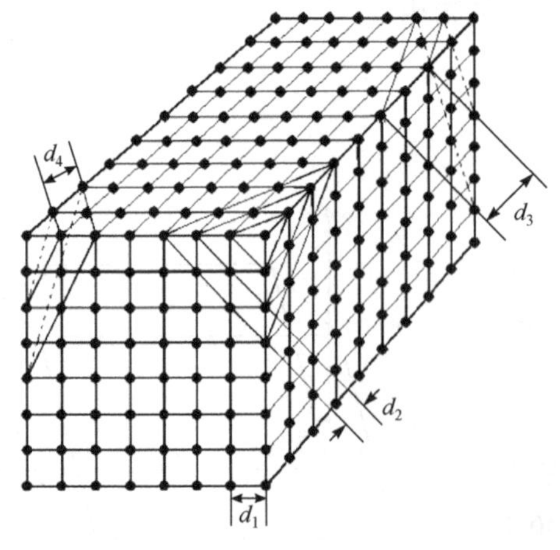

图 2-36-2　空间点阵划分为平面点阵组示意图

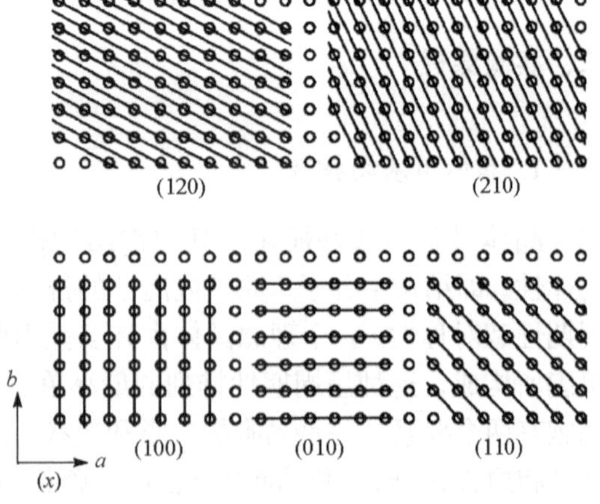

图 2-36-3　不同晶面沿 z 轴投影

2. 布拉格方程

X射线是波长在0.001～10 nm的电磁波，用于晶体结构分析的X射线波长在0.5～2.5 Å (0.05～0.25 nm)，与晶体晶面间距的数量级相当。当波长与晶面间距相近的X射线照射到晶体上，有的光子与电子发生非弹性碰撞，形成较长波长的不相干散射；而当光子与原子上束缚较紧的电子相互作用时，其能量不损失，散射波的波长不变，并可以在一定角度产生相干衍射，因此晶体可作为X射线的天然衍射光栅。

图2-36-4表示一组晶面间距为 $d_{(h,k,l)}$ 的晶面对波长为 λ 的X射线产生衍射的情况，其关系可用布拉格(Bragg)方程表示

$$2d_{(h,k,l)}\sin\theta = n\lambda \tag{2-36-1}$$

式中，n 为衍射级次。仅当入射角 θ 恰好使光程差 $(AB + BC)$ 等于波长的整数倍时，才能产生相互叠加而增强的衍射线。在晶体结构分析中，布拉格方程常写为

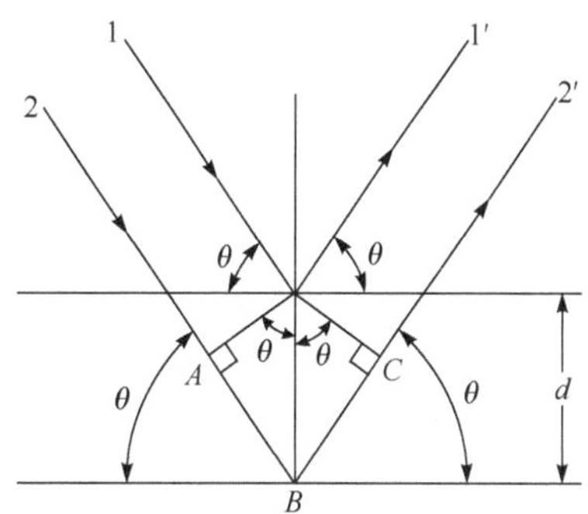

图2-36-4 相邻晶面光程差与布拉格衍射

$$2\frac{d_{(h,k,l)}}{n}\sin\theta = \lambda \tag{2-36-2}$$

由于同角衍射的强度随衍射级次的增加而迅速衰减，故上式又可简化为

$$2d\sin\theta = \lambda \tag{2-36-3}$$

式(2-36-3)将 n 隐含在晶面间距 d 中，即将所有衍射都看成一级，使计算简化。

3. 衍射图的指标化

利用粉末衍射图确定相应的晶面指数称为指标化。指标化的结果可以用于确定晶体所属的晶系。下面是立方晶系的指标化方法。

立方晶系晶胞的三条边长相等，夹角也均为90°，根据几何原理可知，其晶面间距 d 与晶胞的边长 a 之间满足：

$$d = \frac{a}{\sqrt{h^2 + k^2 + l^2}} \tag{2-36-4}$$

代入布拉格方程可得

$$h^2 + k^2 + l^2 = \frac{4a^2}{\lambda^2}\sin^2\theta \tag{2-36-5}$$

对于给定的X射线管及其试样，$4a^2/\lambda^2$ 是常数，因 h、k、l 均为整数，显然，$\sin^2\theta$ 也必定可以化为一系列的整数比。

对于不同点阵类型的晶体，由于结构因素引起的消光作用不同，因而产生衍射的晶面指数也就各有特殊性。

大量的研究发现，所有七大晶系的晶体各有其典型的晶面指标。最常见的立方晶系的晶面指标如表2-36-2所示。对其他晶系的晶体，因其结构的特殊性，指标化过程相对复杂，需要用特殊的方法进行处理。

表 2-36-2　立方晶系指标化

$h^2+k^2+l^2$	简单立方	体心立方	面心立方	$h^2+k^2+l^2$	简单立方	体心立方	面心立方
1	100	—	—	14	321	321(7)	—
2	110	110(1)	—	15	—	—	—
3	111	—	111(1)	16	400	400(8)	400(6)
4	200	200(2)	200(2)	17	322，410	—	—
5	210	—	—	18	330，411	411(9)	—
6	211	211(3)	—	19	331	—	331(7)
7	—	—	—	20	420	420(10)	420(8)
8	220	220(4)	220(3)	21	421	—	—
9	300	—	—	22	332	332(11)	—
10	310	310(5)	—	23	—	—	—
11	311	—	311(4)	24	422	422(12)	422(9)
12	222	222(6)	222(5)	25	430，500	—	—
13	320	—	—	⋮	⋮	⋮	⋮

从晶面指标平方和连比知道，简单立方为 1：2：3：4：5：6：8：9：…(缺 7、15、23 等)，而体心立方为 2：4：6：8：10：12：14：16：18：…＝1：2：3：4：5：6：7：8：9：…(不缺 7、15、23 等)，面心立方为 3：4：8：11：12：16：19：20：…(单线和双线交替分布)。

如果在检测的误差范围内不能获得整数互质序列，该结晶物质可能属于其他晶系。

非立方晶系由两个或两个以上不相等的点阵常数确定，这使得指标化变得复杂。下面是四方、正交和六方三种晶系的晶面间距与晶胞参数间的关系：

四方晶系

$$\frac{1}{d^2}=\frac{h^2+k^2}{a^2}+\frac{l^2}{c^2} \tag{2-36-6}$$

正交晶系

$$\frac{1}{d^2}=\frac{h^2}{a^2}+\frac{k^2}{b^2}+\frac{l^2}{c^2} \tag{2-36-7}$$

六方晶系

$$\frac{1}{d^2}=\frac{4}{3}\cdot\frac{h^2+k^2+l^2}{a^2}+\frac{l^2}{c^2} \tag{2-36-8}$$

据此关系，利用赫尔-戴维(Hull-Davey)创立的图解法可以获得其米勒指数。

4. 实验操作原理

将样品研磨成 10^{-2}～10^{-4} mm 大小的细粉末，稍加压力制成片状样品，然后将样品槽装上样品台，使样品平面与衍射仪轴重合。

试样中的晶体呈完全无规则的排列，晶面在各个方位上的取向概率相等，因而总会有许多小晶面正好处于适合各个衍射条件的位置上。

图 2-36-5 为 X 射线衍射仪的测角仪示意图。试样台设置在测角仪中心转轴上，实验时，试样放置在样品台上，X 射线管不动，试样台绕测角仪中心轴转动。当试样台转动 θ 角时，

检测计数管则以 2θ 角绕测角仪中心轴转动，以始终保证入射角与反射角相等，同时接收对应的衍射信号，并将其记录下来，即可得到 X 射线衍射图。现代测角仪多保持试样台不动，X 射线管和检测计数器分别同步反向运动，这种结构可达更高精度。图 2-36-6 所示 I(强度)-2θ 图为常见的 XRD 图。

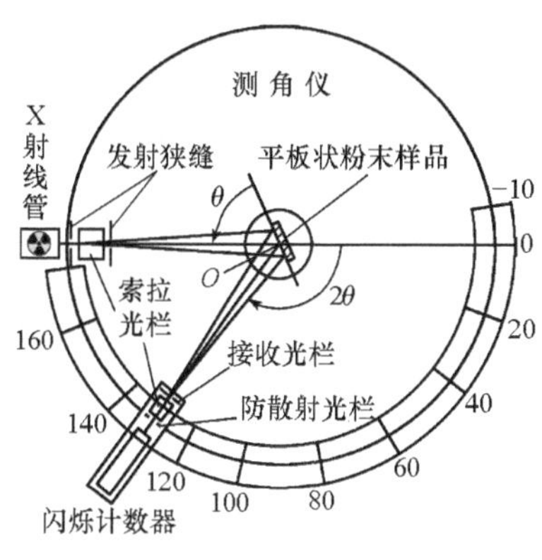

图 2-36-5 测角仪示意图

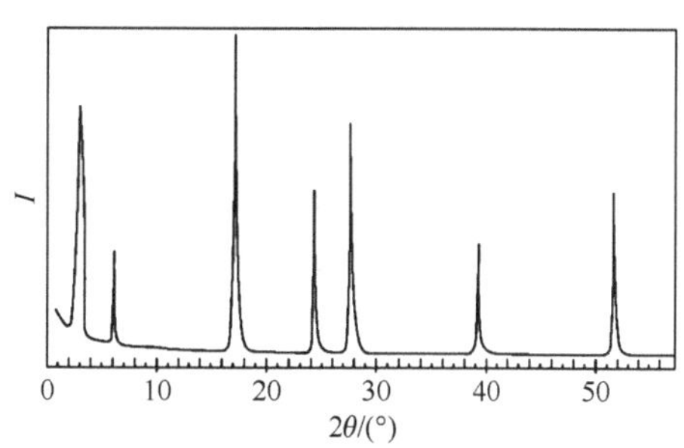

图 2-36-6 X 射线衍射谱图

三、仪器与试剂

X 射线衍射仪	1 台	Cu 靶 X 射线管	1 个
玛瑙研钵	1 套	α-石英粉(二级，过 325 目筛)	
金属镍粉(99.95%，过 325 目筛)		NaCl 晶体(AR，过 200 目筛)	

四、实验步骤

1. 制样与装样

把铝制试样框有刻线的一面面向平板玻璃放平，将用玛瑙研钵研细并过 325 目筛的粉末试样放入样框中压实备用(切忌横向搓动，以防产生择优取向)。

将制好的试样框小心插入测角仪中心的样品台，注意使样品框上的刻线与试样台上的刻线对准。

2. 测试

(1) 开冷却水，开启总电源。开冷却水泵电源，调节循环水压至 0.2～0.25 MPa。

(2) 开启 X 射线衍射仪总电源。调测角仪“MODE”钮至“CAL”，仪器自动调零，待 2θ 数码屏全部显示零后调整完毕，再将“MODE”钮旋至“STOP”。

(3) 循环冷却水开通 2 min 后，进行下列操作。先确保 X 射线管高压和电流旋钮在 0 位，然后接通高压电源开关“POWER”，若任一个过载灯亮了(从左至右分别是冷却水、超负荷、超电压、超电流过载灯，共四个)，按一下“RESET”键，超载灯应该全部熄灭，否则应根据指示灯检查相应部位，排除故障。按“ON”钮开启 X 射线管电源，从小到大调节电压至 5 kV，待电流表读数稳定后，缓慢调整电压至要求值(一般为 30～40 kV)，小心调整电流值至要求值(一般为 20～40 mA)。

(4) 将“MODE”旋至“MAN”，缓慢右旋“MAN · SPEED”至一定角度，以平稳速度调整测角仪至需要的起始角度后，迅速逆时针旋转至“STOP”。一般从大角度向小角度扫描测试。要特别注意测角仪旋转方向，以免测角仪 $2\theta<0°$或 $2\theta>175°$卡坏测角仪。“SPEED”钮每开、关一次即改变一次旋转方向。

(5) 开启闪烁计数器电源。调光电倍增管电压为 200 V。

(6) 开记录仪电源，调“POSITION”钮使记录笔至 0 点。将“RANGE”拨至 1 kcps 挡，关闭铅玻璃门，按“OPEN”钮打开 X 射线，用调“MAN · SPEED”钮的方法手动快速扫描整个测量范围，观察记录笔在最大衍射时的高度，调整“RANGE”至最大衍射峰时的高度在50%～100%为宜，按“CLOSE”关闭 X 射线。再调“MAN · SPEED”钮使测角仪旋转至需要的起始角度后，迅速逆时针旋转至“STOP”。

(7) 用“MEAS · SPEED”钮调整扫描速度至实验要求值[每分钟(1/32)°～4°可调，一般可选每分钟 1°～2°]；调“GAIN”钮至 2；调“WIDTH”至 1；调时间常数钮“Time CONST”，在 1～10 s 中选择；扫描状态放在“CONTI”挡，各狭缝保持不变。

(8) 按“OPEN”钮打开 X 射线闸门，旋“MODE”钮至“AUTO”，仪器即开始自动测量扫描。当扫描角度达到要求最小 2θ 时，将“MODE”钮旋至“STOP”，停止扫描，按“CLOSE”关闭 X 射线。

(9) 将 X 射线管电流调至 0 mA，再调电压至 0 V。依次关闭 X 射线管高压电源、闪烁计数器电源和总电源。取出试样框，10 min 后关闭冷却水泵电源。

五、数据处理

(1) 列出各衍射峰的 2θ 和强度 I，计算在 Cu 靶 $\lambda = 1.5418$ Å 时的 θ、$\sin\theta$、$\sin^2\theta$ 和 d/n，数据填入表 2-36-3。

表 2-36-3　实验数据记录及处理表

序号	强度 I	2θ	θ	$\sin\theta$	$\sin^2\theta$		$h^2+k^2+l^2$	h,k,l	a	d/n
					实测	化整				
1										
2										
3										
4										
5										
6										
⋮										

(2) 根据表 2-36-3 中的 h、k、l 和 $h^2+k^2+l^2$ 数据，判断晶体所属的晶系。依据 d/n 数据检索 PDF 卡，或由计算机检索已知试样的 PDF 卡片后，再与试样的 X 射线图谱对比，确定试样所属晶系和结构参数。

六、思考题

(1) 布拉格方程并未对衍射级数 n 和晶面间距 d 做任何限制，但实际应用中只用数量非常有限的一些衍射线，为什么？

(2) 由式(2-36-5)计算晶胞参数 a 时，为什么要用较高角度的衍射线？

(3) 根据表 2-36-3 实验数据的计算结果，利用表 2-36-2 中的数据，一定可以判断出实验晶体所属的晶系吗?

参 考 文 献

复旦大学等. 2004. 物理化学实验. 3版. 北京: 高等教育出版社.
郭用猷. 1984. 物质结构基本原理. 北京: 高等教育出版社.
李树棠. 1990. 晶体X射线衍射学基础. 北京: 冶金工业出版社.
徐光宪, 王祥云. 1987. 物质结构. 2版. 北京: 高等教育出版社.

(责任编撰: 中南民族大学　李　哲)

第3章　综合实验

实验37　激光拉曼光谱仪的组装与调试

一、目的要求

(1) 初步学会搭建现代科学精密仪器，掌握拉曼光谱原理，搭建激光拉曼光谱仪，并经实验检测验证。

(2) 理解信号、噪声、分子信息的关系，学会拉曼光谱仪的数据处理。

二、实验原理

在宏观世界里，物体在接触的过程中会相互传递能量而产生弹性(机械能没有损耗)与非弹性(机械能有损耗，如变成热)碰撞。在微观粒子世界里，光子、电子、分子之间的碰撞也会有类似的现象。例如，当一个可见光光子撞上一个分子时，光子会被分子里的电子吸收而引起电子的振荡运动。根据电动力学，电子的振荡运动会产生电磁辐射(光子)。如果这个电子的振荡运动不能及时把部分能量转变成原子核运动或其他电子运动方式，那么产生出来的光子的能量(频率)与入射的光子一致。这种现象称为光子的弹性散射。如果电子的振荡运动能及时地把部分能量转变成其他方式或吸收了其他方式的能量，那么产生出来的光子的能量(频率)与入射的光子不一致。这种现象称为光子的非弹性散射。如果产生的光子频率比入射的低，称为斯托克斯散射(Stokes scattering)；反之，称为反斯托克斯散射(anti-Stokes scattering)。一般而言，电子的振荡运动的最主要能量交换途径是原子核的运动，即化学键的振动。原因是原子核与电子由于静电相互作用而形成一个平衡的整体，电子吸收光子而产生的运动打破了这个平衡而难免要引起核的运动。但是，由于电子的质量、运动速度与原子核的质量、速度相差约1000倍，电子与原子核的能量交换概率也非常小，导致非弹性散射最多也就是弹性散射的千分之一。这种电子与核运动的耦合在自然界中普遍存在，电线通电发热也是这个原因造成的。

1928年，印度物理学家拉曼(C. V. Raman，1888—1970)在研究 CCl_4 光谱时发现了分子对光的非弹性散射，即除散发与原波长相同的弹性散射外，还有比原入射光波长长或短的非弹性散射，此即拉曼效应。拉曼因此于1930年获得了诺贝尔物理学奖。

在本课程中，学生将学习拉曼散射的基本原理，从最基本的零部件做起，搭建拉曼光谱仪。拉曼光谱仪主要由激光器、二向色镜、物镜、样品池、反射镜、透镜、滤光片、狭缝、凹面镜、光栅、CCD等部件在空间上沿着光路依次组成，如图3-37-1所示。

拉曼光谱仪中的有关概念和配件如下所述。

(1) 激光器：从紫外、可见到近红外波长范围内的激光器都可以用作拉曼光谱分析的激发光源，典型的激光器有(不限于)

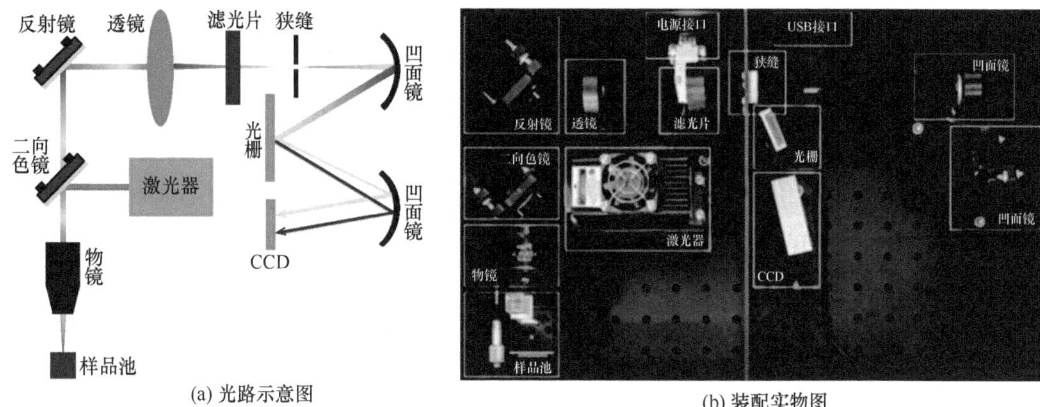

(a) 光路示意图 (b) 装配实物图

图 3-37-1 拉曼光谱仪示意图

紫外：244 nm，257 nm，325 nm，364 nm；

可见：457 nm，488 nm，514 nm，532 nm，633 nm，660 nm；

近红外：785 nm，830 nm，980 nm，1064 nm。

激光波长的选择对于实验结果有重要影响。

灵敏度：拉曼散射强度与激光波长四次方成反比，故蓝/绿可见激光的散射强度比近红外激光强 15 倍以上。

空间分辨率：在衍射极限条件下，激光光斑的直径可根据公式 $D = 1.22\lambda/N_A$ 计算，式中，λ 为激发激光的波长，N_A 为所使用显微物镜的数值孔径。例如，采用数值孔径为 0.9 的物镜，波长 532 nm 的激光的光斑直径理论上可小到 0.72 μm，在同样条件下使用波长 785 nm 的激光时，激光光斑直径理论最小值为 1.1 μm，因此，最终的空间分辨率在一定程度上取决于激发激光的选择。本实验使用 532 nm 激光器，其光斑直径 2.5 mm，功率 0～300 mW 可调。

(2) 二向色镜：长波通二向色镜，对低于截止波长的光束具有高反射性，而对高于截止波长的光束具有高透过性。

(3) 物镜：由若干透镜组合而成的一个透镜组。组合使用的目的是克服单个透镜的成像缺陷，提高物镜的光学质量。物镜主要参数包括：放大倍数、数值孔径和工作距离。在拉曼实验中，物镜的作用主要有两个方面，一是聚光，二是集光。本实验中使用的物镜主要是 10×(10 倍)。

(4) 滤光片：安装在拉曼光束经过的光路之中，用来选择性地阻挡瑞利散射激光线，同时允许拉曼散射光通过的镜片。实验中需要根据所用激光波长配备配套的滤光片。Edge 滤光片是一种长波通光学滤光片，它可以吸收波长低于某个数值的所有光而允许波长大于该数值的所有光高效率通过。Edge 滤光片在吸收和透过光谱区域之间的带边极为陡峭，对激光线提供了非常有效的阻挡。Edge 滤光片的优点是在环境中非常稳定，其寿命可以说是无限的。

(5) 光栅：由大量等宽等间距的平行狭缝构成的光学器件，根据其结构可分为透射光栅和反射光栅，本实验用的是反射光栅。光栅满足光栅方程 $d(\sin\alpha + \sin\beta) = m\lambda$，对于相同的光谱级数 m，以同样的入射角 α 投射到光栅上的不同波长 λ_1、λ_2、λ_3…组成的混合光，每种波长产生的干涉极大值都位于不同的角度位置，即不同波长的衍射光以不同的衍射角 β 出射，从而达到分光的作用。

(6) 电荷耦合器件(charge coupled device，CCD)：CCD 是一种硅基多通道阵列探测器，可以探测紫外、可见和近红外光。CCD 是高感光度半导体器件，适合分析微弱的拉曼信号，加之允许进行多通道操作(可以在一次采集中探测到整段光谱)，所以很适合用来检测拉曼信号。

拉曼光谱仪广泛应用于物理、化学和生物科学等诸多领域，能够提供各种材料结构。拉曼光谱范围 40～4000 cm^{-1}，可以用水作溶剂。与红外光谱相比，拉曼光谱适用于研究同原子的非极性键振动，同种分子的非极性键 S—S、C═C、N═N、C≡C 产生强拉曼谱带，随单键→双键→三键谱带强度增加。拉曼光谱可以获得有机化合物的各种结构信息，以及无机化学中如 M—O、M—N 键的振动。拉曼光谱的低波数段能反映催化剂的结构信息，特别如分子筛催化剂。

三、仪器与试剂

可拆卸式教学拉曼光谱仪	1 套	计算机及其操作系统	1 套
公制内六角加长扳手	1 套	激光防护眼镜	1 副
无水乙醇(A. R.)		遮光布、镜头纸、手套等	若干

四、实验步骤

1. 拉曼光谱仪的组装

拉曼光谱仪的光路示意及实物装配如图 3-37-1 所示，具体说明如下。

(1) 构建实验平台。根据图 3-37-1 搭建实验平台，将激光器光源套组固定在光学平板中间偏左位置，令激光出射方向水平向左。调节支杆，确定光路平面高度与狭缝中心高度一致，固定激光套组。将激光器电源放在机箱外，旋转电源安全钥匙，打开激光电源，将电流调至 0.3～0.5 A，确保可以看见光束但不至于太耀眼。

(2) 将可调二向色镜套组固定在激光器左侧约 50 mm 位置，先通过改变固定螺纹孔与镜架角度进行粗略调整，再通过旋转镜架上的调节旋钮进行精确调整，使激光照在二向色镜的正中、与镜面成 45°夹角(可用入射光与返回光重合于同一点来判断)，且反射光平行于桌面。

(3) 沿反射光方向固定物镜套组，令激光完全进入物镜，形成会聚光，用一白色硬纸条确定焦点位置，将样品池架固定于此处，使激光焦点位于比色皿中心。为便于后续组装，也可暂时不固定样品池架，而在焦点处固定一面额外的反光镜，令光原路返回，经物镜还原为平行光后穿过二向色镜。

(4) 沿穿过二向色镜的透射光方向安装可调平面反射镜套组，并使透射光照在平面反射镜的正中，且反射光平行于桌面射向机箱中间隔板上的狭缝中心(使入、出反射镜的光线成 90°)，在反射镜与狭缝间且距狭缝 100 mm(凸透镜的焦距为 100 mm)处安装凸透镜套组，使从透镜中心穿过的激光焦点落在狭缝中心。

(5) 沿狭缝右侧顺激光方向 150 mm(凹面镜的焦距为 150 mm)处安装固定凹面镜套组，令激光照在凹面镜正中，与镜面法线成小夹角，使凹面镜反射光平行于桌面且近似于平行光(可通过白纸片沿光路移动时光斑大小基本不变判断)。

(6) 沿凹面镜反射光方向于合适位置安装并调节光栅套组，使激光照在光栅的正中，反射光平行于桌面射向右侧，反复调节光栅与激光之间的夹角，并用白纸板确定分光方向，直至得到较强的一级衍射(为方便观察，可用手机光源作为白光置于凹面镜位置或者暂时拿走滤光片以增加光强，调节光栅角度直至得到较强的彩虹光斑)。调节一级衍射光使其平行于桌面，并在此方向安装可调凹面镜套组，如果光栅的分光方向使红移光谱位于靠 USB 接口一侧，则应当令激光照在可调凹面镜靠开合门一侧的边缘，反之亦然。

(7) 用白纸板确定可调凹面镜反射光焦点位置，将 CCD 固定于此处，CCD 与可调凹面镜距离为 150 mm，令焦点聚焦在 CCD 感光面上。用 USB 线将 CCD 与计算机连接。

(8) 将 Edge 滤光片套组固定于平面反射镜与凸透镜之间(凸透镜与狭缝之间亦可)，令激光垂直穿过滤光片中央，将样品池(比色皿)放入样品池架。

(9) 组装好遮光系统其他侧板，放样品，并盖上盖板，至此组装完成。

2. 测试软件的使用

1) 软件安装

SpectrumView 软件无需安装，但是它的运行需要安装 USB 接口驱动程序。从 U 盘设置窗 SpectrumView 软件的文件夹内获得驱动程序。

2) 软件界面

双击指定目录下的 SpectrumView.exe，打开软件的主界面。界面上方是菜单栏和工具栏，左侧是管理区，能够进行数据采集的基本参数设定，右侧是数据区，能够实时看到数据结果。

3) 连接设备

将 CCD 的 USB 数据线连接到计算机，确认设备的驱动程序已经安装。单击工具栏的“打开设备”按钮或在菜单栏中点击“文件—打开设备”。如果连接正常，数据区将出现一条水平的红线；如果弹出打开失败的提示(open fail!)，说明仪器没有连接成功，需要检查连接中出现的问题。

4) 样品测定

在仪器完全遮光以后，先设置合适的积分时间(可在 1～5 s 中选择)，点击“采集背景”按钮，采集一组背景噪声数据。完成后，将待测样品放入洗净的比色皿并置于比色皿架中，打开激光电源，调节至合适的功率(常通过调节电流控制功率，一般电流可以在 1～1.5 mA 之间调整)。点击左侧的“暗背景扣除”按钮，使其处于选中状态，也可以设置多次采集平均，以提高信噪比。点击“开始采集”按钮，右侧应该出现样品的图形数据。可以在 1～5 s 之间随时适当调整积分时间，至合适的图形数据出现后，点击“停止”或者菜单栏中的“文件—停止”，结束实验。

银纳米颗粒的拉曼增强效应。将硝酸银溶液滴加到水中可形成银纳米颗粒，并滴加柠檬酸钠溶液以稳定纳米颗粒，然后把待测分子的溶液滴加到该纳米颗粒溶液中再测拉曼光谱，若条件控制得好，纳米颗粒的增强效应能达到 1 万倍以上，以提高检测低含量物质的能力。

5) 保存数据

得到合适的数据后，点击工具栏的“保存数据”按钮或菜单栏的“保存数据”，在弹出的对话框中选择数据的保存路径和名称。在保存路径中会得到两个文件：bmp 文件显示当前软件实测数据画面的截图，完整记录了测量的方法、积分时间和平均次数；txt 文件则保存了原始的像素数据，可以使用其他数据分析软件对于数据进行进一步分析。

6) 结束测定

点击“关闭设备”按钮或菜单栏的“文件—关闭设备”。断开仪器与计算机的连接，退出 SpectrumView 程序，关闭仪器电源。

3. 实验样品测定

(1) 测试无水乙醇标样的拉曼光谱，用于对组装仪器进行像素到波数的转换。将乙醇标准样品放入样品槽，通过调整分光系统、改变积分时间等方法得到特征峰清晰可见的拉曼谱图。

(2) 75%乙醇的拉曼光谱的测定。

(3) 环己烷的拉曼光谱的测定。

(4) 尝试测定其他样品，如有机物丙酮，或者根据拉曼光谱确定混合物组分，如甲醇和乙醇的混合物。

五、数据处理

(1) 根据乙醇标样标定得到的谱图，找出谱峰对应的 CCD 像素(pixel)点，确定像素点与波数(wavenumber)的转换关系，将 CCD 像素转化为波数，从而将无水乙醇的强度-像素图转换成强度-波数图，即拉曼光谱图。

无水乙醇的拉曼谱特征峰对应 884 cm^{-1}、1063 cm^{-1}、1097 cm^{-1}、1455 cm^{-1}、2876 cm^{-1}、2927 cm^{-1}、2973 cm^{-1}，该波数为相对于 532 nm 激光的位移。

将 CCD 像素点和对应乙醇的波数进行线性拟合，得到波数-像素拟合函数，即 w-p 函数，进而将拉曼光谱图横坐标由像素变为波数。

利用所得 w-p 函数进行处理，得到 75%的乙醇和环己烷的拉曼光谱图。

(2) 尝试用不同方式对数据进行平滑去噪等处理，但要注明数据处理的方法。

(3) 不同物质的拉曼光谱图进行比较时，可以进行归一化处理。

六、思考题

(1) 为什么重水有毒性？试从拉曼数据出发进行回答。

(2) 银纳米颗粒的性质是如何影响拉曼增强效果的？制备过程所用试剂的作用是什么？如何制备有明显拉曼增强的银纳米颗粒？可查阅文献进行回答。

附：组装拉曼光谱仪的注意事项

1. 激光使用安全事项

(1) 在任何情况下，禁止直接用肉眼对准激光光束及其反射光束，禁止用肉眼直接校准激光器。

(2) 进行激光操作前，须除去所佩戴的任何具有可能反射激光的镜面物品，包括首饰、手表、徽章等。长发应当束起或盘起。

(3) 未经过专业训练的指导教师允许，禁止将易燃、易爆、黑色纸张、皮革、织物或其他低燃点的物质暴露于激光下。

(4) 禁止将激光照向任何人、动物，车辆、飞机等交通工具，门窗等非实验区域，由此造成的任何损害由操作者承担法律责任。

(5) 使用激光时应佩戴相应激光波长的防护眼镜，以免受到激光的伤害。

2. 光学镜片使用须知

(1) 佩戴防护手套，以免手上的酸、碱、盐等物质腐蚀或毁损镜片表面。

(2) 镜片应当放置于柔软干净的表面上，禁止将镜片直接置于玻璃、金属、脏纸或实验台上。

(3) 如果镜片上落有灰尘，使用吹气球将其吹除。用沾有乙醇或丙酮的擦镜纸擦净表面(由于光栅的构造特殊，不能用镜纸擦拭其表面，只能用吹气球吹除)。

(4) 禁止堆叠摆放镜片。

(5) 保存镜片时，要用干净的电容纸或擦镜纸包装，放在温度(以 20℃左右为宜)、湿度(40%以下)适中的环境中，有条件的话放在干燥柜中。

参考文献

刘文涵, 杨未, 吴小琼, 等. 2007. 激光拉曼光谱内标法直接测定乙醇浓度. 分析化学, (35): 416-418.

潘家来. 1986. 激光拉曼光谱在有机化学上的应用. 北京：化学工业出版社.

Langer J, Jimenezde A D, Aizpurua J, et al. 2020. Present and future of surface enhanced Raman scattering. ACS Nano, 14(1): 28-117.

Zhao Y, Sun Y, Bai M, et al. 2020. Raman spectroscopy of dispersive two-dimensional materials: a systematic study on MoS_2 solution. The Journal of Physical Chemistry C, 124(20): 11092-11099.

(责任编撰：中南民族大学 王 立 黄正喜 唐万军)

实验38 溶液燃烧法制备 $SrAl_2O_4$: Eu^{2+}, Dy^{3+}长余辉发光材料

一、目的要求

(1) 了解稀土掺杂铝酸盐长余辉发光材料的合成方法与应用领域。

(2) 掌握溶液燃烧合成法的基本原理。

(3) 学会用溶液燃烧合成法制备 $SrAl_2O_4$: Eu^{2+}, Dy^{3+}的方法。

(4) 了解影响 $SrAl_2O_4$: Eu^{2+}, Dy^{3+}发光性能的主要因素。

(5) 学会使用荧光光度计和屏幕亮度计，根据 X 射线粉末衍射谱图，分析鉴定目标产物的物相结构及发光特性。

二、研究背景

长余辉发光材料也称为蓄光材料或夜光材料，指在自然光或其他人造光源照射下能够存储外界光辐照的能量，然后在一定温度下缓慢地以可见光形式释放这些存储能量的光致发光材料。

从基质成分的角度划分，目前长余辉发光材料主要包括硫化物型、碱土铝酸盐型、硅酸盐型及其他基质型长余辉发光材料。20 世纪 90 年代以来，以碱土铝酸盐为基质的稀土长余辉发光材料以其优异的长余辉发光性能，引起了人们对长余辉发光材料的广泛关注。不同长余辉发光材料的发光性能见表 3-38-1。

表 3-38-1　不同长余辉发光材料的发光性能

发光材料	发光颜色	发光谱峰波长/nm	余辉时间/min
$BaAl_2O_4$: Eu^{2+}, Dy^{3+}	蓝绿色	496	120
$CaAl_2O_4$: Eu^{2+}, Nd^{3+}	蓝紫色	446	1000
$Sr_4Al_{14}O_{25}$: Eu^{2+}, Dy^{3+}	蓝绿色	490	2000
$SrAl_2O_4$: Eu^{2+}, Dy^{3+}	黄绿色	520	4000
$Sr_2MgSi_2O_7$: Eu^{2+}, Dy^{3+}	蓝色	469	2000
Y_2O_2S: Eu^{3+}, Ti^{4+}, Mg^{2+}	红色	626	500
$CaTiO_3$: Pr^{3+}	红色	613	40

从 20 世纪 90 年代开始，以 Eu^{2+}激活的碱土铝酸盐为代表的长余辉发光材料发光机制的研究一直是热点。目前虽未完全了解长余辉发光机制，但至少已取得如下共识：①掺杂 Eu^{2+}是发光中心；②晶体中存在的各种缺陷对发光与余辉有重要的影响；③共掺杂三价稀土离子 RE^{3+}产生了更多缺陷能级；④激发时产生的电子和空穴分别被电子陷阱和空穴陷阱捕获；⑤热扰动下陷阱捕获的电子或空穴以合适的速度释放出来；⑥电子和空穴的复合导致发光。

$SrAl_2O_4$: Eu^{2+}, Dy^{3+}是一种最常见的长余辉发光材料，广泛应用于各种荧光粉和夜视显示。这种长余辉发光材料的合成方法主要有高温固相法、微波合成法、溶胶-凝胶法、化学共沉淀法、溶液燃烧法、水热合成法等。通常采用高温固相法制备 $SrAl_2O_4$: Eu^{2+}, Dy^{3+}，以 $SrCO_3$、Al_2O_3 为原料，再加入适量稀土硝酸盐，在反应温度约 1300℃的条件下通 H_2 还原约 8 h，冷却至室温，研磨后即得粉末状产品。

溶液燃烧法(solution combustion method)是用金属硝酸盐和有机还原剂的混合水溶液，在较低的温度下燃烧，发生氧化还原反应来制备长余辉发光材料。本实验中，$Sr(NO_3)_2$、$Al(NO_3)_3 \cdot 9H_2O$ 既为原料，也在燃烧反应中作为氧化剂。在反应体系中加入尿素为还原剂，用少量蒸馏水溶解，均匀混合。在一定温度下溶液可以发生爆炸性燃烧反应：

$$3Sr(NO_3)_2 + 6Al(NO_3)_3 \cdot 9H_2O + 20CO(NH_2)_2 \longrightarrow 3SrAl_2O_4 + 32N_2 + 94H_2O + 20CO_2$$

在反应体系中，激活剂 Eu 以 $Eu(NO_3)_3$ 的形式加入，通过控制燃烧温度、尿素的用量可以实现还原性气氛，从而直接将 Eu^{3+}还原为 Eu^{2+}，最终得到 $SrAl_2O_4$: Eu^{2+}, Dy^{3+}长余辉发光材料。溶液燃烧法制备 $SrAl_2O_4$: Eu^{2+}, Dy^{3+}荧光粉具有设备简单、各组分混合均匀、制备温度低、气氛可控、反应时间短的特点，可以直接得到纳米粒径的产品，与传统的高温固相法相比显示出极大的优势。

影响 $SrAl_2O_4$: Eu^{2+}, Dy^{3+}长余辉发光材料发光性能的主要因素较多，本实验选定尿素的用量、助熔剂用量和敏化离子 Dy^{3+}的浓度等为研究对象。

三、仪器与试剂

荧光光度计	1 台	X 射线衍射分析仪(XRD)	1 台
透射电子显微镜(TEM)	1 台	屏幕亮度计	1 台
马弗炉	1 台	磁坩埚(100 mL)	

硝酸铝[$Al(NO_3)_3 \cdot 9H_2O$，A. R.] 硝酸锶[$Sr(NO_3)_2$，A. R.]

尿素[$CO(NH_2)_2$，A. R.] 硼酸(H_3BO_3，A. R.)

Eu^{3+}硝酸溶液(0.01 mol · L^{-1}，以计算量 99.99% Eu_2O_3 滴加浓 HNO_3 至恰好溶解，蒸馏水稀释定容)；Dy^{3+}硝酸溶液(0.01 mol · L^{-1}，以计算量 99.99% Dy_2O_3 滴加浓 HNO_3 至恰好溶解，蒸馏水稀释定容)

0.01 mol · L^{-1} 稀土硝酸盐配制：小心滴加微沸的热浓 HNO_3 至计算量 99.99%的稀土氧化物(Eu_2O_3 或 Dy_2O_3)中至恰好溶解，冷至室温后，用蒸馏水稀释定容

四、实验步骤

1. 反应溶液的配制

本实验考查尿素用量、助熔剂用量、Dy^{3+}浓度三种因素对 $SrAl_2O_4$: Eu^{2+}, Dy^{3+}长余辉发光材料发光性能的影响，拟定反应体系组成如下。

(1) 实验条件一：以 0.005 mol 的 $Sr_{0.96}Al_2O_4$: $0.02Eu^{2+}$, $0.02Dy^{3+}$为目标产物，助熔剂硼酸为 5%(n_B/n_{Al})，分别以尿素/硝酸铝(摩尔比)为 10/3、5、20/3、10 和 40/3 计算各原料用量，填入表 3-38-2。

表 3-38-2 实验条件一各试剂用量数据表

试剂名称	用量/g	试剂名称	用量/mL	试剂名称	用量/g
$Sr(NO_3)_2$		Eu^{3+}溶液		硼酸	
$Al(NO_3)_3 \cdot 9H_2O$		Dy^{3+}溶液		—	—
尿素用量比	10/3	5	20/3	10	40/3
用量/g					

(2) 实验条件二：以 0.005 mol 的 $Sr_{0.96}Al_2O_4$: $0.02Eu^{2+}$, $0.02Dy^{3+}$为目标产物，尿素/硝酸铝摩尔比为 10，分别以助熔剂硼酸为 0%、5%、10%、15%和 20% (n_B/n_{Al})，计算各原料用量，填入表 3-38-3。

表 3-38-3 实验条件二各试剂用量数据表

试剂名称	用量/g	试剂名称	用量/mL	试剂名称	用量/g
$Sr(NO_3)_2$		Eu^{3+}溶液		尿素	
$Al(NO_3)_3 \cdot 9H_2O$		Dy^{3+}溶液		—	—
n_B/n_{Al}	0%	5%	10%	15%	20%
硼酸用量/g					

(3) 实验条件三：以 0.005 mol 的 $Sr_{0.96}Al_2O_4$: $0.02Eu^{2+}$, xDy^{3+}为目标产物，助熔剂硼酸为 5%(n_B/n_{Al})，尿素/硝酸铝摩尔比为 10，改变 Dy 的用量 $x(=n_{Dy}/n_{Al})$为 0、0.0025、0.005、0.01 和 0.015，计算各原料用量，填入表 3-38-4。

表 3-38-4 实验条件三各试剂用量数据表

试剂名称	用量/g	试剂名称	用量/g	试剂名称	用量/mL
$Sr(NO_3)_2$		尿素		Eu^{3+}溶液	
$Al(NO_3)_3 \cdot 9H_2O$		硼酸			
x	0	0.005	0.01	0.02	0.03
Dy^{3+}溶液/mL					

分别按上述各表中的计算量称取或量取各原料，在烧杯中加少量蒸馏水至刚好溶解，搅拌均匀后备用。

2. 燃烧法合成

马弗炉升温至 600℃，恒温 10 min 后，将装有溶液的坩埚迅速移至马弗炉中，关上炉门，观察现象。待马弗炉温度降至 600℃后约 5 min，打开炉门，取出坩埚，在防火板上冷却至室温，研磨均匀，装袋备用。

3. 物相及发光性能表征

(1) 取上述各样品于 XRD 分析仪中进行测试，记录 XRD 图谱和衍射峰宽。

(2) 取上述各样品，用荧光光度计测试其激发和发射光谱。

(3) 取上述各样品，在暗室中，先用 5～8 W 波长为 253 nm 的紫外灯照射 10 min，然后关掉紫外灯，用屏幕亮度计记录光衰减曲线。注意紫外灯照射装置应放置在避光容器中。

(4) 利用透射电子显微镜测定产物的形态和粒径大小。

五、结果与讨论

(1) 写出以金属硝酸盐为氧化剂、尿素为燃料，通过燃烧反应制备 $SrAl_2O_4$ 的反应方程式。

(2) 分析 XRD 图谱，将其衍射峰值与 JCPDS 标准卡的图谱进行比对，鉴定产物物相。

(3) 观察样品的 TEM 图像，描述其物理性状随助熔剂硼酸用量的变化规律。

(4) 分析荧光谱图，描述尿素/硝酸铝比值对发光强度的影响规律。

(5) 观察样品的余辉现象，描述 Dy^{3+}用量对其长余辉发光时间的影响。

六、思考题

(1) 什么是溶液燃烧法？为什么这种方法可以合成纳米级的粉体？在合成操作中要注意哪些要点？

(2) 如何控制燃烧合成过程中气氛的氧化还原性？

参 考 文 献

Reng T Y, Yang H P, Hu B, et al. 2004. Combustion synthesis and photoluminescence of $SrAl_2O_4$: Eu^{2+}, Dy^{3+} phosphor nanoparticles. Materials Letters, (58): 352-356.

Tang W J, Chen D H, Wu M. 2009. Luminescence studies on $SrMgAl_{10}O_{17}$: Eu^{2+}, Dy^{3+} phosphor crystals. Optics & Laser Technology, (41): 81-84.

(责任编撰：中南民族大学 唐万军)

实验 39 电动势的温度系数及化学反应热力学函数测定

一、目的要求

(1) 了解 Ag-AgCl 电极和甘汞电极的结构和制备。

(2) 进一步掌握电位差计的正确使用方法。

(3) 掌握用电动势法测定化学反应热力学函数的原理和方法。

(4) 测定电池在不同温度下的电动势，计算电池反应的$\Delta_r G_m$、$\Delta_r S_m$、$\Delta_r H_m$和K_{sp}。

二、实验原理

电池除可用作电源外，还可以用来研究构成电池的化学反应的热力学函数。由电化学原理可知，在等温、等压及可逆条件下，电池对环境所做的最大非膨胀功就是该电池反应的吉布斯(Gibbs)自由能$\Delta_r G_m$：

$$\Delta_r G_m = W_f = -zFE \tag{3-39-1}$$

由热力学第一定律与第二定律联合公式 $dG = -SdT + Vdp$ 及式(3-39-1)可得

$$\Delta_r S_m = -\left(\frac{\partial \Delta_r G_m}{\partial T}\right)_p = zF\left(\frac{\partial E}{\partial T}\right)_p \tag{3-39-2}$$

根据吉布斯-亥姆霍兹(Gibbs-Helmholtz)公式有

$$\Delta_r H_m = \Delta_r G_m + T\Delta_r S_m = zF[T(\partial E/\partial T)_p - E] \tag{3-39-3}$$

由上述各式可见，只要在恒压下(通常情况下，大气压力的变化很小，可视为常数)测定出电池的电动势及其温度系数，就可求得该电池反应的热力学函数的变化值$\Delta_r G_m$、$\Delta_r S_m$和$\Delta_r H_m$等。

若电池反应中各物质的活度均为 1，或电动势与电解质溶液活度无关，则所得热力学函数即为其标准态数据，即 $E^\ominus$、$\Delta_r G_m^\ominus$、$\Delta_r S_m^\ominus$ 和 $\Delta_r H_m^\ominus$。例如，本实验所用的电池：$Ag(s)|AgCl(s)|KCl(a_{KCl})|Hg_2Cl_2(s)|Hg(l)$，在放电时，其负极电极反应为

$$Ag(s) + Cl^-(a_{Cl^-}) \longrightarrow AgCl(s) + e^-$$

其电极电势为

$$\varphi_- = \varphi_{AgCl,Cl^-/Ag} = \varphi^\ominus_{AgCl,Cl^-/Ag} - (RT/F)\ln a_{Cl^-} \tag{3-39-4}$$

写在右边的是电池的正极，其反应为

$$\frac{1}{2}Hg_2Cl_2(s) + e^- \longrightarrow Hg(l) + Cl^-(a_{Cl^-})$$

其正极的电极电势反应为

$$\varphi_+ = \varphi_{Hg_2Cl_2,Cl^-/Hg} = \varphi^\ominus_{Hg_2Cl_2,Cl^-/Hg} - (RT/F)\ln a_{Cl^-} \tag{3-39-5}$$

电池的总反应为

$$\frac{1}{2}Hg_2Cl_2(s) + Ag(s) = AgCl(s) + Hg(l)$$

其电动势为

$$E=\varphi_{+}-\varphi_{-}=\varphi^{\ominus}_{\mathrm{Hg_2Cl_2,Cl^-/Hg}}-\varphi^{\ominus}_{\mathrm{AgCl,Cl^-/Ag}}=E^{\ominus} \tag{3-39-6}$$

由上列可知，若在 $p^{\ominus}$ 下测定一系列不同温度下该电池的电动势 E，即可得到 $E^{\ominus}$、$(\partial E/\partial T)_p$、$\Delta_r G_m^{\ominus}$、$\Delta_r S_m^{\ominus}$ 和 $\Delta_r H_m^{\ominus}$，从而可得反应的平衡常数 $K^{\ominus}=\exp(zFE^{\ominus}/RT)$。

若将甘汞电极换成金属银电极，组成如下电池：

$$\mathrm{Ag(s)|AgCl(s)|KCl}(a_{\mathrm{Cl^-}})\|\mathrm{AgNO_3}(a_{\mathrm{Ag^+}})|\mathrm{Ag(s)}$$

可用实验测定 AgCl 的 K_{sp}。其电池反应为

$$\mathrm{Cl^-}(a_{\mathrm{Cl^-}})+\mathrm{Ag^+}(a_{\mathrm{Ag^+}})=\!=\!=\mathrm{AgCl(s)}$$

相应电动势为

$$E=\varphi^{\ominus}_{\mathrm{Ag/Ag^+}}-\varphi^{\ominus}_{\mathrm{AgCl,Cl^-/Ag}}-\frac{RT}{F}\ln\frac{1}{a_{\mathrm{Ag^+}}a_{\mathrm{Cl^-}}}=E^{\ominus}-\frac{RT}{F}\ln\frac{1}{a_{\mathrm{Ag^+}}a_{\mathrm{Cl^-}}} \tag{3-39-7}$$

因为

$$\Delta_r G_m^{\ominus}=-zFE^{\ominus}=-RT\ln K^{\ominus}=RT\ln K_{sp} \tag{3-39-8}$$

所以

$$E=\frac{RT}{F}\ln\frac{a_{\mathrm{Ag^+}}a_{\mathrm{Cl^-}}}{K_{sp}} \tag{3-39-9}$$

对强电解质稀溶液，当浓度小于 0.01 mol · kg^{-1}时，有 $\gamma_{\mathrm{Ag^+}}\approx\gamma_{\mathrm{AgNO_3}}$，$\gamma_{\mathrm{Cl^-}}\approx\gamma_{\mathrm{KCl}}$，测定已知电解质溶液活度的电池电动势，则可由式(3-39-9)得到 AgCl 的溶度积常数 $K_{sp}(=1/K^{\ominus})$，也可由式(3-39-7)和 $\lg\gamma_i=-Az_i^2\sqrt{I}$ 得到：

$$E=E^{\ominus}-\frac{ART}{F\lg e}(\sqrt{m_{\mathrm{Ag^+}}}+\sqrt{m_{\mathrm{Cl^-}}})+\frac{RT}{F}\ln\left[\frac{m_{\mathrm{Ag^+}}m_{\mathrm{Cl^-}}}{(m^{\ominus})^2}\right] \tag{3-39-10}$$

若总是保持每组 KCl 和 $AgNO_3$ 稀溶液的浓度相同，即 $m_{\mathrm{Ag^+}}=m_{\mathrm{Cl^-}}=m$，则

$$E-\frac{2RT}{F}\ln\frac{m}{m^{\ominus}}\approx E^{\ominus}-\frac{2ART}{F\lg e}\sqrt{m}=E^{\ominus}-B\sqrt{m} \tag{3-39-11}$$

在指定温度下，通过测定一系列浓度相等的 KCl 和 $AgNO_3$ 两种稀溶液组成的电池的电动势，以 $E-(2RT/F)\ln(m/m^{\ominus})$对 $\sqrt{m}$ 作图，外推至 $m\to 0$，即可得到电池的标准电动势 $E^{\ominus}$，再由式(3-39-8)就能得到 AgCl 的溶度积常数 K_{sp}。该法也可用于标准电极电势的测定。

三、仪器与试剂

SDC-Ⅱ电化学综合测定仪	1 台	SY-15 超级恒温水浴	1 台
甘汞电极(自制)	1 支	Ag-AgCl 电极(自制)	1 支
Ag|$AgNO_3$ 电极(自制)	1 支	电镀装置(自制)	1 套
温度计(精度 0.1℃)	1 支	可恒温玻璃电池套管	
KCl 溶液(0.1 mol · kg^{-1}，饱和)		$AgNO_3$(0.1 mol · kg^{-1})	
HCl(0.1 mol · kg^{-1})		镀银电镀液	
Hg(A. R.)		电极管(无色 2 支，棕色 1 支)	

四、实验步骤

1. 银电极和氯化银电极的制备

(1) 电极处理。将一端封装在玻璃管且外露1.5～2.5 cm、直径为1～1.5 mm的高纯银丝(99.99%)在丙酮中除油后，再在浓硝酸中搅动清洗1 min，用蒸馏水冲洗干净。将这样两支相同的电极插入镀银电镀液中作负极，铂电极作正极，在电流密度 $j = 6\ \mathrm{mA \cdot cm^{-2}}$ 下电镀60 min，取出后用蒸馏水冲洗，在0.1 $\mathrm{mol \cdot L^{-1}}$ 的氨水溶液中浸泡20 min，用蒸馏水冲洗，于蒸馏水中静置10 min，反复冲洗干净后备用。

(2) 银电极。将一支上述镀好银的电极和无色电极管用少量0.001 $\mathrm{mol \cdot kg^{-1}}$ $AgNO_3$ 溶液润洗后，再吸取适量该溶液后静置备用。

(3) 银-氯化银电极。将另一支电镀过银的银电极清洗干净后，置于0.1 $\mathrm{mol \cdot L^{-1}}$ 的HCl溶液中，在3 $\mathrm{mA \cdot cm^{-2}}$ 电流密度下阳极氧化30 min，用蒸馏水清洗干净后装入棕色电极管，吸入用AgCl饱和过的饱和KCl溶液后，置暗处静置待用。

2. 甘汞电极的制备

在无色电极管底部注入适量的汞(约1 mL)，将接有导线且顶端外露约5 mm铂丝的玻璃管洗净后插入汞中，上部吸入饱和KCl溶液后，与另一支铂电极一起插入KCl溶液中，以被制作的电极为阳极进行电解，控制电流密度在100 $\mathrm{mA \cdot cm^{-2}}$ 左右，直至汞表面全部被生成的灰白色 Hg_2Cl_2 覆盖为止。用吸管小心吸出上层KCl溶液，用少量饱和KCl溶液润洗电极管内壁并吸净，再吸入饱和KCl溶液静置备用。注意抽吸时速度要慢，千万不要搅动汞面上的 Hg_2Cl_2 层，避免振动。

3. 电池的组装与电动势的测量

(1) 测量电动势的温度系数。将装有饱和KCl溶液的Ag-AgCl电极和甘汞电极同时插入盛有饱和KCl溶液的可恒温玻璃电池套管中组成电池

$$\mathrm{Ag(s)|AgCl(s)|KCl}(a_\mathrm{s})\mathrm{|Hg_2Cl_2(s)|Hg(l)}$$

将整个可恒温电池装置置入指定温度恒温槽中恒温，20 min后用电化学综合测试仪测其电动势，记录电动势及对应温度，每隔5 min测量一次，共测4次。

依次调整恒温器温度为20℃、25℃、30℃、35℃、40℃、45℃和50℃，分别测定电池在各指定温度下的电动势。

(2) 测难溶盐溶度积 K_{sp}。小心吸出Ag-AgCl电极中的KCl溶液，用滴管吸取少量0.001 $\mathrm{mol \cdot kg^{-1}}$ 的KCl溶液润洗电极管内壁并吸净，操作三次，再吸入适量该KCl溶液，装好电极管备用。同理，用0.001 $\mathrm{mol \cdot kg^{-1}}$ $AgNO_3$ 溶液处理银电极。将两支电极同时插入有饱和 KNO_3 溶液的可恒温玻璃电极管中组成电池

$$\mathrm{Ag(s)|AgCl(s)|KCl}(a_{\mathrm{Cl^-}})\,\|\,\mathrm{AgNO_3}(a_{\mathrm{Ag^+}})\,|\,\mathrm{Ag(s)}$$

将电池置入指定温度(25℃或35℃)的恒温槽中恒温，20 min后用电化学综合测试仪测量并记录其电动势，每隔5 min测量一次，共测4个数据。

分别将Ag-AgCl电极和银电极中的电解质溶液小心地吸出，从稀到浓依次分别换用浓度为0.0005 $\mathrm{mol \cdot L^{-1}}$、0.001 $\mathrm{mol \cdot L^{-1}}$、0.0025 $\mathrm{mol \cdot L^{-1}}$、0.005 $\mathrm{mol \cdot L^{-1}}$、0.0075 $\mathrm{mol \cdot L^{-1}}$、0.01 $\mathrm{mol \cdot L^{-1}}$

的 KCl 和 $AgNO_3$，重复步骤(2)，分别测定电池在相应温度下的电动势。

五、数据处理

(1) 根据所测不同指定温度 T 下电池 $Ag(s)|AgCl(s)|KCl(a_s)|Hg_2Cl_2(s)|Hg(l)$的电动势 E，绘制 E-T 曲线，并利用多项式：$E = a_0 + a_1T + a_2T^2 + a_3T^3$ 进行多元线性最小二乘法拟合，求出多项式的各个系数，根据此函数分别求温度为 23℃、25℃和 35℃下的电动势 E 和温度系数 $(\partial E/\partial T)_p$。

(2) 分别用式(3-39-1)、式(3-39-2)和式(3-39-3)，求温度为 23℃、25℃和 35℃下电池反应的热力学函数Δ_rG_m、Δ_rS_m 和Δ_rH_m。

(3) 根据电池 $Ag(s)|AgCl(s)|KCl(a_{Cl^-})||AgNO_3(a_{Ag^+})|Ag(s)$在系列 KCl 和 $AgNO_3$ 浓度时的电动势，绘制 $E-(2RT/F)\ln(m/m^\ominus)-\sqrt{m}$ 曲线，外推至 $m\to 0$，所得截距即 $E^\ominus$，再根据式(3-39-8)即可求出 AgCl 的溶度积常数 K_{sp}。

六、注意事项

(1) 由于 KCl 对 AgCl 有较大的溶解度，因此，制作 Ag-AgCl 电极的 KCl 溶液一定要用 AgCl 预先饱和，否则电极表面的 AgCl 会很快被溶解而失去作用。

(2) 制作甘汞电极时，要注意保持阳极氧化所形成的甘汞的状态，避免摇动和振荡，才能确保甘汞电极有较好的重现性。

(3) 镀银液配方：硝酸银 40 $g \cdot L^{-1}$；硫代硫酸钠 225 $g \cdot L^{-1}$；焦亚硫酸钾 40 $g \cdot L^{-1}$；乙酸铵 25 $g \cdot L^{-1}$；硫代氨基脲 0.7 $g \cdot L^{-1}$，电流密度 0.2 $A \cdot dm^{-2}$，pH = 5～6，温度 25℃左右。

七、思考题

已知实验所用电位差计所配检流计的灵敏度为 1×10^{-10} $A \cdot mm^{-1}$，现欲用高输入电阻的直流数字电压表测量电池的电动势，对电动势在 1 V 左右的电池，要达到与前述电位差计相当的测量精度，其输入电阻应在多少以上？

参考文献

复旦大学等. 1993. 物理化学实验. 2 版. 北京：高等教育出版社.
傅献彩, 沈文霞, 姚天扬, 等. 2006. 物理化学(下册). 5 版. 北京: 高等教育出版社.
金丽萍, 邬时清, 陈大勇. 2005. 物理化学实验. 上海: 华东理工大学出版社.
郑传明, 吕桂琴. 2015. 物理化学实验. 2 版. 北京: 北京理工大学出版社.

(责任编撰：中南民族大学　黎永秀)

实验 40　锂离子电池 $LiFePO_4/C$ 复合正极材料的制备及其性能

一、目的要求

(1) 了解锂离子电池的工作原理、电极反应及其电化学理论知识、电极材料种类和发展趋势。

(2) 掌握一种锂离子电池电极材料的合成方法和原理；了解实验室、工业化生产常用的技术路线和工艺。

(3) 熟悉一些常用材料物理性能的表征方法。

(4) 熟悉扣式锂离子电池的组装技术；了解电池性能测试手段和评价体系。

二、实验原理

锂离子电池(lithium ion battery，LIB)自 1990 年商业化以来，因其工作电压和能量密度高、循环性能稳定、自放电效应低且无记忆效应等诸多优点而备受关注。产业化 LIB 正极材料以 $LiCoO_2$ 最为常见。研发中的 LIB 正极材料有 $LiCoO_2$、$LiNiO_2$、$LiMn_2O_4$、$LiFePO_4$ 和以这些材料为主体的修饰改性材料(常采用包覆和体相掺杂技术)，以及三元材料镍钴锰酸锂 $[Li(Ni_xCo_yMn_z)O_2]$ 等。其中，三元材料因资源限制被普遍认为不可能成为动力 LIB 主流正极材料，仅可能在一定范围内和尖晶石型锰酸锂混合使用。$LiFePO_4$ 是下一代锂离子蓄电池最有竞争力的正极材料之一。

$LiFePO_4$ 是近二十年来被广泛报道的锂离子电池正极材料之一。用 $LiFePO_4$ 作正极材料的锂离子电池称为磷酸铁锂锂离子电池，简称磷酸铁锂电池。这种电池系统具有环境友好、安全性能好、寿命长、高温性能好、容量大、质量轻、无记忆效应等特点，但其振实密度和压实密度低(导致能量密度较低)、制备成本和电池制造成本高、低温性能较差、产品一致性差、存在知识产权问题等缺点，限制了这种电池系统的应用。它的性能特别适于作动力电源，又称为磷酸铁锂动力电池或者锂铁动力电池。

$LiFePO_4$ 为橄榄石晶体结构，理论能量密度 170 $mA{\cdot}h \cdot g^{-1}$，比能量达 595 $W \cdot h \cdot kg^{-1}$，放电电压平台为 3.45 V。但其电导率太低，仅为 10^{-10}～10^{-9} $S \cdot cm^{-1}$，锂离子的扩散系数仅有 1.8×10^{-14} $cm^2 \cdot s^{-1}$，这阻碍了 $LiFePO_4$ 在大电流密度下的实际应用。针对其导电性的改进工作主要围绕两个方面开展：①颗粒结构修饰，包括表面包覆和体相离子掺杂；②控制合成产物的颗粒大小和形貌，如纳米化等。

磷酸铁锂电池在工作过程中，充电时，锂离子和相应电子从 $LiFePO_4$ 相中脱出，生成新 $FePO_4$ 相，形成新相界面。放电时，锂离子和相应的电子插入 $FePO_4$ 相，在 $FePO_4$ 相外形成新 $LiFePO_4$ 相。因而，对于球形的 $LiFePO_4$ 电化学活性物质颗粒，锂离子无论是插入还是脱出都会经历一个由外到内或由内到外的扩散过程。$LiFePO_4$ 与 $FePO_4$ 均为 *Pbnm* 正交空间群，$LiFePO_4$ 的晶胞参数为 $a = 0.6008$ nm，$b = 1.0334$ nm，$c = 0.4693$ nm，$V = 0.2914$ nm^3；$FePO_4$ 的晶胞参数为 $a = 0.5792$ nm，$b = 0.9821$ nm，$c = 0.4788$ nm，$V = 0.2724$ nm^3。在充电过程中，晶胞中参数 a 和 b 变小，参数 c 有很小的增大，体积减小了 6.81%，而密度增加了 2.59%。充放电过程中体积的变化可弥补负极的膨胀，利于锂离子电池体积效率的提高。在充放电过程中，锂离子在 $FePO_4/LiFePO_4$ 界面的扩散是一个速度控制步骤。

$LiFePO_4$ 正极材料锂离子电池的充放电反应如下：

充电反应：$LiFePO_4 \longrightarrow xFePO_4 + (1-x)LiFePO_4 + xLi^+ + xe^-$

放电反应：$FePO_4 + xLi^+ + xe^- \longrightarrow xLiFePO_4 + (1-x)FePO_4$

正常充放电时，Li^+ 的脱出和嵌入不会破坏 $LiFePO_4$ 的晶体结构。因此，磷酸铁锂锂离子电池的使用寿命较长。

合成 $LiFePO_4$ 材料常用的实验室方法有高温固相法、溶剂热法、溶胶-凝胶法、共沉淀法、热还原法、乳液干燥法、微波法、机械还原法等。合成该材料时，用相同的方法选用不同的锂源、铁源、磷源，得到的产品的性能也会有差异。

三、仪器与试剂

电阻炉及温控器	1 套	管式气氛炉	1 台
X 射线衍射仪(XRD)	1 台	扫描电子显微镜(SEM)	1 台
元素分析仪	1 台	透射电子显微镜(TEM)	1 台
CHI660B 电化学工作站	1 台	Land CT2001A 电池测试仪	1 台
小型球磨机	1 台	手套箱	1 套
恒流恒压电源	1 台	磁力搅拌器	1 台
电子天平	1 台	扣式电池封口机	1 台
真空干燥箱	1 台	液压压片机	1 台
高压水热反应釜(100 mL)	1 台	氩气	
FeC_2O_4(A. R.)		$LiCO_3$(A. R.)	
$NH_4H_2PO_4$(A. R.)		蔗糖(A. R.)	
$LiOH \cdot H_2O$(A. R.)		$FeSO_4 \cdot 7H_2O$(A. R.)	
H_3PO_4(A. R.)		无水乙醇(A. R.)	
导电乙炔黑(电池级)		聚偏氟乙烯乳液(PVDF)	
N-甲基吡咯烷酮(NMD)		锂片	
Celgard 2400 膜			

$LiPF_6$/EC + DMC 电解液(1 mol · L^{-1}，EC 和 DMC 的体积比为 1：1)

四、实验步骤

1. $LiFePO_4$/C 正极材料的制备

1) 高温固相法

按 $LiFePO_4$ 化学计量比称取适量 FeC_2O_4、$LiCO_3$、$NH_4H_2PO_4$ 和蔗糖，加入适量无水乙醇后放入球磨罐中，在 300 r · min^{-1} 下球磨 6 h，再将球磨浆料烘干后置于 700℃氩气气氛的管式炉中煅烧 10 h，得 $LiFePO_4$/C 粉末，记为试样 A 备用。

2) 溶剂热法

按 $LiFePO_4$ 化学计量比称取适量的 $LiOH \cdot H_2O$、$FeSO_4 \cdot 7H_2O$ 和 H_3PO_4 依次加入 70 mL 乙二醇-水(体积比为 15：1)的混合液中，磁力搅拌混合 1 h 后移入具 PTFE 内衬的高压水热反应釜中，180℃下持续反应 10 h，过滤洗涤后得到 $LiFePO_4$ 粉末。将其与适量蔗糖混合后，在 650℃氩气气氛中热处理 4 h，得 $LiFePO_4$/C 粉末，记为试样 B 备用。

2. $LiFePO_4$/C 粉末的结构表征

用 X 射线衍射仪分析所得 $LiFePO_4$/C 粉末的晶体结构。测试扫描范围为 15°～65°，扫描速率为 4° · min^{-1}。

用扫描电子显微镜观察 $LiFePO_4$/C 粉末的表面形貌和颗粒大小。

用透射电子显微镜观察 $LiFePO_4$/C 粉末表面的碳层情况和颗粒的精细结构。

用元素分析仪测定 $LiFePO_4$/C 粉末中的碳元素的含量。

3. 电池的组装

按质量比 8∶1∶1 称取 $LiFePO_4/C$ 粉末、乙炔黑和 PVDF，加入一定量的 NMD，球磨混合均匀约 1 h 制成浆料，用涂布机将其在铝箔集流体上制成厚度约 200 μm 的正极片，正极拉浆时烤箱温度一般为 90～110℃，再经裁切、压片、烘干、焊极耳等工艺得到正极实验极片。在充满氩气的手套箱中组装成扣式实验电池：负极为锂片，隔膜为 Celgard 2400，电解液为 1 mol · L^{-1} $LiPF_6$/碳酸乙烯酯(EC) + 碳酸二甲酯(DMC)。

4. $LiFePO_4/C$ 的循环伏安曲线

以 $LiFePO_4/C$ 实验极片为工作电极，金属锂为对电极和参比电极，选用混合电解液 $LiPF_6$/EC + DMC，在 CHI660B 电化学工作站上进行循环伏安测试。扫描电位范围为 2.3～4.5 V(*vs.* Li^+/Li)，扫描速率为 0.2 mV · s^{-1}。

5. 实验电池性能测试

将制得的扣式实验电池于室温静置 4 h，再在 Land CT2001A 电池测试仪上进行恒流充放电循环实验，电压范围选择 2.5～4.2 V。分别测试其倍率性能和循环寿命。

五、数据处理

(1) 将高温固相法和溶剂热法制备的 $LiFePO_4/C$ 材料的 XRD 谱图与橄榄石结构 $LiFePO_4$ 标准谱图(JCPDS 81-1173)进行对照，判断合成的粉末是否为纯 $LiFePO_4$ 相材料，确定其晶体结构。

(2) 观察两种方法制备的 $LiFePO_4/C$ 材料的 SEM 和 TEM 图。从 SEM 图比较两种方法制备的 $LiFePO_4$ 颗粒的均一性、颗粒大小和团聚情况。观察 TEM 图，找到 $LiFePO_4$ 颗粒表面包覆的碳层，分析碳层的厚度、包覆层的完整性和均匀性，还可通过 TEM 图得到 $LiFePO_4$ 颗粒的精细结构信息。

(3) 用元素分析结果得到粉末样品中的碳元素含量。

(4) 分析循环伏安曲线，获得 $LiFePO_4/C$ 作为 LIB 正极材料的充放电平台位置，基本确定充放电截止电压位置。分析模拟电池的恒流充放电曲线，比较两种方法获得的 $LiFePO_4/C$ 粉末作为 LIB 正极材料在不同倍率(如 0.1 C、0.5 C、1 C、5 C、10 C)下的首次充放电行为及其对应的库仑效率。比较二者在大电流(如 5 C)下的充放电性能；比较循环 50 周后，两种条件制备的材料的容量保持率。

结合两种条件下制备粉末材料的结构情况，分析其伏安性能和充放电性能产生差异的原因。

六、思考题

(1) $LiFePO_4$ 正极材料的实验室制备方法有哪些？从工业化应用角度看，哪些制备方法潜力较大？

(2) 组装锂电池时为什么要在手套箱中进行？否则电池的性能将会有哪些变化？

(3) 目前锂离子电池中商业化应用最多的正极材料是哪种？潜在的正极材料有哪些？相比而言，$LiFePO_4$ 材料的优缺点是什么？

(4) 考虑到工业化应用，如何设计制备高性能 $LiFePO_4$ 正极材料？

七、实验启示

(1) 电极材料的充放电性能与其制备工艺及电池的装配技术紧密相关。

(2) 在合成磷酸铁锂时，最后一般用还原气氛保证材料中的亚铁成分，因而必须注意规避有可能部分还原成零价铁的问题。

(3) 从性价比的角度看，电极材料种类的选择及其与负极材料的匹配等问题，可能是工业化生产中除了电池系统本身的性能外需要重视的问题。

参 考 文 献

Padhi A K, Nanjundaswamy K S, Goodenough J B. 1997. Phospho-olivines as positive-electrode materials for rechargeable lithium batteries. Journal of the Electrochemical Society, 144(4): 1188-1194.

Wang Y, Zhu B, Wang Y, et al. 2016. Solvothermal synthesis of $LiFePO_4$ nanorods as high-performance cathode materials for lithium ion batteries. Ceramics International, 42(8): 10297-10303.

Yang X L, Mou F, Zhang L L, et al. 2012. Enhanced rate performance of two-phase carbon coated $LiFePO_4/(C + G)$ using natural graphite as carbon source. Journal of Power Sources, 204: 182-186.

(责任编撰：三峡大学　代忠旭)

实验 41　ABS 塑料表面电镀

一、目的要求

(1) 了解塑料电镀的基本过程和步骤。

(2) 了解化学镀的基本原理及方法。

(3) 了解电镀的基本原理、方法及基本装置。

二、实验背景

通过电化学过程在金属或非金属工件的表面上沉积一层金属的方法称为电镀。电镀是一种表面处理技术，广泛运用于国民经济的各个生产研究部门，目的是在基材上镀上金属镀层(deposit)，改变基材表面性质或尺寸。电镀能增强金属的抗腐蚀性(镀层金属多采用耐腐蚀的金属)，增加硬度，防止磨耗，提高导电性、润滑性、耐热性和观赏性。

电镀是电解原理的具体应用。电镀时，被镀工件作为电解池的阴极，欲镀金属作为阳极，电解液中含有欲镀金属离子，电镀进行中，阳极溶解成金属离子，溶液中的欲镀金属离子在金属工件表面以金属单质或合金的形成析出。在非金属表面电镀以聚丙烯树脂及 ABS 树脂最佳，其镀膜密着性好，表面光亮。因此，现在塑料电镀工业制品大多采用这两种塑料。

塑料电镀就是在塑料表面镀上一层金属的表面处理技术。但是，由于塑料是绝缘体，不导电，因此在电镀前必须首先解决它的导电性问题，通常的方法是在塑料表面再涂覆一层导电层使它导电，包括喷射导电涂料、真空镀金属层、直接使用导电塑料、化学镀。其中，最常用的方法是化学镀。

化学镀是一种氧化还原过程，是用适当的还原剂使金属离子还原成金属而沉积在制品表面上的一种镀覆工艺。化学镀常用还原剂为次亚磷酸钠($NaH_2PO_2 \cdot H_2O$)或甲醛(HCHO)。以甲

醛为还原剂、酒石酸钾钠为络合剂在碱性条件下进行化学镀铜的主要反应为

$$Cu^{2+} + 2OH^- \longrightarrow Cu(OH)_2$$

$$Cu(OH)_2 + 3C_4H_4O_6^{2-} \longrightarrow [Cu(C_4H_4O_6)_3]^{4-} + 2OH^-$$

$$[Cu(C_4H_4O_6)_3]^{4-} + HCHO + 3OH^- \longrightarrow Cu\downarrow + 3C_4H_4O_6^{2-} + HCOO^- + 2H_2O$$

为了使金属的沉积过程只发生在非金属镀件上而不发生在溶液中，首先要将非金属镀件表面进行除油、粗化、敏化、活化等预处理。

塑料电镀的工艺流程一般为除油→水洗→粗化→水洗→敏化→自来水洗→去离子水洗→活化→水洗→化学镀铜→水洗→电镀→水洗→干燥。

除油。用以除去镀件表面油污，使表面清洁，是电镀的必要步骤，非金属的化学镀同样不可缺少。通常有以下三种方法：有机溶剂除油、碱性除油、酸性除油，常用碱性除油。

粗化。为提高镀层结合强度，尽可能增加镀层和基体间的接触面积。粗化方法有机械粗化法和化学粗化法两种。机械粗化如喷砂和滚磨等。常用的是化学粗化，可以迅速地使工件表面微观粗糙，粗化层均匀、细致，不影响工件外观。

敏化。可以使粗化的非金属镀件表面吸附一层具有较强还原性的金属离子(如 Sn^{2+})，以便在活化处理时被氧化，在镀件表面形成“催化膜”，常用的敏化液是酸性氯化亚锡溶液。

活化。用含有催化活性的金属如银、钯、铂、金等的化合物溶液，对经过敏化处理的镀件表面进行再次处理，目的是在非金属表面产生一层催化金属层。常用的活化剂有氯化金、氯化钯和硝酸银等，但前两种较贵，所以一般选用硝酸银作为活化剂。

经活化处理后，在镀件表面已具有催化活性的金属粒子，能加速氧化还原反应的进行，使镀件表面很快沉积上铜的导电层，而实现非金属材料的化学镀铜。

非金属镀件经过预处理和化学镀后，即可进行电镀。根据不同要求，可以镀铜、镀镍、镀锌、镀铬等。本实验为镀锌和镀镍，电镀液以锌盐和镍盐为主盐，加配合剂、添加剂等。影响非金属电镀的因素很多，除电镀液的浓度、电流密度、温度等因素外，还包括非金属材料的本性、造型设计、模具设计等工艺条件。

三、仪器与试剂

直流稳压稳流电源	1 台	调温电炉	1 个
烧杯(200 mL)	10 个	温度计	1 支
ABS 塑料片	若干	塑料镊子	1 支
纯 Zn 片(电极)		纯 Ni 片(电极)	

化学除油剂：$NaOH(80\ g\cdot L^{-1})$，$Na_3PO_4\ (30\ g\cdot L^{-1})$，$Na_2CO_3\ (15\ g\cdot L^{-1})$，洗洁精$(5\ mL\cdot L^{-1})$

化学粗化液：浓 $H_2SO_4(250\ g\cdot L^{-1})$，$CrO_3\ (75\ g\cdot L^{-1})$

敏化液：$SnCl_2\cdot H_2O\ (10\ g\cdot L^{-1})$，浓 HCl (36%) $(40\ mL\cdot L^{-1})$，Sn 粒若干

活化液：$AgNO_3\ (2\ g\cdot L^{-1})$ 滴加氨水至沉淀溶解且溶液澄清

甲醛溶液：$HCHO(37\%) : H_2O = 1 : 9$(体积比，蒸馏水配制)

化学镀铜液：由于化学镀铜液极易分解，一般配成甲、乙两组分溶液，使用时按甲：乙＝3：1 混合

甲液：酒石酸钾钠$(NaKC_4H_4O_6)(45.5\ g\cdot L^{-1})$，$NaOH(9\ g\cdot L^{-1})$，$Na_2CO_3(42\ g\cdot L^{-1})$

乙液：$CuSO_4 \cdot 5H_2O$(14 g · L^{-1})，$NiCl_2 \cdot 6H_2O$(4 g · L^{-1})，HCHO(37%)(53 mL · L^{-1})

镀锌电镀液：$ZnSO_4$(36 g · L^{-1})，NH_4Cl(30 g · L^{-1})，葡萄糖($C_6H_{12}O_6$)(120 g · L^{-1})，NaAc(调节 pH)(15 g · L^{-1})

镀镍电镀液：$NiSO_4 \cdot 7H_2O$ (300 g · L^{-1})，$NiCl_2 \cdot 6H_2O$(60 g · L^{-1})，H_3BO_3 (37.5 g · L^{-1})

四、实验步骤

1. 化学镀预处理

(1) 镀件除油。取一片 ABS 塑料片(3 cm × 4 cm)用自来水冲洗干净后，放入近沸的化学除油液中浸泡 10 min，期间不断翻动镀件，除油后依次用自来水、蒸馏水清洗镀件表面，洗净镀件表面的碱液。

(2) 粗化。将除油后的镀件放入 60～70℃的化学粗化液中 5～10 min，不断翻动镀件，防止温度过高，粗化后，用自来水将沾附在镀件表面的粗化液彻底洗净。

(3) 敏化。将镀件放在敏化液中，于室温下浸泡 3～5 min，敏化后，在自来水、蒸馏水中漂洗。注意：不能用水流冲洗。

(4) 活化。将镀件放在室温的活化液中浸泡 3～5 min，活化后，在甲醛溶液中浸泡几秒钟以防止多余银盐进入化学镀铜溶液。

2. 化学镀铜

用量筒按 3 : 1 量取甲液和乙液于镀槽中并混合均匀，得化学镀铜液。用 pH 试纸监测其 pH，若 pH＜12，用 NaOH 溶液调节至 pH = 12。然后将预处理的 ABS 塑料片在室温下浸入化学镀铜液，并不断翻动塑料片，20～30 min 后取出镀件，用自来水漂洗并晾干。

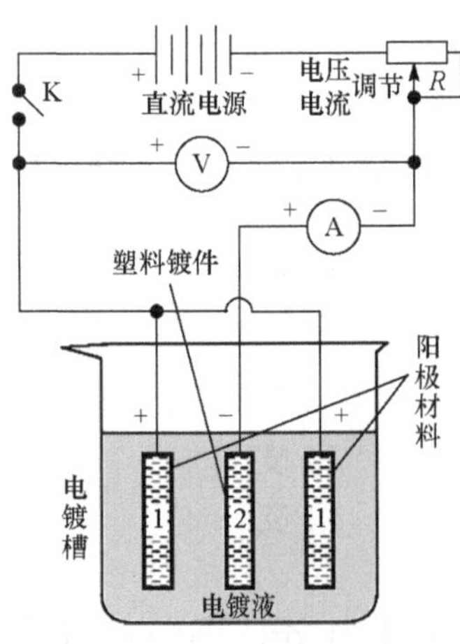

图 3-41-1 塑料电镀装置

3. 电镀锌

按图 3-41-1 接好电镀线路。将电镀挂架放在预备处，在挂架正极处连接纯 Zn 片作阳极，挂架的负极处连接经化学镀铜的塑料片为阴极，电镀槽中倒入适量镀锌电镀液。

开启电镀电源，调节电压至约 1 V 使塑料镀件带电，再将挂架放到电镀位置，使待镀塑料电极浸入镀锌溶液中，立即调节电镀电源的电压和电流调节旋钮，使阴极电流密度符合表 3-41-1 所示的镀锌工艺条件要求。电镀结束后，将塑料电镀挂架从镀液中提起，放至预备处。移走镀液槽，取下正极 Zn 片，用蒸馏水反复冲洗塑料镀片，至无镀锌液残留，备用。

表 3-41-1 电镀控制条件

镀层	阴极电流密度/(mA · cm^{-2})	温度/℃	pH	时间/min
镀 Zn	10	20～25	3～5	20～30
镀 Ni	40	45～55	3.5～4	10～30

4. 电镀镍

电镀线路同步骤 3，用纯 Ni 片代替纯 Zn 片作阳极，塑料镀片作阴极。电镀槽中倒入适量镀镍电镀液，将挂架放到电镀位置，开启电镀电源，调节电压和电流调节旋钮，使阴极电流密度符合表 3-41-1 所示电镀金属镍的工艺条件。

五、结果与讨论

(1) 分析讨论镀液组成对镀层的光洁度、附着(抗撕)强度等质量的影响。

(2) 分析阴、阳极的相对位置和阳极形状对镀层质量的影响。

六、思考题

(1) 化学镀的基本原理是什么？以化学镀铜为例说明。

(2) 对塑料进行电镀时为什么要进行化学镀预处理？

(3) 进行塑料电镀时，影响电镀的因素有哪些？

参考文献

陈琼. 1990. 塑料电镀的原理与应用. 广西化工, 1: 37-40.

郝杰芬. 2000. ABS 塑料电镀中出现的问题与解决方法. 电镀与精饰, 22(1): 31-32.

王桂香, 韩家军, 李宁, 等. 2005. 塑料表面直接电镀. 电镀与精饰, 27(2): 20-23.

(责任编撰：中南民族大学　黄正喜)

实验 42　Al_2O_3 载体孔径对 Co/γ-Al_2O_3 费-托合成催化性能影响

一、目的要求

(1) 了解费-托合成反应的基本概念。

(2) 掌握催化剂制备方法及一些表征手段。

(3) 掌握固定床反应器的构造及应用。

二、实验背景

费-托合成(Fischer-Tropsch synthesis，FTS)是将煤、天然气、生物质等含碳资源间接转化为液体燃料和化学品的重要工艺过程，其合成产物主要是具有较高碳数的重质烃(C_{5+})和一系列含氧化合物，通过重质烃产物的精制和裂解可以获得高品质的柴油和航空煤油，这些产物中不含硫化物和氮化物，是非常洁净的燃料。从 1923 年 Fischer 和 Tropsch 发现用合成气($CO + H_2$)可催化合成液态烃以来，由于世界石油资源的迅速消耗及价格飞涨，以及人们的环保意识不断增强，费-托合成技术已然成为世界能源领域的研究热点。

虽然费-托合成反应原料只是简单的 CO 和 H_2，但反应本身是一个复杂的体系，反应产物可达百种以上，除了主要产物烃类化合物之外，还有少量的醇、醛、酮类等烃的含氧衍生物，也有水、CO_2 和 C 等物质。下面是一些反应的综合方程式：

$$2nH_2 + nCO \longrightarrow C_nH_{2n} + nH_2O \qquad \text{产物为烯烃}$$

$$(2n+1)\,H_2 + n\,CO \longrightarrow C_nH_{2n+2} + nH_2O \qquad \text{产物为烷烃}$$

$2nH_2 + nCO \longrightarrow C_nH_{2n+1}OH + (n-1)H_2O$　　产物为醇类化合物

$CO + H_2O \longrightarrow CO_2 + H_2$　　水煤气变换反应

$CO + H_2 \longrightarrow C + H_2O$　　积碳反应

费-托合成反应是放热反应，由于放热量大，常发生催化剂局部过热，导致选择性降低，并引起催化剂积炭甚至失活。因此，制备出高活性、高选择性、高稳定性的催化剂是目前费-托合成研究的重点之一。为了增加活性金属的分散度和反应热的扩散，往往采用高比表面积氧化物载体(如 SiO_2、Al_2O_3、TiO_2、ZrO_2、SBA-15 等)。γ-Al_2O_3 由于高比表面积、高耐磨强度、高稳定性，以及 Co/$A1_2O_3$ 催化剂相比于其他载体负载的催化剂有着更高的 CO 转化率和 C_{5+}选择性等优点，成为费-托合成催化剂中常用的载体。因为载体结构对催化剂性能有一定的影响，所以本实验对载体γ-Al_2O_3进行前处理，使之具有不同孔结构，研究 Co/γ-Al_2O_3 催化剂孔径对催化性能的影响。

三、仪器与试剂

KSW-1 型电炉温度控制器	1 台	AMI-200 型催化剂多功能表征仪	1 台
Bruker D8 型 X 射线衍射仪	1 台	Autosorb-1 型物理吸附仪	1 台
固定床反应器(FBR)	1 套	MicroGC3000A 型气相色谱仪	1 台
电子天平	1 台	圆底烧瓶(100 mL)	1 个
γ-Al_2O_3	若干	$Co(NO_3)_2 \cdot 6H_2O$(A. R.)	若干
高纯氢气(≥99.999%)钢瓶	1 个	10% H_2/Ar 混合气钢瓶	1 个
高纯氦气(≥99.999%)钢瓶	1 个	高纯氧气(≥99.999%)钢瓶	1 个

四、实验步骤

1. 载体处理

γ-Al_2O_3 分别在 450℃、600℃、800℃焙烧 5 h，标记为 Al_2O_3-1 、Al_2O_3-2 、Al_2O_3-3 。

2. 载体水饱和实验

由于催化剂采用满孔浸渍法制备，因此先要测量载体的孔容，确定载体的满孔浸渍量。方法如下：取一定量的上述处理过的载体，用移液管边滴蒸馏水边摇晃装载体烧瓶以致壁上沾有载体。记录所用蒸馏水体积，计算每克载体所吸的蒸馏水体积。

3. Co/Al_2O_3 催化剂制备

本实验所研究的 Co/Al_2O_3 催化剂均含 15%钴(按钴原子在催化剂中的质量分数计算)，确保催化剂的性能仅由载体焙烧温度的不同而异。把相应催化剂记为 Co/Al_2O_3-1 、Co/Al_2O_3-2 、Co/Al_2O_3-3 。催化剂均采用满孔浸渍法制备，即将计算量的 $Co(NO_3)_2 \cdot 6H_2O$ 溶于按上步所测孔容计算所得体积的蒸馏水中，制备成浸渍液，将 Al_2O_3 载体放入浸渍液中浸渍，在旋转蒸发仪抽真空条件下从 50℃上升至 90℃，然后在 120℃烘干 12 h，最后将催化剂置于马弗炉中于 350℃焙烧 6 h。

4. 催化剂的表征

1) BET 测试

在 Autosorb-1 型物理吸附仪上测试催化剂的平均孔径、孔体积及比表面积。催化剂先在

200℃、流速为 30 mL · min^{-1} 的氦气气氛下吹扫 4 h(赶走体系中的空气及水分等杂质)，接着在液氮冷却下于 – 196℃测得。

2) XRD 测试

XRD 测试在 Bruker D8 型 X 射线衍射仪(Cu 靶)上进行，扫描范围 2θ 为 10°～80°，对照国际粉末衍射标准联合会的标准 XRD 数据资料(JCPDS)确认物相。Co_3O_4 晶粒大小由谢勒(Scherrer)方程(3-42-1)求得

$$d = \frac{0.89\lambda}{B\cos\theta} \times \frac{180°}{\pi} \tag{3-42-1}$$

式中，d 为平均晶粒直径(nm)；λ 为 X 射线的波长(1.54056 Å)；B 为特征衍射峰的半峰宽(°) (本处为 $2\theta = 36.8°$处的衍射峰的半峰宽)。

3) 氢气程序升温还原(H_2-TPR)

在 AMI-200 型催化剂多功能表征仪上测试催化剂的还原性。取催化剂 0.15 g 置于 U 形石英反应管中，管内插入一根热电偶于催化剂床层用于温度测试及控制，控温器以稳定的升温速率加热反应管。进行氢气程序升温还原之前，Co/Al_2O_3 催化剂先在 150℃下用 30 mL · min^{-1} 的氩气吹扫 1 h(除去其中的水分和杂质)，后降温至 50℃，再通入 30 mL · min^{-1} 10% H_2/Ar 混合气至基线平稳，温度以 10℃ · min^{-1} 的升温速率从 50℃升至 800℃，并在 800℃保持 30 min。用热导池检测器(TCD)记录耗氢信号。

4) 氢气程序升温脱附(H_2-TPD)和氧滴定

在 AMI-200 型催化剂多功能表征仪上测试催化剂的还原度和分散度。取催化剂 0.22 g 置于 U 形石英反应管中，先通入纯氢在 350℃下还原催化剂 12 h，后降温至 100℃，接着通入氩气(10 mL · min^{-1})吹扫 60 min(带走催化剂表面物理吸附的氢)至基线平稳后，温度以 10℃ · min^{-1} 的升温速率升至 450℃，并在 450℃保持 2 h，用热导池检测器记录脱氢信号。以脉冲的方式进行 TCD 面积校准。

待氢气程序升温脱附完成后，接着进行氧滴定(oxygen-titration)实验。先通入 25 mL · min^{-1} 氦气吹扫，再脉冲注入纯氧，直至催化剂不再消耗氧气为止。根据脉冲圈体积及脉冲次数计算金属 Co 氧化成 Co_3O_4 所消耗的氧气量，从而计算催化剂中钴的还原度。

未经校准的分散度是假设催化剂中活性金属完全还原的分散度，而实际分散度必须经过还原度校准。若在计算中不考虑还原度，则得到的分散度偏低，晶粒直径偏高。

5. 催化剂催化性能评价

(1) 费-托合成反应在内径为 2 cm 的管式固定床反应器上进行(反应器流程图见图 3-42-1)，催化剂装量为 6.0 g，与 36.0 g 的石英砂混合后均匀地装在反应管中。

(2) 打开气体质量流量控制器开关，一定流量的 N_2 通入反应管中，用背压阀将反应器前的压力调至 1.0 MPa，并在此压力下保持 2 h，用检漏液检查各个接口是否漏气，要保证整个系统不漏气。如果不漏气，降压至常压。

(3) 插入热电偶，绑好加热带及保温带。

(4) 催化剂还原。催化剂先在纯氢中于常压下还原，H_2 空速(GHSV)为 3.5 L · g^{-1} · h^{-1}(STP)，温度以 2℃ · min^{-1} 的速率从室温升到 100℃并保持 1 h，再以同样的速率升到 450℃并在该温度下保持 10 h，还原了的催化剂在氢气流中温度降到 180℃。

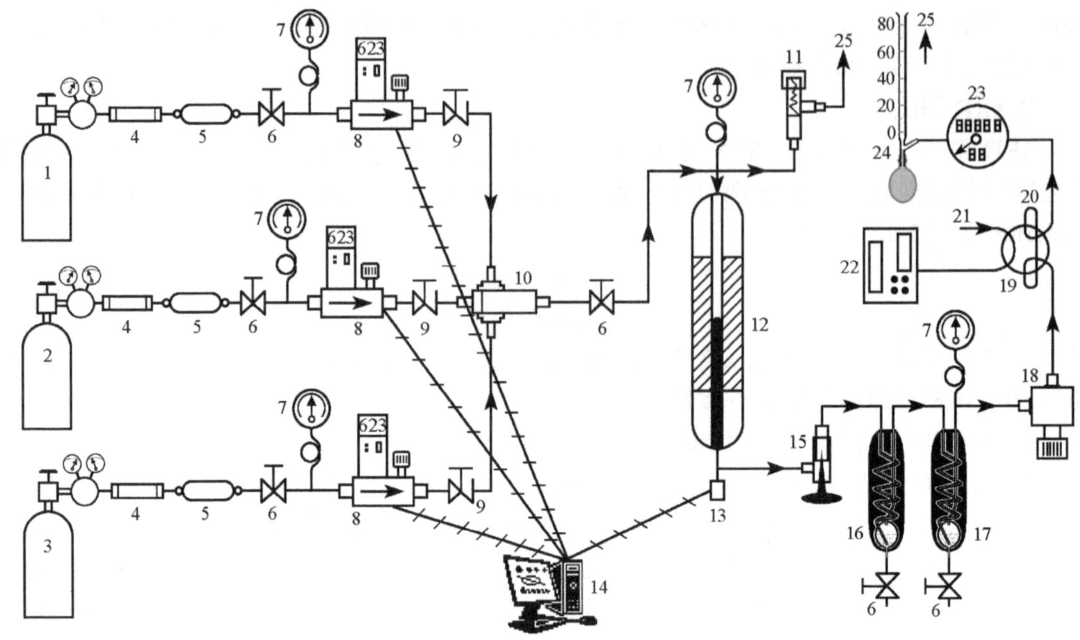

图 3-42-1　固定床反应装置流程图

1. H_2 钢瓶；2. CO 钢瓶；3. N_2 钢瓶；4. 净化管；5. 过滤器；6. 截止阀；7. 压力表；8. 质量流量器；9. 单向阀；10. 气体混合器；11. 限压阀；12. 反应器；13. 测控温电偶；14. 计算机测控；15. 针形阀；16. 热阱；17. 冷阱；18. 背压阀；19. 六通阀；20. 定量管；21. 色谱载气；22. 气相色谱；23. 湿式流量计；24. 皂膜流量计；25. 气体放空

(5) 接着通入合成气[$n_{H_2}/n_{CO}=2$，空速 = 2 L · g^{-1} · h^{-1}(STP)]，合成气进口流量测量和成分分析分别在湿式防腐气体流量计及装有分子筛、Plot-Q 和 Al_2O_3 柱的 MicroGC3000A 型气相色谱仪上进行。

(6) 将反应器内压力用背压阀调至 1.0 MPa，温度以 10℃ · h^{-1} 的升温速度升至 210℃，然后以 5℃ · h^{-1} 的升温速率升至 230℃，费-托合成反应在 230℃下进行。

(7) 反应温度达 230℃后，每 2 h 进行一次尾气流量测量和成分分析。

(8) 用温度控制器控制热阱温度为 130℃，冷阱温度为 –4℃，分别收集固相产物蜡和液相产物油。

(9) 反应停止后，先关温度控制程序，然后用背压阀缓慢降压至常压，关闭气体质量流量控制器和所有气体阀门，关闭热阱和冷阱开关，关闭温度控制器，最后关闭稳压电源。

五、结果与讨论

(1) 载体及催化剂物理吸附数据填入表 3-42-1。

表 3-42-1　载体及催化剂物理吸附数据

样品	比表面积/(m^2 · g^{-1})	平均孔径/nm	孔体积/(mL · g^{-1})
Al_2O_3-1			
Al_2O_3-2			
Al_2O_3-3			
Co/Al_2O_3-1			
Co/Al_2O_3-2			
Co/Al_2O_3-3			

(2) Co/Al_2O_3催化剂的 XRD、H_2-TPD、氧滴定数据及反应数据填入表 3-42-2。

表 3-42-2　催化剂物理性质与催化反应性能

性质指标	Co/Al_2O_3-1	Co/Al_2O_3-2	Co/Al_2O_3-3
Co_3O_4平均粒径 d/nm			
吸氢量/(μmol · g^{-1})			
分散度 D_{uncor}/%			
晶粒直径 d_{uncor}/nm			
耗氧量/(μmol · g^{-1})			
分散度 D_{corr}/%			
还原度/%			
钴晶粒直径 d_{corr}/nm			
CO 转化率 x_{CO}/%			
CH_4选择性 S_{CH_4} /%			
C_2选择性 S_{C_2} /%			
C_3选择性 S_{C_3} /%			
C_4选择性 S_{C_4} /%			
C_{5+}选择性 $S_{C_{5+}}$ /%			

注：uncor 表示未校正，corr 表示校正。

(3) 试根据表 3-42-1 和表 3-42-2 中的数据，分析催化剂性能与影响因素的关系。

相关计算公式如下：

$$\text{脉冲圈体积校准值}=\frac{\text{脉冲产生的峰面积}}{\text{标准进样产生的峰面积}}\times 100\ \mu\text{L} \tag{3-42-2}$$

假设 H 在 Co 上吸附按 Co：H = 1：1 进行，则分散度 D 的计算公式为

$$\begin{aligned} D_{\text{uncor}} &= \frac{\text{表面上的金属钴量(mol)}}{\text{催化剂中的总钴量(mol)}}\times 100\% \\ &= \frac{\text{耗氢量(mol)}\times 2}{\text{催化剂中的总钴量(mol)}}\times 100\% \end{aligned} \tag{3-42-3}$$

其中

$$\text{耗氢量}=\frac{\text{TPD峰面积}\times\dfrac{\text{脉冲圈体积校准值}(\mu\text{L})}{\text{脉冲产生的面积}}}{24.5\times 10^{-6}(\mu\text{L}\cdot\text{mol}^{-1})}\ \text{(mol)} \tag{3-42-4}$$

$$D_{\text{corr}} = \frac{\text{表面上的金属钴量(mol)}}{\text{催化剂中的总钴量(mol)}\times\text{还原度}}\times 100\% \tag{3-42-5}$$

假设还原的钴金属与氧气反应生成Co_3O_4，即$3Co + 2O_2 = Co_3O_4$

$$\text{还原度}=\frac{\text{被还原的金属钴量(mol)}}{\text{催化剂中的总钴量(mol)}}\times 100\% =\frac{\text{耗氧量(mol)}\times 1.5}{\text{催化剂中的总钴量(mol)}}\times 100\% \tag{3-42-6}$$

$$\text{耗氧量}=\frac{\text{氧气脉冲产生峰面积}\times\dfrac{\text{脉冲圈体积校准值(μL)}}{\text{脉冲产生的面积}}}{24.5\times 10^{-6}(\text{μL}\cdot\text{mol}^{-1})}\ \text{(mol)} \tag{3-42-7}$$

$$\text{晶粒直径}d=\frac{6000}{\text{活性金属密度}\times\text{金属最大表面积(100\%的分散度)}\times\text{分散度}} \tag{3-42-8}$$

$$\text{CO转化率}=x_{\text{CO}}=\frac{n_{\text{in,CO}}-n_{\text{out,CO}}}{n_{\text{in,CO}}}\times 100\% \tag{3-42-9}$$

$$\text{CH}_4\text{选择性}=S_{\text{CH}_4}=\frac{n_{\text{生成,CH}_4}}{n_{\text{in,CO}}-n_{\text{out,CO}}-n_{\text{产生,CO}_2}}\times 100\% \tag{3-42-10}$$

$$\text{C}_x\text{选择性}(x=2,3,4)=S_{\text{C}_x}=\frac{n_{\text{生成,C}_x}}{n_{\text{in,CO}}-n_{\text{out,CO}}-n_{\text{产生,CO}_2}}\times 100\% \tag{3-42-11}$$

$$S_{\text{C}_{5+}}=C_{5+}\text{选择性}=1-S_{\text{CH}_4}-S_{\text{C}_2}-S_{\text{C}_3}-S_{\text{C}_4} \tag{3-42-12}$$

六、思考题

(1) 通过本次实验对催化剂制备使用的满孔浸渍法有哪些了解？除了满孔浸渍法外，还有哪些浸渍法和其他方法？

(2) 对载体进行不同温度的焙烧，载体结构上有什么差异？对催化剂性能有什么影响？

(3) 把催化剂装入反应管时为什么还要加入石英砂？它的作用是什么？

(4) 通过实验对费-托合成反应流程有哪些了解？要注意哪些事项？

七、参考数据

(1) 载体及催化剂物理吸附数据参考值参见表 3-42-3。

表 3-42-3　载体及催化剂物理吸附数据参考值

样品	比表面积/($m^2\cdot g^{-1}$)	平均孔径/nm	孔体积/($mL\cdot g^{-1}$)
Al_2O_3-1	244.2	10.2	0.52
Al_2O_3-2	180.0	11.5	0.52
Al_2O_3-3	141.2	14.5	0.50
Co/Al_2O_3-1	192.0	6.6	0.43
Co/Al_2O_3-2	171.7	8.2	0.44
Co/Al_2O_3-3	138.0	11.9	0.41

(2) Co/Al_2O_3 催化剂综合数据见表 3-42-4。

表 3-42-4 Co/Al_2O_3催化剂实验综合数据

指标	Co/Al_2O_3-1	Co/Al_2O_3-2	Co/Al_2O_3-3
Co_3O_4平均粒径 d/nm	21.0	22.8	23.9
吸氢量/(μmol · g^{-1})	106.7	88.4	65.1
D_{uncor}/%	8.4	6.9	5.1
晶粒直径 d_{uncor}/nm	12.4	14.9	20.2
耗氧量/(μmol · g^{-1})	971.6	898.4	775.2
D_{corr}/%	14.7	13.2	11.3
还原度/%	56.97	52.68	45.45
钴晶粒直径 d_{corr}/nm	7.1	7.9	9.2
CO 转化率/%	38.7	32.1	29.8
CH_4选择性/%	15.8	16.2	18.6
C_2选择性/%	1.2	1.5	1.7
C_3选择性/%	1.7	2.0	2.3
C_4选择性/%	1.29	1.39	1.44
C_{5+}选择性/%	80.01	78.91	75.96

(3) 程序升温还原图如图 3-42-2 所示，催化剂 X 射线粉末衍射图如图 3-42-3 所示。

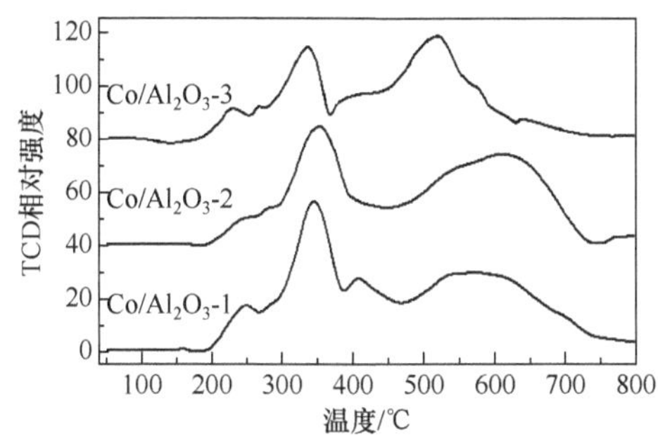

图 3-42-2 程序升温还原图

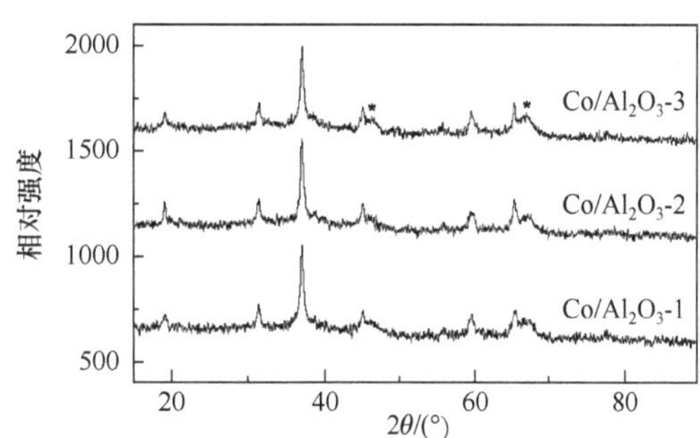

图 3-42-3 X 射线粉末衍射图

参考文献

Jacobs G, Das T K, Zhang Y Q, et al. 2002. Fischer-Tropschsynthsis: support, loading, and promoter effects on the reducibility of cobalt catalyst. Applied Catalysis A: General, 233: 263-281.

Song D C, Li J L. 2006. Effect of catalyst pore size on the catalytic performance of silica supported cobalt Fischer-Tropsch catalysts. Journal of Molecular Catalysis A: Chemical, 247: 206-212.

Xiong H F, Zhang Y H, Wang S G, et al. 2005. Fischer-Tropsch synthesis: the effect of Al_2O_3 porosity on the performance of Co/Al_2O_3 catalyst. Catalysis Communication, 6: 512-516.

(责任编撰：中南民族大学 李金林)

实验 43　纳米钴酸锌的低温固相合成及其表征

一、目的要求

(1) 掌握用低温固相法制备纳米钴酸锌尖晶石，并了解其原理。

(2) 学会用热重法(TG)分析前驱体的热分解过程。

(3) 了解 XRD 和 TEM 等手段表征目标化合物的方法。

(4) 学会用谢勒公式根据 XRD 图谱计算晶体粒径。

二、实验原理

尖晶石氧化物的通式是 AB_2O_4，钴基尖晶石氧化物对某些反应有很强的催化活性，如含有烃基化合物的氧化反应，硫化氢的低温吸附剂。此外，纳米级 $ZnCo_2O_4$ 很稳定，且在碱性介质中有很好的活性，比贵金属(如铂、金等)更有效，更便宜。

传统 $ZnCo_2O_4$ 制备方法需要保持 1000℃或更高的温度几天，且难以得到单相物质。此外，所得产物比表面积小，降低了催化效率。目前，一些新制备方法相继出现，可得到超微粒子或纳米粒子尖晶石氧化物，如溶胶-凝胶法，但因这些方法条件复杂，产业化费用很高，所以投入工业化规模化生产很困难。

通过低温固相法可在室温下制备 $ZnCo_2(C_2O_4)_3 \cdot 6H_2O$ 纳米颗粒，该合成方法因为设备简单、能耗低、反应速率快、产率高、产物纯度几乎 100%，在纳米材料合成方面显示出极大的优势。

1. 低温固相法制备纳米钴酸锌尖晶石的原理

根据计量方程式的配比称取适量的反应物 $Zn(CH_3COO)_2 \cdot 2H_2O$、$Co(CH_3COO)_2 \cdot 4H_2O$ 和 $H_2C_2O_4 \cdot 2H_2O$，在玛瑙研钵中充分混合研磨呈均匀的糊状(或胶体状)，至生成前驱体 $ZnCo_2(C_2O_4)_3 \cdot 6H_2O$。反应方程式如下：

(1) $Zn(CH_3COO)_2 \cdot 2H_2O + 2Co(CH_3COO)_2 \cdot 4H_2O + 3H_2C_2O_4 \cdot 2H_2O$

$$\longrightarrow ZnCo_2(C_2O_4)_3 \cdot 6H_2O + 6CH_3COOH + 10H_2O$$

(2) 加热前驱体 $ZnCo_2(C_2O_4)_3 \cdot 6H_2O$，在 129～218℃的反应为

$$ZnCo_2(C_2O_4)_3 \cdot 6H_2O \longrightarrow ZnCo_2(C_2O_4)_3 + 6H_2O$$

(3) 在 298～324℃的反应为

$$ZnCo_2(C_2O_4)_3 + 2O_2 \longrightarrow ZnCo_2O_4 + 6CO_2$$

2. 用 TG 分析由前驱体到目标化合物 $ZnCo_2O_4$ 的热分解过程

在静态空气气氛下，对前驱体 $ZnCo_2(C_2O_4)_3 \cdot 6H_2O$ 在 30～700℃进行扫描，通过 TG 图谱可以清楚地显示分解过程的温度和质量的变化，可利用 TG 曲线的各个台阶失重率，确定前驱体的热分解过程。

3. 对目标化合物 $ZnCo_2O_4$ 进行 XRD 表征

化合物 $ZnCo_2O_4$ 具有特定的结构，可利用 XRD 的特点分析产物的结构。将所得 XRD 图谱与 $ZnCo_2O_4$ 已有的 JCPDS 标准卡(No：231390)比较，可以迅速判断产物的结构。根据谢勒

公式计算前驱体经不同温度煅烧后晶体的平均粒径，将该参数与 $ZnCo_2O_4$ 的性能相关联，以确定最佳反应温度。

4. 对目标化合物 $ZnCo_2O_4$ 进行形貌分析

利用 TEM 可以直观地观察和分析试样的形貌和大小，是了解和分析微小粒子的绝佳工具。在不同温度下煅烧的样品用 FEI Tecnai G20 透射电子显微镜观测粒子的大小和形貌，根据图谱分析制备条件对样品形貌的影响。

三、仪器与试剂

综合热分析仪	1 套	Bruker D8 型 X 射线衍射仪	1 台
Tecnai G20 透射电子显微镜	1 台	玛瑙研钵或小型球磨机	1 个/1 台
马弗炉	1 台	乙酸锌($ZnAc_2 \cdot 2H_2O$，A. R.)	
乙酸钴($CoAc_2 \cdot 4H_2O$，A. R.)		草酸($H_2C_2O_4 \cdot 2H_2O$，A. R.)	

四、实验步骤

1. 尖晶石钴酸锌前驱体的制备

称取 $Zn(CH_3COO)_2 \cdot 2H_2O$ 13.29 g、$Co(CH_3COO)_2 \cdot 4H_2O$ 30.24 g 和 $H_2C_2O_4 \cdot 2H_2O$ 22.96 g(按理论产量为 15 g 计算)，在玛瑙研钵中充分均匀混合研磨 90 min，至混合物呈糊状(或呈胶体状)，有条件的实验室可以使用小型球磨机进行研磨。

在反应过程中，反应物由固体状慢慢变成稀糊状，并伴随产生很浓的乙酸气味。随着研磨的不断进行，糊状反应物由稀变稠，乙酸气味也逐渐变淡。当乙酸气味很淡时，可停止研磨，表明反应基本完成，最后得到很稠的粉红色糊状物。将所得混合物放入恒温箱，在 40℃下恒温 10 h 得前驱体。

2. 钴酸锌的制备及表征

(1) 热重分析：称取 5 mg 左右的前驱体于综合热分析仪中，在 30～700℃静态空气气氛中以 10℃ · min^{-1} 的速率升温，得到 TG 曲线。

(2) 分别取 4 份质量约为 1 g 的前驱体，在马弗炉中于 350℃、450℃、550℃、650℃煅烧 3 h，即得钴酸锌尖晶石，留待后面表征用。

(3) 分别取上述煅烧后的样品各 5 mg 左右，于 XRD 分析仪中进行扫描，记录 XRD 图谱和衍射峰宽。XRD 测试以石墨为单色器，Ni 为滤波器，Cu 靶($\lambda = 1.54056$ Å 即 $K_{\alpha1}$ 线)，管电压 40 kV，管电流 30 mA，在室温下进行。扫描速率 0.05° · s^{-1}，测定样品粉末 10°～70°的衍射数据。

(4) 利用 TEM 观测前驱体及煅烧产物的形态和粒径大小。

五、结果与讨论

(1) 将 TG 实验数据列成表，对 TG 曲线 129～218℃台阶和 298～324℃台阶的失重率进行计算和讨论，写出热分解反应方程式。

(2) 分析 XRD 图谱。将其衍射峰值与 JCPDS 标准卡的图谱进行比对，鉴定前驱体受热分解的产物。根据谢勒公式计算前驱体经不同温度(350℃、450℃、550℃和 650℃)煅烧后晶体的平均粒径。

(3) 观察前驱体及其不同温度下(350～650℃)煅烧样品的 TEM 图像，描述其物理性状随温度的变化规律，并将测得的粒径与由 XRD 计算得到的粒径做对比。

六、思考题

(1) 什么是低温固相合成法？为什么这种方法可以合成纳米级的粉体？在合成操作中要注意哪些要点？

(2) 如何用热重法分析和研究物质的热分解过程？

(3) 如何通过谢勒公式利用 XRD 数据计算粒径来验证 TEM 数据？

七、参考数据

$ZnCo_2O_4$ 制备前驱体及反应产物的 TG-DTG 曲线和 XRD 图如图 3-43-1 和图 3-43-2 所示。

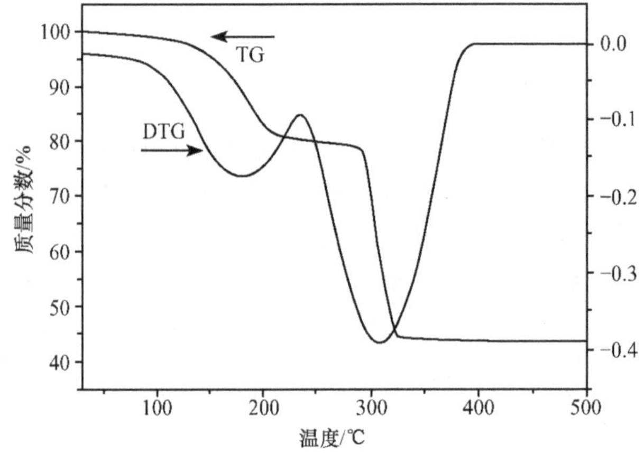

图 3-43-1　$ZnCo_2(C_2O_4)_3 \cdot 6H_2O$ 的 TG-DTG 图

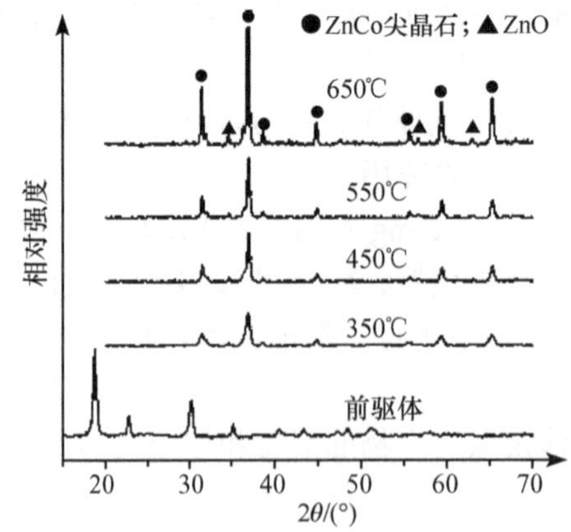

图 3-43-2　$ZnCo_2(C_2O_4)_3 \cdot 6H_2O$ 烧煅产物 XRD 图

参 考 文 献

Song F L, Huang L R, Chen D H. et al. 2008. Preparation and characterization of nanosized Zn-Co spinel oxide by

solid state reaction method. Materials Letters, 62: 543-547.
Wei X H, Chen D H, Tang W J. 2007. Preparation and characterization of the spinel oxide $ZnCo_2O_4$ obtained by sol-gel method. Materials Chemistry and Physics, 103: 54-58.

(责任编撰：中南民族大学 唐万军)

实验 44 MCM-41 分子筛的合成与表征

一、目的要求

(1) 了解介孔分子筛的基本结构及合成的基本原理。

(2) 了解表征分子筛的常规方法。

(3) 了解水热合成法原理，学会水热釜的安全使用技术。

二、实验背景

1992 年，美国 Mobil 公司 Kresge 等首次报道了一类新型介孔 SiO_2 材料 M41S，包括 MCM-41(六方相)、MCM-48(立方相)、MCM-50(层状相)。其中以 MCM-41 介孔分子筛最为引人注目，其特点是具有六方规则排列的一维孔道，孔径大小分布均匀，且在 1.5～10 nm 范围内可连续调节，合成比较容易。此外，该类分子筛材料具有比表面积大、吸附能力强、热稳定性好等特点，从而可将分子筛的孔径从微孔范围(孔径＜2 nm)拓展到介孔领域(2 nm＜孔径＜50 nm)。这对于在沸石分子筛中难以完成的大分子催化、吸附与分离等过程提供了广阔的应用前景。

同时，介孔分子筛所具有的规则可调节的纳米级孔道结构，可以作为纳米粒子的“微反应器”，从而为人们从微观角度研究纳米材料的小尺寸效应、表面效应及量子效应等奇特性能提供了重要的物质基础。近十多年来，介孔分子筛材料已成为研究热点之一。

介孔分子筛的合成体系较为复杂，反应机理也因反应条件而不同。例如，Mobil 的研究人员首先提出了液晶模板机理(liquid-crystal template)，他们认为，在溶液中表面活性剂[如十六烷基三甲基氯化铵($C_{16}TMACl$)]形成胶束，胶束聚结成液晶相，充当模板，无机物种(如硅酸根离子)聚集于胶束界面，无机物种的聚合反应织成孔壁结构，通过焙烧或溶剂提取等方法除去有机模板剂就得到介孔分子筛。

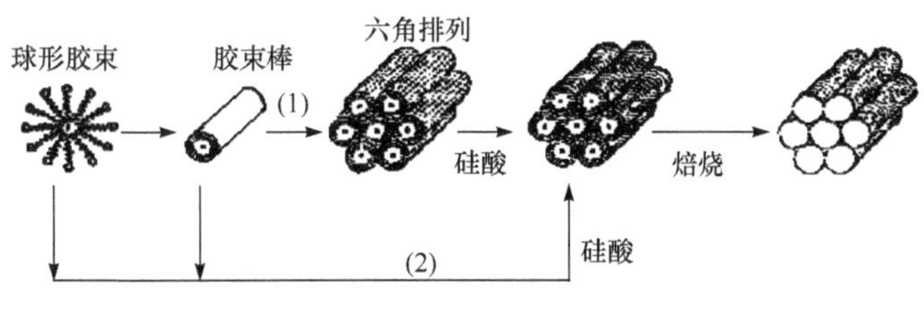

图 3-44-1 液晶模板机理示意图

对于介孔结构的形成，起决定作用的是表面活性剂形成的胶束液晶相。他们提出两种途径：一种是在硅酸盐加入之前液晶相已经形成完好[图 3-44-1(1)]；另一种是硅酸盐的加入引起表面活性剂胶束的有序排列[图 3-44-1(2)]。

常用 X 射线衍射、透射电子显微镜、氮气吸附等来表征分子筛。介孔分子筛规整的骨架结构能在小角度(2θ 为 0.2°～5°)产生 X 射线衍射峰，结构不同就会有不同的衍射峰出现，因此 XRD 是证明分子筛结构的最有力的手段。图 3-44-2 是文献中 MCM-41 的典型 XRD 图谱。

透射电子显微镜可用来观察分子筛孔结构的形貌，也是判断孔径大小的直接手段。图 3-44-3 是文献报道的 MCM-41 的 TEM 照片。可看出其规整的六角形孔口，根据标尺可估计其孔径约 2 nm。通过氮气吸附可获得介孔分子筛的比表面积、孔体积、孔径分布等信息。

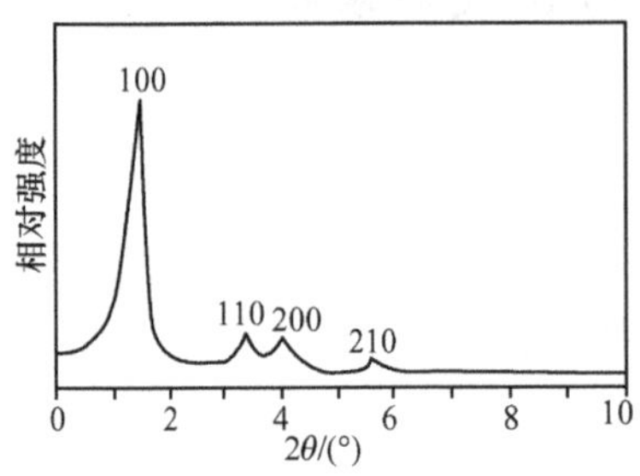

图 3-44-2　MCM-41 分子筛 XRD 图谱

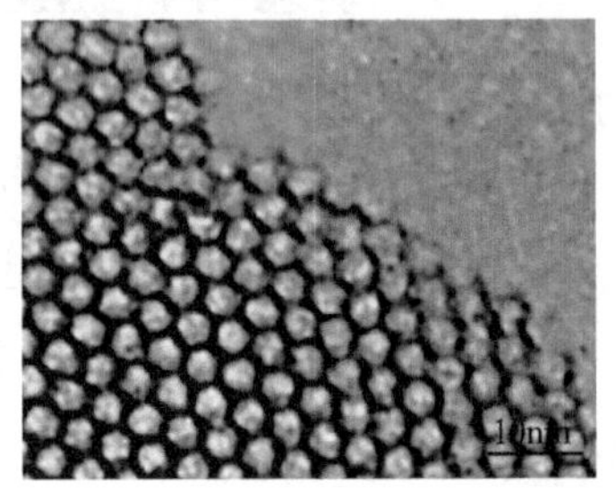

图 3-44-3　MCM-41 分子筛 TEM 照片

本实验用十六烷基三甲基溴化铵(CTAB)作模板剂，以正硅酸乙酯(TEOS)为原料，在碱性条件下，通过水热反应来制备 MCM-41 分子筛。用 XRD、TEM 和氮气吸附对样品进行表征。

三、仪器与试剂

物理吸附仪	1 台	X 射线衍射仪	1 台
透射电子显微镜	1 台	磁力搅拌器	1 台
烧杯(100 mL)	1 个	内衬聚四氟乙烯的水热反应釜	

硅酸钠($Na_2SiO_3 \cdot 9H_2O$，A. R.)　　正硅酸乙酯[$(C_2H_5O)_4Si$，TEOS，A. R.]

十六烷基三甲基溴化铵[$C_{16}H_{33}(CH_3)_3NBr$，CTAB，A. R.]

氢氧化钠(NaOH，A. R.)

四、实验步骤

1. 方法一：以正硅酸乙酯为原料制备 MCM-41

(1) 称取计算量 CTAB 和 NaOH 加入定量蒸馏水中，搅拌至完全溶解。

(2) 在快速搅拌下滴加 TEOS，使 TEOS：CTAB：NaOH：H_2O = 1：0.13：0.29：130 (物质的量比)，室温下持续搅拌 30 min。

(3) 将搅拌好的混合物装入有聚四氟乙烯内衬的不锈钢水热釜中，在 150℃的鼓风干燥箱中静置晶化 24 h。

(4) 将产品抽滤、洗涤、干燥，然后以 1℃ · min^{-1} 的升温速率将产品在 550℃空气中焙烧 6 h 去除模板剂，即得产品备用。

2. 方法二：以硅酸钠为原料制备 MCM-41

(1) 在 50 mL 烧杯中将 2.2 g CTAB 加入 13 mL 去离子水中，在加热状态下磁力搅拌至溶解，得溶液 A。

(2) 在另一个 50 mL 烧杯中，在磁力搅拌下，将 3.4 g 硅酸钠溶入 10 mL 去离子水，磁力搅拌至完全溶解，得溶液 B。

(3) 在磁力搅拌下，将 A 液缓慢滴加至 B 液，持续搅拌 10 min 后，用 pH 计监测溶液的酸碱性，以 4 mol · L^{-1} 盐酸调节溶液的 pH 至 10.90 左右。

(4) 停止搅拌，静置陈化 5 min 后，装入有聚四氟乙烯内衬的不锈钢水热釜中，在 120℃烘箱中晶化 4 d。

(5) 将产品抽滤、洗涤至中性，在 90℃烘箱中干燥 6 h，然后将产品在 550℃空气中焙烧 6 h 去除模板剂，即得合成产品。

用 XRD、TEM、氮气吸附对样品的特性进行表征。

五、结果与讨论

根据 XRD 测试结果判断是否合成了 MCM-41 分子筛。从 TEM 观察分子筛孔道形貌特征，估算其孔径。通过氮气吸附测试样品的比表面积、孔体积、孔径分布等性质。

六、注意事项

(1) 待 CTAB 溶解完全后才可加入 TEOS。

(2) 加入 TEOS 不要太快，宜滴入而不宜流入。

(3) 水热反应釜在放入烘箱之前要确保密封好。

七、思考题

(1) 分子筛的制备大多使用水热合成法进行，不同的分子筛工艺差别不太大，试总结几种常见分子筛水热合成法的关键所在。

(2) 用十六烷基三甲基溴化铵作模板剂的水热合成反应还有哪些?

参考文献

何静, 孙鹏, 段雪, 等. 1999. 新型中孔分子筛——MCM-41 的合成及表征. 化学通报, (3): 28-35.

许磊, 王公慰, 魏迎旭, 等. 1999. MCM-41 介孔分子筛合成研究. 催化学报, (3): 247-250.

赵谦, 荆俊杰, 姜廷顺, 等. 2009. 微波法合成 Cu-MCM-41 介孔分子筛的研究. 化学工程, 37(10): 58-61.

(责任编撰：中南民族大学 王树国)

实验 45 金属磺化酞菁的合成与可见光催化降解活性艳红 X-3B

一、目的要求

(1) 了解仿生光催化降解有机污染物的研究背景。

(2) 熟悉金属磺化酞菁的合成和纯化方法。

(3) 掌握运用紫外-可见吸收光谱测定有机物浓度的方法。

二、实验背景

1. 仿生光催化的研究背景

高级氧化工艺(advanced oxidation processes，AOP)是 20 世纪 80 年代开始形成的处理有毒

污染物的技术，其特点是通过反应产生强氧化性物种，将难以生物降解的有机污染物氧化分解，甚至彻底地矿化成无害的无机物。然而多年以来，光化学领域的研究都集中在 TiO_2 光催化上，这一体系的缺点是它只能吸收紫外光，导致在太阳光中占大多数的可见光没有被充分利用。

通过人工合成的金属卟啉类配合物来模拟 P450 单加氧酶具有的 N4 平面配位的中心结构，以实现温和条件下产生活性氧化物种的功能，是揭开生命奥秘和合成仿生模拟酶的重要途径之一。近年来有报道称，已经实现了用金属卟啉(metal porphyrin，MPr)和金属酞菁(metal phthalocyanine，MPc)来催化过氧化氢氧化水中难降解的有机物。而这类金属配合物具有较强的可见光吸收，可以被可见光激发并给出电子来活化过氧化氢，因此采用占太阳光能量 50%以上的可见光作为光源，能有效地提高催化反应效率。

2. 金属磺化酞菁的合成原理

金属磺化酞菁的合成路线(以磺化酞菁铁为例)如图 3-45-1 所示。以苯酐和尿素为原料，在钼酸铵的催化作用下逐步反应生成酞菁素(步骤 1、步骤 2)。四个酞菁素分子在金属离子的作用下发生模板反应形成大环配位化合物，即酞菁铁(步骤 3)。酞菁铁与氯磺酸进一步反应生成磺化酞菁铁(步骤 4)。

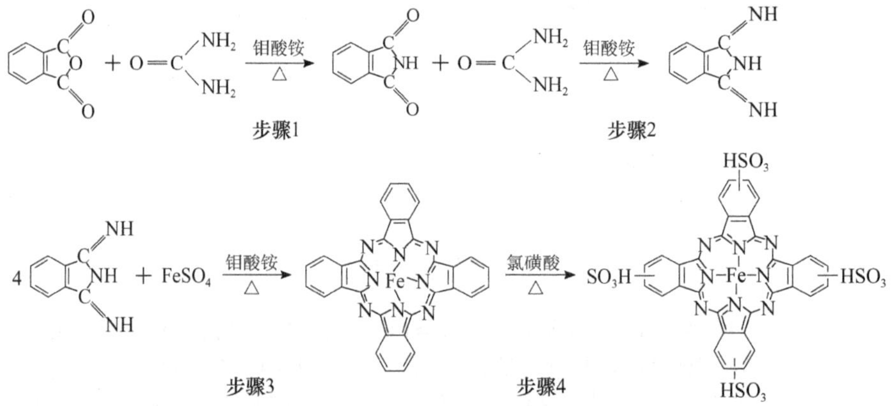

图 3-45-1 磺化酞菁铁的合成路线

3. 活性艳红 X-3B 的结构和浓度测量原理

活性艳红 X-3B 属于偶氮类染料，广泛地用于造纸、印染等行业，其分子结构和 UV-vis 吸收光谱如图 3-45-2 所示。活性艳红 X-3B 具有一个偶氮键、一个萘环、一个苯环、一个阿特拉津环，结构信息非常丰富，常用作染料有机污染物降解的模型分子。其中，偶氮键的吸收峰处于可见光段，吸收峰在 511 nm 处的吸光度对浓度具有良好的相关性(图 3-45-3)，且不会随 pH 发生变化，故常用此处的吸光度作为其浓度测量依据。

三、仪器与试剂

分光光度仪	1 台	光催化反应装置	1 套
精密 pH 计	1 台	超级恒温水浴	1 台
酞菁合成装置	1 套	30%过氧化氢(A. R.，近期生产)	

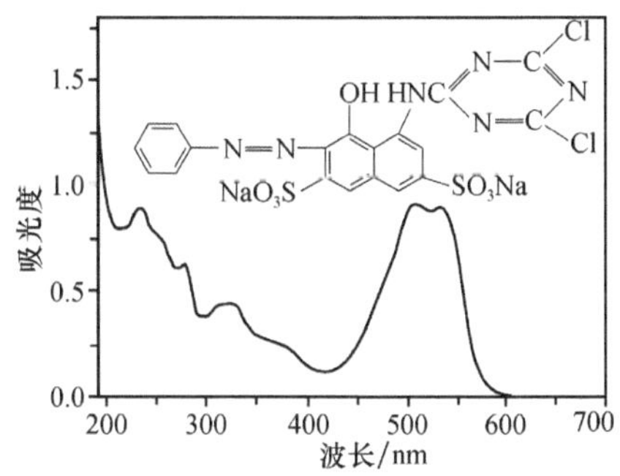

图 3-45-2 X-3B 的结构和 UV-vis 吸收光谱图

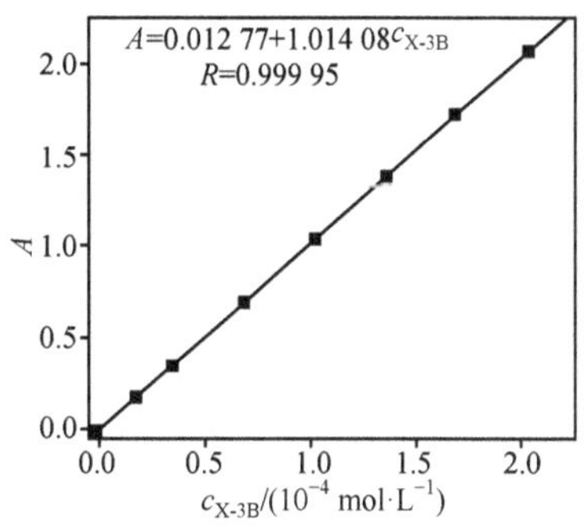

图 3-45-3 X-3B 的标准工作曲线

苯酐(A. R.)
硫酸亚铁(A. R.)
浓硫酸(A. R.)
氨水(A. R.)
活性艳红 X-3B(A. R.)
钼酸铵(A. R.)
尿素(A. R.)
高氯酸(A. R.)
氯磺酸(A. R.)

四、实验步骤

1. 酞菁铁的合成

称取 0.2 mol 尿素于 250 mL 的三颈烧瓶中，置油浴中加热熔解后，加入 0.05 mol 苯酐、0.00025 mol 钼酸铵和 0.01875 mol 硫酸亚铁，在搅拌下维持 140℃左右反应 2.5 h，然后升温至 240℃反应 4 h。冷却后研磨成粉末，用 70～80℃热水洗涤 3 次，用砂芯漏斗趁热抽滤，沉淀干燥后得酞菁铁。

2. 磺化酞菁铁的合成与纯化

称取 1.00 g 酞菁铁于反应瓶中，加入 7.5 mL 氯磺酸，在 150℃下搅拌反应 2 h。反应结束后，把溶液倒入冰水中充分水解，过滤后得粗制的磺化酞菁铁，再将磺化酞菁铁溶于蒸馏水中，用氨水调 pH 为 9.0。用砂芯漏斗过滤，将滤液旋蒸得到纯净的磺化酞菁铁。用紫外-可见光谱仪和红外光谱仪对其进行表征，观察其在可见光段的酞菁特有的 Q 带(600～750 nm)吸收峰和其官能团红外特征吸收峰。

3. 光催化反应装置

光催化反应装置参见实验 26 的图 2-26-3。光源为 500 W 碘钨灯，外置玻璃冷阱通水冷却。距离光源 10 cm 左右处各有一个 100 mL 派热克斯(Pyrex)平底玻璃反应瓶，采用磁力搅拌。光源冷阱与反应瓶间分别用两个不透光挡板隔开，挡板中心开口装有截止型滤光片，以去除波长小于 420 nm 的光，保证反应完全处于可见光波段。

4. 磺化酞菁铁光催化降解活性艳红 X-3B

移取 95 mL pH = 5.0 高氯酸溶液于派热克斯瓶中，分别加入 2 mL 5×10^{-3} mol · L^{-1} X-3B 水溶液和 1×10^{-5} mol · L^{-1} 的磺化酞菁铁水溶液，在磁力搅拌下使其混匀。将反应瓶放入反应装置并连通 30℃的恒温循环水。加入 1 mL 稀释 10 倍的过氧化氢，开启光源开始反应。每隔 20 min 取样 5 mL，测定其在 511 nm 处的吸光度，检测其降解效率，反应 2 h 后即停止。

对比实验包括暗反应或无催化剂的空白光反应实验，与光催化实验相比，区别在于不光照或不加催化剂，其他反应条件不变。

五、结果与讨论

(1) 计算磺化酞菁铁的收率；计算磺化酞菁铁 Q 带吸收的摩尔消光系数。

(2) 根据标准曲线由 511 nm 处的吸光度计算对应的 X-3B 浓度，绘制 X-3B 浓度对反应时间的曲线，可采用准一级反应动力学模型进行拟合。

(3) 综合光反应、暗反应和空白光反应的实验结果，评价催化剂的光催化性能。

六、注意事项

(1) 酞菁铁合成时要注意升温次序。

(2) 酞菁铁磺化后进行水解时，要徐徐倒入冰水中，防止反应过于剧烈。

七、思考题

(1) 酞菁铁的合成过程中，为什么要先维持 140℃左右反应 2.5 h 后再升温？

(2) 酞菁铁为什么要进行磺化？

(3) 光催化降解实验中酞菁铁的可见光吸收对 X-3B 浓度测定是否产生干扰？为什么？

(4) 如何避免热化学与光化学两种效应同时作用于反应体系？有什么简单的方法判断体系仅受光化学作用？

参 考 文 献

马万红, 籍宏伟, 李静, 等. 2004. 活化 H_2O_2 和分子氧的光催化氧化反应. 科学通报, 49(18): 1821-1829.

Hu M, Xu Y, Zhao J. 2004. Efficient photosensitized degradation of 4-chlorophenol over immobilized Aluminum tetrasulfophthalocyanine in the presence of hydrogen peroxide. Langmuir, 20: 6302-6307.

Sun J, Sun Y, Deng K, et al. 2007. Oxidative degradation of organic pollutants by hydrogen peroxide in the presence of $FePz(dtnCl_2)_4$ under visible irradiation. Chemistry Letters, 36: 586-587.

(责任编撰：中南民族大学　杨昌军)

实验 46　生物质基多孔碳负载 Ru 催化剂的制备及其催化硼氨水解制氢

一、目的要求

(1) 了解生物质基多孔碳、负载型贵金属催化剂的制备方法。

(2) 了解利用贵金属催化剂催化硼氨水解制氢技术。

(3) 掌握催化活性的评价方法，测定硼氨水解反应速率。

二、实验背景

氢能作为一种清洁、高效、来源丰富的二次能源被认为是未来人类的理想能源之一，然而氢气体积能量密度和质量能量密度很低，如何安全、高效地储存和运输氢气成了氢能源实际应用中的一大瓶颈。为此，人们发展了系列轻质小分子化合物，如氨硼烷(简称硼氨)、水合肼、硼氢化钠等作为储氢材料。硼氨分子式为 $NH_3 \cdot BH_3$，作为一种独特的分子配合物于 20 世纪 50 年代在美国火箭高能燃料计划项目中由 Shore 制得。在氢经济发展的大背景下，近些年，硼氨作为最基本的硼-氮化合物，因其高储氢含量(质量分数 19.6%)引发了研究者的广泛兴趣。硼氨无毒性，室温下非常稳定，可溶性好，在 15℃下 100 mL 水中可溶解 25 g，而 100℃时则可溶解 97 g，加热至 110℃以上即可自行分解，因而特别适合为便携式移动设备提供氢源。只要加入合适的催化剂，室温下即可实现硼氨水解制氢，这也为其应用提供了有利条件。1 mol 的硼氨完全水解可产生 3 mol 的 H_2，其反应方程式如下：

$$NH_3 \cdot BH_3 + 2H_2O \longrightarrow NH_4BO_2 + 3H_2 \tag{3-46-1}$$

由于硼氨的水溶液非常稳定，因此设计、制备高性能催化剂就成为硼氨水解产氢应用的关键。目前，用于硼氨产氢的催化剂主要有两类：一类为 Ru、Rh、Pd、Pt 等贵金属催化剂，虽然价格昂贵，但是催化性能突出；另一类是基于 Fe、Ni、Cu、Co 等非贵金属的催化剂，此类催化剂储量丰富，成本低廉，但是催化活性较低。因此，如何提高金属催化剂的活性、降低贵金属催化剂用量，成为硼氨水解制氢反应的焦点。

为提高贵金属催化剂稳定性及单位质量贵金属催化剂的活性，常常需要将贵金属催化剂负载在催化剂载体上。常见的催化剂载体有活性炭、分子筛、金属氧化物等。生物质作为一种来源丰富、成本低廉、绿色环保的碳源，同样可以制备成碳材料，然后将其用于催化剂载体。

生物质碳材料的制备方法主要包括高温分解活化法和水热碳化法。高温分解活化法是制备生物质碳材料的主要手段。该法是将生物质原材料在惰性气体氛围下高温处理，生物质经高温分解碳化形成固体碳。为了增加碳材料的孔道结构，通常要对样品进行活化处理，方法主要包括物理活化和化学活化。物理活化一般是在生物质高温分解过程中通入气体(如二氧化碳、水蒸气等)发展孔结构；化学活化是将生物质和活化剂(氢氧化钾、碳酸氢钠、氯化锌等)混合后再进行碳化。水热碳化法以水为介质，在封闭体系中加压加热，将生物质转换为碳材料。但该法所获碳通常表现出较低的比表面积和低孔隙度，不太适合作为催化剂载体。

化学活化法制备步骤简单，所制备的碳材料具有比表面积大等特点，因此，人们常常采用此法制备多孔碳载体。相关的研究很多，例如，浙江大学邓江等以木糖、葡萄糖、蔗糖等为生物质原料，将生物质原料与碳酸氢钾按一定质量比混合，在 N_2 氛围下于 400℃热解，制备出的多孔碳材料具有比表面积大(高达 1893 $m^2 \cdot g^{-1}$)、多级孔结构的特点。

三、仪器与试剂

管式炉(含保护气装置)	1 套	磁力搅拌器	1 台
分析天平	1 台	高速离心机	1 台
真空干燥箱	1 台	秒表	1 块
玛瑙研钵	1 套	圆底烧瓶(250 mL)	1 个
三颈烧瓶(50 mL)	1 个	注射器(5 mL)	1 支
玻璃水槽(Φ 30 cm × 15 cm)	1 个	长方形磁舟(2 cm × 6 cm × 1.8 cm)	2 支
葡萄糖(A. R.)		碳酸氢钾(A. R.)	

氯化钌水溶液($2\ mmol \cdot L^{-1}$)　　硼氨水溶液($0.5\ mol \cdot L^{-1}$)
无水乙醇(A. R.)　　硼氢化钠水溶液($14\ g \cdot L^{-1}$)
浓盐酸

四、实验步骤

(1) 称取 2 g 葡萄糖和 4 g 碳酸氢钾，研磨均匀后加入磁舟。

(2) 接通管式炉电源，将磁舟放入管式炉中，关闭炉体，打开进气阀，通入氮气，检查管式炉密闭性。调节氮气流量至 $100\ mL \cdot min^{-1}$。

(3) 设定管式炉升温程序，以 $15℃ \cdot min^{-1}$ 的速率从室温升至 400℃，在 400℃保温 3 h，然后冷却至室温。

(4) 关闭氮气阀，取出磁舟。将所得黑色固体研磨成粉末并置于 250 mL 烧瓶中，然后向烧瓶中加入 30 mL 去离子水和 30 mL 浓盐酸。混合液在室温下磁力搅拌 2 h，过滤并用去离子水洗涤，然后在 80℃真空烘箱中干燥 2 h，得到黑色碳材料。

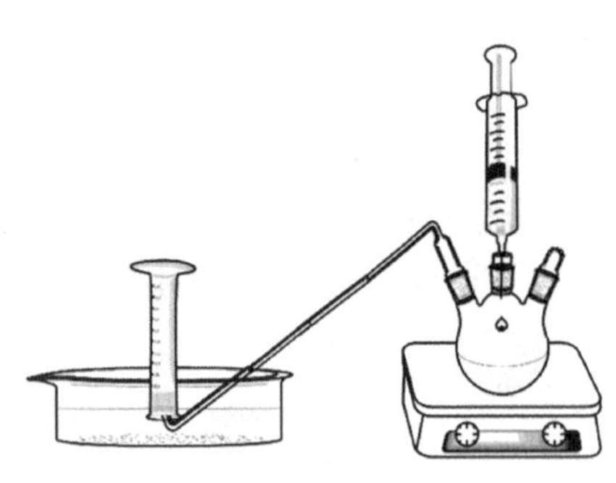

图 3-46-1　催化反应装置

(5) 取 0.25 g 碳材料于 50 mL 三颈烧瓶中，然后加入 25 mL 氯化钌水溶液，室温磁力搅拌 1 h 后，加入 5 mL 硼氢化钠水溶液进行还原，继续搅拌 30 min。还原反应结束后，离心分离，所得固体分别用水和乙醇洗涤 3 次，在 60℃真空烘箱中干燥 2 h，得钌负载的催化剂备用。

(6) 搭建如图 3-46-1 所示的装置。注意检查装置的气密性，确保装置不漏气。

(7) 向 50 mL 三颈烧瓶中加入 5.0 mg 负载型钌催化剂和 4 mL 去离子水，室温下快速磁力搅拌，用注射器取 4 mL 硼氨水溶液，迅速注入圆底烧瓶同时计时，记录反应时间和量筒中气体的体积。

若要获得更准确的数据，建议采用实验 21 的图 2-21-1 中(a)所示的恒温量气管及水准瓶装置代替倒置的量筒和水槽。

注：加入硼氨水溶液的量不宜太多，以免产生大量氢气，带来潜在风险。

(8) 在实验条件允许的情况下，可采用 N_2 物理吸附仪对所制备的多孔碳及负载型催化剂的孔结构进行表征；采用扫描电子显微镜和透射电子显微镜对所制备多孔碳及负载催化剂的形貌进行表征分析。

五、结果与讨论

(1) 将所得实验数据填入适当的表格中。

(2) 根据表中的时间 t/min 和体积 V/mL，作 V-t 图。由直线斜率计算硼氨水解反应速率(反应速率单位建议采用 $mL \cdot min^{-1}$)。基于反应速率，进一步计算催化剂转化频率(TOF)，TOF 单位建议为 $mol\ H_2 \cdot min^{-1} \cdot (g\ 催化剂)^{-1}$。

六、注意事项

本催化剂效率较高，应通过控制钌催化剂的用量、反应物硼氨溶液的浓度和用量来控制反应的速率，控制分解反应在 30～50 min 内完成较好。

七、思考题

(1) 葡萄糖高温热解过程中加入碳酸氢钾起什么作用?

(2) 本实验中，哪些因素会影响所制备的多孔碳材料的孔结构?

(3) 负载型 Ru 催化剂的催化活性和哪些因素有关?

(4) 催化剂转化频率的含义是什么?

参考文献

王军. 2012. 新型化学储氢材料分解制氢纳米催化剂的合成及性能研究. 无锡：江南大学.

Can H, Metin Ö. 2012. A facile synthesis of nearly monodisperse ruthenium nanoparticles and their catalysis in the hydrolytic dehydrogenation of ammonia borane for chemical hydrogen storage. Applied Catalysis B: Environmental, 125: 304-310.

Deng J, Xiong T Y, Xu F, et al. 2015. Inspired by bread leavening: one-pot synthesis of hierarchically porous carbon for supercapacitors. Green Chemistry, 17(7): 4053-4060.

(责任编撰：六盘水师范学院　雷以柱)

实验 47　固体催化剂的活性评价

一、目的要求

(1) 了解催化作用的基本概念，熟悉连续流动法测量催化剂活性的实验方法。

(2) 了解磁驱动内循环反应器的结构和特点。

(3) 掌握用磁驱动内循环反应器评价固体颗粒催化剂的催化活性的方法。

二、实验原理

催化作用在科学史上曾是动力学的一个分支学科，但现在催化作用的学科范畴已经远远超越动力学，而催化动力学的研究已经成为催化科学与工程学的一个重要组成部分。催化动力学研究在催化工程学方面的一个重要目标是为所研究的催化反应提供数学模型，而在催化科学方面的一个重要目标则是探明催化反应机理。由于催化作用的极端复杂性，尽管已在分子反应动力学上有所突破，要在分子层次上探明催化作用的详细机理还有相当的难度。因此，建立反应机理与动力学之间的精确关系还有诸多问题需要解决。但用适当的方法表征催化剂的催化活性，对于催化剂的实际应用和理论研究都有重要的意义。

催化剂是一类与制备工艺具有极大相关性的物质。由不同的原材料、不同的制备工艺条件、不同的分散方式甚至不同的外形等获得的同一种类的催化剂，用经典的化学分析方法常常不能加以区分，但它们的催化活性可能相差悬殊，这往往与它们的活性表面结构有关。

催化剂活性是指在某一确定条件下催化剂对特定反应的催化能力。表征催化剂活性的方法很多，但离开了具体的反应体系和条件，任何定量的活性比较都毫无意义。严格地说，催化剂的活性大小表现在催化剂存在时反应速率增加的程度。在工业上，常用单位质量的催化剂在流动装置中对反应物的转化百分数表示催化剂的活性。这种方法虽然并不确切，但非常直观实用。

因固体催化剂便于存储和运输，且对均相反应而言，固体催化剂有易于与反应体系分离、可再生利用的特点，在催化反应中得到广泛应用。

测定催化剂活性的方法可分为流动法和静态法。流动法是使反应物不断稳定地流入反应器，在其中发生反应，离开反应器后得到产物和未反应的剩余反应物的混合物，然后设法分离或分析产物的方法。将反应物一次加入反应器，反应一段时间后，设法分离可分析产物的方法则为静态法。相对于静态法，流动法有众多的优点而被广泛地应用于动力学研究中，但动态法也有其不足之处。首先，它要求产生流速适当且稳定的反应物流；其次，要求长时间地控制整个反应系统各处的实验条件稳定不变比较困难；最后，实验数据的理论处理较复杂。随着新技术的不断出现，这些难题已基本得到解决，尤其是磁驱动内循环反应器的出现。磁驱动力内循环反应器因自由体积与催化剂体积的比值适当，时间常数小，循环比高，流速大，反应物混合均匀，可达到无温度梯度，能方便地消除外扩散，具有微分反应器和积分反应器的诸多优点，又避免了它们的缺点，成为多相催化动力学研究的理想工具。

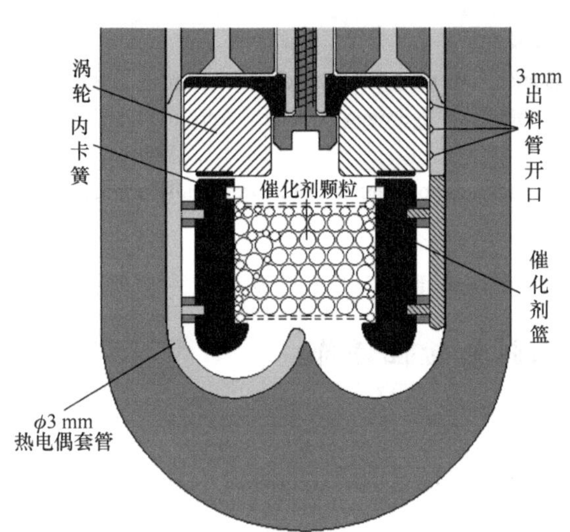

图 3-47-1　内循环反应器结构图

磁驱动内循环反应器内部结构如图 3-47-1 所示，工作原理如图 3-47-2 所示。这类反应器的反应速率由流速为 F 的反应物通过单位质量催化剂时的反应量决定。

当系统达到稳态时，进料口原料流中反应物的浓度为 c_0，出料口中反应物的浓度为 c_2，原料与循环物的混合物中反应物的浓度为 c_1，则入口处反应物物料衡算关系为

$$Fc_0 + FR_Vc_2 = (1 + R_V)Fc_1 \tag{3-47-1}$$

式中，等式左边为一份原始反应物同 R_V 份循环物混合后反应物的总量；等式右边为通过催化剂前反应物的总量。

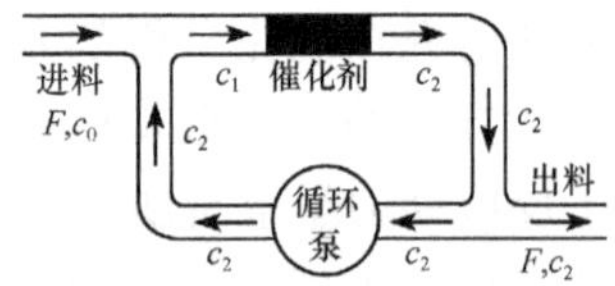

图 3-47-2　循环反应器原理

1) 循环比

循环比是循环反应器的一个重要参数。通过调整循环比，可达到消除外扩散、降低浓度梯度和温度梯度的目的。整理式 (3-47-1)可得

$$R_V = \frac{c_1 - c_0}{c_2 - c_1} = \frac{c_0 - c_1}{c_1 - c_2} \tag{3-47-2}$$

式中，R_V 为循环比，由实验测量出 c_0、c_1 和 c_2 后即可计算出 R_V。

2) 浓度梯度与循环比

催化剂床层间的浓度差即浓度梯度。显然，浓度梯度与其微分转化率有关。若设体系在稳定状态下，总转化率为 y，催化剂床层间的微分转化率为Δy，则

$$y = \frac{c_0 - c_2}{c_0} \tag{3-47-3}$$

$$\Delta y=\frac{c_1-c_2}{c_1} \tag{3-47-4}$$

由式(3-47-3)得 $c_0=c_2/(1-y)$，由式(3-47-4)得 $c_1=c_2/(1-\Delta y)$，一并代入式(3-47-2)得

$$R_V=\frac{y-\Delta y}{\Delta y(1-y)} \tag{3-47-5}$$

催化剂床层间的浓度梯度由微分转化率决定，当微分转化率足够小时，即可认为达到浓度无梯度。将式(3-47-5)变形得$\Delta y=y/[1+(1-y)R_V]$，可见，当反应的总转化率 y 一定时，循环比 R_V 越大，微分转化率 Δy 越小，即浓度梯度越小。由于内循环反应器的循环量受循环泵制约，不可能无限制增大，故其浓度梯度不可能完全消除，但可根据具体反应条件和浓度梯度的误差要求调整循环比以满足实验要求。不同积分转化率下达到一定微分转化率所需循环比如表 3-47-1 所示。

表 3-47-1 不同积分转化率下达到一定微分转化率Δy 所需的循环比

积分转化率 y	循环比 R_V			
	$\Delta y=0.05$	$\Delta y=0.02$	$\Delta y=0.01$	$\Delta y=0.005$
0.1	1.1	4.4	10.0	21.1
0.2	3.8	11.3	23.8	48.8
0.3	7.1	20.0	41.4	84.3
0.4	11.7	31.7	65.0	131.7
0.5	18.0	48.0	98.0	198.0
0.6	27.5	72.5	147.5	297.5

在进行动力学研究时，为提高分析精度，反应总转化率一般控制在 10%～50%为宜。但为了保持低的浓度梯度和温度梯度，其微分转化率应控制在 5%以下，一般取 1%～2%为宜。综合这些因素，只要循环比达到 100 即可满足要求。

3) 反应速率与催化剂的活性

对一个化学反应而言，由于非催化反应的速率远比催化反应的速率小得多，可以忽略不计，故常直接用催化反应的速率表征催化剂的催化活性。

若单位时间内通过催化剂的反应物的流量为 $F(1+R_V)$，则单位时间内在质量为 m_R 的催化剂上发生反应的反应速率 r(给定条件下催化剂的比活性)为

$$r=\frac{\Delta c}{\Delta t}=\frac{c_1-c_2}{m_R/[(1+R_V)F]}=\frac{F}{m_R}(1+R_V)(c_1-c_2)=V_0(1+R_V)(c_1-c_2) \tag{3-47-6}$$

式中，$V_0=F/m_R$ 称为空速(s^{-1}) (用质量流量计时，若用体积流量计，通常将其换算成标准状况)。由式(3-47-2)、式(3-47-3)和式(3-47-6)可得

$$r=V_0(c_0-c_2)=V_0c_0y \tag{3-47-7}$$

式中，F 为单位时间通过进料口的反应物的量，可方便地用质量流量计测定[质量流量($kg\cdot s^{-1}$)或体积流量($m^3\cdot s^{-1}$)]；m_R 为反应器中所用催化剂的质量；c_0 和 c_2 分别为进料口和出口反应物的浓度；y 为反应的总转化率，可由式(3-47-3)计算得到。

空速是以进料口为观察点，在单位时间内通过单位质量催化剂的反应物的质量，其大小与 R_V 无关，单位为(时间)$^{-1}$。

由式(3-47-7)可见，反应速率不仅与循环比无关，还可以用积分量表示。由于提高循环比不仅可以减小浓度梯度和温度梯度，还可提高进、出口反应物的浓度差，增加测量精度，故常用较大的循环比进行实验。

因影响催化剂活性的因素较多，要全面测定各种因素对催化剂活性的影响不是基础物理化学实验的目的。一般可从催化剂的制备方法、活化温度、催化反应的温度及催化剂的使用周期(或寿命)等某一个或某几个因素来表征催化剂的性能。

本实验用气相流动法，以磁驱动内循环反应器为基础，以气相色谱仪为浓度测试手段，测定 CH_4 氧化过程中 Pd、Pt-Al_2O_3 催化剂的催化活性。

三、仪器与试剂

气相色谱仪	1 套	磁驱动内循环反应器	1 套
数据采集与处理用计算机	1 台	碳分子筛(60～80 目)色谱柱	1 根
无油空压机(或空气钢瓶)	1 台(瓶)	不锈钢平面六通阀	2 个
氢气、氮气、甲烷钢瓶	各 1 瓶	Pd、Pt-Al_2O_3 催化剂(60～80 目)	

四、实验步骤

(1) 如图 3-47-3 所示安装好系统。

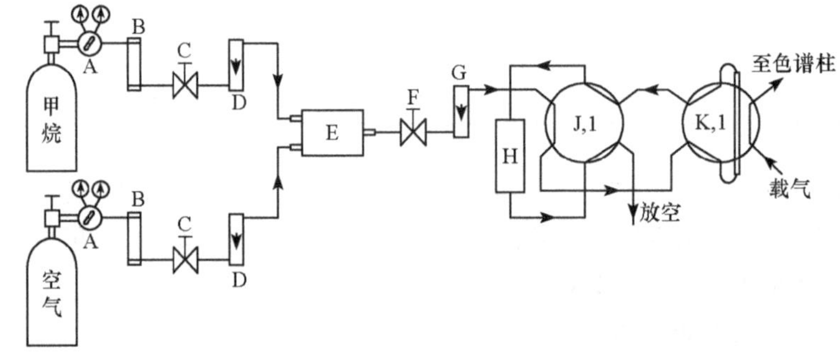

图 3-47-3　连续流动反应装置流程图

A. 减压阀；B. 净化、干燥管；C. 稳压阀；D. 转子流量计；E. 配气泵(可多个串联)；F. 稳压阀；G. 转子流量计；H. 反应器；I. 定量管；J、K. 六通阀(1、2 是阀的两个不同状态)

(2) 将六通阀按图 3-47-4 置于“J,1”和“K,1”位置，开启氢气钢瓶，调减压阀使出口氢气压力为 0.2～0.3 MPa，调色谱仪上载气稳压阀，使柱前压为 0.1 MPa，调针形微调阀使载气流速为 35 mL · min^{-1}。

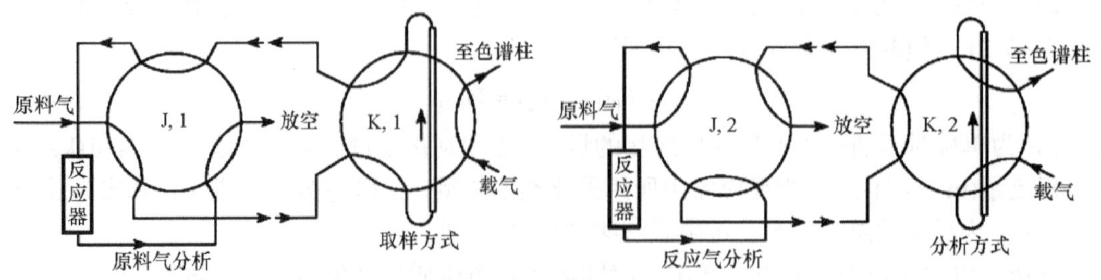

图 3-47-4　双六通阀气路控制

(3) 开启色谱仪电源，将氢焰检测室温度控制在 110～120℃，色谱柱柱温为 65℃，CO_2 催化转化炉温度为 360～380℃。

(4) 开热导池电源，调桥路电流 150～180 mA。

(5) 准确称取已预处理的 60～80 目 Pd-Al_2O_3 催化剂 1.0 g 左右(每次更换催化剂时应保持用量尽可能相近)，装入反应器内的催化剂篮中，剩余空间用玻璃棉填充，装好内卡簧，仔细装好反应器。

(6) 分别开启甲烷和空气钢瓶，调整出口气压和流量，使混合气中甲烷的比例为 0.5%～1.0%，且控制进入反应器的原料气流量在 30 mL · min^{-1} 左右(用皂膜流量计精确测量并记录)，记录大气压和室温，原料气流速和比例一定要稳定。

(7) 接通反应炉电源，控制反应器的温度在指定值(如 300℃)。

(8) 待气相色谱仪稳定后，开启氢焰检测用的氢气和空气钢瓶，并按要求调节好其流量，按下点火钮点燃氢焰(通入空气后也可能会自燃)。

(9) 按色谱仪要求调好仪器的零点和衰减等。

(10) 用 50 μL 注射器抽取甲烷 15～20 μL 后，再吸空气 10 μL，从汽化器进样，同时启动秒表，记录空气(热导检测器)、甲烷和二氧化碳(氢火焰检测器)的保留时间。为确定甲烷和二氧化碳的出峰顺序，可分别单独进样确定其保留时间。

(11) 原料气组成分析。将六通阀按图 3-47-4 置于“J,1”位和“K,1”位，热导检测信号衰减钮调至“8”挡(1/8)，当取样管内载气完全被原料气替代后(3～5 min)，将六通阀从“K,1”位旋转至“K,2”位，同时计时，记录空气的保留时间和色谱峰。一旦空气峰出完，立即将衰减钮调至“1”挡，继续记录甲烷的保留时间和色谱峰。氢火焰检测器只有甲烷峰，无空气峰。

将六通阀 K 重新转至“K,1”位，准备进行下次测定，如此反复进行几次，直至组成分析数据稳定为止。

(12) 产物组成分析。将六通阀按图 3-47-4 置于“J,2”位和“K,1”位，热导检测信号衰减钮调至“1”挡，当取样管内载气完全被产物替代后(5～8 min)，旋转六通阀至“K,2”位，同时计时，以记录产物中各物质的色谱峰和保留时间。氢火焰检测器有甲烷和二氧化碳两个峰。

将六通阀 K 重新转至“K,1”位，准备进行下次测定，如此反复，每隔 15～30 min 进行一次，直至组成分析数据稳定为一组分析数据，取其平均值用于计算。

每一组产物分析后，都要重复进行一两次原料气分析，以便准确计算转化率。

(13) 可根据计划学时要求，改变反应条件(如空速、反应温度、反应物组成等)、变更不同工艺条件制备的催化剂等，得到不同条件下的催化剂活性数据。

五、数据处理

(1) 根据原料气的热导检测结果，统一衰减因子，利用归一化法，按式(3-47-8)计算原料气中甲烷和空气的含量

$$x_{j,0} = \frac{A_{j,0} f_{\mathrm{m},j}}{\sum A_{j,0} f_{\mathrm{m},j}} \tag{3-47-8}$$

式中，$A_{j,0}$、$x_{j,0}$ 分别为原料气中物质 j 的峰面积和摩尔分数；$f_{\mathrm{m},j}$ 为物质 j 的相对摩尔校正因子。

(2) 根据氢火焰检测器检测的原料气和反应产物中甲烷的峰面积 A_0 和 A，按下式计算甲烷的转化率 y：

$$y=\frac{A_0-A}{A_0}\times 100\% \tag{3-47-9}$$

(3) 因反应原料气压力不大，可用理想气体状态方程近似处理。用反应原料气流量 $Q(\mathrm{m^3\cdot s^{-1}})$，按式(3-47-10)近似计算 F，用式(3-47-11)计算甲烷的初始浓度 c_0。

$$F=(x_{\text{甲烷},0}M_{\text{甲烷}}+x_{\text{空气},0}M_{\text{空气}})\frac{p_0Q}{RT} \tag{3-47-10}$$

$$c_0=\frac{x_{\text{甲烷},0}p_0}{RT} \tag{3-47-11}$$

(4) 用空速的定义式 $V_0=F/m_R$ 计算 V_0，并用式(3-47-7)计算各条件下催化剂的比活性 r。根据不同条件下催化剂的比活性 r，分析各因素对比活性 r 的影响。

六、思考题

(1) 在进行不同催化剂或同一催化剂不同反应条件下的活性对比时，为什么要已知催化剂的准确装入量？确定反应原料气的流量时应考虑哪些因素？

(2) 进行催化剂活性评价时，为什么反应条件的选择很重要？

参 考 文 献

复旦大学等. 2004. 物理化学实验. 3 版. 北京：高等教育出版社.
罗澄源，向明礼，等. 2004. 物理化学实验. 4 版. 北京：高等教育出版社.
孙来成，张平西，肖弟伦，等. 1984. 磁驱动内循环反应器在多相催化动力学研究中的应用. 催化学报，5(4): 363-369.
尹元根. 1988. 多相催化剂的研究方法. 北京：化学工业出版社.

(责任编撰：中南民族大学　李　哲)

第 4 章　设计与研究实验

实验 48　化学反应平衡常数测定

一、目的要求

(1) 加深理解化学反应平衡的基本知识，进一步掌握相关仪器的使用技术。

(2) 根据题目设计实验内容，测定相应的物理化学数据。

(3) 提高解决实际问题的能力。

(4) 尝试进行设计性实验。

二、设计提示

(1) 考虑化学反应平衡的条件，选取实验室能够提供的合适的仪器和试剂。

(2) 测定在一定温度下的化学平衡数据，包括计算平衡常数需要的浓度或与浓度有关的物理量，如压力、电导率、吸光度等，并求出对应的平衡常数。

(3) 测定在不同温度下平衡常数的数据，计算 $\Delta_r H_m^\ominus$ 、$\Delta_r G_m^\ominus$ 和 $\Delta_r S_m^\ominus$ 。

三、实验要求

(1) 拟出实验原理。

(2) 拟出实验所需的仪器和试剂，以及实验的具体步骤。

(3) 画出实验装置图。

(4) 交教师审查评定。

(5) 独立动手实验。

(6) 写出实验报告，总结自己所设计的实验的优缺点，并提出改进意见。

(责任编撰：中南民族大学　唐万军)

实验 49　测定苯分子的共振能

一、目的要求

(1) 明确共振能的概念，了解用燃烧热法测定苯分子的共振能。

(2) 了解苯、环己烯、环己烷的等容燃烧热数据与苯分子共振能的关系。

(3) 进一步掌握环境恒温氧弹式热量计测定可燃液体样品燃烧热的方法。

(4) 通过热化学实验，将热力学数据与一定的结构化学概念联系起来。

二、实验原理

燃烧热的测定除了有其实际应用价值外，还可以用于求算化合物的生成热、键能等。若通过实验测出苯、环己烷和环己烯的燃烧热，则可求算出苯的共振能。

通常用氧弹式热量计测定物质的燃烧热，其测量的基本原理是使待测物质样品在氧弹中完全燃烧，燃烧时所释放的热量使得氧弹式热量计本身及其相关附件的温度升高，通过测定燃烧前后整个热量计(包括氧弹周围的介质)温度的变化值，就可以求算出该样品的等容燃烧热。

一般燃烧焓是指等压燃烧焓 $\Delta_c H(Q_p)$，若反应系统中的气体物质均可视为理想气体，则 $\Delta_c H = Q_p = Q_V + \Delta nRT$。测得 Q_V 后，再由反应前后气态物质的物质的量的变化，就可计算等压燃烧焓 $\Delta_c H$。

苯是最简单、最有代表性的芳香化合物，苯分子是典型的共轭分子，其 p 电子轨道相互平行重叠，形成离域大 π 键。共振能 E(或称离域能)可以用来衡量一种共轭分子的稳定性。通过量子化学计算或实验方法可求得苯的共振能。

苯的真实结构是由苯共振于两个凯库勒结构式  (Ⅰ)式和  (Ⅱ)式之间产生的共振杂化体： $\longleftrightarrow$ 。(Ⅰ)式和(Ⅱ)式是两个能量很低、稳定性等同的极限结构式，它们之间共振产生的杂化体引起的稳定作用很大。因此，杂化体苯的能量比极限结构低得多，共振论将极限结构的能量与杂化体的能量之差称为共振能，计算公式为

共振能 = 极限结构的能量 − 杂化体的能量

苯的共振能可以通过燃烧热实验测量。苯、环己烯和环己烷的燃烧反应方程式分别为

$$C_6H_6(\text{苯},l) + 7.5O_2(g) \longrightarrow 6CO_2(g) + 3H_2O(l) \qquad (\Delta n = -1.5)$$

$$C_6H_{10}(\text{环己烯},l) + 8.5O_2(g) \longrightarrow 6CO_2(g) + 5H_2O(l) \qquad (\Delta n = -2.5)$$

$$C_6H_{12}(\text{环己烷},l) + 9O_2(g) \longrightarrow 6CO_2(g) + 6H_2O(l) \qquad (\Delta n = -3)$$

环己烯和环己烷的燃烧热 ΔH 的差值 ΔE 与环己烯上的孤立双键结构有关，它们之间存在下述关系：

$$|\Delta E| = |\Delta H_{\text{环己烷}}| - |\Delta H_{\text{环己烯}}| \tag{4-49-1}$$

如将环己烷与苯的极限结构式相比较，两者燃烧热的差值应等于 $3\Delta E$，而事实证明：

$$|\Delta H_{\text{环己烷}}| - |\Delta H_{\text{苯}}| > 3|\Delta E| \tag{4-49-2}$$

显然，这是因为产生了共振杂化体，导致苯分子的能量降低，其差值正是苯分子的共振能 E，所以：

$$E = |\Delta H_{\text{环己烷}}| - |\Delta H_{\text{苯}}| - 3|\Delta E| \tag{4-49-3}$$

三、实验要求

(1) 参照燃烧热实验的内容，写出用氧弹式热量计测定苯、环己烯、环己烷的恒容燃烧热的实验原理。

(2) 写出本实验所需的仪器与试剂，实验的具体步骤(注意：本实验是燃烧液体，且液体的量不能超过 1 mL，否则燃烧不充分)。

(3) 根据原理和实验自行设计数据处理方法，并提出实验中的注意事项。

(4) 根据上述设计的实验方案进行实验。

(5) 按要求写实验报告，并对所得结果进行讨论。

四、思考题

(1) 测定固体物质和液体物质燃烧热的方法有什么不同?
(2) 实验中如何使液体物质燃烧完全?

参 考 文 献

复旦大学等. 2004. 物理化学实验. 3 版. 北京: 高等教育出版社.
清华大学. 1992. 物理化学实验. 北京: 清华大学出版社.
朱京, 陈卫, 金贤德, 等. 1984. 液体燃烧热和苯共振能的测定. 化学通报, 3: 50-54.

(责任编撰：中南民族大学　陈　喜)

实验 50　洗手液的配制及性能测定

一、目的要求

(1) 了解洗手液的功能和配方设计。
(2) 了解洗手液中主要原料的作用。
(3) 掌握洗手液表面张力、pH、固含量、黏度、泡沫高度等性能指标的测定方法。

二、设计提示

人们的日常活动很多是通过双手完成的，手接触的东西繁多，粘上的污渍多种多样。因此，洗手是人们频次最多的日常卫生清洁行为。以前人们洗手常用香皂、肥皂和洗衣粉等，虽然它们能达到一定的清洁效果，但对皮肤有刺激作用，长期使用容易导致皮肤粗糙、皴裂和脱皮，而且对某些特殊工种操作人员手上的污垢去除能力不理想，尤其是汽油等油类污物，由于具有毒性，会给人的身体健康带来危害。洗手液能避免上述缺点，其去污力强、无毒、无刺激，且润肤、芳香。液体洗手液主要由水、表面活性剂、助洗剂、增稠剂、香精、色素等组成。

洗手液在配方设计上，首先要求对人体具有安全性，要求不刺激皮肤、不脱脂，在皮肤上的残留物不会使人体发生病变等。其次，产品应有柔和的去污能力和适度的泡沫，具有与皮肤相近的 pH，中性或者微酸性或微碱性。另外，香气和颜色也是一个重要的选择性指标，要求产品香气纯正、颜色协调。要综合考虑各种要求和相关因素，使配制的产品能够满足更多消费者的需求。

本设计实验的关键在于洗手液配方的选择。配方中每一种组分所起作用都是多方面的，多种组分混合在一起有时会起到较好的协同效应，但有时也会出现负面效果。在配制洗手液时，可根据药品的性能特点，采用具有相同功能的组分进行替换，也可以达到同样的洗涤效果。

三、实验要求

(1) 了解洗手液产品质量国家标准。
(2) 查找文献资料，设计一种洗手液配方，并确定洗手液制备的工艺条件。
(3) 选择恰当的方法对洗手液表面张力、pH、固含量、黏度、泡沫高度等性能指标进行测定。

(4) 写出实验报告，总结所设计实验的优缺点，并提出改进意见。

四、参考数据

表 4-50-1 列出了某洗手液的部分性能指标，仅供参考。

表 4-50-1　某洗手液的性能指标

序号	指标名称	指标
1	外观	黏稠状光亮液体
2	色泽	粉红色
3	香型	茉莉香型
4	总活性物含量/%	20.7
5	pH	6.9
6	固含量	10.3
7	泡沫高度/cm	7.4
8	CMC/(mmol · L^{-1})	1.0～1.2
9	黏度/(mPa · s)	172

五、思考题

(1) 洗手液配方设计的原则有哪些?

(2) 洗手液各组分的作用是什么?

(3) 洗手液产品质量国家标准中有哪些性能指标?

参 考 文 献

王慎敏, 唐冬雁. 2001. 日用化学品工业: 日用化学品配方设计及生产工艺. 哈尔滨: 哈尔滨工业大学出版社.
章永年, 梁治齐. 2000. 液体洗涤剂. 2 版. 北京: 中国轻工业出版社.
周建敏, 蔡洁. 2012. 物理化学实验. 北京: 中国石化出版社.

(责任编撰：六盘水师范学院　雷以柱)

实验 51　废液中环己烷的回收及纯度鉴定

一、目的要求

(1) 了解混合液体的分离方法。

(2) 学会从实验室废液中回收并精制环己烷，计算环己烷的收率和纯度。

(3) 掌握萃取、精馏分离方法的基本原理。

(4) 掌握环己烷纯度鉴定的方法，如折射率、黏度、密度、表面张力等。

二、设计提示

本实验回收环己烷的原料主要来自实验室中的废液，主要为本教材中“实验 7　凝固点降低法测定摩尔质量”产生的含萘环己烷废液和“实验 9　双液系的气-液平衡相图”产生的环己烷和乙醇的混合液。两种不同废液采用的回收环己烷的方法也有所不同。

含萘环己烷废液中含有大量的环己烷，萘的沸点为 218℃，环己烷的沸点为 80.7℃，两者沸点相差大，可以用简单蒸馏再精馏的方法回收环己烷，也可以用直接精馏的方法来回收环己烷。环己烷和乙醇的混合液中，环己烷和乙醇易形成共沸混合物(乙醇和环己烷的二元液系温度-组成相图如图 4-51-1 所示，恒沸混合物恒沸点为 64.90℃，含乙醇 30.50%、环己烷 69.50%)，因此普通的蒸馏、精馏方法无法将两者完全分离。乙醇在结构上与水相似，它们都含有羟基，彼此间易形成氢键，可以任意比例完全互溶，而环己烷与水不互溶。基于此，可以水为萃取剂，采用萃取-精馏的方法精制环己烷。

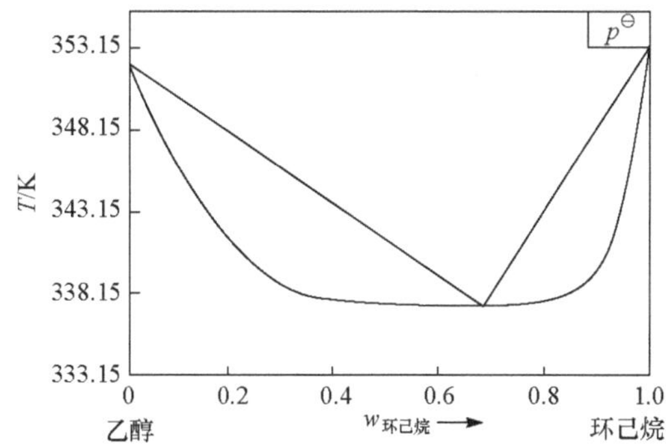

图 4-51-1　乙醇-环己烷的二元液系温度-组成相图

折射率是液体有机化合物的重要常数之一，测定已知化合物的折射率并与文献值比较，是检验化合物纯度的标准之一。阿贝折射仪操作简单，可通过它测定液体折射率来初步检验环己烷的纯度。

三、实验要求

(1) 根据不同废液原料，写出本实验所需的仪器、试剂，以及实验的具体步骤。

(2) 以环己烷和乙醇的混合废液为原料的实验，需计算分配系数。

(3) 根据实验原理自行设计数据处理方法，并能提出实验中的注意事项。

(4) 根据上述设计的实验方案进行实验。

(5) 按要求写实验报告，根据实验数据进行数据处理，测定得到环己烷的纯度、黏度、密度、表面张力等，并对所得结果的误差进行分析。

四、参考数据

乙醇-环己烷标准曲线的绘制：配制环己烷质量分数为 0%、10%、20%、30%、40%、50%、60%、70%、80%、90%、100%的乙醇-环己烷溶液，用阿贝折射仪测定各溶液浓度，以环己烷质量分数为横坐标，折射率为纵坐标，绘制标准曲线。

五、思考题

(1) 对含萘环己烷废液，采取简单蒸馏再精馏和直接精馏两种方法，对环己烷回收率有什么影响？

(2) 以环己烷和乙醇的混合废液为原料的实验中，如何选择萃取剂？萃取剂用量会对回收率产生怎样的影响？

(3) 以环己烷和乙醇的混合废液为原料的实验中，选用干燥剂的原则是什么？

(4) 查找环己烷质量指标的相关文献值，将实验结果与之比较。

(5) 是否有更好的方法从废液中回收环己烷？

参考文献

曹晓霞, 张丹, 林彩萍. 等. 2009. 萘-环己烷废液中环己烷的回收. 山东化工, 38(10): 7-8.

吴也平, 郝治湘, 侯近龙. 等. 2003. 实验废液中环己烷回收的研究. 齐齐哈尔大学学报(自然科学版), 19(1): 23-25.

夏海涛. 2014. 物理化学实验. 2 版. 南京: 南京大学出版社.

(责任编撰：铜仁学院　王　霞)

实验 52　固体酸催化酯化反应及动力学研究

一、目的要求

(1) 加深对催化酯化反应的基本原理和方法的理解。

(2) 测定酯化反应的速率常数及反应的活化能。

(3) 掌握固体酸催化剂的制备技术。

二、设计提示

古龙酸甲酯化反应是生产维生素 C 的重要中间过程，工业生产中一直沿用浓硫酸催化酯化反应。由于浓硫酸的酯化、氧化作用，酯化反应中易有副反应发生，酯的色泽较深，同时存在酯化反应后需用碱进行中和、过滤、除盐等过程，操作复杂、步骤繁多，对设备腐蚀严重。因此，探索适宜的催化剂代替浓硫酸具有重要的实际意义。

近年来，国内外对酯化反应的新型催化剂进行了大量研究，固体酸显示出许多优越性，其中强酸性阳离子交换树脂是一种较为理想的新型酯化反应固体酸催化剂，其除具有一般固体酸催化剂的优点外，同时具有酸性高、孔径大、催化活性好、制备过程简单等特点，得到广泛应用。本实验使用国产阳离子交换树脂为催化剂进行古龙酸甲酯化反应，效果良好。

古龙酸甲酯化反应是一个二级对峙反应，若假设 $c_{0,A}$、$c_{0,B}$ 分别为古龙酸和甲醇的起始浓度，x 为某时刻 t 已转化的古龙酸浓度，则有

$$\mathrm{RCOOH + CH_3OH \rightleftharpoons RCOOCH_3 + H_2O}$$

	RCOOH	CH₃OH	RCOOCH₃	H₂O
$t=0$	$c_{0,A}$	$c_{0,B}$	0	$c_{0,W}$
$t=t$	$c_{0,A}-x$	$c_{0,B}-x$	x	$c_{0,W}+x$

一般情况下，其逆反应不能忽略。研究表明，其正反应活化能为 66.7 kJ · mol^{-1}，逆反应活化能为 75.9 kJ · mol^{-1}，若不考虑指前因子的影响，该反应正、逆反应的速率相差约 40 倍，且在实际生产过程中，采用了甲醇过量的投料方式。因此，特别是在反应开始的前半小时内转化率不高的情况下，可以忽略逆反应，对实验数据可以进行近似处理。忽略逆反应后的微分速率方程为

$$\frac{\mathrm{d}(c_{0,\mathrm{A}}-x)}{-\mathrm{d}t}=k(c_{0,\mathrm{A}}-x)(c_{0,\mathrm{B}}-x) \tag{4-52-1}$$

积分该式得

$$\ln\frac{c_{0,\mathrm{A}}-x}{c_{0,\mathrm{B}}-x}=(c_{0,\mathrm{A}}-c_{0,\mathrm{B}})kt+\ln\frac{c_{0,\mathrm{A}}}{c_{0,\mathrm{B}}} \tag{4-52-2}$$

设计合适的测量反应体系中某物质浓度变化的方法，给出所测量与反应物浓度变化的关系，再利用式(4-52-2)，作 $\ln\frac{c_{0,\mathrm{A}}-x}{c_{0,\mathrm{B}}-x}$-$t$ 图，所得曲线若为一条直线，则由其斜率即可求出反应的速率常数 k。

采用如酸碱滴定(含 pH 滴定)或电导滴定等可能实现或可以采用的一切可行方法，比较各种方法的差异和难易程度，找到一种简便易行的方法。

三、实验要求

(1) 拟出标准碱滴定酸值或电导率法测定皂化反应速率常数原理。

(2) 拟出实验仪器和试剂。

(3) 拟出实验步骤，画出实验装置图。

(4) 提交教师审查评定。

(5) 独立动手完成实验。

(6) 写出实验报告，总结所设计实验的优缺点，提出改进意见。

四、思考题

(1) 当逆反应不能忽略时，如何进行实验并求正、逆反应的速率常数?

(2) 比较化学法和物理法测定反应速率常数的优缺点。

参考文献

何炳林，黄文强. 1995. 离子交换与吸附树脂. 上海：上海科技教育出版社.

王清格. 2002. 用阳离子交换树脂催化合成古龙酸甲酯的研究. 河北化工, 2: 16-18.

(责任编撰：中南民族大学　袁誉洪)

实验 53　NiO(111)片状纳米晶的制备及其表征

一、目的要求

(1) 了解 NiO(111)片状纳米晶的制备方法。

(2) 初步掌握 X 射线多晶粉末衍射仪和扫描电子显微镜测试的原理及其在催化剂表征中的应用。

二、研究背景

NiO 是一种用途广泛的无机材料，具有六方结构，在自然界中以绿矿石形式存在。如同其他无机纳米材料，纳米 NiO 具有许多优异的性能，在电池电极、催化剂、磁性材料与陶瓷着色等方面具有广泛用途。由于纳米 NiO 具有表面积大、活性位多、表面能高、选择性好等特点，因此其在催化领域备受关注。纳米 NiO 的高催化性能取决于其晶粒尺寸、形貌控制，而这些因素受制备工艺的影响极大。制备纳米 NiO 的方法很多，如固相反应法、化学沉淀法、溶胶-凝胶法等。

催化反应往往发生在固体催化剂的表面，催化剂的表面化学组成和结构通常决定了其反应的活性和选择性，因而提高纳米金属氧化物的催化性能的一条有效途径是通过纳米技术来调变它的表面结构，即表面原子排列和配位环境。关于氧化物表面的类型，被人们广为接受的是 P. W. Tasker 划分的如图 4-53-1 所示的三种类型。类型Ⅰ表面电荷为零、偶极矩也为零；类型Ⅱ表面电荷不为零，但偶极矩为零；类型Ⅲ不仅表面带有电荷，而且具有与表面垂直的偶极矩。第三种表面是一种强极性表面，这种表面不稳定，Tasker 认为这种表面通常会发生重构，只有在其是微晶并且是非常薄的层状结构时才能稳定存在，理论和实验研究表明表面羟基也可以起到稳定该类强极性表面的作用。这种表面活性高，在催化等领域有很高的利用价值。但第三种表面由纯的单层氧和纯的单层金属离子交替组成，多年来，这种表面只有物理学家在超高真空下通过酸浸蚀、离子轰击和高温电子焙烧后采用机械打磨等极其苛刻的条件和复杂的工艺下才能制得。

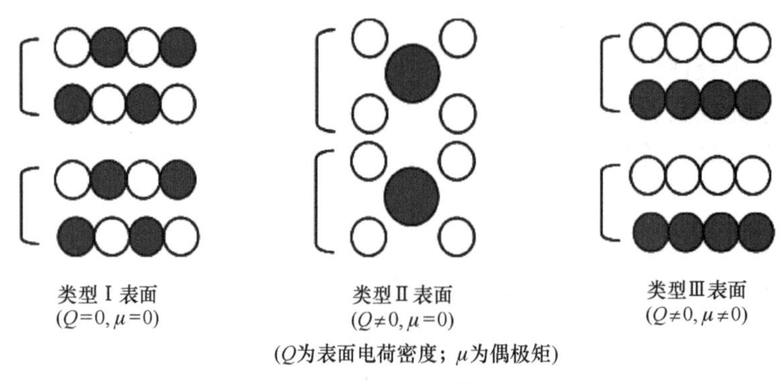

图 4-53-1　氧化物三种不同的表面示意图

对于岩盐型结构的晶体，Tasker Ⅲ型表面是(111)面，对于萤石型结构的晶体，Tasker Ⅲ型表面是(100)或(200)面。由于(100)面是 NiO 纳米晶最稳定的晶面，所以自然界存在的和人工合成 NiO 晶体表面通常是(100)面，但强极性的未暴露的(111)面具有更高的活性，它对反应物的活化起到很好的作用。因此，探索一种操作简单、经济、重现性好的实验方法合成(111)面定向生长的 NiO 纳米晶为研究开发具有高吸附和分解性能的纳米金属氧化物化学试剂提供了新思维、新方法，对纳米材料的表面化学改性具有重大的意义。

NiO 的晶型可通过 X 射线粉末衍射表征确定，其形貌可通过扫描电子显微镜观察。本实验用湿化学法合成氧化镍片状纳米晶，并对其形貌、结构进行表征。

三、仪器与试剂

X 射线粉末衍射仪	1 台	扫描电子显微镜	1 台
饱和蒸气压实验装置	1 套	数显恒温器	1 套
BS124S 型电子天平	1 台	箱式节能电阻炉(马弗炉)	1 套
水热反应釜	1 套	电热鼓风干燥箱	1 台

SHZ(DⅢ)循环水式真空泵 1 台
硝酸镍(A. R.)
甲醇(A. R.)
尿素(A. R.)
苯甲醇(A. R.)

四、实验内容

1) 氧化镍片状纳米晶的制备

(1) 称取 6.3 g $Ni(NO_3)_2 \cdot 6H_2O$ 溶于盛 70 mL 无水甲醇的具有聚四氟乙烯内衬的水热反应釜中，待完全溶解后分别取 0.65 g 尿素和 10.5 mL 苯甲醇加入上述溶液，搅拌 1 h。

(2) 将装有混合液的水热反应釜密封好后置于恒温箱中，在 150℃下恒温 24 h，冷却至室温。依次用蒸馏水和无水乙醇洗涤、抽滤后得到绿色前驱体。

(3) 将所得前驱体在 120℃干燥箱中干燥 3 h 后，于 500℃马弗炉中煅烧 5 h，即得氧化镍片状纳米晶。

2) 氧化镍片状纳米晶的结构表征

取上述煅烧后的样品少许，进行 XRD 结构分析。将所得 X 射线衍射图谱与标准卡(JCPDS 卡 No：65-2901)对比，分析其晶体结构。

3) 氧化镍片状纳米晶的形貌表征

取上述煅烧后的样品少许，于扫描电子显微镜下进行形貌分析。

五、结果与讨论

(1) 总结该实验方法的特点(可与传统方法或自己设计的实验方案进行对比)。

(2) 分析 XRD 图谱，将其衍射峰值与标准卡的图谱进行比对，鉴定前驱体煅烧后的产物。标明图谱中各个衍射峰的归属，并与如图 4-53-2 图文献中 XRD 图比较，分析其浓度。

(3) 将所得 SEM 图(图 4-53-3 及图 4-53-4)与文献 SEM 图对比，分析其形貌特点。

六、思考题

(1) 在 NiO 片状纳米晶合成中，加入苯甲醇和尿素的作用是什么?

(2) 试通过 XRD 数据计算 NiO 片状纳米晶的粒径大小。

七、参考数据

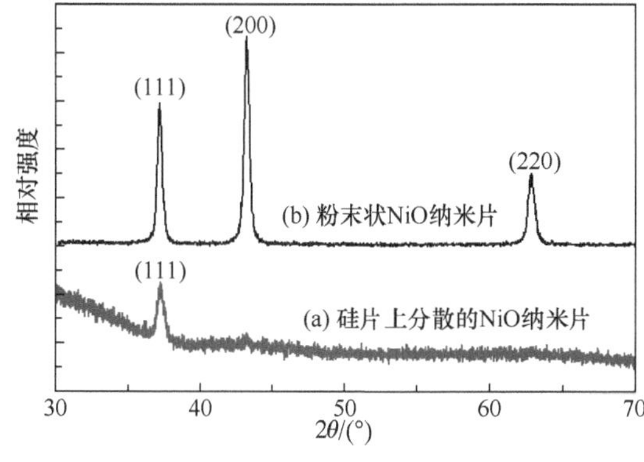

图 4-53-2 NiO 纳米片 XRD 图

图 4-53-3 NiO 纳米片 SEM 图

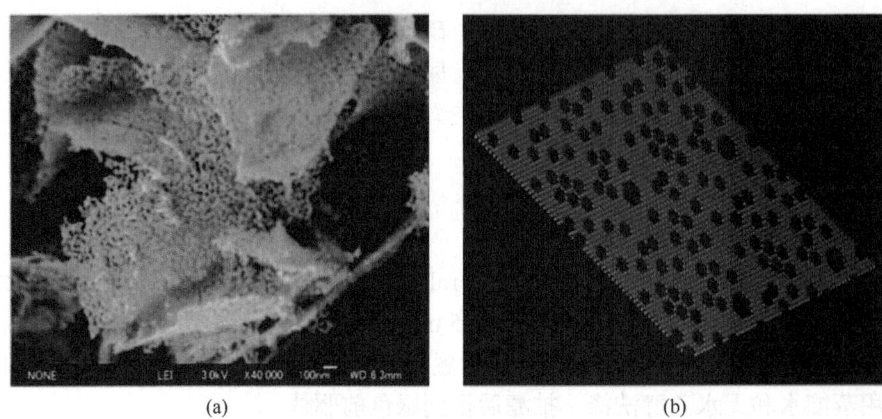

(a) (b)

图 4-53-4 多孔 NiO 纳米片高分辨 SEM 图(a)和结构模型(b)

参 考 文 献

Hu J, Zhu K, Chen L, et al. 2008. Efficient preparation and surface activity of NiO(111) nano-sheets with hexagonal holes, a semiconductor nanospanner. Advanced Materials, 20: 267-271.

Hu J, Zhu K, Kübel C, et al. 2007. MgO(111) nano-sheets with unusual surface activity. Journal of Physical Chemistry C, 111(32): 12038-12044.

Song Z, Chen L, Hu J, et al. 2009. NiO(111) nanosheets as efficient and recyclable adsorbents for dye pollutant removal from wastewater. Nanotechnology, 20: 275707.

(责任编撰：中南民族大学 胡军成)

第 5 章　实验技术与设备

5.1　温度测量与控制

5.1.1　温度、温标与温度计

1. 温度

一般来说，温度是指用温度计对一个物体的热或冷的程度的度量。物体的温度反映了物体内部分子运动平均动能的大小。

2. 温标

温度数值的表示方法称为温标。为了定量地确定温度，对物体或系统温度给予具体的数量标志，各种各样的温度计的数值都是由温标决定的。为度量物体或系统温度的高低，对温度的零点和分度法所做的一种规定就是温度的单位制。建立一种温标，首先选取某种物质的某一随温度变化的属性，并规定测温属性随温度变化的关系；其次选择固定点，规定其温度数值；最后，规定一种分度方法。最早建立的温标是摄氏温标、华氏温标，这些温标统称为经验温标。

1) 摄氏温标

摄氏温标是经验温标之一，也称百分温标。温度符号为 t，单位是摄氏度，国际代号是℃。摄氏温标是以在一个大气压下纯水的冰点定为 0℃，在一个大气压下的沸点定为100℃，两个标准点之间分为 100 等份，每等份代表 1℃。

为了统一摄氏温标和热力学温标，1960年国际计量大会对摄氏温标予以新的定义，规定它应由热力学温标导出，如式(5-1)所示

$$t/℃ = T/\mathrm{K} - 273.15 \tag{5-1}$$

用摄氏度表示的温度差也可用“开”表示，但应注意，由式(5-1)所定义的摄氏温标的零点与纯水的冰点并不严格相等，沸点也不严格等于 100℃。

2) 华氏温标

华氏温标是另一种经验温标之一。在美国的日常生活中多采用这种温标。规定在一个大气压下水的冰点为 32 °F，沸点为 212 °F，两个标准点之间分为 180 等份，每等份代表 1 °F。华氏温度用字母 F 表示。它与摄氏温度的关系如式(5-2)所示：

$$F / ℉ = \frac{9}{5}(t/℃) + 32 \tag{5-2}$$

3) 热力学温标

热力学温标也称开尔文温标、绝对温标。它是建立在热力学第二定律基础上的一种和测温介质无关的理想温标。它完全不依赖测温物质的性质。1927 年第七届国际计量大会曾采用其作为基本温标。1960 年第十一届国际计量大会规定热力学温度以开尔文为单位，简称“开”，

用“K”表示。根据定义，1 K等于水的三相点的热力学温度的1/273.16。由于水的三相点在摄氏温标上为0.01℃，所以0℃ = 273.15 K。热力学温标的零点即绝对零度，记为“0 K”。按照国际规定，热力学温标是最基本的温标，是一种理想温标。理想气体温标由于在它所能确定的温度范围内等于热力学温标，所以往往用同一符号 T 代表这两种温标的温度。在理想气体温标可以实现的范围内，热力学温标可通过理想气体温标来实现。

3. 温度计

温度计是测温仪器的总称。它利用物质的某一物理属性随温度的变化来标志温度。根据使用目的的不同，已设计制造出多种温度计。其设计依据是：利用固体、液体、气体受温度影响而热胀冷缩的现象，在定容条件下，气体(或蒸气)压力因温度不同而变化，热电效应、电阻随温度的变化而变化，热辐射的影响等。

一般，任何物质的任一物理属性，只要它随温度的改变而发生单调的、显著的变化，都可用来标志温度而制成温度计。

根据所用测温物质和测温范围的不同，温度计可分为煤油温度计、酒精温度计、水银温度计、气体温度计、电阻温度计、温差电偶温度计、辐射温度计和光测温度计等多种。

5.1.2　温度控制技术

温度影响物质的物理化学性质，如黏度、密度、蒸气压、表面张力、折射率等都随温度而改变，要测定这些性质必须在恒温条件下进行。一些物理化学常数如平衡常数、化学反应速率常数等也与温度有关，这些常数的测定也需恒温，因此，掌握恒温技术非常必要。

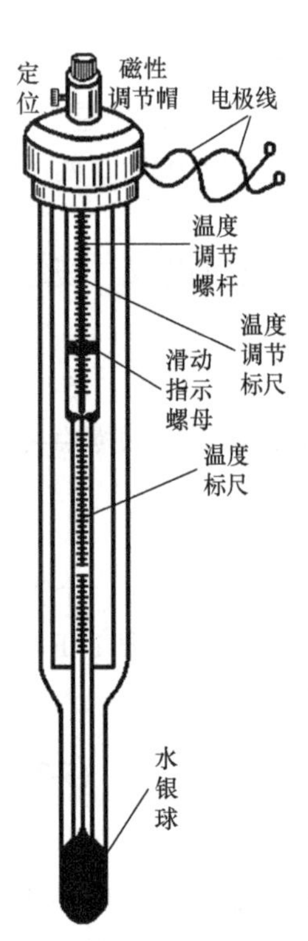

图 5-1　电接点温度计

恒温控制可分为两类，一类是利用物质的相变点温度来获得恒温，但温度的选择受到很大限制；另外一类是利用电子调节系统进行温度控制，此方法控温范围宽、可以任意调节设定温度。

1. 常温控制

恒温槽是实验工作中常用的一种以液体为介质的恒温装置，根据温度控制范围，可采用以下液体介质：－60～30℃用乙醇或乙醇水溶液；0～90℃用水；80～160℃用甘油或甘油水溶液；70～300℃用液体石蜡、汽缸润滑油、硅油。

恒温槽由浴槽、温度控制器、继电器、加热器、搅拌器和温度计等组成。温度控制器是恒温器的主要部件，恒温器中加热器件的通断或者温度的高低变化完全由温度控制器控制，恒温精度的高低与温度控制器有着密不可分的关系。早期的温度控制器使用电接点温度计(图 5-1)。随着电子技术的发展，目前恒温器大多采用铂电阻测温，集成电路放大、处理和数字显示，集测温和控温于一体，设置简便，读数容易，控温精度高，称为智能恒温器，可见图2-1-1所示。这种智能恒温器已经成为今后恒温器发展的方向。其加热控制装置也从过去单纯的“通”“断”类型，升级成PID控制型，其操控性和精度大为提高。

智能恒温器的操作非常方便。大致如下：开启电源，恒温器即处于设置状态，按温度设置按钮至设定温度显示要求的数字，再按“设置/工作”钮，恒温器即进入工作状态。当实际温度与设定温度相差较大时，将加热开关拨至强，搅拌拨至快，当实际温度接近设定温度时将加热开关拨至弱，搅拌则需要根据恒温液体是否外送以及设定温度与环境温度的差值大小来选择。

与水银温度计一样，铂电阻温度计也存在温度滞后现象。虽然铂电阻的滞后效应远比水银小，但仍难免造成恒温槽控制的温度有一个波动范围，并不是控制在某一固定不变的温度。控温效果可以用式(5-3)所示的灵敏度 S 表示：

$$S = \pm \frac{T_2 - T_1}{2} \tag{5-3}$$

式中，T_1 为恒温过程中水浴的最低温度；T_2 为恒温过程中水浴的最高温度。

从图5-2可以看出，(a)表示恒温槽灵敏度较高，(b)表示恒温槽灵敏度较差，(c)表示加热器功率太大，(d)表示加热器功率太小或散热太快。影响恒温槽灵敏度的因素很多，大致有恒温介质流动性好，传热性能好，控温灵敏度就高；加热器功率要适宜，热容量小，控温灵敏度就高；搅拌器搅拌速度足够大，才能保证恒温槽内温度均匀；PID 控制型加热装置能保证加热迅速精准，控温灵敏度比电接点温度计要高得多。当然，由于铂电阻制成的感温探头外有保护套管，不同厂家的探头对温度变化的敏感程度会有较大的差别，造成其灵敏度的差异；环境温度与设定温度的差值较大时，控温效果较好。

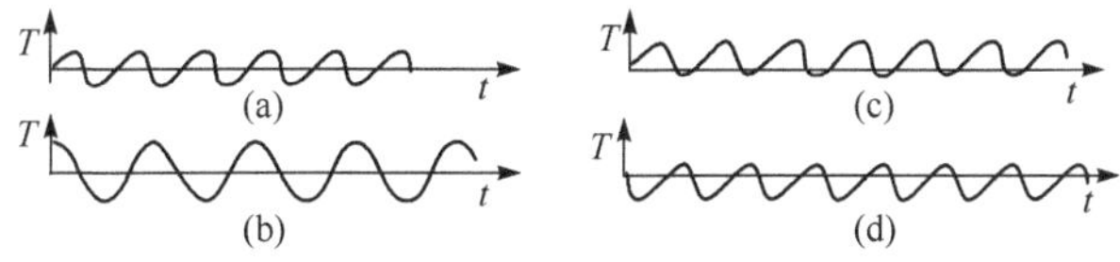

图 5-2　控温灵敏度曲线

2. 自动控温简介

实验室内都有自动控温设备，如电冰箱、恒温水浴、高温电炉等。现在，多数仪器采用电子调节系统进行温度控制，具有控温范围广、可任意设定温度、控温精度高等优点。电子调节系统种类很多，但从原理上讲，它必须包括三个基本部件，即温度-电压(或电流)变换器、电子调节器和执行机构。变换器的功能是将被控对象的温度信号变换成电信号。电子调节器的功能是对来自变换器的信号进行测量、比较、放大和运算，最后发出某种形式的指令，使执行机构进行加热或制冷(图 5-3)。电子调节系统按其自动调节规律可以分为断续式二位置控制或比例-积分-微分(PID)控制等多种形式。

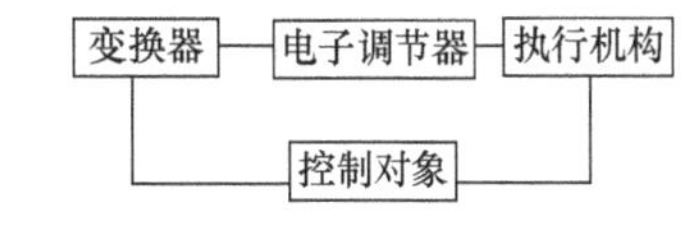

图 5-3　电子调节系统的控温原理

5.2　压力与时间的测量

5.2.1　压力与压力测量

压力是描述系统状态的重要参数，许多物理化学性质如蒸气压、沸点、熔点等都与压力有关。因此，正确掌握压力的测量方法和技术十分必要。

1. 压力的定义和单位

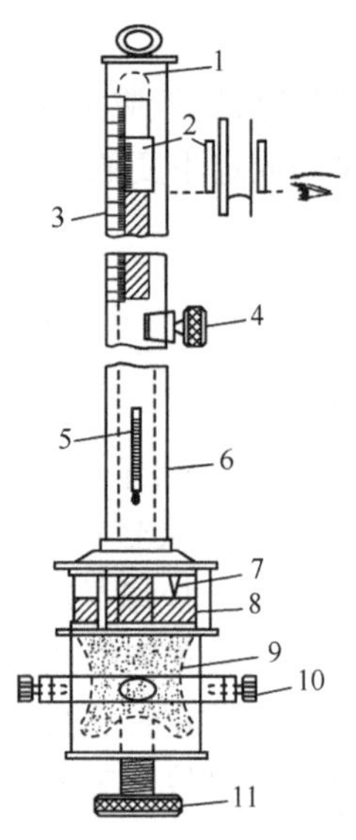

图 5-4 福廷式气压计
1. 封闭的玻璃管；2. 游标尺；3. 主标尺；4. 游标尺调节螺丝；5. 温度计；6. 黄铜管；7. 零点象牙针；8. 汞槽；9. 羊皮袋；10. 铅直调节固定螺丝；11. 汞槽液面调节螺丝

在国际单位制中，压力的单位是帕斯卡(简称帕)，用Pa表示。其定义为单位面积上所受到的作用力。

1) 福廷式气压计

测量大气压强的仪器称为气压计，实验室最常用的气压计是福廷式气压计，其构造见图 5-4。福廷式气压计的外部为一黄铜管 6，内部是一顶端封闭的装有汞的玻璃管1，玻璃管插在下部汞槽 8 内，玻璃管上部为真空。在黄铜管的顶端开有长方形窗口，并附有刻度标尺 3，在窗口内放游标尺 2，转动螺丝 4 可使游标上下移动，这样可使读数的精确度达到 0.1 mm 或 0.05 mm。黄铜管的中部附有温度计 5，汞槽的底部为柔性皮袋 9，下部由汞槽调节螺丝 11 支持，转动 11 可调节汞槽内汞液面的高低，汞槽上部有一个倒置固定的象牙针 7，其针尖即为主标尺的零点。

福廷式气压计使用步骤：垂直放置气压计，旋转底部调节螺旋，仔细调节水银槽内汞液面，使之恰好与象牙针尖接触(利用槽后面的白瓷板的反光，仔细观察)，然后转动游标尺调节螺旋，调节游标尺，直至游标尺前后两边的边缘与汞液面的凸面相切，切点两侧露出三角形的小空隙，这时，游标尺的零刻度线对应的主标尺上的刻度值，即为大气压的整数部分；从游标尺上找出一个恰与主标尺上某一刻度线相吻合的刻度，此游标尺上的刻度值即为大气压的小数部分。记下读数后，转动螺旋11，使汞液面与象牙针脱离，同时记录气压计上的温度和气压计本身的仪器误差，以便进行读数校正。

2) U 形压力计

U 形压力计是物理化学实验中最常用的压力计，其优点是构造简单，使用方便，能测量微小压力差；缺点是测量范围较小，示值与工作液的密度有关，也就是与工作液的种类、纯度、温度及重力加速度有关，且结构不牢固，耐压程度较差。

U 形压力计由两端开口的垂直 U 形玻璃管及垂直放置的刻度标尺构成，管内盛有适量工作液体作为指示液。构造如图5-5所示。图 5-5中 U 形管的两支管分别连接于两个测压口，因为气体的密度远小于工作液的密度，所以由液面差 Δh 及工作液的密度 ρ 可得式(5-4)：

$$p_1 - p_2 = \rho g \Delta h \tag{5-4}$$

这样，压力差 $p_1 - p_2$ 的大小即可用液面差 Δh 来度量，若 U 形管的一端是与大气相通的，则可测得系统的压力与大气压力的差值。

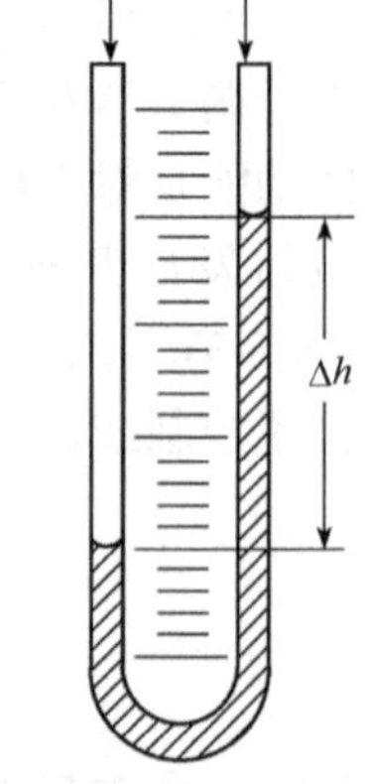

图 5-5 U 形压力计

2. 压力计读数的校正

由于福廷式气压计所用材料汞的密度及黄铜尺的长度都与温度有关，而重力加速度又与测定地点有关。标准压力规定以 0℃，重力加速度 $g = 9.80665\ \mathrm{m \cdot s^{-1}}$

的汞柱高度来衡量，此时汞的密度 $\rho = 13.5951\ \mathrm{g \cdot cm^{-3}}$，故与这些规定不符的地方，其所读压力数据就需要进行校正。

(1) 温度校正。汞的密度及黄铜尺的长度都受温度的影响，故压力读数要按式(5-5)进行温度校正：

$$p_{0,t} = p_t\left[1-\left(\frac{\alpha-\beta}{1+\alpha t}\right)t\right] \tag{5-5}$$

式中，$p_{0,t}$ 为校正到 0℃的气压值；p_t 为气压计上的读数；t 为气压计上读出的温度；α 为汞的体膨胀系数，$\alpha = [181792 + 0.0175(t/℃) + 0.035116(t/℃)^2] \times 10^{-9}/℃$；$\beta$ 为黄铜的线膨胀系数，$\beta = 1.84 \times 10^{-5}/℃$。

(2) 重力加速度的校正。水银压力计的读数是以纬度为 45°海平面上重力加速度 $9.80655\ \mathrm{m \cdot s^{-2}}$ 为基准的，纬度和海拔高度不同，将影响压力大小，需要将所测的汞柱高度换算成标准重力加速度下的高度，其校正系数 f_g 如式(5-6)所示：

$$f_g = 1 - 2.66 \times 10^{-3}\cos 2\theta - 3.14 \times 10^{-7}h \tag{5-6}$$

式中，θ 为纬度(°)；h 为海拔高度(m)。因该系数较小，在气压精度要求不是很高时，重力校正可忽略不计。

经完全校正后的压力如式(5-7)所示：

$$p_0 = p_{0,t} f_g \tag{5-7}$$

其他压力计可根据压力所用材质进行与此类似的校正。

3. 恒压控制

实验中常常要求系统保持恒定的压力(如101325 Pa 或某一负压)，这就需要一套恒压装置。其基本原理如图 5-6 所示。在 U 形控压计中充以汞(或电解质溶液)，其中设有 a、b、c 三个电接点。当待控制的系统压力升高到规定的上限时，a、b 两接点通过汞(或电解质溶液)接通，随之电控系统工作使泵停止对系统加压；当压力降到规定的下限时，b、c 接点接通(断路)，泵向系统加压，如此反复操作以达到控压目的。

控压计常用如图5-7所示 U 形硫酸控压计。在右支管中插一根铂丝，在 U 形管下部接入另一根铂丝，灌入浓硫酸，使液面与上铂丝下端刚好接触。这样，通过硫酸在两铂丝间形成通路。

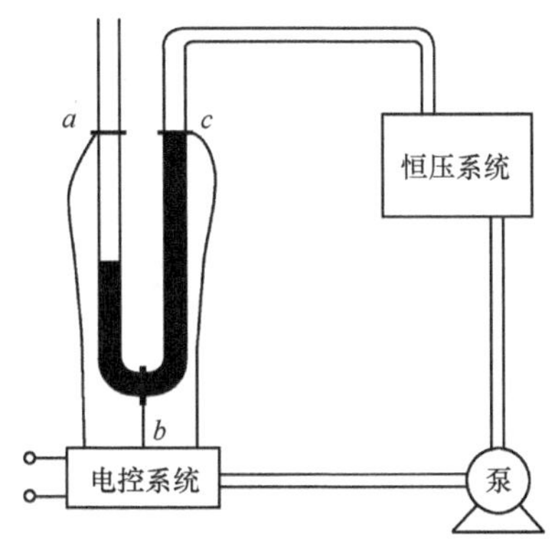

图 5-6　控压原理示意图

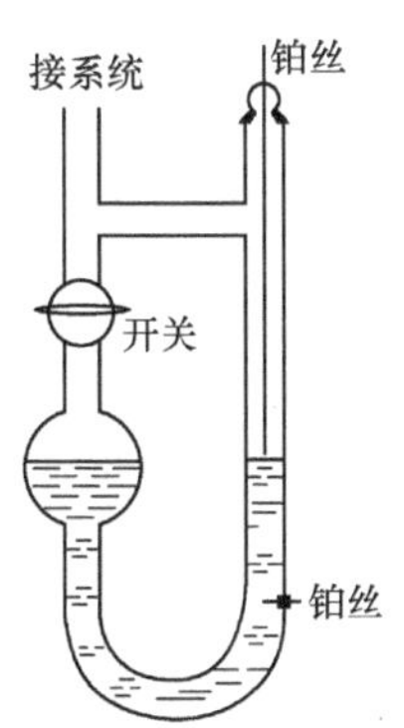

图 5-7　U 形硫酸控压计

使用时，先开启左边活塞，使两支管内均处于要求的压力下，然后关闭活塞。若系统压力发生变化，则右支管液面波动，两铂丝之间的电信号时通时断地传给继电器，以此控制泵或电磁阀工作，从而达到控压的目的(这与电接点温度计控温原理相同)。控压计左支管中间的扩大球的作用是，只要系统中压力有微小变化就会导致右支管液面较大的波动，从而提高控压灵敏度。由于浓硫酸的黏度较大，控压计的管径一般取 U 形汞压力计管径的 3～4 倍为宜。至于控制恒常压的装置，一般采用 KI(或 NaCl)水溶液控压计，可取得很好的灵敏度。使用精密电子压差计可得到更好的控压效果。

5.2.2　真空技术

1. 真空的基本概念

真空技术中，真空泛指在给定的空间内气体压强低于一个大气压的气体状态，也就是说，同正常的大气压相比，真空是较为稀薄的一种气体状态。

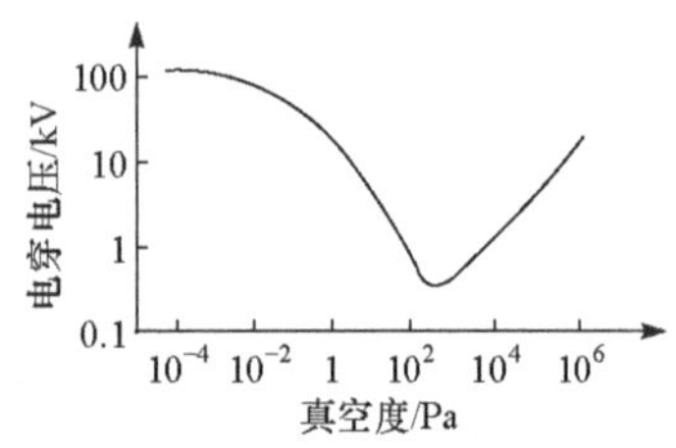

图 5-8　击穿电压和真空度的关系

真空度是对气体稀薄程度的一种客观量度。根据真空技术的理论，真空度的高低通常用气体的压强表示。图5-8显示间隙击穿电压和气体压强之间的关系。由图可以看到真空度高于10^{-2} Pa 时，击穿电压基本上不再随着气体压力的下降而增大，因为气体分子碰撞游离现象已不再起作用。当气体压力从10^{-2} Pa 逐步升高时(真空度下降)，击穿强度逐渐下降，而在接近10^{2} Pa 左右最低，之后又随气压的增高而增高。从曲线上可以看出真空度高于10^{-2} Pa 时其耐压强度基本上保持不变。这就表明，真空灭弧室的真空度在10^{-2} Pa 以上时完全能够满足正常的使用需求。

在物理学中，压力等于压强乘以作用面积，但在物理化学中，已经将压力和压强两个不同的概念当作同一个“压强”概念来处理，且目前多称其为压力。在国标单位及国际单位制中，压力以帕(Pa)为单位，$1\ \text{Pa} = 1\ \text{N} \cdot \text{m}^{-2}$。早期文献中常用的压力单位还有毫米汞柱(1 mmHg = 1 Torr = 133.3224 Pa)、托(1 Torr = 1 mmHg)等，但都属于淘汰单位。

真空区域的划分没有统一规定，我国通常是这样划分的：

粗真空10^{5}～10^{2} Pa；

低真空10^{3}～10^{-1} Pa；

高真空10^{-1}～10^{-6} Pa；

超高真空10^{-6}～10^{-10} Pa；

极高真空＜10^{-10} Pa。

真空区域的特点不同，其应用也不同。例如，吸尘器工作于粗真空区域，暖瓶、灯泡等工作于低真空区域，而真空开关管和其他一些电真空器件则工作在高真空区域。

2. 真空的获得与测量

1) 真空的获得

在实验室中，欲获得粗真空常用水流抽气泵，欲获得低真空用机械真空泵，欲获得高真空则需要机械真空泵与油扩散泵并用。现分述如下。

(1) 水流抽气泵。水流抽气泵结构如图5-9所示，多用玻璃或金属制成。其工作原理是当水从泵内的收缩口高速喷出时，静压降低，水流周围的气体便被喷出的水流带走。使用时，只要将进水口接到水源上，调节水的流速就可以改变泵的抽气速率。显然，其极限真空度受水的饱和蒸气压限制，如15℃时为1.70 kPa，25℃时为3.17 kPa 等。

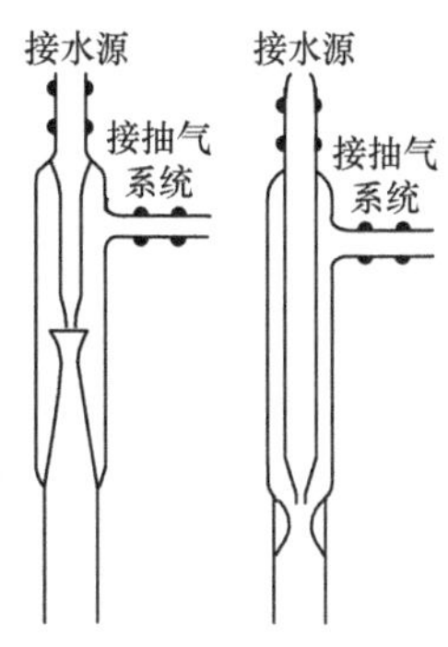

图 5-9　水流抽气泵

(2) 旋片式机械真空泵。旋片式机械真空泵(简称旋片泵)是一种油封式机械真空泵。其工作压强范围为101325～1.33×10^{-2} Pa，属于低真空泵。它可以单独使用，也可以作为其他高真空泵或超高真空泵的前级泵。

旋片泵可以抽除密封容器中的干燥气体，若附有气镇装置，还可以抽除一定量的可凝性气体。但它不适于抽除含氧过高、对金属有腐蚀性、与泵油发生化学反应及含有颗粒尘埃的气体。

旋片泵是真空技术中最基本的真空获得设备之一。旋片泵多为中小型泵，有单级和双级两种。双级就是在结构上将两个单级泵串联起来。一般做成双级的，以获得较高的真空度。

2) 真空的测量

用于测量低于大气压的稀薄气体总压力的仪表称为真空计，也称真空规。

真空计可分为两大类：一类是能直接测出系统压力的绝对真空规，如麦克劳(Mcleod)真空规；另一类是经绝对真空规标定后使用的相对真空规，热偶真空规与电离真空规是最常用的相对真空规。凡能从其本身测得的物理量(如液柱高度、工作液、相对密度等)直接计算出气体压力的称绝对真空计，这种真空计测量精度较高，主要用作基准量具。相对真空计主要利用气体在低压力下的某些物理特性(如热传导、电离、黏滞性和应变等)与压力的关系间接测量，其测量精度较低，而且测量结果与被测气体种类和成分有关。因此，相对真空计必须用绝对真空计标定和校准后方能用作真空测量，但它能直接读出被测压力，使用方便，在实际应用中占绝大多数。真空技术需要测量的压力范围为10^5～10^{-11} Pa甚至更小，宽达16个数量级以上，尚无一种真空计能适用于从粗真空、低真空、高真空、超高真空到极高真空的全范围测量，因而需要有多种真空计进行组合测量。最常用的如下：

(1) U 形管真空计。U 形管真空计是用于测量粗真空和低真空的绝对真空计。在 U 形玻璃管中充以工作液(低蒸气压的油、汞)，管的一端被抽成真空(或直接通大气)，另一端接被测真空系统。根据两边管中的压差所造成的液柱差可测出被测真空系统的压力。

(2) 压缩式真空计。压缩式真空计又称麦克劳真空规或麦氏真空规，是一种测量低真空和高真空的绝对真空计。这种真空计一般用硬质玻璃制成，测量精度较高。虽然在室温下汞的蒸气压较大，如$p_{20℃}=0.1601$ Pa，因麦氏真空规的真空度是依据玻意耳定义计算所得，在标示真空度时可以直接将汞蒸气压扣除，故其量程可达 10～10^{-4} Pa。应该注意：麦氏真空规不能测量压缩时会凝聚的蒸气的压力，这是其缺点。

(3) 电阻真空计。电阻真空计又称皮拉尼真空计，是一种测量低真空的相对真空计，主要由电阻式规管和测量线路两部分组成。电阻式规管是在管壳内封装着一条电阻温度系数较大的电阻丝，常用钨丝或铂丝。测量时，规管与被测真空系统相接，用一定的电压、电流加热电阻丝，其表面温度可用电阻值反映，且与周围的气体分子的热传导有关，而气体分子的热传导又与压力有关。当被测压力降低时，由气体分子传走的热量减小，电阻丝表面温度增高，电阻值增大；反之，电阻值减小。因此，根据电阻值的大小就可以测量出压力。

(4) 热阴极电离真空计。热阴极电离真空计用于高真空测量。它由圆筒式热阴极电离规管和测量线路两部分组成。这种规管与三极电子管相似，有 3 个电极：阴极(灯丝)、螺旋形栅极(加速极)和圆筒形收集极。测量时，规管与被测真空系统相连。通电后，热阴极发射电子，在飞向带正电的加速极的路程中与管内空间的低压气体分子碰撞，使气体分子电离。电离所产生的电子和离子分别在加速极和收集极(带负电位)上形成电子流 I_e 和离子流 I_i。在被测气体压力低于10^{-1} Pa 的状况下，当电子流 I_e 恒定时，离子流 I_i 与被测真空系统中的气体分子密度(压力p)成正比。因此，离子流的大小就可以作为压力的度量。这种真空计的测量范围为10^{-1}～10^{-5} Pa。

(5) 电离真空计。这种真空计在工作时，阴极发射的电子撞击加速极时产生软性 X 射线，照射到收集极上时便引起收集极的光电子发射，因而就在离子流测量回路中增加一个与被测压力无关的剩余光电流 I_X，限制测量下限的扩展。为了减少这种软 X 射线对收集极的影响，人们又研制出 BA 式电离规管，它是将收集极改为针形，并与阴极的位置对换，使光电流 I_X 大为减小。这是一种使压力测量上限达 10^2 Pa 的高压电离真空计，而测量下限从 10^{-5} Pa 扩展到 10^{-8} Pa 左右，从而解决了超高真空测量的问题。

(6) 冷阴极电离真空计。冷阴极电离真空计是一种测量高真空的相对真空计。它由电离规管和测量线路组成。规管一般由两块平行的阴极、一个环形的阳极和产生磁场的磁钢构成。在电极之间加有高压直流电场，而整个规管的电极系统又置于垂直电极平面的磁场中。在正交电场和磁场的作用下，由低压气体分子电离产生的放电电流是被测压力的函数，所以放电电流的大小可作为压力的度量。

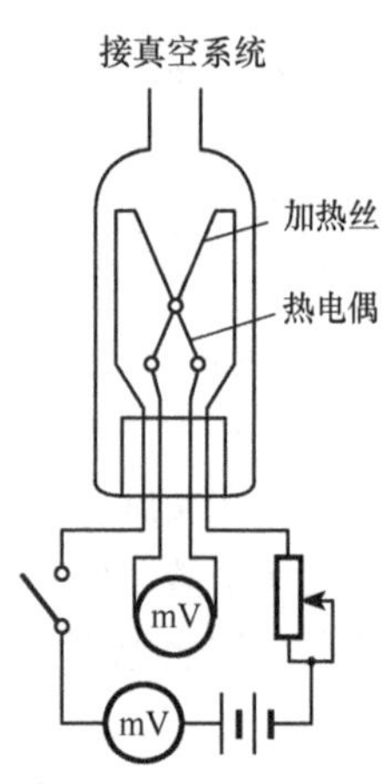

图 5-10　热偶真空规

(7) 热偶真空规。热偶真空规又称热偶规，由加热丝和热电偶组成，如图5-10所示，其顶部与真空系统相连。当给加热丝以某一恒定的电流(如120 mA)时，加热丝的温度及热电偶的热电势大小将由周围气体的热导率决定。在一定压力范围内，当系统压力 p 降低，气体的热导率减小，则加热丝温度升高，热电偶热电势随之增加。反之，热电势降低。p 与 λ(对应于热电势值)的关系如式(5-8)所示：

$$p = c\lambda \tag{5-8}$$

式中，c 为热偶规管常数。该函数关系经绝对真空规标定后，以压力数值标在与热偶规匹配的指示仪表上。因此，用热偶规测量时从指示仪表可直接读得系统压力值。

5.2.3　时间及计时技术

1. 时间的定义和单位

时间是物质的运动、变化的持续性、顺序性的表现，包含时刻和时段两个概念。时间是物理化学实验中用以描述物质运动过程或事件发生过程的一个重要参数，如热力学和动力学实验都涉及时间的测量。因此，正确掌握时间的测量方法和技术是十分必要的。

国际单位制中，时间的基本单位是秒，用符号 s 表示。在物理化学实验中，常用的时间单位还有厘秒(0.01 s，用 cs 表示)、分(用 min 表示)、小时(用 h 表示)等。

2. 时间的测量技术

物理化学实验中，在时间测量精度要求不高的情况下，一般采用机械或电子秒表计时。随着在物理化学实验中逐渐采用自动化技术和先进的自动化实验仪器，在时间精度要求较高的实验中已大量采用自动计时技术。

1) 机械秒表和电子秒表

秒表主要有机械和电子两大类。

(1) 机械秒表。利用摆的等时性控制指针转动而计时。机械秒表的正面是一个大表盘，上方有一个小表盘。秒针沿大表盘转动，分针沿小表盘转动，分针和秒针所指的时间和就是所测的时间间隔，如图 5-11 所示。机械秒表的精度一般在 0.1～0.2 s。不同型号的机械秒表，分针和秒针旋转一周所计的时间可能不同，使用时要注意。物理化学实验已经很少使用机械秒表，目前使用的大多是电子秒表。

(2) 电子秒表。电子秒表又可分为三按键和四按键两大类，或者普通秒表和有存储功能的体育运动多用表。物理化学实验多用如图 5-12 所示三按键秒表。电子秒表一般利用石英振荡器的振荡频率作为时间基准，采用液晶数字显示时间，具有精度较高(一般分辨率为 0.01 s，也有分辨率为 0.001 s 的高精度秒表)、显示直观、读取方便、功能多等优点。

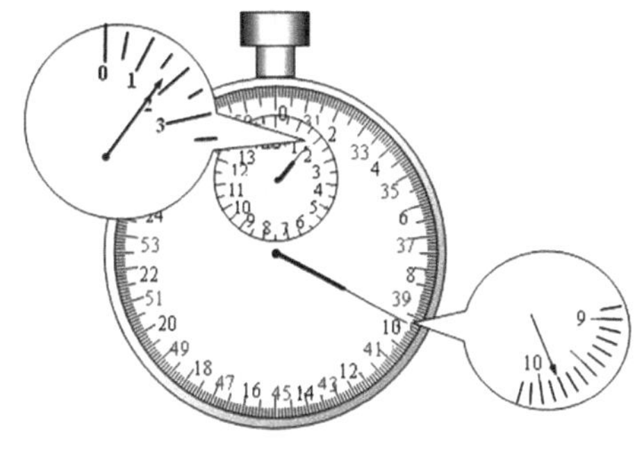
图 5-11　机械秒表

图 5-12　电子秒表

2) 电子秒表的正确使用

使用秒表测量时间时，人工对实验数据进行读取和记录，这一过程会引入人为的误差，实验结果的精度更多取决于实验操作者的客观反应和主观意识，而非实验自身的客观规律，致使人为因素给实验结果带来较大误差。为了减少时间测量误差，可采用多次重复计时取平均或者延长测量时间来减少实验误差。

例如，乙酸乙酯皂化实验，传统的实验一般两位同学一组。实验过程中常常是一位同学专门盯着秒表看时间，一旦到了指定的时间间隔，立即提醒另一位同学读数，记录的是整数分钟的时间和对应的物理数据。这样看似很准确、很科学，实则不然，原因是没有时间误差概念，从提示时间到真正读出实验数据，两者之间的时间差不确定。因为每个人的听觉和视觉灵敏度都是不同的，从第一位同学看到秒表读数达到指定间隔时间，到叫出声音提示读数，这中间所需要的时间因人而异，一般为 0.1～0.5 s；而另一位同学从听到提示音到真正读出数据所花的时间往往更长，一般为 0.5～2 s，有的同学甚至需要花更长的时间努力地回忆，更极端的是个别同学因来不及读数而编造数据。

除少数快速过程外，尽管误差 1～2 s 对一般的物理化学实验影响不大，但使学生缺失了误差的概念，不利于养成严谨的工作作风，给今后的科学研究埋下了隐患，这是必须引起重视的问题。另一个重要的问题是教育部大力提倡一人一组一套仪器独立完成实验操作，旧的操作方法难以满足新的要求。

其实，即使只用电子秒表计时，稍加练习，也可以达到一人一组一套仪器独立完成实验操作的要求，而且有足够高的读数精度，有可以预测的时间误差。充分利用电子秒表的“分段计时”功能可以实现准确计时。以每隔2 min 读取一个电导率数据为例说明具体操作：

(1) 在秒表模式下，在适当的时候按下“启动-停止”(STAR-STOP)键(以下简称“启停”键或“SS”键)，启动秒表开始计时。

(2) 右手握住记录笔；将秒表放在左手手心，左手食指从“模式”(MODE)键(以下简称“M”键)与“SS”键两键中间穿过抓住表盘；左手中指、无名指和小指一起并排从“SS”键右下方抓住表盘；左手大拇指按在“分段-复位”(Lap-ReSet)键(以下简称“LR”键)上。

(3) 当秒表显示为1′55″(或 3′55″、5′55″、…其余类推)时准备读数，并在脑海中默默地预读一下电导率，当时间显示为1′59″(或 3′59″、5′59″、…其余类推)且“秒”后的两位读数(0.1 s和0.01 s)大于50时(大于0.5 s)时，眼睛迅速转向电导率仪显示屏，并快速读取电导率值，在读出数据的瞬间果断快速按下“LR”键，读数时一定要读出声音，可以达到加深记忆和确认读数的目的。在读取及记录下电导率数据期间不要看秒表，将所得电导率数值记录下来后，再看秒表以读取时间值，并将秒表显示屏的数值全部记录下来，记录格式为 1′59.98″(或2′00.32″)或者1′59″98(或2′00″32)。

注意，在计时过程中按下“LR”键时，表面上的“:”还在闪动，即计时并未停止，表面上停止的数据是按下“LR”键时的时间，记下该时间数据后，再按一下“LR”键，显示数据重新变为原起点计时的、不断变化的累积时间数据。

一般说来，只要稍加训练，并将时间数据按 0.5 s 进行四舍五入处理，绝大部分数据应该是误差小于 0.5 s 的整数分钟的数据，即读数误差在 0.5 s 以内。

当然，在条件允许的情况下，建议尽量使用自动计时技术，以减少人工操作引起的误差。

3) 自动计时技术

近年来，随着科学研究和科学技术的不断发展，带有自动记录功能的自动化实验仪器设备在物理化学实验中已得到广泛应用，极大地提高了物理化学实验的自动化程度与实验数据的测量精度。

例如，燃烧热的测定实验，在点火后的 1～2 min，温度升高较快，传统的计时方法是用秒表人工计时，会使读数产生滞后现象，导致读出的温度数值比实际值高，造成数据处理误差。现在采用的燃烧热自动测量系统能自动控制实验的点火操作，还能利用温度传感器结合自控技术，自动、连续地记录实验初期至末期的实时体系温度，这样可以直观地看到温度随时间的变化曲线。

此外，物理化学实验涉及电压、电流、温度、pH、电导率、吸光度、旋光度、折射率、磁场等物理量随时间变化的测量，可利用信号采集技术、数模转换技术和自动控制技术将这些物理量转换到带有各类光、声、电、热、磁传感器的仪器设备上，再用计算机程序进行实时自动控制，完成物理化学数据的自动实时采集和处理。这种自动化实验技术特别适用于对时间测量精度要求较高的动力学实验。

现已开发出多种多通道、并行、实时的自动化数据采集实验系统，能够快速、准确地得到更多的实时数据，反映动态的真实动力学实验过程。

4) 瞬态和动态时间分辨技术

从时间尺度上来讲，目前，瞬态光谱、动态光谱测量的时间尺度通常在 ns～fs 范围。未来，自动计时技术将向瞬态或动态过程研究中的时间分辨测量技术发展，便于进行各种超快速和复杂的动力学实验研究。

飞秒激光器、皮秒激光器、阿秒激光器等的出现，促进了物理化学领域的瞬态或动态过程的研究，与激光器配合的响应速率在 ns、ps 量级的检测器如 PIN 二极管、条纹相机等的出现，解决了瞬态或动态过程产生的响应信号的探测问题。这些超快激光器和快速响应探测器的出现促进了时间分辨光谱测量的发展，而时间分辨光谱可以用来研究超快过程，如激发态的辐射和碰撞衰变、激发态分子异构化、激发态原子分子的动力学、化学反应过程、能量在分子内的传递等。

未来在这些技术的帮助下，大学基础物理化学实验可以为有较高要求的学生开设超快速和复杂的动力学研究的综合性实验。

(责任编撰：中南民族大学　张煜华)

5.3 电子仪器

5.3.1 SWC-Ⅱ$_D$型精密数字温度温差仪

SWC-Ⅱ$_D$型精密数字温度温差仪是在SWC-Ⅱ$_C$数字贝克曼温度计基础上设计开发的新产品，面板如图 5-13 所示。它除具备 SWC-Ⅱ$_C$数字贝克曼温度计的显示清晰、直观、分辨率高、稳定性好、使用安全可靠等特点外，还具备以下特点。

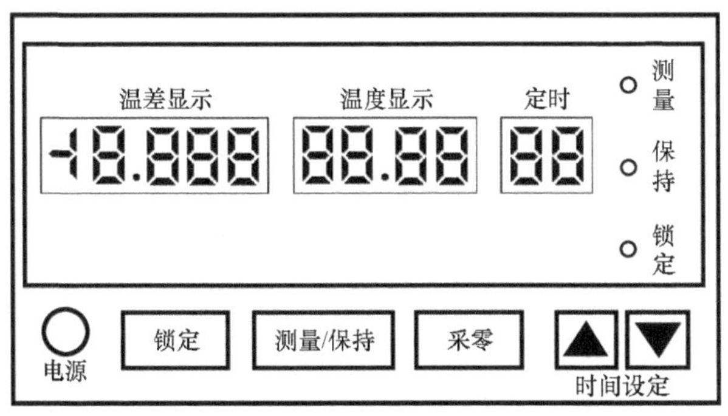

图 5-13　SWC-Ⅱ$_D$型精密数字温度温差仪

(1) 温度-温差-定时三显示。可同时显示当前温度、与基准温度的差值和按倒计时方式设计的定时器。

(2) 基温自动选择和锁定功能。替代 SWC-Ⅱ$_C$数字贝克曼温度计的手动波段开关选择。该仪器能根据当前使用温度与 0℃、20℃、40℃或 60℃最接近的温度自动确定基础温度。例如，在春秋季，仪器会自动选择 20℃为基温，在冬天的北方，基温则变成 0℃，而在盛夏时，基温则为 40℃。但若使用温度在两个基温的中间变化，则仪器的基温会在两个接近的量程之间跳跃，造成读数混乱，这时就要利用锁定键将基温锁定，防止跳动。

(3) 读数采零及超量程显示功能。采零按键用于选定温差读数的基准温度，仪器开机时的缺省温差基准温度与仪器自动选定的基温相同，当按采零键时，则仪器将当前的温度作为温差的基准温度保存起来，并将当前温度与温差基准温度的差值放大后再将温差显示出来，从而可以提高温差的测量分辨率。当温差读数超过温差可显示的数字范围时，仪器会自动显示超量程符号 U.L。

(4) 可调定时功能。可以在 6～99 s 时间范围内任意设置定时时间，当读数减至 0 时，仪器发出蜂鸣声提示，并重新显示定时时间供下次倒计时循环。

(5) 测量/保持功能。可以在测量过程中按保持键使读数停止在显示屏上，确保温度快速变化时的准确读数。

(6) 配置 RS-232C 串行口，便于与计算机连接，实现联机测试。新出厂的产品已经将 RS232 口改为更广泛的 USB 接口。

使用方法：

(1) 为安全起见，在接通电源前，必须将传感器插头插入后面板的传感器接口。

(2) 将传感器插入被测物中(插入深度应大于 50 mm)。

(3) 开启电源，显示屏显示实时温度，温差显示基温为 20℃时的温差值。

(4) 当温度温差显示稳定后，按一下采零键，仪器以当前温度为基温，温差显示窗口显示 0.000。再按下锁定键，稍后的变化值为采零后温差的相对变化量。

(5) 要记录读数时，可按一下测量/保持键，使读数处于保持状态(保持指示灯亮)。读数毕，再按一下测量/保持键，即可转换到测量状态，进行跟踪测量。

(6) 定时读数。按增、减键，设定所需的定时间隔(应大于 5 s，定时读数才会起作用)。设定完后，定时显示将进行倒计时，当一个计数周期完毕时，蜂鸣器鸣叫且读数保持约 2 s，保持指示灯亮，此时可观察和记录数据。消除定时功能，只需将定时读数设置小于 5 s 即可。

5.3.2　SWQR-Ⅰ型数字可控硅控温仪

高温加热控制是催化动力学研究不可或缺的设备。该仪器采用固态组件无触点可控硅控温，具有以下特点：

(1) 采用双向可控硅连续调压和深度负反馈，温度波动小，抗电网干扰能力强。

(2) 采用 PID 连续输出，过渡时间短，控制精度较高。

(3) 采用高性能元件和全塑机箱，具有体积小、重量轻、功耗小等优点。

(4) 具有内部冷端温度自动补偿功能，使用方便，测量准确。

SWQR-Ⅰ型数字可控硅控温仪面板如图 5-14 所示。

使用方法：

1. 开机前准备

(1) 调电压表、电流表的机械零点，使两表头分别指示零位。

(2) 将输出电压调整钮逆时针旋至底。

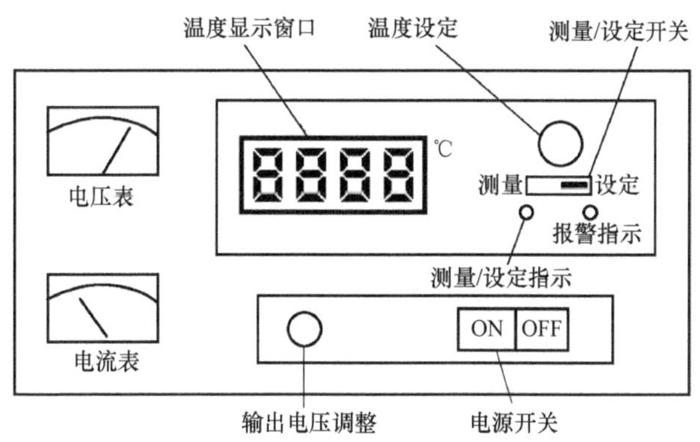

图 5-14　SWQR-Ⅰ型数字可控硅控温仪

2. 开机运行

(1) 通电。按下电源开关“ON”，电源指示灯亮，仪表处于初始状态。

(2) 设定温度。将“测量/设定”开关置“设定”位置，调“温度设定”钮设定所需温度值。

(3) 温度测控。将“测量/设定”开关置“测量”位置，此时仪表处于按设定温度进行自动控温的工作状态。

注意：根据所设定温度的高低，用“输出电压”旋钮调节输出电压值，以便达到较为理想的控温目的，为防止温度过冲，延长加热丝的寿命，不要将电压调得太高，一般根据加热功率大小和温度的高低，电压可在 100～200 V 之间调整。

(4) 关机。工作完毕，将“输出电压”调节旋钮逆时针旋至底位后，按下电源开关“OFF”，再拔掉电源插头。

(责任编撰：中南民族大学　伍　明)

5.3.3　DDS-307/DDS-307A 型电导率仪

电导是电阻的倒数，用于表示物质的导电能力。电导率是电阻率的倒数，是长度为 1 m、截面积为 1 m^2 的物体的电导。电阻一般用于表示固体物质的导电能力，而电导一般用于表示液体物质的导电能力。无论是电阻还是电导，对其进行测量时均利用欧姆定律。

当通电于液体物质时，会使液体中的离子型物质发生电离而产生离子，在电场的作用下，阳(正)离子向阴极移动，而阴(负)离子向阳极移动，使电极附近液体的特性改变而发生“极化”，进而发生氧化和还原反应，使液体的性质发生变化。为了防止测量过程影响液体的性质，必须使用音频交流信号进行测量，以消除或减少极化现象。

电导率仪通常由振荡器(音频电源)、电导池、标准分压电阻、放大器和显示器等部分构成。振荡器提供稳定可调的音频电压，电导池中的液体物质与标准分压电阻形成分压电路，将分压电阻上的电压信号进行放大和处理，将电导或电导率在显示器上显示出来。其原理如图 5-15 所示。

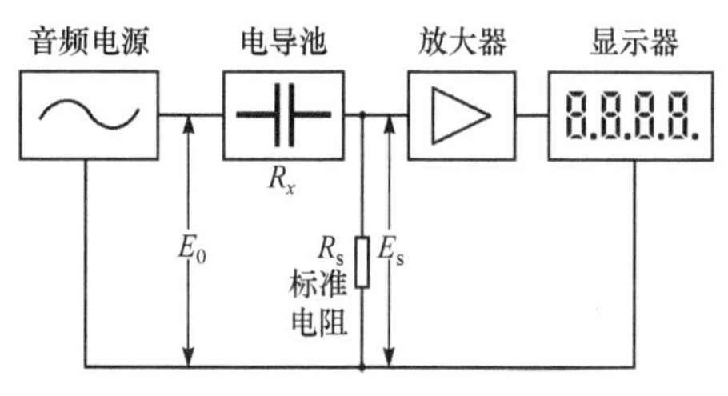

图 5-15　电导率仪工作原理

当仪器达稳定时，有 $E_s = \dfrac{E_0 R_s}{R_s + R_x} = \dfrac{E_0 \kappa_x}{\kappa_x + K_{cell} / R_s}$，即

$$\kappa_x = \frac{K_{cell}}{R_s} \cdot \frac{E_s}{E_0 - E_s} \tag{5-9}$$

仪器将所测标准分压电阻上的电压 E_s 按式(5-9)处理，即得到液体的电导率 κ_x。

电导率仪的厂家、型号众多，DDS-307 或 DDS-307A 是最常用的产品之一(图 2-13-1、图 2-13-2)。两种型号的产品主要功能和外观一样，只是 A 型增加了总固态溶解物(TDS)和温度两个附加测试功能。早期产品为旋钮式，后期产品均为按键式。

DDS-307 系列电导率仪的测量范围均为 0.05 μS · cm^{-1}～199.9 mS · cm^{-1}，测量时要根据液体的电导率大小选择合适的电导电极，电极种类可参照表 5-1 进行选择。

表 5-1 电导电极的常数选择

测量范围		电阻率范围/(Ω · cm)	推荐使用电极常数
0.05～1.99	μS · cm^{-1}	20M～500k	0.01、0.1
1.99～199.9		500k～5k	0.1、1.0
199.9～1999		5k～500	1.0
1.999～19.99	mS · cm^{-1}	500～50	1.0、10
19.99～199.9		50～5	10

旋钮式与按键式两种仪器的工作方式有所差异，故使用方法也不同。

1. 旋钮式 DDS-307 的校正与使用方法

1) 温度补偿设置

(1) 将温度旋钮指向 25.0℃刻度线，则所测量的数值为 25.0℃下未经补偿的原始电导率值。

(2) 将温度旋钮指向待测溶液温度时，则所测量的数值是经过温度补偿后折算到 25.0℃下的电导率值。

2) 满度调节

将量程选择开关指向“检查”，常数旋钮指向“1”，调节校准钮，使仪器显示为 100.0 μS · cm^{-1}，至此满度调节完毕。

3) 仪器校准及电极常数标定

将用电导水和指定浓度标准 KCl 溶液分别润洗过的电导电极插入盛有适量指定浓度的标准 KCl 溶液中，于实验温度下恒温 15 min，量程开关调至Ⅳ挡，温度调至实验温度，仔细调整常数旋钮使显示值与该温度下指定浓度标准 KCl 溶液的电导率值一致，至此仪器校准和电极标定同时完成。

将量程开关调至“检查”，对 DJS-1 电极(电极常数为 1)，显示值除以 100 即为电导电极的电极常数。例如，显示值为 103.3 μS · cm^{-1}，则电极常数 K_{cell} = 1.033 cm^{-1}。

4) 待测溶液电导率的测量

(1) 电极常数的设置。按前法调节仪器满度。将量程开关调至“检查”，仔细调整常数旋钮，使仪器显示值 S 与电极常数的标示值 K_{cell} 一致，即 $S = 100 \times K_{cell}/N$($N$ 是电极的名义常数，即 0.01、0.1、1 或 10 四种之一)。例如，某 DJS-10 电极的出厂标示值为 9.82 cm^{-1}，则调常数钮至显示值为 98.2；又如，电极 DJS-0.1 先前实验室的标定值为 0.1038 cm^{-1}，则调常数钮使显示值为 10.38。

若仪器和电导电极用标准 KCl 溶液进行了校准和标定，则不用进行上述电极常数的设置步骤。

(2) 电导率测量。完成上述仪器的满度调整和常数设置后，即可进行未知溶液的测定。将用去离子水和待测液润洗过的电导电极插入待测液中恒温，待读数稳定不变时，调整量程开关至显示的有效数字最多的挡位保持并读数，则测量值可用式(5-10)计算：

$$测量值\ M = 显示值\ S \times 电极名义常数\ N \tag{5-10}$$

2. 按键式 DDS-307/ DDS-307A 的校正与使用方法

1) 温度补偿设置

(1) 按温度调整钮的▲或▼，使温度显示为 25.0℃，则所测量的数值为 25.0℃下未经补偿的原始电导率值。

(2) 将温度显示调整到待测溶液的温度，则所测量的数值是经过温度补偿后折算到 25.0℃下的电导率值。

按“确定”键，温度调整完毕。

2) 选择电极种类及设置电极常数

按电极常数调整钮的▲或▼，使电极种类在 0.01、0.1、1 和 10 四种类型中循环显示，当显示类型与所用电极类型一致时停止。再按常数调节钮的▲或▼，使电极常数的显示值与给定值或标定值一致。按“确定”键结束设置。

若常数未知，或者需要精确测定，可先用已知浓度的标准 KCl 溶液对电导电极的常数进行标定，然后按标定值进行设置。

3) 电导电极的常数标定

将用去离子水和指定浓度的标准 KCl 溶液润洗过的电导电极插入盛有适量该已知浓度的标准 KCl 溶液中。按电极常数调整钮的▲或▼，使电极类型与所用电极类型一致。再按常数调节钮的▲或▼，使电极常数显示值为 1.000，按“确定”键。于实验温度下恒温 15 min 后按“测量”键，读数记为 $\kappa_{测}$，已知指定温度和浓度下标准 KCl 溶液的电导率为 $\kappa_{标}$，则待测电导电极的常数 $K_{cell,测} = \kappa_{标}/\kappa_{测}$。再按常数调节钮的▲或▼，使电极常数显示值与该计算值 $K_{cell,测}$ 相同，按“确定”键。按“测量”键查看标准 KCl 溶液的电导率显示值是否与该标准 KCl 溶液的 $\kappa_{标}$一致，若有微小差距，可再微调常数调节钮▲或▼，按“确定”键后再按“测量”键，直至显示值与 $\kappa_{标}$一致，电极标定完成。

4) 待测溶液电导率的测量

完成上述仪器的温度调整和常数设置后，即可进行未知溶液的测定。将用去离子水和待测液润洗过的电导电极插入待测液中恒温，按“测量”键进入测量状态，待读数稳定不变时(一般恒温 15 min 后)，读取显示值即为待测溶液的电导率 κ(按键式电导率仪具有自动换挡功能)。

3. 电导电极常数 K_{cell} 标定的两种通用方法

1) 标准溶液标定法

根据电极常数选择合适的标准 KCl 溶液。

(1) 将电导电极接入仪器，断开温度电极(有温度传感器的仪器不接温度传感器)，仪器以手动温度作为当前温度值，设置温度为 25.0℃，此时仪器所显示的电导率值是未经温度补偿的绝对电导率值。

(2) 分别用蒸馏水和标准 KCl 溶液清洗电导电极后，将电导电极浸入标准 KCl 溶液中。

(3) 将盛电极和溶液的容器置于温度恒定为 25.0℃ ± 0.1℃的恒温器恒温。

(4) 读取仪器电导率显示值 κ_X。

(5) 按下式计算电极常数：

$$K_{cell} = \kappa_S / \kappa_X \tag{5-11}$$

式中，κ_S 为相同温度下标准 KCl 溶液的电导率。

2) 标准电极标定法

根据电极常数选择合适的标准 KCl 溶液。

(1) 选择一支与待测电极常数接近(或同一分类)的已知常数的标准电极(设常数为$K_{cell,S}$)。

(2) 把用纯水和标准 KCl 溶液清洗过的未知常数电极(设常数为$K_{cell,X}$)与标准电极(设常数为$K_{cell,S}$)以同样深度插入同一标准 KCl 液体中，于 25.0℃ ± 0.1℃恒温。

(3) 分别依次将标准电极和待测电极接到电导率仪上，分别测出同一标准 KCl 溶液的电导率，记为κ_S和κ_X。由于是相对测量，标定过程中设置或不用设置仪器的电极常数，只要是同一状态，就不会影响测量的精度。

(4) 按下式计算待测电极的常数：

$$K_{cell,X} = K_{cell,S}\kappa_S / \kappa_X \tag{5-12}$$

注意：对常数为 1.0、10 的电导电极有光亮和铂黑两种形式，镀铂电极习惯上称为铂黑电极，光亮电极测量范围以 0～300 μS · cm^{-1} 为宜。铂黑电极用于容易极化或浓度较高的电解质溶液的电导率测量。

5.3.4 pHS-3C/pHS-3G 型 pH 计

pHS-3C 型 pH 计是利用特种玻璃对 H^+ 敏感的玻璃电极与电位相对稳定的甘汞电极组成的电池，对溶液中 H^+ 产生的直流电位响应，通过前置放大器放大和 AD 转换器变换，将溶液中 H^+ 浓度变换成 pH 数字值并显示的仪器。该仪器采用带背景灯光、双排数字液晶显示，可同时显示 pH、温度值或电位(mV)。具有较高的输入阻抗(≥1 × 10^{12} Ω)，能自动识别 4.00 pH、6.86 pH 和 9.18 pH 三种标准缓冲溶液，具有手动温度补偿和两点 pH 校正功能，可以测量范围为(0.00～14.00) pH 或者(0～ ± 1999) mV，其 pH 基本误差为 ± 0.01 pH、 ± 0.1% FS，分辨率为 0.01 pH、1 mV。pHS-3G 具有与 pHS-3C 相同的性能指标，附带了磁力搅拌功能。pHS-3C/pHS-3G 型酸度计如图 5-16 和图 5-17 所示。

早期生产的 pHS-3C 型酸度计有指针式和数字式两种，都具有旋钮式和按键式两种不同调节方式的产品，近期生产的 pHS-3 系列酸度计均为按键式数字显示。pH 计属于高输入阻抗仪器，静电等可能危害甚至损坏仪器。因此，pH 计在不使用时，其输入口应该插入短路插头以保护仪器。

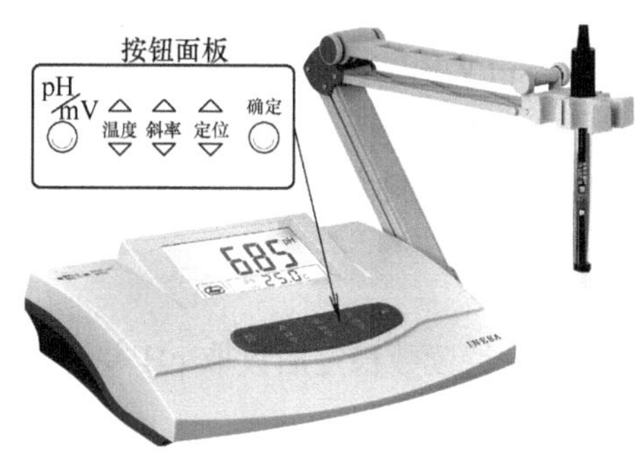

图 5-16　pHS-3C 型 pH 计

图 5-17　pHS-3G 型 pH 计

仪器标配为 E-201F 型 pH 复合电极，也可选用玻璃电极和饱和甘汞电极组合。pHS-3 系列 pH 计的按键功能如表 5-2 所示。

表 5-2　pHS-3C/3G 酸度计键盘功能说明

按键	功能
pH/mV	pH、mV 测量模式转换
温度	手动温度设置
定位	对仪器进行 pH 指定值定位
斜率	对仪器放大倍数进行调整，使直线斜率符合方程
▲	数值上升键，按此键数值增加
▼	数值下降键，按此键数值减小
确认	按此键为确认上一步操作

限于篇幅，此处仅介绍按键数字式 pHS-3C 型酸度计的使用方法。

1) 准备

(1) 将 pH 复合电极插头插入 pH 计的测量电极插座。

(2) 将 pH 复合电极下端的电极保护瓶拔下，并且拉下电极上端的橡皮套使其露出上端小孔，将电极固定在电极架上后分别用蒸馏水和待测液清洗电极。

(3) 根据 pH 测量使用范围，准备标准缓冲溶液如 4.00 pH、6.86 pH、9.18 pH 三种标准缓冲溶液中的两种以备标定。下面以用 6.86 pH 和 9.18 pH 两种标准缓冲溶液为例。

(4) 按温度的▲或▼键，使显示温度与所测溶液温度一致后，按“确定”键。

2) 标定

通常有一点标定法和两点标定法，本书仅介绍常用的且精度更高的两点标定法。

(1) 按 pH/mV 键进入 pH 测量态，把用蒸馏水和 pH = 6.86 的标准缓冲溶液分别清洗过的复合电极插入 pH = 6.86 的标准缓冲溶液中，待读数稳定后，按“定位”键(若 pH 不是 4.00 pH、6.86 pH、9.18 pH 三种标准缓冲溶液中的一种，或指定温度下的 pH 与上述三种标准缓冲溶液的 pH 不同，按“定位”键的▲或▼，使读数变为指定 pH)，按“确定”键，仪器进入测量状态。

(2) 把用蒸馏水和 pH = 9.18 的标准缓冲溶液分别清洗过的电极插入 pH = 9.18 的标准缓冲溶液中，待读数稳定后，按“斜率”键，若 pH 是 4.00 pH、6.86 pH、9.18 pH 三种标准缓冲溶液中的一种，按“斜率”键后仪器自动识别并显示“Std YES”，再按“确定”键。若 pH 是与上列三个数值不同的其他标准溶液，按“斜率”键的▲或▼，使读数变为指定 pH，按“确定”键结束标定，再按“确定”键，仪器存储当前标定的定位和斜率值，仪器进入正常测量状态。

3) 测量

把用蒸馏水和待测液分别清洗过的电极插入待测液中，待读数稳定后读取 pH 并记录。

4) 其他非 H^+ 浓度的测定

若将复合电极换成其他离子选择性电极与甘汞电极，如 Ag^+ 选择性电极、Cl^- 选择性电极等，则可测出溶液中相应离子浓度对应的电动势(按 pH/mV 键换成 mV 挡测量即可)，再利用不同浓度的电势曲线图，求出溶液中相应离子的浓度。若已知在指定的浓度范围内是直线关系，也可以像酸度测定法一样，用两个指定离子浓度的标准溶液标定仪器后，直接测量溶液中相应离子的浓度。

5) 电极使用与维护注意事项

(1) 若怀疑仪器测量数据有误，可对仪器重新进行标定。标定前，在测量状态下长按“确定”键 3 s 以上，主显示区闪烁显示“SYS”，下部闪烁显示“rSt”，再按“确定”键，则先前标定的定位和斜率被清空，可对仪器重新进行标定。

(2) 仪器在测量前必须用已知 pH 的标准缓冲溶液进行标定。

(3) 在每次标定后进行下一次操作前，应该用蒸馏水或去离子水充分清洗电极，再用被测液淋洗电极至少两次。取下电极护套时，应避免电极的敏感玻璃泡与硬物接触，因为任何破损或擦毛都有可能使电极失灵甚至报废。

(4) 测量结束后，及时套上电极保护套，套内应放少量饱和 KCl 溶液，以保持电极球泡湿润，切忌浸泡在蒸馏水中。仪器的复合电极插座必须插入短路插头。

(5) 复合电极的外参比补充液为 3 $mol \cdot L^{-1}$ 氯化钾溶液，补充液可以从电极上端小孔加入。复合电极不使用时，盖上橡胶塞，防止补充液干涸。电极的引出端必须保持清洁干燥，绝对防止输出两端短路，否则将导致测量失准或失效。

(6) 电极应与输入阻抗较高的 pH 计($R_{in} \geqslant 3 \times 10^{11}\ \Omega$)配用，使其保持良好的特性。

(7) 电极应避免长期浸在蒸馏水、蛋白质溶液和酸性氟化物溶液中。电极应避免与有机硅油接触。

(8) 电极长期使用后，如果发现斜率有较大变化，可把电极下端浸泡在 4% HF 中 3～5 s，用蒸馏水洗净，然后在 0.1 $mol \cdot L^{-1}$ 盐酸溶液中浸泡使之复新。如果仍不能恢复，则只能更换新电极。

(9) 被测溶液中若含有易污染敏感球泡或堵塞液接界的物质而使电极钝化，会出现斜率降低，显示读数不准的现象。发生该现象时，应根据污染物的性质，用适当的溶液清洗，使电极复新。

注意：选用清洗剂时，不能用四氯化碳、氯乙烯、四氢呋喃等能溶解聚碳酸酯的清洗剂，因为电极外壳是用聚碳酸酯制成的，其溶解后极易污染敏感玻璃球泡，从而使电极失效，也不能用复合电极测上述溶液，此时可选用 65-1 型玻璃壳 pH 复合电极；使用 pH 复合电极时，最容易出现问题的部位是外参比电极的液接界处，液接界处的堵塞是产生误差的主要原因。

(责任编撰：中南民族大学　袁誉洪)

5.3.5　UT805A 型台式 5½位数字万用表

UT805A 是一种台式 5½位真有效值数字万用表(以下简称万用表)。整机电路设计以大规模集成模拟和数字电路相组合，采用微机技术，以 24 位 A/D 转换器为核心，高精度的运算放大器、真有效值的交直流转换器、全电子调校技术赋予仪表高可靠性、高精度。其面板和显示屏如图 5-18、图 5-19 所示。

图 5-18　UT805A 5½位数字万用表面板照片

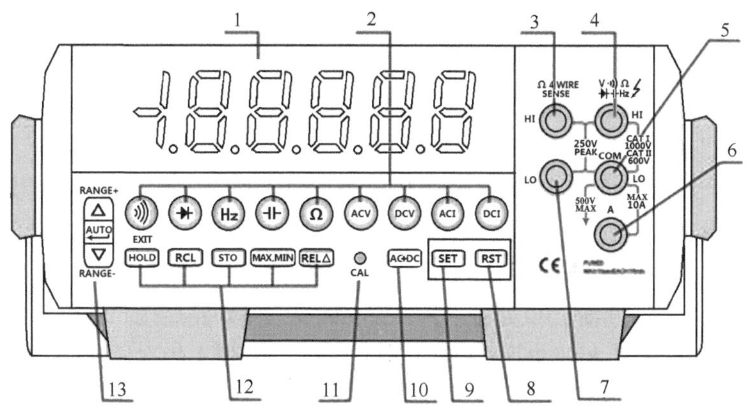

图 5-19　UT805A 5½位数字万用表

1. 256 × 64 点阵液晶显示屏；2. 主功能按键；3. 4 线制测电阻时电流高端；4. 测量 VΩCf 等时的正极，4 线制测电阻时电压高端；5. 公共端，负极，4 线制测电阻时电压低端；6. 电流正极输入端；7. 4 线制测电阻时电流低端；8. 复位键；9. 设置键；10. AC + DC 键，即带直流偏置的交流电压或电流测量；11. (电压、电流、电阻)调校键；12. 副功能键；13. 量程键，自动/手动选择，系统设置的上/下功能键，确定键

仪表可用于测量交直流电压、交直流电流、电阻、二极管、电路通断、电容、频率等众多物理量，具备存储回读功能。RS232C 和 USB 接口使其容易与计算机构成可靠的双向通讯。仪表采用独特的外观设计，256 × 64 像素点阵液晶屏，可多信息同屏显示，采用交流市电供电，是性能优越的高精度电工仪表。

UT805A 型数字万用表分辨率高，输入电阻大，功能繁多，典型参数如表 5-3 所示。

表 5-3　UT805A 典型性能参数表

功能	挡位	测量范围	分辨率	输入电阻	误差
直流电压	200 mV	1 μV～220.000 mV	1 μV	>500 MΩ	±(0.015% + 4)
	2 V	10 μV～2.20000 V	10 μV		±(0.015% + 3)
	20 V	100 μV～22.0000 V	100 μV	≈10 MΩ	±(0.015% + 4)
	200 V	1 mV～220.000 V	1 mV		±(0.015% + 3)
	1000 V	10 mV～1000.00 V	1 mV		
直流电流	2 mA	0.01 μA～2.20000 mA	0.01 μA	100.0 Ω	±(0.05% + 10)
	200 mA	1 μA～220.000 mA	1 μA	1.00 Ω	
	10 A	0.1 mA～10.0000 A	0.1 mA	0.0100 Ω	±(0.8% + 60)
电阻	200 Ω	0.001 Ω～220.000 Ω	0.001 Ω	—	±(0.08% + 50)
	20 kΩ	0.1 Ω～22.0000 Ω	0.1 Ω	—	±(0.02% + 6)
	20 MΩ	100 Ω～22.0000 MΩ	100 Ω	—	±(0.25% + 6)

本仪器的测量采样速率约为每秒两次。如果需要了解其他内容，可查阅仪器使用说明书，此处仅就直流电压挡的标定和使用作简要介绍。

1. 直流电压挡的标定 (正负极性均要校正)

若测量精度要求较高，则使用前需要对仪器进行标定。整个标定过程必须在手动量程进行。开机预热时间需大于 30 min。标准电压源的准确度需优于被校量程准确度的 1/3。

(1) 将红表笔插入“VΩ(-Hz)”输入口，黑表笔插入“COM”输入口。

(2) 按“DCV”键(默认值为 AUTO 量程)进入直流电压测量。

(3) 200 mV 挡：按“▽”键使屏显挡位处显示为 200 mV，将红黑两支表笔短路后按“REL△”键清除零位，再在红黑表笔间输入 ± 190 mV 标准电压，按“CAL”键，显示器依次显示：(--CAL--)→(-HI-End)→(± 190.000 mV)，校正完毕。

2 V 挡：按“△”键使屏显挡位处显示为 2 V，两支表笔短路后按“REL△”键清除零位，再在红黑表笔间输入 ± 1.90 V 标准电压，按“CAL”键，显示器上依次显示：(--CAL--)→(-HI-End) → (± 1.90000 V)，校正完毕。

20 V 挡：按“△”键使屏显挡位处显示为 20 V，两支表笔短路后按“REL△”键清除零位，再在红黑表笔间输入 ± 19.0 V 标准电压，按“CAL”键，显示器上依次显示：(--CAL--)→(-HI-End)→(± 19.0000V)，校正完毕。

200 V 挡：按“△”键使屏显挡位处显示为 200 V，两支表笔短路后按“REL△”键清除零位，再在红黑表笔间输入 ± 190 V 标准电压，按“CAL”键，显示器上依次显示：(--CAL--)→(-HI-End) → (± 190.000 V)，校正完毕。

1000 V 挡：按“△”键使屏显挡位处显示为 1000 V，两支表笔短路后按“REL△”键清除零位，再在红黑表笔间输入 ± 1000 V 标准电压，按“CAL”键，显示器上依次显示：(--CAL--) → (-HI-End)→(± 1000.00 V)。至此，全部电压挡校正完毕。

2. 直流电压挡的使用

(1) 将红表笔插入“VΩ(-Hz)”接口，黑表笔插入“COM”接口。

(2) 按“DCV”键(默认值为 AUTO 量程)进入直流电压测量功能。

(3) 若已知被测电压的范围，可按“△”或“▽”键设置比可能的最高电压略高的电压挡位，若将红黑两支表笔短路后主显示区电压不是 0，可按“REL△”键清除、复零，以便提高测量精度。也可按“AUTO”键进入自动量程挡，但自动量程挡不能进行零位清除，故只能用于一般精度要求的测量。

(4) 将红表笔接待测信号的正极，黑表笔接待测信号的负极，则显示屏的中间主显示区直接显示测量结果，上部副显示区显示功能、量程、挡位等信息，下部副显示区则显示测试的时间和日期。若表笔与待测信号的极性接错，则显示的测试电压前会出现负号。

(责任编撰：中南民族大学　韩晓乐)

5.3.6 UJ-25 型电位差计

UJ-25 型直流电位差计属于高阻型电位差计，它适用于测量内阻较大的电池电动势以及较大电阻上的电压降等。由于工作电流小，线路电阻大，在测量过程中工作电流变化很小，因此需要高灵敏度的检流计。它的主要特点是测量时几乎不损耗被测对象的能量，测量结果稳定、可靠，而且有很高的准确度。

1. 测量原理

电位差计是按照对消法测量原理设计的一种平衡式电学测量装置，能直接给出待测电池的电动势值。图 5-20 是对消法测量电动势原理示意图。由图可知电位差计由三个回路组成：工作电流回路、标准回路和测量回路。

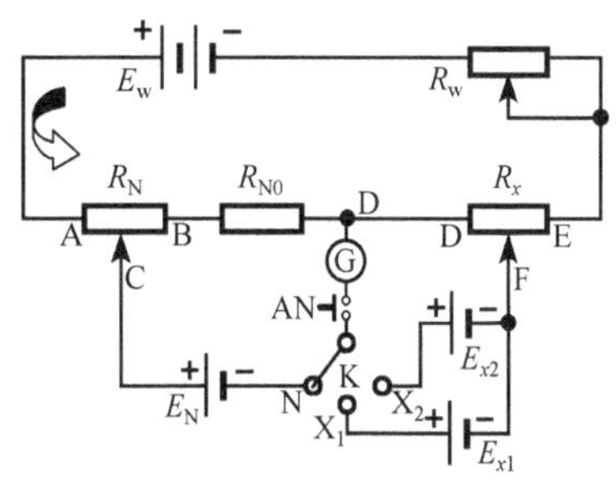

图 5-20　对消法测量原理示意图

(1) 工作电流回路。从工作电源 E_w 的正极开始，经电阻 R_N、R_{N0}、R_x，再经工作电流调节电阻 R_w，回到工作电源 E_w 的负极。该回路的作用是借助于调节电位器 R_w 使在校正补偿电阻 R_N、R_{N0} 和测量补偿电阻 R_x 上产生一个数字可变且准确可知的电位降。通常在进行电路设计时，总是使工作回路的电流为 1×10^m A($m = -3 \sim -6$)的整数，使工作回路中的电阻上产生与电阻数字相对应的电压，如电阻 R_{N0} 上产生指定温度范围内标准电池电动势的最小值，而在 R_N 上产生温度变化范围内标准电池电动势的最大可能的变化值；在 R_x 上产生仪器最大可测范围的电压。

(2) 标准回路。当换向开关 K 扳向“N”位时，仪器处于校准状态。标准回路中的标准电池接入电路中，调 R_N 的大小，使 R_N 上的电压标示值与实验温度下标准电池电动势的计算值 E_N 相同，调节 R_w 使检流计 G 中电流为零，此时 R_{N0} 和 R_N 上 CB 段的电压总和与标准电池的电动势 E_N 刚好相等而对消。校准后的工作回路中的电流 I_w 即为某一设定值，即 $I_w = E_N/(R_{N0} + R_{N,CB}) = 1 \times 10^N$ A($N = -3 \sim -6$)。

(3) 测量回路。当换向开关扳向“X_1”位时(X_1、X_2 是两路完全相同的回路，功能相同，接一路即可)，仪器处于测试状态。此时待测电池接入测量回路中。在保证校准后的工作电流 I_W 不变即固定 R_W 的条件下，调节电阻 R_x，使 G 中电流为零。此时 R_x 产生的电位降与待测电池的电动势 E_x 大小相等、方向相反，相互对消，则测量补偿电阻 R_x 上的标示值即为待测电池的电动势 E_x。

2. 使用方法

UJ-25 型电位差计实际面板如图 5-21 所示。电位差计使用时都配用高灵敏度检流计(1×10^{-10}A)、标准电池及稳定的工作电源。当 UJ-25 型电位差计不添加电阻分压附件时，测量上限为 1.911110 V，高于此电压要配专用分压箱，工作电流为 0.1 mA 相当于每伏 10 kΩ 电阻，准确度0.01级。下面说明测量 1.911110 V 以下电压的方法。

(1) 连接线路。先将转换开关(N、X_1、X_2)置于断的位置，并将左下方三个电计按钮(粗、细、短路)全部松开，然后从左到右依次将检流计(电计)、标准电池、被测电池和工作电源按正、负极性接在相应的接线端钮上，检流计无极性的要求。

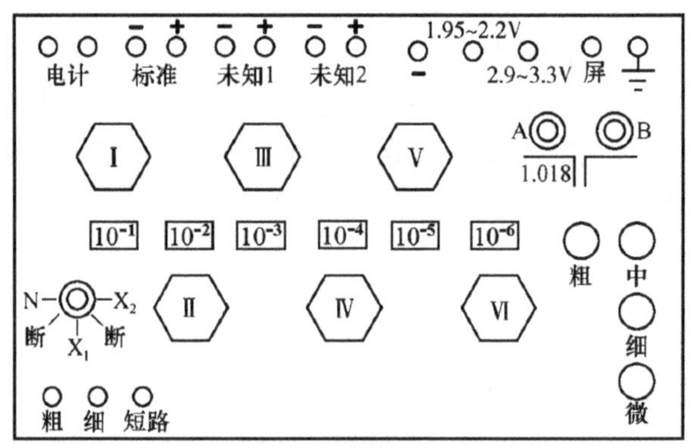

图 5-21　UJ-25 型电位差计面板

(2) 工作电流校正。调好检流计的机械零点，读取并记录标准电池中温度计的温度读数，根据该温度计算标准电池的电动势，调整补偿钮(A、B，相当于原理图中的 R_N)，使显示值与指定温度下标准电池电动势的校正值相等。将转换开关(N、X_1、X_2)拨至 N 位，检流计分流器拨至 × 0.01 挡，旋右下方四个工作电流调节钮(粗、中、细、微)的粗钮，按粗电计按钮并在观察检流计光点偏移方向和速率后放开，分析光点的偏移方向和速率与旋钮旋转方向的关系，再调粗钮并按下粗电计按钮，如此反复直至检流计示零。

同法操作，再按细电计按钮至检流计示零；将检流计分流器拨至 × 0.1 挡，同前操作，按粗钮和细钮分别使检流计示零。如此重复，检流计分流器依次从 × 0.01、 × 0.1、 × 1 到“直接”，每换一挡粗、细按钮轮流执行一次，直至检流计置“直接”，按细电计按钮并调微钮至检流计准确示零。注意：按电计按钮的时间每次约 2 s，不可太长，以免标准电池放电量过大影响测量精度，注意按下按钮前旋钮调整的方向与按键时检流计光点的偏移方向和速度的关系。

(3) 测量未知电动势。根据待测电池连接的位置，将转换开关(N、X_1、X_2)放在 X_1 或 X_2 位置上，除用Ⅰ～Ⅵ共 6 个电压测量旋钮代替校正时用的粗、中、细、微 4 个旋钮外，其余操作与上述校正操作完全相同，由左向右依次调节 6 个测量旋钮，使检流计示零。读出 6 个旋钮对应小孔示数的总和即为待测电池的电动势。

3. 注意事项

(1) 测量过程中，若发现检流计受到冲击，应迅速按下短路按钮，以保护检流计。由于工作电源的电压会发生变化，故在测量过程中要经常校正工作电流。另外，新制备的电池电动势一般不够稳定，应每隔数分钟测定一次，最后取平均值。

(2) 测定时电计按钮按下的时间应尽量短，以防止大电流通过电池而改变电极表面的平衡状态甚至电极溶液的浓度。

(3) 在测定过程中，若检流计一直向一边偏转，这可能是由工作电池、标准电池或待测电池中某一个电池的正负极接错、线路接触不良、导线有断路、工作电源电压不够或接错位置、待测电池电动势超过仪器当前的量程等原因引起，应仔细检查。

5.3.7 SDC-Ⅱ型电化学综合测试仪

SDC-Ⅱ型电化学综合测试仪是采用对消法(也称补偿法)测量原理设计的电位测量仪器，它将普通电位差计、检流计、标准电池及工作电池合为一体，保持了普通电位差计的测量结构，并在电路设计中采用了对称设计，保证了测量的高精确度。其电路原理及仪器面板示意图如图 5-22 和图 5-23 所示。

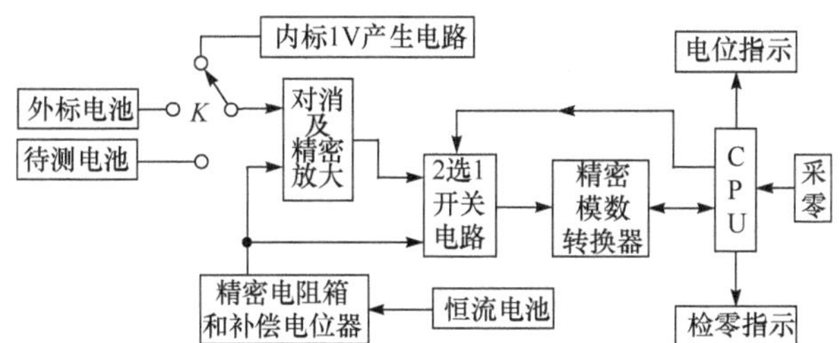

图 5-22　SDC-Ⅱ型电化学综合测试仪原理示意图

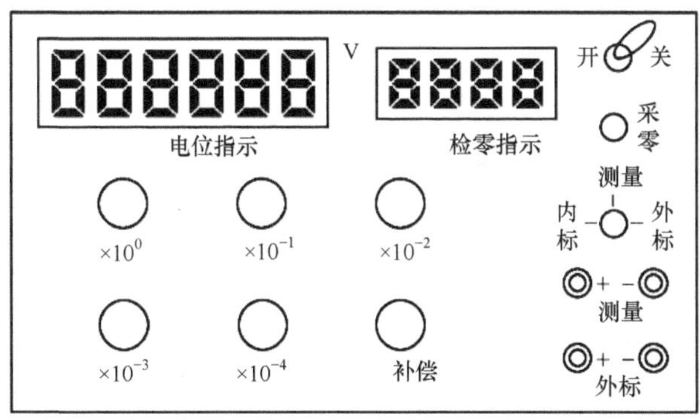

图 5-23　电化学综合测试仪面板示意图

当测量开关置于内标时，仪器由高精度集成稳压电路产生 1.0000 V 内标电压作为测量基准电压；当测量开关置于外标时，由仪器外部标准电池提供基准电压。基准电压一路经电子开关送 A/D 转换器转换成数字信号输入 CPU，由 CPU 输送电位指示显示；另一路输至对消电路，偏差信号经超高输入阻抗、高精度集成运算放大器放大后，由数模转换电路转换成数字信号再送入 CPU，由检零指示显示偏差，由采零按钮控制并记忆误差，以便测量待测电动势时进行误差补偿。

调整精密电阻箱和补偿钮，使电位指示与外标电池电动势相同，按采零钮，即完成仪器的标定工作。待测电池电动势测量与标定过程相同，只是将测量开关拨至测量即可。具体操作步骤如下。

1) 开机预热

将仪器和 220 V 交流电源连接，开启电源，预热 15 min。

2) 标定

野外使用时可以用内标标定仪器，当精度要求较高时，可使用高精度的饱和标准电池进行外标标定。

采用内标标定时，将测量选择置于内标位置，$\times 10^0$ 旋钮置于 1，其余旋钮和补偿旋钮逆时针旋到底，再调节补偿旋钮至电位指示显示 1.00000 V，待检零指示数值稳定后，按下采零键，此时检零指示应显示 0000。

当采用外标标定时，将外接标准电池按正、负极性与对应外标端子连接，将测量选择置于外标，依次调节 $\times 10^0$～$\times 10^{-4}$ 钮和补偿钮，使电位指示数值与外接标准电池在实验温度下的电池势校正值相同，待检零指示数值稳定后，按下采零键，此时检零指数为 0000。

3) 测定待测电池电动势

将被测电池按正、负极与对应测量端子连接，将 $\times 10^0$、$\times 10^{-1}$、$\times 10^{-2}$、$\times 10^{-3}$、$\times 10^{-4}$ 五个调整旋钮及补偿电位器均逆时针旋到底。依次快速调节 $\times 10^0$、$\times 10^{-1}$、$\times 10^{-2}$、$\times 10^{-3}$、$\times 10^{-4}$ 五个测量旋钮，调整每个旋钮时都使检零指示为绝对值最小的负值，最后调补偿钮，使检零指示为 0000。此时电位指示显示值即为被测电池的电动势。

注意：测量过程中，若电位指示值与被测电动势值相差过大，检零指示将显示“OU.L”溢出符号，当出现溢出符号时，一定要尽快从大到小调节调整旋钮，使差值减小到检零指示显示数字，以减少电池因过度充放电而产生的影响。

5.3.8　HDV-7C 晶体管恒电位仪

HDV-7C 晶体管恒电位仪设有恒电位、恒电流、溶液电阻补偿、阻抗变换和外扫描等功能，它具有阴极和阳极极化连续、输入阻抗高、输出电阻低、抗干扰能力强、频响宽、电位和电流调节精度高、工作稳定可靠等特点。其典型工作模式如图 5-24 所示。

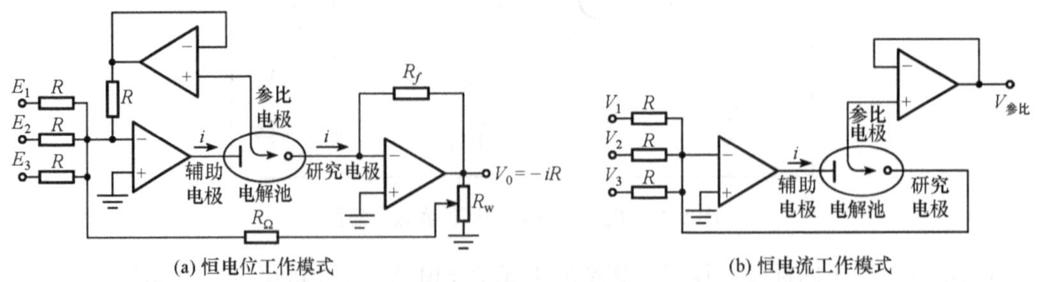

图 5-24　恒电位仪两种典型工作模式原理示意图

HDV-7C 晶体管恒电位仪配上直流示波器或 *X-Y* 函数记录仪可做多种静态和动态实验，适用于电极过程动力学、电分析、电解、电镀、金属腐蚀等测试实验。其面板如图 5-25 所示。

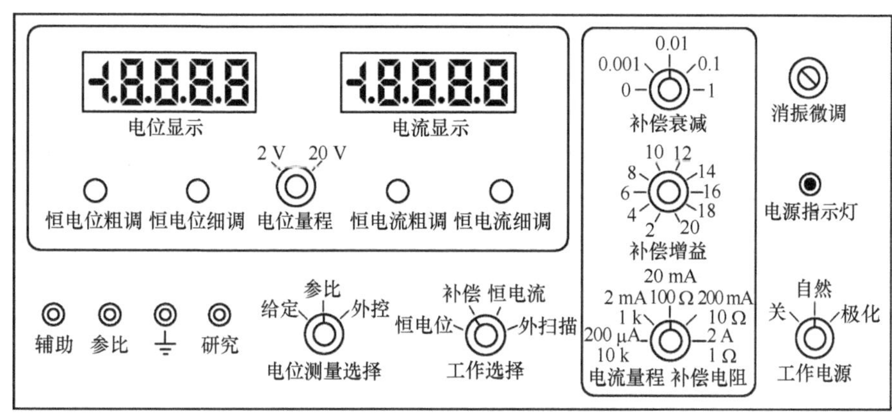

图 5-25 HDV-7C 恒电位仪面板

1. 使用方法

1) 准备工作

面板上的“研究”和“⏚”(地)两接线柱分别用截面积不小于 1 mm^2 的铜导线接至电解池研究电极，“参比”接线柱接电解池参比电极，“辅助”接线柱接电解池辅助电极。

用外控信号进行电位自动扫描实验时，仪器后面板“参比输出”接线柱接 X-Y 记录仪(或示波器)Y 轴，作电位测量和记录；“电流信号”输出接 X-Y 记录仪(或示波器)X 轴，记录电流。“外控输入”接扫描信号发生器，各仪器地线连在一起。

若要外接电流表，应接在辅助接线柱与电解池辅助电极之间。

仪器通电前，电位量程置于 20 V 挡。补偿衰减置于 0，补偿增益置于 2，电流量程置于 2 A。

2) 无补偿极化实验

(1) 恒电位。工作选择置恒电位，电位测量置参比，工作电源置自然，电源指示灯亮，电流显示为 0，电位显示为研究电极相对于参比电极的稳定电位(自然电位)。电位测量置于给定，则电位表显示为手动给定电位，即设定的研究电极相对于参比电极的电位，它由恒电位粗调和细调调节给定。预热 15 min 才能正常工作。

调给定电位等于自然电位，工作电源置极化，仪器进入恒电位极化工作状态。调节恒电位粗调和细调，即可进行无补偿恒电位极化实验。

实验完成，工作电源置自然，可改换工作方式做其他实验。若实验结束，工作电源置关。

(2) 恒电流。工作选择置恒电流，工作电源置自然，电位测量置参比，电压表指示稳定电位。

根据电解池实际极化最大电流，将电流量程 K_4 置于合适挡位；调恒电流粗调钮至第五圈位置，电源开关置于极化，仪器进入恒电流状态。调恒电流粗调与细调可改变电流值。每挡的输出电流额定值为该挡电流量程的 1/2。

实验完成后，电源开关置自然。要离开实验室则关闭电源。

(3) 外扫描。工作选择置外扫描，电位测量置外控即可测量外控信号幅度。把外控直流电位信号调到与自然电位相等。电流量程置于比最大极化电流大的一个量程上。工作电源置极化，仪器即进行外控电位自动扫描状态。借助记录仪或示波器进行自动扫描记录或显示。在记录时，不能更换电流量程，防止电流冲击从而破坏全部实验。

3) 补偿极化实验

线路连接同 2)。

(1) 溶液电阻测量。直流示波器 Y 输入连接恒电位仪参比输出，工作选择置补偿，根据溶液电阻大小和实际极化电流大小选择电流量程(补偿电阻)K_4 挡位。电源置极化。仪器进入交流 50 Hz 方波恒电流状态，改变补偿衰减、补偿增益，使示波器上显示出连续光滑波形。在最佳补偿时，可得出溶液电阻：

$$R = R_b K_1 K_2 \tag{5-13}$$

式中，R 为溶液电阻；R_b 为补偿电阻；K_1 为补偿衰减系数；K_2 为补偿增益系数。

当补偿电阻在 10 kΩ 挡时，波形上存在 50 Hz 干扰，为便于测量，可用双踪示波器同时观察槽压波形，判断槽压的阶跃点，便于最佳补偿的调节。

同时，电压表也可作为补偿检视器。不同的补偿状态，电位表有不同的指示，在恰好补偿时，电压表指示电压最小。

测量溶液电阻后，电源开关置自然。

(2) 补偿恒电流。工作选择置恒电流，补偿衰减、补偿增益不变，工作电源置极化，参比输出电位即为补偿后的参比电位。若减小电流量程 10 倍，应先减小补偿衰减 10 倍。若增大电流量程，应在电流量程增大 10 倍后，再增大补偿衰减 10 倍。

(3) 补偿恒电位。溶液电阻测量后，补偿增益退到 2，手动给定电位等于自然电位，电源置极化，再逐渐增大补偿增益到最佳值。调整恒电流粗调和细调可测量电阻补偿恒电位极化曲线。改变电流量程时，方法同(2)。

(4) 外扫描补偿恒电位。工作选择置外扫描。其他方法同(3)。

2. 注意事项

(1) 更换工作选择，应先把电源开关置于自然，待工作选择改变后，再拨到极化。

(2) 做恒电位实验前，电流表量程应放在最大。

(3) 做恒电流实验前，电流表量程应放在最小。

(4) 做长时间自动扫描补偿恒电位实验时，应把补偿增益减少若干，以免溶液电阻下降，造成过补偿振荡和阻塞。

(5) 在实验中，如果仪器有小幅度线性振荡(近似为正弦波)，可调节仪器面板上的消振微调电位器 W_{16}，若仍有振荡，可同时调节机内消振微调电位器 W_{407}。

注意：两个消振微调电位器在仪器出厂前已调整在较为合适的位置，实验中若没有示波器观察(辅助和研究电极之间)确为电压振荡，不要随意再做调整。

(6) 如果仪器在实验中出现大幅度非线性振荡(幅度约为 ± 20 V，波形大致为方波)，交变电流较大可能熔断保险丝，遇此情况，在重新实验时，可在辅助电极串接 100 Ω 左右的电阻，待极化后将此电阻短接。

(7) 保险丝 BX2、BX3 不可改用容量更大的熔断丝，以免损坏功率管。

5.3.9 CHI-660B 电化学综合测试仪

电化学测量是物理化学实验中的一种重要手段。随着数字和电子技术的高速发展，电化学仪器也在不断更新换代。传统模拟电路的恒电位仪、信号发生器和记录装置组成的电化学测量装置已被由计算机控制的电化学测量装置所替代。CHI-660B 电化学综合测试仪就是其中的典型代表。

1. 仪器功能

现代电化学测量仪器通常采用计算机控制，但其核心的恒电位仪和恒电流仪仍采用运算放大器构成。CHI-660B 电化学综合测试仪由计算机进行控制测量。计算机的数字量可通过数模转换器(DAC)而转换成能用于控制恒电位仪或恒电流仪的模拟量，而恒电位仪或恒电流仪输出的电流、电压及电量等模拟量则可通过模数转换器(A/D)转换成可由计算机识别的数字量。通过计算机可产生各种电压波形，进行电流和电压的采样，控制电解池的通和断，实现灵敏度的选择、滤波器的设置、R_i 降补偿的正反馈量、电解池的通氮除氧、搅拌、静汞电极的敲击和旋转电极控制等。

由于计算机可以产生同步扰动信号和同时进行采集数据，测量变得十分容易。计算机同时可用于用户界面、文件管理、数据分析、处理、显示、数字模拟和拟合等。计算机控制的 CHI-660B 电化学综合测试仪十分灵活，实验控制参数的动态范围极为宽广，并将多种测量技术集成于单个仪器中，不同实验技术间的切换也十分方便。

一台 CHI-660B 电化学综合测试仪可以分别实现电化学研究的各种测试，只需要进行简单的设置就能实现需要的功能。CHI-660B 可以实现的具体功能参见表 5-4，从表中可见，该仪器几乎集成了所有常规电化学测量技术。

表 5-4　CHI-660B 电化学综合测试仪功能一览表

功能	功能	功能
循环伏安法(CV)	线形电位扫描法(LSV)	交流阻抗测量(IMP)
阶梯波伏安法(SCV)	塔费尔曲线(TAFFL)	交流阻抗-时间测量(IMPT)
计时电位法(CA)	计时电量法(CC)	交流阻抗-电位测量(IMPE)
差分脉冲伏安法(DPV)	常规脉冲伏安法(NPV)	计时电位法(CP)
差分常规脉冲伏安法(DNPV)	方波伏安法(SWV)	电流扫描计时电位法(CPCR)
交流伏安法(ACV)	二次谐波交流伏安法(SHACV)	电位溶出分析(PSA)
电流-时间曲线(*I-t*)	差分脉冲电流检测(DPA)	开路电位-时间曲线(OCPT)
差分脉冲电流检测(DDPA)	三脉冲电流检测(TPA)	恒电流仪
控制电位电解库仑法(BE)	流体力学调制伏安法(HMV)	旋转圆盘电极转速控制(0～10 V)
扫描-阶跃混合法(SSF)	多电位阶跃方法(STEP)	任意反应机理 CV 模拟器

2. 软件特点

仪器由通用计算机控制，在 Windows 系统下工作。用户界面遵守视窗软件设计基本规则。控制命令参数所用术语均为化学工作者所熟悉和常用的。最常用的一些命令在工具栏上均有相应的快捷键，便于执行。仪器的软件还提供方便的文件管理、几种技术的组合测量、数据处理和分析、实验结果和图形显示等功能。

如果配以其他的一些仪器，还可用于旋转环盘电极的测量、电化学石英晶体微天平的测量和微电极的测量等。具体操作方法参阅仪器说明书。

5.3.10　PCM-1A 型精密电容测量仪

PCM-1A 型精密数字小电容测量仪利用电桥法原理，采用集成电路和四位半数字显示，具有性能稳定、抗干扰能力强等特点，常用于测定液体的介电常数。其面板如图 5-26 所示，操作方法如下。

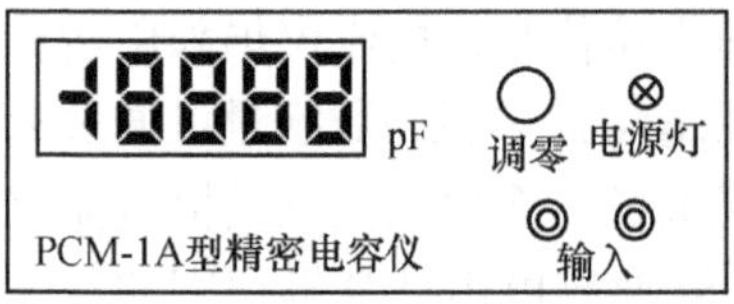

-1888 pF　调零　电源灯
PCM-1A型精密电容仪　输入

图 5-26　精密电容测量仪面板

(1) 打开电源开关，预热 20 min。

(2) 每台仪器配有两根双头 Q9 插头的屏蔽线，将两根线分插至仪器上的两个输入插座内，另一端暂时悬空。

(3) 转动调零钮，使显示屏示值为 0。

(4) 将两根屏蔽线另一端的 Q9 插头分别插入电容池上的 Q9 插座内，其显示值为空气的电容值，待数字稳定后记录。

(5) 在电容池内加入待测液体样品，显示值即为该样品的电容值，待数字稳定后记录。每次加入的样品量必须相同。

(6) 用吸管吸出电容池内的液体样品，并用洗耳球对电容池吹气，使电容池内液体样品全部挥发(直至显示读数等于空气电容时为止)，可再加入新样品进行测量。

5.3.11　TYPE 3086 型 *X-Y* 函数记录仪

TYPE 3086 型 *X-Y* 函数记录仪是按电桥平衡原理设计的自动平衡 *X-Y* 记录仪。与一般记录仪比较，TYPE *X-Y* 型记录仪有如下显著的特点。

(1) 高精确度(±0.25%)。

(2) 高灵敏度，最高灵敏度可达 5 μV · cm^{-1}。

(3) 优越的相位特性。采用 *X* 轴和 *Y* 轴 500 mm · s^{-1} 的速率，与 *X* 轴、*Y* 轴良好的平衡结构设计，使其具有优越的相位特性。

(4) 伺服机构采用可靠性高的无电刷伺服电机和长寿命导电塑料电位器，因而得到高的分辨力，寿命也飞跃性地提高。

操作规程：

1) 使用准备

在使用前确保以下各点：电源开关为 OFF，抬笔开关置 UP，静电吸附开关为 RELEASE，输入开关 *X* 轴、*Y* 轴都为 ZERO，电源线接到 220 V、50 Hz 电源。

2) 记录纸的装入与取出

将专用记录纸放到记录纸台板上，使记录纸标记与红色光点重合，静电吸附开关置 HOLD。记录结束后，把静电吸附开关拨至 RELEASE 即可取下记录纸。

3) 输入信号的连接

输入接线端由面板上的红(H)、黑(L)及 G(保护地)三个端子构成。通常，在实验室等场合或在高电压量程下使用的场合，将 L 和 G 两端子短路，H(+)和 L(−)两端子之间接入输入。在高灵敏度量程(5 mV 以下)下使用或共模电压条件下使用时，尽可能使用双芯屏蔽线。

信号源接地时，G 接信号源接地侧。当信号源不接地时，L 与 G 短接。

4) 测量与记录

旋转 X 轴、Y 轴的位置旋钮(POSITION)，设定零点位置(输入开关置为 ZERO，如有时标部分，则关闭 MEAS 开关)。

调量程开关，选择与输入信号相应的电压量程。本记录仪的最大允许电压大致的标准：V/cm 挡位情况下为直流 ± 250 V，mV/cm 挡位情况下为直流 ± 500 mV。

量程开关中间的微调钮逆时针旋转至听到“啪”响声的位置是量程基准点。顺时针旋转具有放大作用(标称量程减小)。

将输入开关置于 MEAS 侧，抬笔开关置于 DOWN 侧，记录仪开始记录。

注意：记录仪的预热时间随量程的不同而异，在 23℃ ± 1℃下，5～10 μV · cm^{-1} 量程时约 1 h，其他量程时约 30 min。

5) 时间扫描

3086 型 X-Y 函数记录仪可以配置时间扫描插件，进行时间扫描，使 X-Y 函数记录变成 Y-t 记录。有 0.25 s · cm^{-1}、0.5 s · cm^{-1}、1 s · cm^{-1}、2.5 s · cm^{-1}、5 s · cm^{-1}、10 s · cm^{-1} 共 6 挡不同扫描速率可供选择。使用方法相同，步骤如下：

(1) 按压 RESET 钮使扫描复位。抬笔开关置于 UP，抬起记录笔。

(2) 旋转 X 轴的 POSITION 钮，设定记录笔的起点。

(3) 用 SWEEP RATE 旋钮设定扫描时间。在按 SWEEP 钮后，按 TRIAL，记录笔以抬笔方式扫描，按 RECORD 时记录笔就降下，开始记录。

(4) 扫描结束时，笔自动抬起并停止扫描。按 RESET 钮，笔再次回到起点。

5.4　光 学 仪 器

5.4.1　721 型可见分光光度计与 752 型紫外-可见分光光度计

1. 721 型可见光分光光度计

721 型分光光度计属于可见分光光度计，其允许的测定波长范围为 360～800 nm，仪器在 410～710 nm 可增加消光片或采用有色溶液作被测溶液的参比，以提高分析灵敏度和扩大消光读数范围。由于其构造比较简单，测定的灵敏度和精密度较高，因此应用比较广泛。

1) 工作原理

分光光度计的基本原理是溶液中的物质在光的照射下，产生了对光吸收的效应，物质对光的吸收是具有选择性的。各种不同的物质都具有其各自的吸收光谱，因此，当某单色光通过溶液时，其能量就会被吸收而减弱，光能量减弱的程度和物质的浓度有一定的比例关系，即符合比色原理——比尔定律

$$A = -\lg T = -\lg\left(I / I_0\right) = \varepsilon bc \tag{5-14}$$

式中，T 为透过率；I_0 为入射光强度；I 为透射光强度；A 为吸光度；ε 为摩尔吸光系数；b 为溶液的光径长度；c 为溶液的浓度。

可以看出：当入射光、吸收系数和溶液光程长度不变时，透射光是随溶液的浓度而变化的，721 型分光光度计就是基于上述物理光学现象设计的。

2) 基本结构

721 型数字分光光度计基本原理示意图见图 5-27。

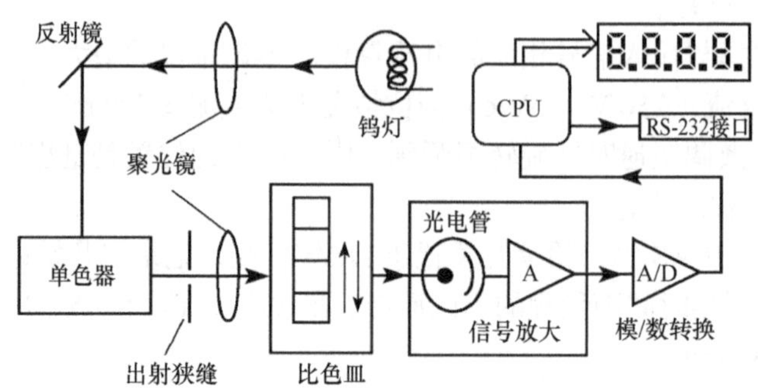

图 5-27　721 型数字分光光度计原理示意图

从钨灯发出的连续辐射光射到聚光镜上，经平面镜转角 90°，反射至单色器内，经光栅将白光分成连续分布的单色光，旋转分光旋钮，使所需波长的光恰好通过出射狭缝，再通过聚光镜后照射到试液上，一部分光被吸收，透过的光进入光电管，产生相应的光电流，经电流-电压转换并放大后输出。早期的输出器件多为微安表，新生产的仪器均改由单片机控制的 A/D 转换后以数字方式显示，并提供 RS-232 或 USB 串行数据输出接口。

3) 操作使用

以数字式光度计为例，数字分光光度计通常有透光率(T%)和吸光度(A)两种工作模式，也有些厂家的产品包含透光率(T%)、吸光度(A)和浓度(c)等 2～4 种模式。由于透光率模式有零点和满度两点校正，相比吸光度仅一点校正有更高的实验精确度，而透光率与吸光度的转换相对简单，因此透光率模式是最常用的方式。此处仅介绍透光率模式的调整与使用。

(1) 开启电源开关，仪器预热约 20 min 以上。

(2) 模式选择。按“模式”(Mode)钮至 T%灯亮，仪器即设置为透光率模式。

(3) 选择工作波长。根据需要调整波长钮至要求的最大特征吸收波长。

(4) 零点和满度调节。将黑色遮光皿放入比色皿架第 1 槽中，放蒸馏水的空白比色皿放入第 2 槽，盖上比色皿仓门。置比色皿第 1 槽于光路中，按“调零”钮使显示读数为 0.00；再置比色皿第 2 槽于光路中，按“满度”钮，屏幕显示闪烁的“BLR”，约 5s 后显示 100；再反复在调零和满度之间轮换调整，直至第 1 槽置于光路中时读数为 0，第 2 槽置于光路中时读数为 100，调整结束。

(5) 分别用纯水和待测液润洗另一比色皿，然后倒入适量待测液，擦干比色皿外的水分，将其放入比色皿第 3 槽并将其置于光路中，盖上比色皿仓门，待读数稳定后即可读数，可得待测液的透光率。

4) 注意事项

(1) 连续使用仪器的时间不应超过 2 h，最好是间歇 0.5 h 后，再继续使用。

(2) 仪器不能受潮。在日常使用中，应经常注意单色器上的防潮硅胶(在仪器的底部)是否变色，如硅胶的颜色已变红，应立即取出烘干或更换。

(3) 如果大幅度改变测试波长，在调整 0 和 100%后稍等片刻，使钨灯在急剧改变亮度后重新达到热平衡，当指针稳定后重新调整 0 和 100%即可工作。

2. 752 型紫外-可见分光光度计

752 型分光光度计为紫外-可见光光栅分光光度计，波长范围为 200～800 nm。其工作原理与 721 型类似，只是增加了一套光源及切换装置。

可见光部分与 721 型光度计原理完全相同，紫外光部分使用氘灯产生紫外线，并用配套的紫外检测器，仪器的外形如图 5-28 所示。紫外-可见分光光度计的使用，除需要根据波长使用范围的不同选择使用钨灯还是氘灯外，其他步骤与 721 型基本相同，不再赘述。

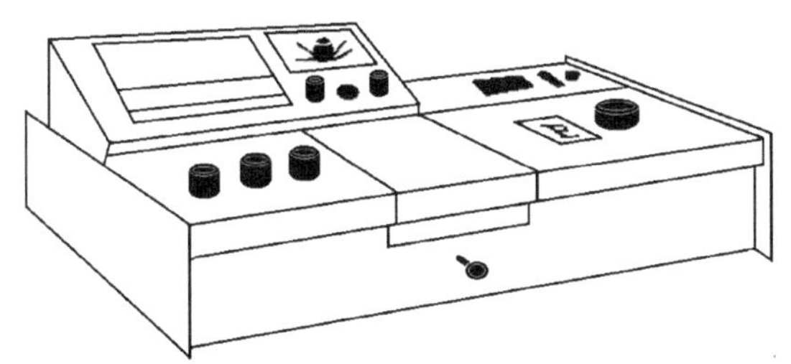

图 5-28　752 型分光光度计外观示意图

在使用紫外部分时，有一些特别需要注意的事项：

(1) 紫外线会对人体特别是眼睛造成较大的伤害，故在使用紫外-可见分光光度计时要注意安全。

(2) 当测量波长在 360 nm 以下时，需要使用紫外比色皿。紫外比色皿由石英制成，价格较可见光用普通玻璃比色皿高出几十倍甚至几百倍，故使用时要注意轻拿轻放，不能用手触摸光学面，比色皿外部只能用吸水纸或镜头纸吸干，千万不要用滤纸或抹布等过硬的物品擦拭，防止划伤。

5.4.2　阿贝折射仪

阿贝折射仪可以直接用来测定液体的折射率，定量分析溶液的组成，鉴定液体的纯度。同时，物质的摩尔折射度、摩尔质量、密度、极性分子的偶极矩等也都可与折射率数据相关联，因此它也是研究物质结构的重要工具。测量折射率所需样品量少，测量精度高(折射率可精确到 1×10^{-4})，重现性好，因此阿贝折射仪是教学实验和科研工作中常用的光学仪器。近年来，由于电子技术和电子计算机技术的发展，该仪器品种也在不断更新。

1. 工作原理

阿贝折射仪是根据光的全反射原理设计的仪器，它利用全反射临界角的测定方法测定未知物质的折射率，可定量地分析溶液中的某些成分，检验物质的纯度。

众所周知，光从一种介质进入另一种介质时，在界面上将发生折射，对任何两种介质，在一定波长和一定外界条件下，光的入射角(α)和折射角(β)的正弦值之比等于两种介质的折射率之比的倒数，即

$$\frac{\sin\alpha}{\sin\beta}=\frac{n_B}{n_A} \tag{5-15}$$

式中，n_A 和 n_B 分别为 A 与 B 两种介质的折射率。

由于折射率测量的温度和入射光波长有关，故折射率必须标明测定条件，如 n_D^{20} 表示在

20℃时该介质对钠黄光的折射率，若无说明，一般指钠黄光。

如果 $n_A > n_B$，则折射角β必大于入射角 α [图 5-29(a)]。若 $\alpha = \alpha_0$，$\beta = 90°$达到最大，此时光沿界面方向前进[图 5-29(b)]。若 $\alpha > \alpha_0$，则光线不能进入介质 B，而从产生界面反射[图 5-29(c)]。此现象称为全反射，α_0 称为临界角。

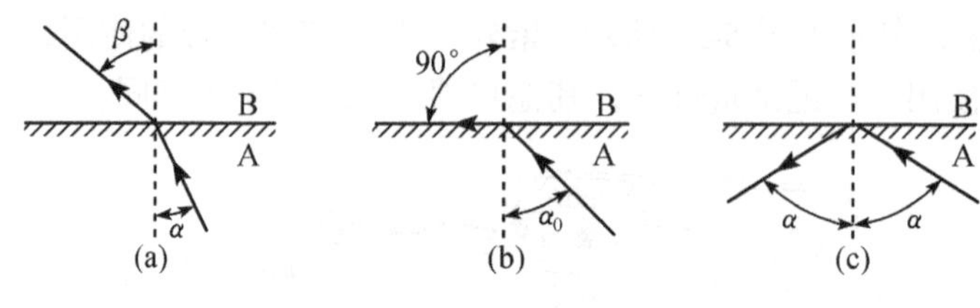

图 5-29　光的折射

2. 基本结构

以上海光学仪器厂生产的 2W 型阿贝折射仪为例(图 5-30)说明阿贝折射仪的结构。该仪器由望远测量系统和读数系统两部分组成,属于双镜筒折射仪。测量系统主要部件是两块直角棱镜，上面一块表面光滑，为折光棱镜，下面一块是磨砂面的，为进光棱镜(辅助棱镜)。两块棱镜可以启开与闭合，当两棱镜对角线平面叠合时，两镜之间有一细缝，将待测溶液注入细缝中，便形成一薄层液。当光由反射镜入射而透过表面粗糙的棱镜时，光在此毛玻璃面产生漫反射，以不同的入射角进入液体层，然后到达表面光滑的棱镜，光线在液体与棱镜界面上发生折射。

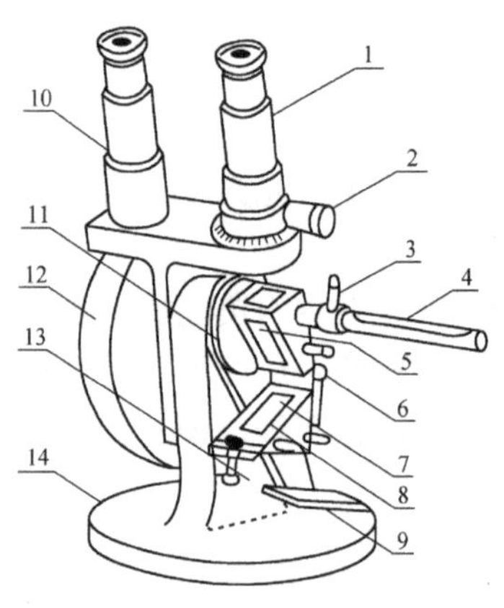

图 5-30　2W 型阿贝折射仪

1. 测量镜筒；2. 阿米西棱镜手轮；3. 恒温器接头；4. 温度计；5. 测量棱镜；6. 铰链；7. 辅助棱镜；8. 加样品孔；9. 反射镜；10. 读数镜筒；11. 转轴；12. 刻度盘罩；13. 棱镜锁紧扳手；14. 底座

因为棱镜的折射率比液体的折射率大，所以光的入射角 α 大于折射角β [图 5-31(a)]，所有的入射光线全部能进入棱镜 E 中，光线透出棱镜时又会发生折射，其入射角为 S，折射角为 γ。根据入射角、折射角与两种介质折射率之间的关系，从图 5-31(a)中可以推导出，在棱镜的 ϕ 角及折射率固定的情况下，若每次测量均用同样的 α，则γ的大小只与液体的折射率 n 有关。通过测定γ，便可求得 n 值。α 的选择就是利用了全反射原理，将入射角 α 调至 $\alpha_0 = 90°$，此时折射角 θ 为最大，即临界角。因此在其左侧不会有光，是黑暗部分，而另一侧则是明亮部分。透过棱镜的光线经过消色散棱镜和会聚透镜，最后在目镜中便呈现一个清晰的明暗各半的图像。测量时，要将明暗界线调到目镜中十字线的交叉点上，以保证镜筒的轴与入射光线平行。读数指针是和棱镜连在一起转动的，折射仪已将γ换算成 n，故在标尺上读得的是折射率数值。

另一类折射仪是将望远测量系统与读数系统合并在同一个镜筒内，通过同一目镜进行观察，属单镜筒折射仪。例如，2WA-J 型阿贝折射仪(图 5-32)，其工作原理与

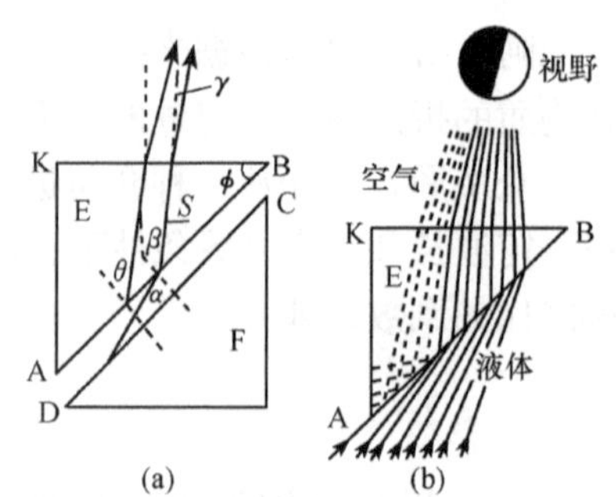

图 5-31　阿贝折射仪明暗线形成原理

2W 型折射仪相似。

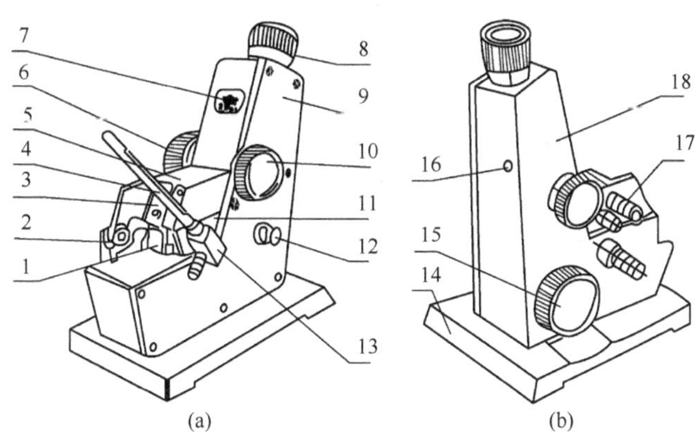

图 5-32 2WA-J 型阿贝折射仪结构图

1. 反射镜；2. 棱镜转轴；3. 遮光板；4. 温度计；5. 进光棱镜；6. 色散调节；7. 铭牌；8. 目镜；9. 盖板；10. 棱镜锁紧轮；11. 折射棱镜座；12. 刻度聚光镜；13. 温度计座；14. 底座；15. 折射率调节；16. 校准调节；17. 恒温器接头；18. 壳体

3. 操作和使用

1) 2W 型阿贝折射仪操作方法

(1) 准备工作。将折射仪与恒温水浴连接(近似测量时可不接恒温水)，调节所需的温度，检查保温套的温度计是否准确。打开直角棱镜，用丝绢或擦镜纸蘸少量丙酮轻轻擦洗上、下镜面，注意只可单向擦而不可来回擦，待晾干后方可使用。

(2) 仪器校准。使用之前应用重蒸馏水或已知折射率的标准折光玻璃块校正标尺刻度。如果使用标准折光玻璃块校正，先拉开下面的棱镜，用 1 滴 1-溴代萘把标准玻璃块贴在折光棱镜下，旋转棱镜转动手轮(在刻度盘罩一侧)，使读数镜内的刻度值等于标准玻璃块上标注的折射率，然后用附件方孔调节扳手转动示值调节螺钉(该螺钉处于测量镜筒中部)，使明暗界线和十字线交点相合。如果使用重蒸馏水作为标准样品，只要把水滴在下面棱镜的毛玻璃面上，并合上两棱镜，旋转棱镜转动手轮，使读数镜内刻度值等于实验温度下水的折射率即可，其他操作方法同上。

(3) 样品测量。阿贝折射仪量程为 1.3000～1.7000，精密度为 ± 0.0001。测量时，用洁净的滴管将 2～3 滴待测样品均匀地滴到下面的棱镜毛玻璃面中间。注意切勿使滴管尖端直接接触镜面，以免造成划痕。关紧棱镜，调节反射镜，使光线射入样品，然后轻轻转动棱镜手轮，并在望远镜筒中找到明暗分界线。若出现彩带，应调节阿米西棱镜手轮使彩带变成黄色，再调阿米西棱镜手轮使色散消失，界面黑白清晰。再调棱镜调节手轮，使分界线对准十字线交点。记录读数及温度，重复测定两三次。若是挥发性很强的样品，可将样品液体由棱镜之间的小孔滴入，快速进行测定。测定完后，立即用丙酮擦洗上、下棱镜，晾干后再关闭。

注意：折射率左侧的读数是测量蔗糖溶液质量分数的专用刻度。

2) 2WA-J 阿贝折射仪的操作方法

(1) 准备工作参照 2W 型阿贝折射仪的操作方法。

(2) 仪器校准。打开进光棱镜，在折射棱镜抛光面中间加 1～2 滴溴代萘，把标准玻璃块贴在折光棱镜抛光面上，调折射率手轮至读数视场指示等于标准玻璃块上的折射率，用螺丝刀旋转校准调节螺丝孔[图 5-32(b)中的 16]中的螺丝，使黑白界线和十字线交点相合。

(3) 样品测量。用乙醚或丙酮清洗进光棱镜和折射棱镜并用镜头纸擦干，用干净的滴管滴加 2～3 滴被测液体在折射棱镜中间，并迅速将进光棱镜盖紧，用棱镜锁紧轮[图 5-32(a)中的 10]锁紧，要求液层均匀，充满视场，无气泡。打开遮光板，合上反射镜，调节目镜视度，使十字线成像清晰，此时旋转折射率调节手轮，并在目镜视场中找到明暗分界线的位置。若出现彩带，则旋转色散调节轮，使先出现黄色彩带再恰好消失、黑白界面清晰，再调节折射率调节轮，使分界线对准十字线交点。转动刻度聚光镜[图 5-32(a)中的 12]调节刻度亮度，则目镜视场下方显示的示值即为被测液体的折射率。

4. 注意事项

(1) 必须注意保护折光棱镜，不能在镜面上造成划痕，不能测定强酸、强碱及有腐蚀性的液体，也不能测定对棱镜、保温套之间的黏合剂有溶解性的液体。

(2) 在每次使用前应洗净镜面，在使用完毕后，也应用乙醚或丙酮洗净镜面，待晾干后再关上棱镜。

(3) 仪器在使用或储藏时均不得曝于日光中，不用时应放入木箱内，木箱置于干燥的地方。放入前应注意将金属夹套内的水倒干净，管口要封起来。

(4) 测量时应注意恒温温度是否正确。欲使折射率的测量值准确至 ± 0.0001，则温度变化应控制在 ± 0.1℃的范围内。

(5) 阿贝折射仪不能在较高的温度下使用；对于易挥发或易吸水样品测量比较困难；对样品的纯度要求较高。

5.4.3 A610 型全自动折光仪

A610 型全自动折光仪测量透明或半透明物质的折射率的原理是基于测定全反射临界角，由线阵 CCD 探测器成像，送入单片机系统处理数据，判别明暗两部分的分界线，也就是临界角的位置，而后数字显示出被测样品的折射率或锤度。其具有人性化的操作，友好的全彩色界面，能快速、稳定、精确地进行全自动测量。仪器自身能利用半导体帕尔帖效应制冷片精确控制棱镜温度，具有海量数据存储的特点。A610 型全自动折光仪的外形及显示面板如图 5-33 和图 5-34 所示。

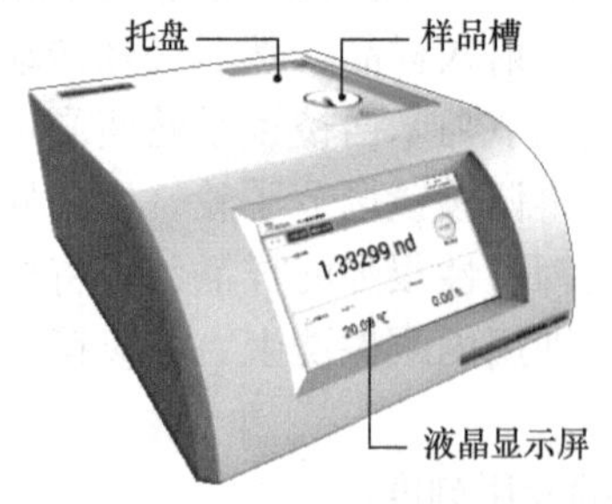

图 5-33　A610 型全自动折光仪的外形

图 5-34　A610 型全自动折光仪测试显示面板

自动折光仪的使用方法：

1) 参数设置

开机后，系统进行初始化，等待约 20 s，进入测试界面。

(1) 自主设置参数。单击程序界面中的参数设置选项卡，进入参数设置界面(图 5-35)。根据需要设置必要的参数，完成后取名并按保存键退回至测试界面。

(2) 也可选择已有参数。双击打开指定名称的参数文件，系统自动根据该文件的参数进行设置。

无论选择哪种设置方法，下一次重新开机时会显示最后一次使用的设置。

图 5-35　A610 型自动折光仪的参数设置界面

图 5-36　A610 型自动折光仪的校正界面

2) 蒸馏水校正

仪器使用时间间隔久了，或者搬移了存放地点，或者蒸馏水的折射率误差大于 0.0001 时，都必须重新进行校正后才能使用。

(1) 单击程序界面中的蒸馏水校正选项卡，进入蒸馏水校正界面(图 5-36)。将蒸馏水滴入样品槽，盖上盖子。等温度恒定到 20.0℃且折射率读数稳定后，在标准折射率中输入 20℃下纯水的折射率 1.33299，按保存键，仪器即执行校正程序，约 3s 后完成对仪器的校正，显示校正后的值并退回至测试界面。

(2) 若在参数设置中，测量准确度选择的是“实时测量”，则在测试界面的测量结果区会直接显示当前测量结果。若在参数设置中，测量准确度选择的是“精确测量”或“高精度测量”，则在测试界面需要按开始测量键，等待几秒钟后才会显示当前测量结果。

(3) 若测量显示结果与纯水的标准值一致，则校正结束。若测量显示结果与纯水的标准值有差异，则重复步骤(1)和(2)，直至一致为止。

3) 试样测试

(1) 进入程序测试界面，根据试样种类，选择乙醚或丙酮洗涤样品槽，用吸水纸吸干，再加适量试样(一般为 2～3 滴)于样品槽，盖上盖子，待温度恒定到 20.0℃。

(2) 若参数设置中选择的是“实时测量”，则在测量结果显示区会实时显示待测试样的折射率；若参数设置中选择的是“精确测量”或“高精度测量”，则需要在按开始测量(START)键几秒后，才会显示试样的折射率。

5.4.4 光学度盘旋光仪、WZZ-2 型与 P810/P850 型自动旋光仪

通过对某些分子旋光性的研究，可以了解其立体结构的许多重要规律。旋光性是指某一物质在一束平面偏振光通过时能使其偏振方向转过一定角度的性质。这个角度称为旋光度，其方向和大小与该分子的立体结构有关。对于溶液来讲，旋光度还与其浓度有关。旋光仪就是用来测定平面偏振光通过具有旋光性的物质时，旋光度的方向和大小的仪器。

1. 工作原理

圆盘旋光仪主要由光源、聚光镜、滤色镜、起偏镜、半波片、样品管、检偏镜等部件构成，原理如图 5-37 所示。

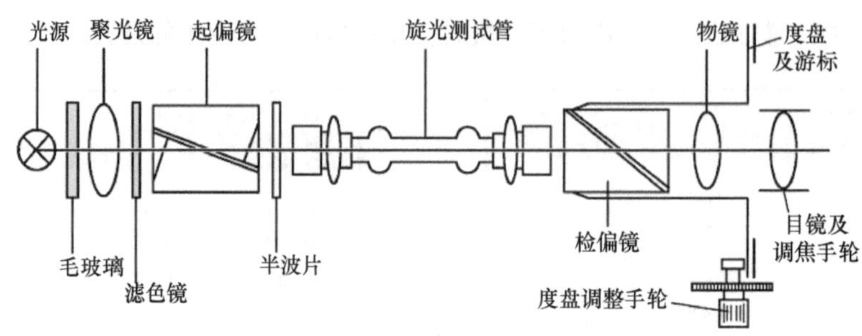

图 5-37　圆盘旋光仪原理图

从光源射出的光线，通过聚光镜、滤色镜，经起偏镜成为平面偏振光，在半波片处产生三分视场。通过检偏镜及物镜、目镜组可以观察到如图 5-38(a)～(c)所示的三种情况。转动检偏镜，只有在零度时视场中三部分亮度一致[图 5-38(b)]。

当放进装有旋光性被测溶液的试管后，由于溶液具有旋光性，平面偏振光旋转一个角度，零度视场便发生了变化[图 5-38(a)、(c)]。转动检偏镜一定角度，能再次出现亮度一致的视场，这个转角就是溶液的旋光度。

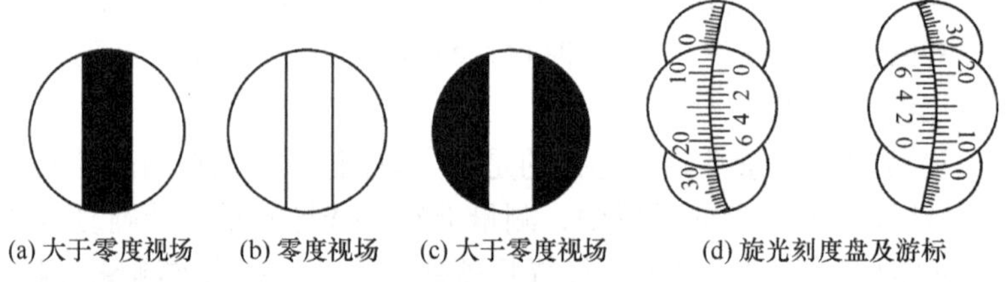

图 5-38　旋光仪的三分视场及刻度盘

自动旋光仪的光学器件与圆盘旋光仪大致相同，但将半波片用对偏振光有法拉第效应的磁旋线圈代替，将物镜替换成光电倍增管。由于磁旋线圈的法拉第作用，起偏镜产生的平行偏振光在振动平面产生 50 Hz 的β角左右摇摆的振动，导致到达光电倍增管上的光线强度产生同频的交变信号，当从起偏镜出射的光线与进入检偏镜的光线处于正交位置时，经前置和选频相敏放大后的信号为 0，若偏离正交位置，经放大后系统会输出驱动信号带动检偏器或起偏器(信号要反相)转动，使达到检偏器的光线与起偏器出射光线回到正交位置，并输出偏转信号即旋光度，其原理见图 5-39。P850 型全自动旋光仪将钠光灯改成了与钠灯波长相同的 589.3 nm LED 灯，使用寿命更长，使用控温测试管还可省去外部恒温循环系统。

2. 操作和使用

1) 光学旋光仪的使用

(1) 接通 220 V 电压并开启电源，约 5 min 后钠光灯发光正常，可开始工作。

(2) 检查仪器零位是否准确，即在仪器未放试管或放进充满蒸馏水的试管时，观察零度时视场亮度是否一致。若不一致，说明有零位误差，应在测量读数中减去或加上该偏差值。或

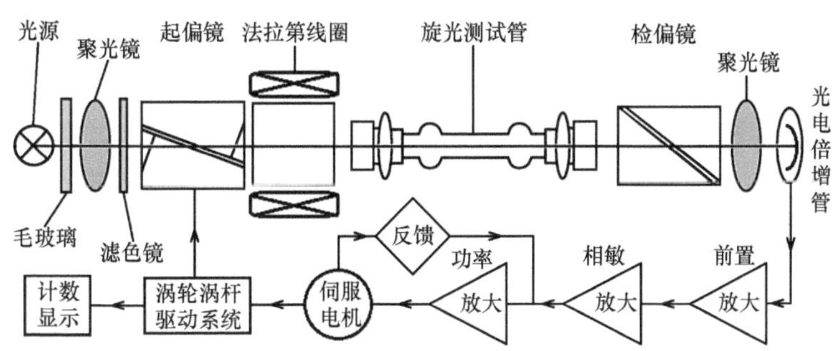

图 5-39　全自动旋光仪原理图

放松度盘盖背面四只螺钉，微微转动度盘盖校正(只能校正 0.5°左右的误差，严重的应送制造厂检修)。

(3) 选取长度适宜的试管，注满待测试液，装上橡皮圈，旋上螺帽，直至不漏水为止。螺帽不宜旋得太紧，否则护片玻璃会引起应力，影响读数的正确性。然后将试管两头残余溶液擦干，以免影响观察清晰度及测定精度。

(4) 测定旋光读数。转动度盘、检偏镜，在视场中觅得亮度一致的位置，再从度盘上读数。读数为正的是右旋物质，读数为负的是左旋物质。采用双游标读数法可用左右读数的平均值表示结果。

若度盘转到任意位置其左右读数都相等，则说明仪器同轴性能好，只读一侧的读数即可。仪器多配有机械或光学游标，以提高读数精度，图 5-38(d)是一种光学游标示意图。

(5) 旋光度与温度有关。对大多数物质，用$\lambda = 589.3$ nm 的钠黄光测定，温度每升高 1℃，旋光度约减少 0.3%。要求较高的测定，最好在 20℃ ± 2℃条件下进行。

2) WZZ-2B 型自动旋光仪的使用

(1) 将仪器电源插头插入 220 V 交流电源(最好使用交流电子稳压器)，并将接地线可靠接地。

(2) 向上打开电源(右侧)，这时钠光灯在交流工作状态下起辉，经约 5 min 钠光灯激活后，钠光灯才发光稳定。

(3) 向上打开光源开关(右侧)，仪器预热 20 min。若打开光源开关后，钠光灯熄灭，则再将光源开关上下重复扳动一两次，使钠光灯在直流下点亮为正常。

新生产的旋光仪多用 589.4 nm 的 LED 灯代替钠黄光灯，配合高灵敏度的检测器，开启电源后稍加预热即可直接使用，不必进行交、直流电的转换。

(4) 按“测量”键，这时液晶屏应有数字显示。注意：开机后“测量”键只需按一次，如果误按该键，则仪器测量系统关闭，液晶屏无显示。用户可再次按“测量”键，液晶屏重新显示，但此时需要重新校零。

(5) 将装有蒸馏水或其他空白溶剂的旋光管放入样品室，盖上箱盖，待示数稳定后，反复按几次复测钮，至每次读数都一致时按“清零”键。试管中若有气泡，应先让气泡浮在凸颈处；应用软布擦干通光面两端的雾状水滴，旋光管螺帽不宜旋得过紧，以免产生应力，影响读数。试管安放时应注意标记的位置和方向。

(6) 将旋光管分别用纯水和待测试样冲洗两三次后，充满待测液，拧紧旋光管盖，按相同的位置和方向放入样品室内，盖好箱盖，仪器将显示出该样品的旋光度，此时指示灯 1 点亮。

(7) 按“复测”键一次，指示灯 2 点亮，表示仪器显示第一次复测结果，再次按“复测”

键，指示灯 3 点亮，表示仪器显示第二次复测结果。按“123”键，可切换显示各次测量的旋光度值。按平均键，显示平均值，指示灯 AV 点亮。

(8) 若样品超过测量范围，仪器在 ± 45°处来回振荡。此时，取出试管，仪器即自动转回零位。此时可将试液稀释一倍再测。

(9) 仪器使用完毕后，应依次关闭光源、电源开关。

3) P810/P850 型全自动旋光仪的使用

P810 型与 P850 型全自动旋光仪具有相似的功能，只是 P850 型全自动旋光仪增加了旋光管恒温功能和可调整温度的校正功能，其他操作方法相同。仪器启动后，进入如图 5-40 所示主界面，在主界面上有“模式”、“参数”、“数据”、“帮助”和“关于”五个选项。

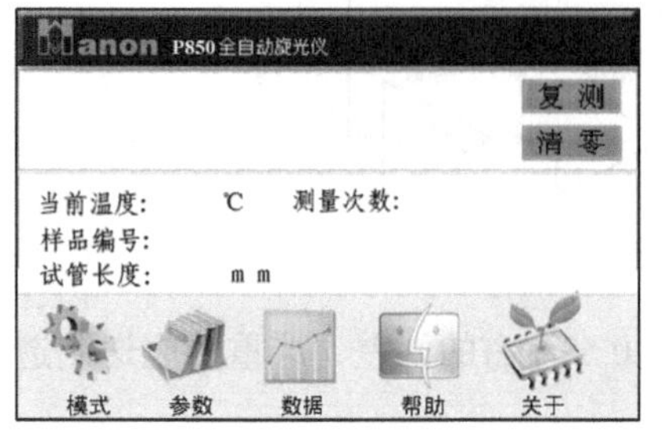

图 5-40 P850 型全自动旋光仪主界面

该仪器具有旋光度、比旋度、浓度和糖度四种测试模式可供选择，物理化学实验一般使用旋光度。仪器有测量次数、试样编号、试管长度、比旋度、仪器校准、浓度、通讯方式、日期时间和温度设置等众多参数可供设置，但只有测量次数和通讯方式是必须设置的，其他项目与所选模式有关。比旋度模式必须设置浓度和试管长度；浓度模式必须设置比旋度和试管长度；温度设置用于控制控温旋光管的温度；通讯方式需要根据仪器与计算机的连接方式设置，仪器校准为厂家内部调试用。测量次数用于设置同一试样的自动重复测量次数 n，仪器在自动进行 n 次测量后显示平均值，若 n 为 1，则只测量一次，但可按“复测”键手动复测，当 $n>1$ 时，按“复测”键将清除前面的测量值，再连续重复测量 n 次，用旋光仪测试动力学实验数据时，因旋光度数据是连续变化的，故测试次数只能设为 1。数据选项用于当前或历史测试数据的显示和发送(给计算机传送数据)。以下仅介绍旋光度模式的测试使用方法。

(1) 接通 220 V 交流电源，打开电源开关预热。将装有蒸馏水或其他空白溶剂的旋光管放入样品室，将控温探头插入控温旋光管的测温孔，盖上样品室盖。

(2) 待仪器显示主界面后，轻触“模式”图形按钮，进入模式选择界面，点选“旋光度”后单击“确定”钮返回主界面。再选“参数”按钮进入参数设置界面。点“测量次数”按钮，设置为 1 并按“确定”钮返回。再点“温度设置”按钮进入温度设置界面，点“设定温度”按钮设定需要的温度，并单击“温控开关”开启控温电路，按“返回”钮返回，再按参数界面的“确定”钮返回主界面，即可进入测试状态。

(3) 按“清零”键，显示读数 0。旋光管中若有气泡，应先让气泡浮在凸颈处；通光面两端的雾状水滴应用软布擦干。旋光管螺帽不宜旋得过紧，以免产生应力，影响读数。旋光管安放时应注意标记位置和方向。

(4) 取出旋光管，将旋光管和控温探头清洗干净，用待测液润洗两三次后，将待测样品注入旋光管，插好控温探头，按相同的位置和方向放入样品室内，盖好室盖。等待片刻，仪器将显示该样品的旋光度。

(5) 实验结束后，取出旋光管，将旋光管和控温探头清洁干净备用，关闭电源。

注意：

(1) 当样品旋光度在 ± 2°之间时，示数可能不稳甚至不动，测试精度降低，这时需要提前约 5 s 按“复测”钮 1～2 s 使读数偏离前稳定值 1°左右，以提高测量精度。

(2) 在进行动力学连续测试期间，千万不可按“清零”键，否则实验数据将彻底报废。

(3) 测量国际糖分度的规算：根据国际糖度标准，规定用 26 g 纯糖制成 100 mL 溶液，用长度为 20 cm 的旋光管，在 20℃下用钠黄光测定，其旋光度为 +34.626°，规定其糖度为 100°Z。该仪器用模式 4 可直读国际糖度。

5.5　流动法及色谱分析技术

5.5.1　流动实验技术

流体分为可压缩流体和不可压缩流体两类。流体的加料控制及流量的测定在科学研究和工业生产中都有广泛应用。流动法所需设备和技术要求比较高；加料方式、加料的控制、流量的测定方法也因实验的要求不一而有所不同，本节内容仅就实验室流动体系的实验技术做简单的介绍。

1. 流体的加料方式

1) 气体的加料方式

实验室常用带压力的气源，一般借用高压钢瓶的压力把气体输送到反应体系内，如氢气、氧气、氮气、氨气和乙炔气等都可采用这种方式。

有时用电解法制备氢气、氧气，或用启普发生器产生二氧化碳气或硫化氢气作为常压气源，这些气体也可经压缩泵提高气体压力后输入反应体系内。

2) 液体的加料方式

(1) 注射器加料法。在催化反应研究和用气相色谱研究的反应体系中，常需加入微量或少量的液体，通常采用注射器加料。为了均匀注入，可用同步电动机推动注射活塞均匀下降，如图 5-41 所示。这种加料方式设备简单，不受体系压力的影响，但要防止易挥发性液体从注射器磨口处挥发，故需在磨口处不断滴入加料液体，以减小这种影响。

(2) 加料管和柱式进料泵。加料管一般用滴液漏斗调节漏斗活塞，控制加料速度。由于加料速度随着管内液面的高度变化而变化，因此在使用过程中需经常调节活塞，以维持恒定的加料速度。也可以在管内液面上加一恒定压力来稳定加料速度。

柱式计量泵适用于压力系统的流体进料，其工作原理如图 5-42 所示。

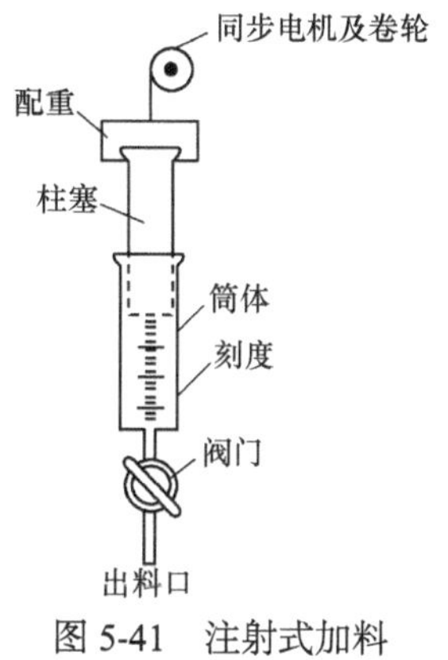

图 5-41　注射式加料

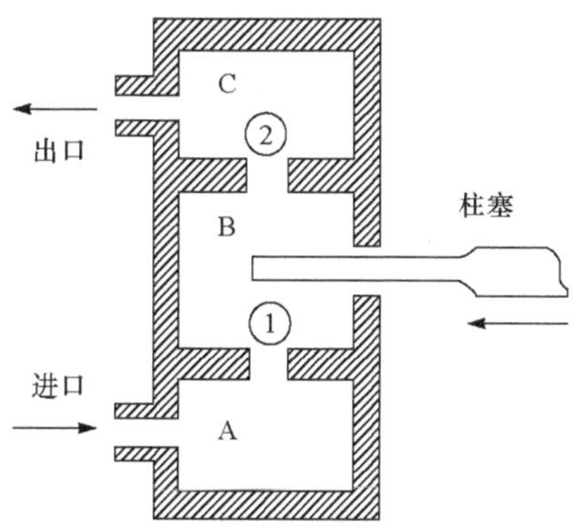

图 5-42　柱式计量泵工作原理

通过电动机使柱塞反复进出 B 室，当柱塞向外拉时，B 室为负压，此时钢珠①上浮，而钢珠②紧贴上板孔，液体由 A 室被抽至 B 室，C 室液体不能反流回 B 室。在柱塞推入时，钢珠①紧贴下板孔，阻止 B 室内液体返回 A 室，而钢珠②因 B 室增压而上浮，液体由 B 室流入 C 室。柱塞反复进出 B 室，形成一种脉冲式加料。如果用两台柱塞泵并联组合工作，则可得较平稳的连续进料。

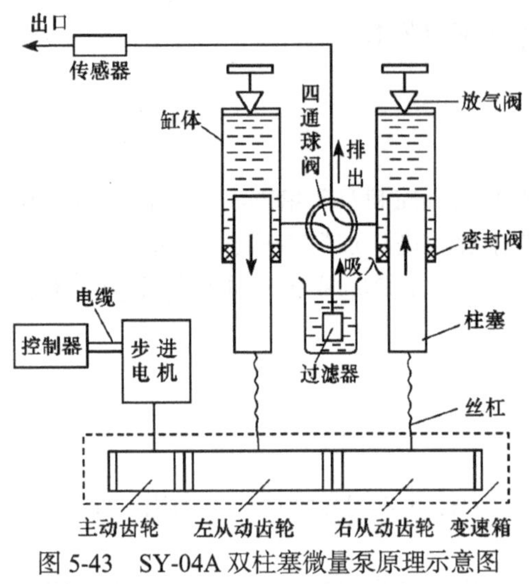

图 5-43　SY-04A 双柱塞微量泵原理示意图

目前国内生产了各种型号双柱塞微量计量泵，能使两个柱塞分别正反向交替运动，四通换向阀与柱塞换向同步动作，达到介质自动切换，完成液体连续输送的目的。图 5-43 为 SY-04A 双柱塞微量泵工作原理示意图。

控制器驱动步进电机运转，通过齿轮传动使丝杠反向转动，从而使左、右两柱塞分别上、下运动。当左柱塞向上运动时，挤压缸内液体，通过四通阀向排出口排出液体；同时，右柱塞向下运动，右缸内体积膨胀，形成负压，通过大气压力将液体吸入右缸内。当左缸排尽时正好右缸吸满，此时装在右柱塞导杠上的压片恰好压上行程控制开关，给出换向信号，使步进电机反转，左缸变成吸液，右缸变成排液。依此往复，排出口有连续液体输出。该微量泵是通过改变控制步进电机脉冲频率来调节步进电机的转速，从而实现对液体流量的控制。

(3) 挥发式加料器。挥发式加料器又称饱和器，此加料器可根据实验的要求自行设计。图 5-44 为挥发式加料器示意图。该加料器可与超级恒温槽配套使用，使其夹套内的水恒温。气体从 a 进入，由 b 处带走加料器内的液体蒸气。只要在恒温下控制通入气体的流速，所带走的蒸气量就恒定，可以控制进料量和气液比。蒸气从 b 管进入反应系统，达到了液体加料目的。这种加料器适用于蒸气压较大的液体，当反应物由气体和液体组成时，使用更方便。

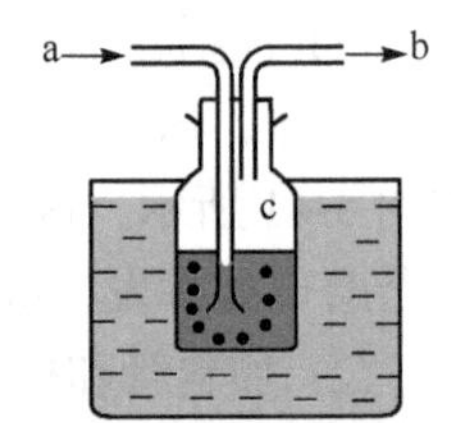

图 5-44　挥发式加料器

气液分子的物质的量比计算如下：假设通入气体的流速为 $V_{气}$(mL · min^{-1})，气体经挥发器带走器内液体蒸气，流速增大至 $(V_{气}+V_{液})$，$V_{液}$ 为流速增值，系统压力为 p_0，设实验的恒温温度为 T，液体在温度 T 时的饱和蒸气压为 p_s，设气液物质的量之比为 m，即 $m=n_{气}/n_{液}$。

根据气体分压定律和分体积定律得

$$\frac{n_{液}}{n_{气}+n_{液}}=\frac{1}{1+m}=\frac{p_s}{p_0}=\frac{V_{液}}{V_{气}+V_{液}} \tag{5-16}$$

故有

$$p_s=\frac{p_0}{1+m} \tag{5-17}$$

或

$$m=\frac{p_0}{p_s}-1 \tag{5-18}$$

若需要控制一定的气液比 m，只要在一定系统压力 p_0 时控制液体的饱和蒸气压 p_s 即可，饱和蒸气压 p_s 与温度 T 有关，故控制液体温度即可控制气液比。

应用挥发式加料器要求使用的气体不溶于进料的液体。在实验时常要求检查挥发式加料器所控制的气液比是否与公式计算相符，其方法是将饱和器恒温后，通入一恒定流速的气体，使带出的液体蒸气进入已经预先称量的装有过量硅胶的吸附管。为了使吸附完全，用冰盐水冷却吸附管，并记录通气时间，经一定时间后再称量吸附管，其增量即为收集液体的质量。与计算值比较，二者相符证明饱和器符合要求，若低于理论计算值，说明液体蒸发未达饱和状态。通过提高气体的预热温度，增加饱和器的数量，增加液层高度或降低气体流速，增加气体与液体的接触时间等方法以改善饱和状态，使之与理论计算值相符。

2. 流体的稳压和稳流

1) 稳压阀

稳压阀是实验室常用的稳压装置，其工作原理如图 5-45 所示，稳压阀的腔 A 与腔 B 通过连动杆与孔的间隙相通，右旋调节手柄至一定位置时，系统达到平衡。腔 A 进气压力有微小的上升时，腔 B 的压力随之增加，波纹管向右伸张，压缩弹簧，阀针同时右移，减少了阀针与阀针座的间隙，气流阻力增大，则出口压力保持原有的平衡压力；同样进气口压力有微小下降时，系统也将自动恢复平衡状态，达到稳压效果。使用此阀时应注意进口压力，其使用压力一般不应该超过 5.884×10^5 Pa，出口压力一般在 9.807×10^4～1.961×10^5 Pa 效果较好。使用的气源应干燥、无腐蚀性，气源压力应高于输出压力 4.903×10^4 Pa。不能把气体进出口接反，以免损坏波纹管。在停止工作时应将调节手柄左旋，使阀处于关闭状态，防止弹簧失效。

2) 针形阀

针形阀是一种调节气体流速、控制气体流量的微量调节阀，也可以用于液体流量的控制。其结构主要由阀针、阀体和调节螺旋组成。针形阀的工作原理如图 5-46 所示。阀针与阀体不能相对转动，只有调节螺旋与阀针或阀体可以相对转动。当调节螺旋顺时针转时，阀针旋入进气孔道，则进气孔道的孔隙变小，气体阻力增大，流速减小。当调节螺旋逆时针旋时，则进气孔道的孔隙增大，气体阻力减小，流速增大。

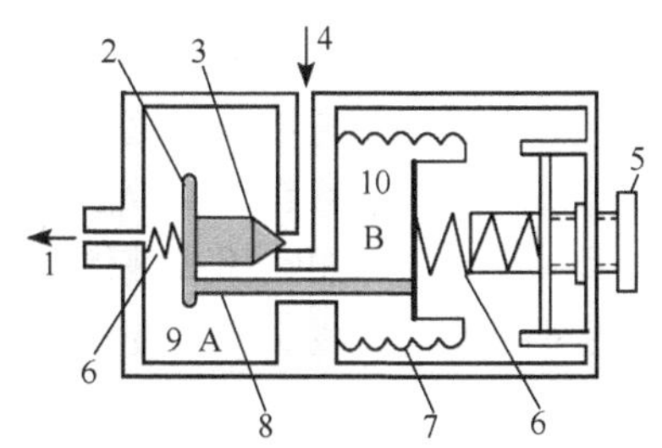

图 5-45　稳压阀原理示意图

1. 出气口；2. 阀针座；3. 阀针；4. 进气口；5. 调节手柄；6. 压簧；7. 波纹管；8. 连动杆；9. 腔 A；10. 腔 B

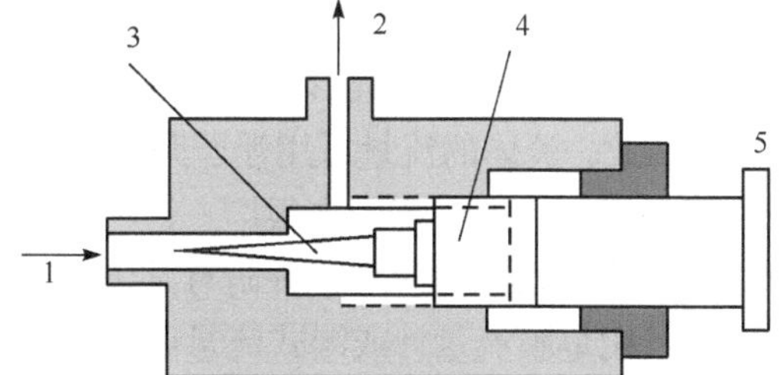

图 5-46　针形阀原理示意图

1. 进气口；2. 出气口；3. 阀针；4. 螺旋；5. 调节手柄

3) 稳压装置

实验室常用的最简单的气体稳压装置如图 5-47 所示。当低压气体流经针形阀调至一定流速后，一部分气体经稳压管的支管底部冒泡排空，另一部分经缓冲管和流速计进入系统。只要保持气体在稳压管底部均匀地冒泡，就可以使气体处于稳压状态，改变水准瓶的高低，可以调节气体流速大小。缓冲管是用内径小于 1 mm、长 1.5 m 左右的玻璃毛细管弯曲而成，其作用是抵消在稳压管中气泡逸出时气体流速的波动，保持气流稳定，也可以用大的缓冲瓶代替。应该注意的是这种稳压器只能适用于没有毒副作用的气体。

4) 稳流阀

稳流阀用以稳定载气或待测气体的流速。WLF 型稳流阀的工作原理如图 5-48 所示。当输入压力为 p 时，在节流孔 G_1 通过的压力是 p，阀盖上的腔体压力也是 p，这时调节针形阀杆至一定位置，则在节流孔 G_2 处产生一个压力 p_1。该阀门中压缩弹簧本身有一向上的作用力，膜片受 p 的作用，有一个向下的压力，由于 p_1 克服膜片向下的压力，使密封橡胶与阀门间有一个不断振动的距离，这时在阀门中则有一个压力 p_2 输出。由于膜片不断地振动，出口处有一个恒定的流量输出。使用时压力为 2 kg · cm^{-2} ，流量＜150 mL · min^{-1}。

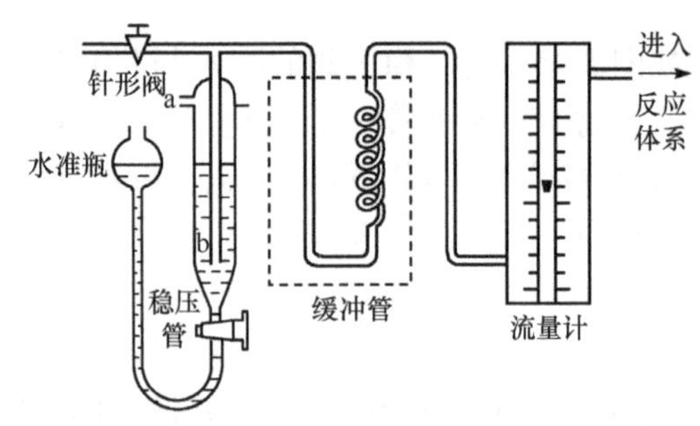

图 5-47　气体稳压系统流程示意图

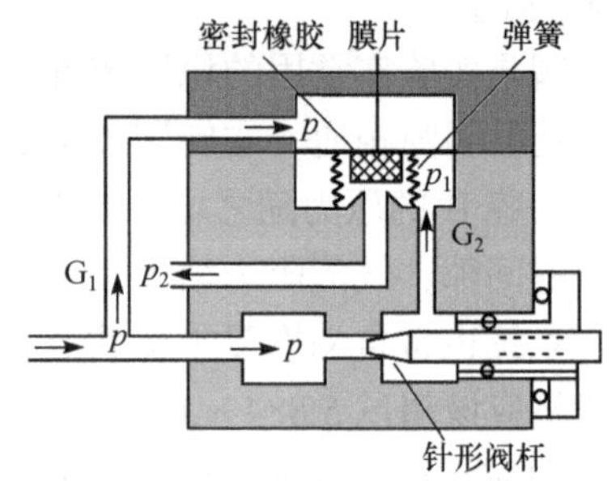

图 5-48　稳流阀工作原理

3. 各种流量计简介

1) 转子流量计

转子流量计又称浮子流量计，是目前工业中或实验室中常用的一种流量计，其结构如图 5-49 所示。

它由一根锥形玻璃管和一个能上下移动的浮子组成。当气体自下而上流经锥形管时，被浮子节流，在浮子上下端之间产生一个压差。浮子在压差作用下上升，当浮子上、下压差与其所受的黏性力之和等于浮子所受的重力时，浮子就处于某一高度的平衡位置，当流量增大时，浮子上升，浮子与锥形管间的环隙面积也随之增大，则浮子在更高位置上重新达到受力平衡。因此，流体的流量可用浮子升起的高度表示。这种流量计大多为市售的标准系列产品，规格型号很多，测量范围也很广。这些流量计用于测量哪一种流体，如气体或液体，是氮气或氢气，均有相应的说明，并附有某流体的浮子高度与流量的关系曲线。若改变所测流体的体系，可用皂膜流量计或湿式流量计另行标定。

使用转子流量计需注意：流量计应垂直安装；要缓慢开启控制阀；待浮子稳定后再读取流量；避免被测流体的温度、压力突然急剧变化；为确保测量的准确、可靠，使用前均需进行校正。

2) 毛细管流量计

毛细管流量计又称锐孔流量计，其外表形式很多，图 5-50 所示是其中的一种。它是根据流体力学原理制成的。当气体通过毛细管时，阻力增大，线速度(动能)增大，而压力降低(位能减小)，气体在毛细管前后产生压差，借流量计中两液面高度差(Δh)显示出来。当毛细管长

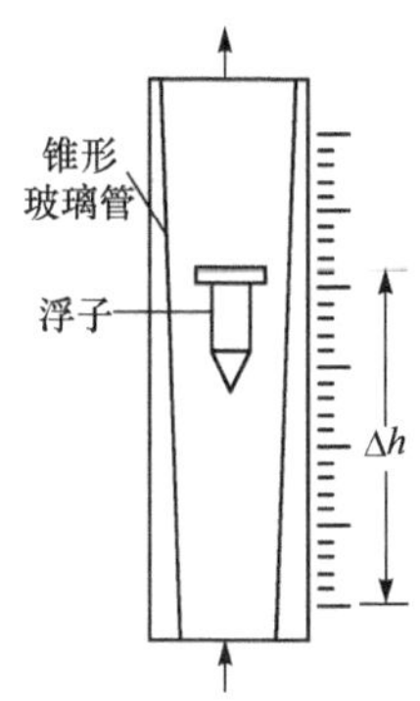

图 5-49　转子流量计示意图

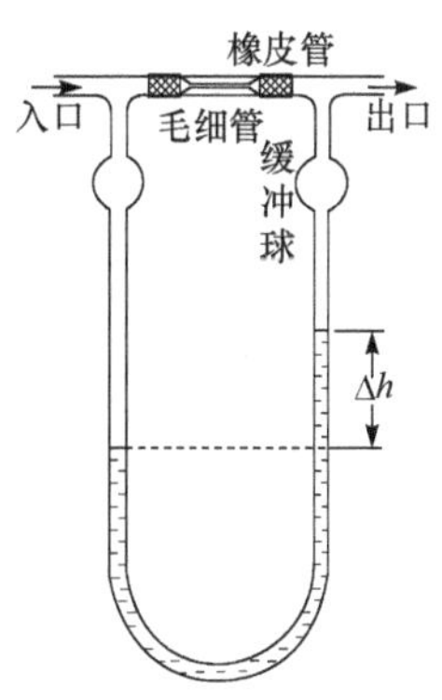

图 5-50　毛细管流量计

度 L 与其半径之比等于或大于 100 时，气体流量 V 与毛细管两端压差存在线性以下关系：

$$V=\frac{\pi\rho r^4}{8L\eta}\Delta h=f\frac{\rho}{\eta}\Delta h \tag{5-19}$$

式中，f 为毛细管特征系数；r 为毛细管半径；ρ 为流量计所盛液体的密度；η 为气体黏度系数。当流量计的毛细管和所盛液体一定时，气体流量 V 和压差 Δh 呈直线关系。对不同的气体，V 和 Δh 有不同的直线关系；对同一气体，更换毛细管后，V 和 Δh 的直线关系也与原来不同。而流量与压差这一直线关系不是由计算得来的，而是通过实验标定，绘制出 V-Δh 的关系曲线。因此，绘出的这一关系曲线，必须说明使用的气体种类和对应的毛细管规格。

这种流量计多为自行装配，根据流速测量范围，选用不同孔径毛细管。流量计所盛液体可以是水、液体石蜡或水银等。在选择液体时，要考虑被测气体与该液体不互溶，也不发生化学反应，同时对流速小的气体采用相对密度小的液体，对流速大的采用相对密度大的液体，在使用和标定过程中要保持流量计的清洁与干燥。

3) 皂膜流量计

皂膜流量计是实验室常用的一种构造十分简单的流量计，可用滴定管制成，如图 5-51 所示。橡胶头内装肥皂水，待测气体经侧管流入后用手捏橡胶头，气体就把肥皂水吹成一圈圈的薄膜，并沿管上升，用秒表记录皂膜移动一定体积所需的时间，即可求出流量(体积/时间)。这种流量计的测量是间断式的，适用于尾气流量的测定，是一种标定测量范围较小的流量计(约 100 $\text{mL}\cdot\text{min}^{-1}$ 以下)，而且仅限于对气体流量的测定。

4) 湿式流量计

湿式流量计也是实验室常用的一种流量计。它的构造主要由圆鼓形壳体、转鼓及传动计数装置组成，如图 5-52 所示。

转鼓是由圆筒及四个变曲形状的叶片所构成的。四个叶片构成 A、B、C、D 四个体积相等的小室。转鼓的下半部浸在水中，水位高低由水位器指示。气体从背部中间的进气管依次进入各室，并不断地由顶部排出，迫使转鼓不停地转动。气体流经流量计的体积由盘上的计数装置和指针显示，用秒表记录流经某一体积所需的时间，便可求得气体流量。湿式流量计的测量是累积式的，它用于测量气体流量和标定流量计。湿式流量计事先应经标准容量瓶进行校准。

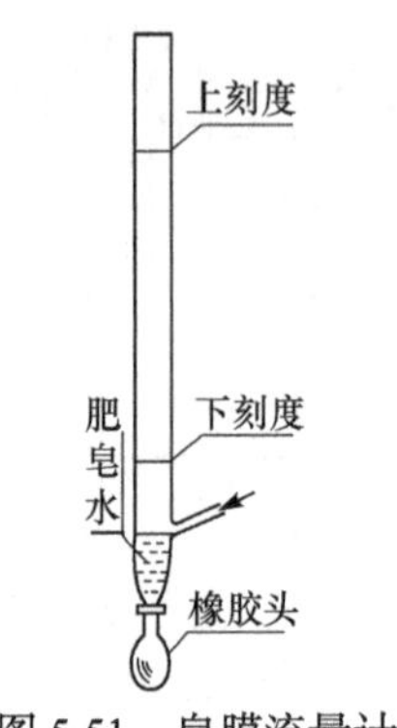

图 5-51　皂膜流量计

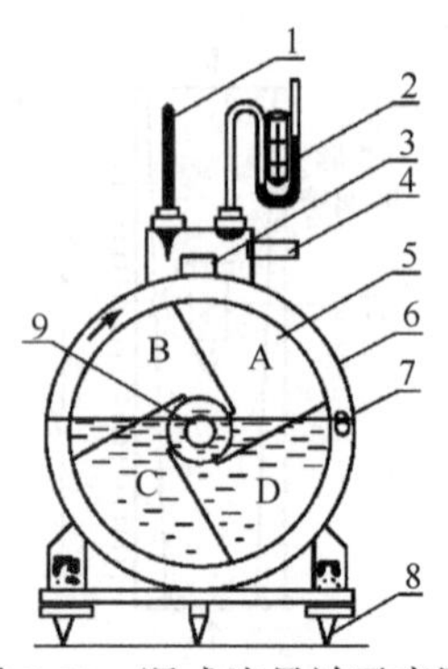

图 5-52　湿式流量计示意图

1. 温度计；2. 压差计；3. 水平仪；4. 排气管；5. 转鼓；6. 壳体；7. 水位器；8. 可调支脚；9. 进气管

使用时需注意：先调整湿式流量计的水平，使水平仪内气泡居中；流量计内注入蒸馏水，其水位高低应使水位器中液面与针尖接触；被测气体应不溶于水且不腐蚀流量计；使用时应记录流量计的温度。

4. 质量流量控制器

质量流量控制器用于对气体的质量流量进行精密测量和控制，它在半导体和集成电路工业、特种材料科学、化学工业、石油工业、医药和环保等多个领域的科研和生产中有着重要的应用。

质量流量控制器具有精度高、重复性好、流量量程宽、响应速度快、软启动、稳定可靠、工作压力范围宽等特点，其操作使用非常方便，可在任意位置安装，并便于与计算机连接实现自动控制。它也可以作为质量流量计使用，对气体的瞬时流量和累积流量进行精确计量。常见质量流量控制器工作原理如图 5-53 所示。

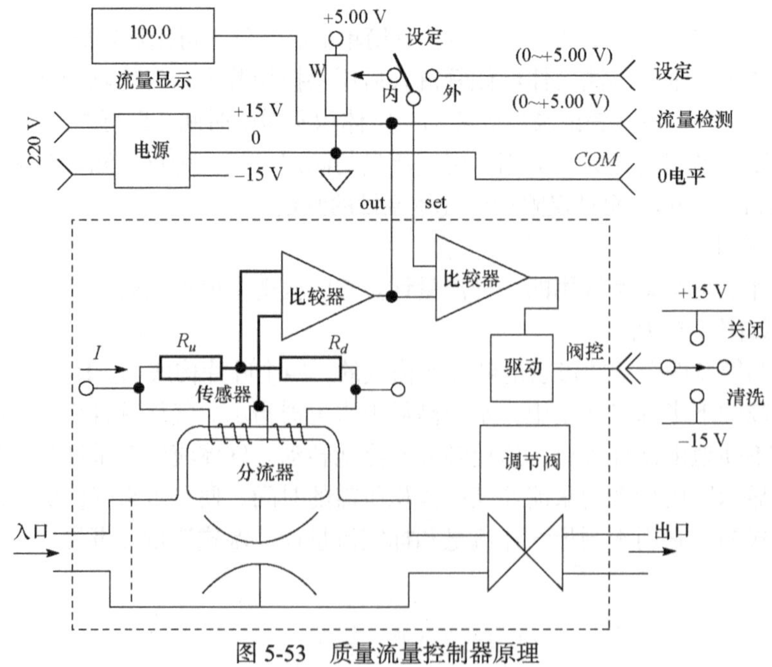

图 5-53　质量流量控制器原理

流量控制器一般与流量显示仪等配套产品配合使用。

质量流量控制器由流量传感器、分流器通道、流量调节阀和放大控制电路等部件组成。流量传感器采用毛细管传热温差量热法原理测定气体的质量流量，具有温度压力自动补偿特性。将传感器加热电桥测得的流量信号送入放大器放大；放大后的流量检测电压与设定电压比较，再将差值信号放大后控制调节阀门，闭环控制流过通道的流量使之与设定流量相等。分流器决定主通道的流量。配套流量显示仪上设置有稳压电源、三位半数字电压表、设定电位器、外设内设转换和三位阀控开关等。控制器输出的流量检测电压与流过通道的质量流量成正比，满刻度流量检测输出电压为 + 5 V。

使用时主要操作在流量显示仪上进行。阀门控制开关及流量设定电位器在前面板上，流量设定的内部或外部信号选择开关一般在后面板上。当设定选择开关打到内部时，用设定电器 W 设定流量；打到外部时，由外部信号设定流量。

在显示面板上还设置有三个阀门控制开关，当置于关闭位时，阀门关闭；置于清洗位时，阀门开到最大，以便气路清洗；置于阀控时，自动控制流量。

先打开电源，将阀开关置关闭位，设定值调到零，再打开气体，待预热至零点稳定后，再旋转阀控位，然后将设定流量调至需要值，则实际流量跟踪设定值而改变，无过冲，这是最佳操作方法。质量流量控制器显示的流量读数，与使用气体的转换系数相乘，即得到该被测气体在标准状态下的质量流量。

5.5.2　GC112A 型气相色谱仪

GC112A 型气相色谱仪是微机化、高性能、低价格、全新设计的通用气相色谱仪。

1. 工作原理

气相色谱仪以气体作为流动相(载气)，当样品由微量注射器注射进入进样器后被载气携带进入填充柱或毛细管色谱柱。由于样品中各组分在色谱仪中的流动相(气相)和固定相(液相或固相)间分配或吸附系数的差异，在载气的冲洗下，各组分的两相间作反复分配，使各组分在柱中得到分离，然后用接在柱后的检测器根据组分的物理化学特性，将组分按顺序检测出来。

2. 基本构件

GC112A 型气相色谱仪主要由下列部分组成。

1) 检测器系统

(1) 火焰离子化检测器(FID)。GC112A 型气相色谱仪的双氢火焰离子化检测器是由两个独立的筒形检测器构成的。筒形检测器基座在结构上保证了柱后与喷口间有极小的柱后死体积。氢焰喷口对地绝缘良好，且不易烧裂。由铂丝烧制而成的发射极兼有点火用途。此发射极不应与喷口接触。不锈钢圆筒状收集极对地绝缘性好，且具有较高的收集效率。为防止大流量空气引入而影响火焰稳定性，在空气出口与喷口间有一挡风圈。

(2) 热导池检测器(TCD)。GC112A 热导检测器是在一个金属块内加工出的对称四腔室，各装一组热敏元件(GC112A-TCD 的热敏元件为四个 3% 的铼钨丝，常温下的阻值各约为 90 Ω)，其中两腔室为参比池，另两个为测量池。参比池和测量池内的热敏元件分别组成惠斯通电桥的四臂，电桥由可调直流稳流电源供电。

TCD 参比池仅通过载气气流，从色谱柱馏出的组分由载气(一般用氢气)携带进入测量池。由于组分的导热系数与载气的导热系数不同，测量池热敏元件的电阻随之改变，故此时桥路失去平衡，电桥的不平衡电压输出至色谱工作站或数据处理机用以信号记录及计算。

2) 进样器

仪器配备有双填充柱进样器，可根据需要灵活改接成毛细管分流进样器和 0.53 mm 大口径毛细管直接进样器。双填充柱进样器安装在主机顶部右侧导热体内，导热体内安装有电热元件(100 W)和陶瓷铂电阻，由微机温度控制器控制温度。填充柱进样器由不锈钢管直接和气路控制系统的稳流阀出口处的接头连接。

3) 色谱柱箱

GC112A 型气相色谱仪柱箱容积大，可方便安装毛细管柱或双填充柱，且升温速度快。柱箱加热丝隐藏在网板后面，从而避免加热丝辐射所引起弹性石英毛细管柱的峰形分裂。当柱箱需要冷却时，箱后部冷却空气进风口与热空气排风口自动开启，冷却空气便从进风口进入柱箱，将柱箱内的热空气从热空气排风口置换出来，使柱箱迅速冷却。柱箱加热丝总功率约 1000 W，当柱箱温度超过 420℃，箱内加热丝熔断片立即熔化(熔断片安装在网板右后部位)，以切断加热回路保护柱箱，重新开机前需更换熔断片。

4) 气路控制系统

GC112A 型气相色谱仪的载气流路为双填充柱流路结构，有一套独立的毛细管分流调节阀。根据需要可改接成毛细管分析流路。氢气及空气流路均为双流路，各路可独立调节，互不干扰。

(1) 载气流路。载气流量由稳流阀调节，载气稳流阀为机械刻度式，先由稳压阀提供稳定的输入气压，稳流阀的输出流量可从相应流量曲线表查得，即稳流阀旋钮上的每一个刻度与所代表的流量呈标准曲线关系。刻度-流量曲线对仪器上三个稳流阀(填充柱 A 路、B 路及毛细管流路尾吹调节)都是相同的。由于刻度-流量曲线具有约 0.5%精度，故可省去转子流量计，如需要更精确的流量值可用皂膜流量计测量。

(2) 氢气及空气流路。GC112A 型气相色谱仪的辅助气路有空气及氢气。氢气及空气流量调节采用刻度式针形阀，氢气和空气针形阀由上游稳压阀提供稳定的输出气压，氢气和空气针形阀的输出流量分别可从相应的刻度-流量曲线表上查得。如果要设置和改变氢气和空气流量，仅需改变相应针形阀旋钮的刻度指示。空气和氢气调节面板及旋钮在主机左上方(使用时需翻开面板上的盖板)。

5) 微机控制器

GC112A 型气相色谱仪的微机控制器，可对色谱柱箱、进样器、检测器和热导池，共四路被控对象进行宽温度范围、高精度的温度控制。其中，柱箱可实现五阶程序升温。本控制除完成温控和程序升温外，还具有温度极限设置、计时器和分析时间计数、信号检测与放大、温度保持、动态扫描显示温度、降温时自动打开柱箱后门、断电数据保护、自动打开或关闭温度保护等各种功能。

GC112A 型气相色谱仪的微机控制单元采用大板结构，在一块线路板上集合了从稳压电源、铂阻采样及 A/D 转换、CPU 及单片机系统到可控硅等大部分功能，该电路板称为微机主板，微机系统组成如图 5-54 所示。此外，还有一块显示和键盘板(图 5-55)，以及一块 RS-232

串行通信接口板(选配)，与微机主板组成微机控制系统。

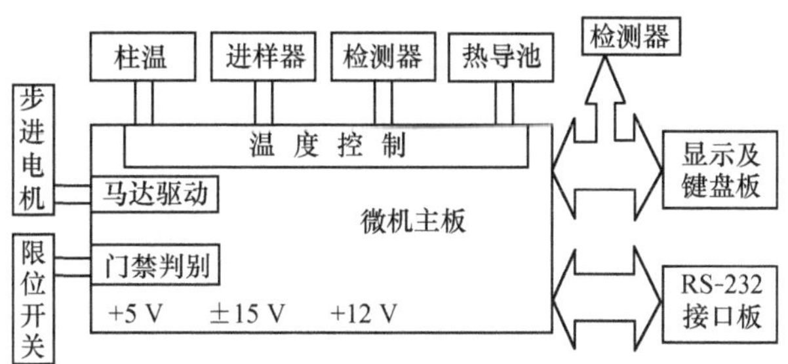

图 5-54　GC112A 型气相色谱仪微机主板示意图

3. 操作规程

1) 微机温度控制器的操作

(1) 打开主机电源开关，经 1～2 min 进行仪器自检及初始化。在正常情况下会显示“GC112A”，此符号表示自检通过，可设置各温控参数。

(2) 温度及升温参数的设置。微机温控在初始化时设置柱箱初始温度为 100℃，进样器、检测器、辅助器初始温度为 200℃，热导池温度为 30℃。柱箱最高温度为 400℃。若已设定过各温控参数，由于本系统具有数据保持功能，故自动恢复上次温控设定值。柱箱的升温极限取决于色谱柱规定的最高使用温度，各路温度设定值取决于分析条件和分析对象，因此柱箱、进样器、检测器要按规定条件重新设定最高温度和分析温度。

(i) 进样器、检测器、柱箱工作温度设置。

注：下列说明中，括号【 】内的是按键内容，不要输入括号。

设置柱箱温度：如设为 85℃，按【柱箱】键显示前次设置值，再按【初始温度】显示为前次设置值，按【8】【5】键，再按【键入】键即可。

设置进样器温度：如设为 150℃，按【进样器】键显示前次设置值，按【1】【5】【0】键，再按【键入】键，显示 INJ SET TEMP 150，设置完成。

图 5-55　GC112A 型气相色谱仪控制面板

设置导热池温度：如设为 95℃，按【热导池】键显示前次设置值，按【9】【5】键，按【键入】键，显示 TCD SET TEMP 95，设置完毕。

上述设置中，若只按相应的控制键，不按数字键，则所显示的数字即为前次设置的数值。

(ii) 检测器设置。设置检测器为 TCD：按【检测器选择】【4】【键入】键，选择 TCD 为当前工作的检测器。FID 检测器设置方法同前，将代码【4】改为【1】即可。

设置 TCD 桥路电流：如设为 150 mA，连续按【电流】【1】【5】【0】【键入】键，设置完成。此时在 TCD 中并没有电流，要增加电流，首先必须确认已经通入符合流量要求的载气，打开恒流源控制箱盖，按下红色恒流源电源按钮，左侧指示灯亮。其中的调零钮用于色谱图基线物理零点调整，一般不动。色谱图的基线可在 N2000 色谱数据采集系统软件中按“采零”完成。没有通入载气时绝对不能加桥路电流。

(iii) 色谱图出峰方向设置。色谱图出峰方向可通过改变输出信号的极性进行设置，方法是按【极性】【键入】键显示为上次设置值；仪器用“1”和“2”两个不同的数字表示不同的极性。新设置值与前次值不同即可改变极性。如前次设为 1，则按【极性】【2】【键入】键即可使信号极性反转。

(3) 参数设置文件的存储及调用。可以有 10 个文件(文件名：FILE0～FILE9)用来存储不同的面板设置，需要时仅需调用相应的文件名就可以完成仪器工作参数的设定。这 10 个文件名及相应的操作参数可永久保存，不受关机或断电的影响。依次按【显示】【文件】【键入】键可了解现在使用的文件名。若主机开机后，未进行文件调用操作，则微机系统自动将文件 0(FILE0)生成为当前文件。此时按起始键后，微机系统执行的是文件 0(FILE0)设置的操作参数，包括各路温控设定值。

2) TCD 恒温分析操作

(1) 连接载气(H_2)的外气路并检漏。

(2) 安装好两根已老化过的色谱柱(从填充柱进样器至 TCD 检测器)。

(3) 连接记录仪、数据处理机或色谱工作站的电源线，即信号导线的一端与记录仪或数据处理机输出端相连，另一端与主机电箱侧面下部的 TCD 输出相连。

(4) 打开载气源，旋转低压调节杆，直至氢气低压表指示为 0.35～0.5 MPa。调节主机左侧正面的载气调节面板上的两个载气稳流阀旋钮，将 A、B 两路载气流量调至所需值(刻度旋钮所需圈数可从流量-刻度曲线表查得。注意：此时应查找载气为氢气的流量-刻度曲线表，也可以利用皂膜流量计来确定)。

(5) 打开主机电源，分别设置柱箱、TCD 检测器和进样器温度，并启动温控。

(6) 待各路温度均达到设定值后，分别按【检测器选择】【4】【键入】键，选择 TCD 为当前工作的检测器。

(7) 分别按【电流】、【180】、【键入】键，设置 TCD 工作电流为 180 mA。

(8) 按 TCD 恒流电源面板上的恒流源开关按钮，同时左侧指示灯变亮。

(9) 打开记录仪或数据处理机电源开关，并打开记录笔开关，设置记录仪量程。

(10) 调节 TCD 稳流电源的调零旋钮，调出记录的色谱线，直到基线稳定后，即能进样分析。

4. 注意事项

(1) 不要自行改变气路内部稳压阀的输出气压，即不得调节气路系统后部的三个轴杆，以免影响刻度-流量曲线的有效性和输出精度。

(2) 气路部件所用阀门大多为刻度阀门，不得拆下阀门的多圈旋钮，否则将使刻度指数与所附流量曲线表不符，如多圈旋钮松动，刻度线滑动，需根据流量-刻度表上所给的压力条件，用皂膜流量计逐点校正，使其刻度-流量值与曲线表相符。为了保护针形阀及稳流阀，旋钮不宜旋至 0 圈，需关闭气体时，可直接关闭净化器上的开关阀或将阀门旋至曲线表上零流量的刻度上(旋至约 1 圈处)。

(3) 必须用三线电源线，专用地线不能和中线共用一根线作为地线。

(4) 火焰离子化检测器用H_2作燃料，如果打开H_2但没有把色谱柱连到检测器入口接头上，H_2就会流进加热室引起爆炸事故。因此，一旦氢气接入仪器，进样器和 FID 的检测器进口之间就必须始终接上色谱柱。

(5) 当进行毛细管分析并使用危险化学药品时，分流出口的废气排出应接通风橱或相应的化学净化管。使用较长一段时间后，应取下装于柱 C 箱上中部的吸附管(过滤器)，更换新的吸附剂，吸附管两端填充少许的玻璃棉。

(6) 用氢气作为 TCD 载气时，必须保证实验室通风良好，严禁明火。

(7) TCD 铂电阻连线与 TCD 电热元件连线及相连接的插头切不可弄混，否则会造成微机主板和仪器的损坏。

(8) 柱箱加热前，必须接好两根色谱柱，然后通入氢气，并经过仔细检漏，否则氢气进入柱箱遇到工作时的柱箱加热丝，可能会造成严重的爆炸事故。

(9) TCD 检测器工作时，必须遵守“先通载气(H_2)，后升温度，再加电流”的规则，否则会损坏铼钨丝，甚至将其烧断。结束当天的 TCD 检测器工作时，务必先将 TCD 工作电流重新设置成零值。待 TCD 检测器的温度降至接近室温后，再关断载气(H_2)气源。

虽然 TCD 检测器的最大工作电流可到 300 mA，但一般规定电流小于或等于 250 mA。大电流操作时，应适当增加载气(H_2)流量。太大的电流有损 TCD 检测器的寿命，会加快铼钨丝的氧化。

(责任编撰：中南民族大学　伍　明)

附录 I　物理化学实验基础知识与技术试题

一、单项选择题

0.1. 在使用水作工作介质且无辅助设备时，恒温水浴的恒温温度范围一般是(　　)。

A. 室温～100℃　　B. 室温＋5℃～90℃

C. 15～95℃　　D. 15～110℃

0.2. 实验室中通常使用的可见分光光度计的直接测量值是(　　)，常用来间接测量溶液物质的量浓度。

A. 摩尔吸光系数　　B. 折射率

C. 物质的量浓度　　D. 透光率或吸光度

0.3. 在物理化学实验中，实验数据经过适当处理后要绘制相应的图形。根据要求，绘制图形应该满足几个条件，下列条件中错误的是(　　)。

A. 过各实验数据点画直线　　B. 标注单位刻度

C. 标注坐标轴名及单位　　D. 坐标轴含增量方向箭头

0.4. 属于偶然误差的是(　　)。

A. 计算公式过于简化　　B. 仪器刻度不准

C. 仪器活动部件重现性差　　D. 样品纯度不符合要求

0.5. 实验室内因用电不符合规定引起导线及电器火灾，此时应迅速(　　)。

A. 切断电源后，用水灭火　　B. 切断电源后，用 CO_2 灭火器灭火

C. 切断电源后，用泡沫灭火器灭火　　D. 切断电源后，用任意灭火器灭火

0.6. 为测定物质在 400～900℃的热容与温度的关系，测温元件宜选用(　　)。

A. 半导体温度计　　B. 贝克曼温度计

C. 镍铬-镍硅 K 形热电偶温度计　　D. 精密水银温度计

0.7. 常用酸度计上使用的两个电极是(　　)。

A. 饱和甘汞电极和氢电极　　B. 饱和甘汞电极和铂电极

C. 铂电极和氢电极　　D. 饱和甘汞电极和玻璃电极

0.8.一个好的实验结果应该(　　)。

A. 只有偶然误差　　B. 只有系统误差

C. 只有过失误差　　D. 没有误差

0.9. 实验室电闸上及仪器上用的保险丝，要求用(　　)。

A. 导电性能好的金属丝作保险丝

B. 熔断电流尽量小一些的保险丝

C. 熔断电流尽量大一些的保险丝

D. 其熔断电流与规定的最大电流强度相一致的保险丝

0.10. 相对精密度的定义公式为(　　)。($\bar{x}$ 为被测量 x 的平均测量值，σ_{n-1} 为 x 的样本标准偏差)

A. $\sigma_{相对}=\dfrac{\sigma_{n-1}}{\bar{x}}\times 100\%$　　B. $\sigma_{相对}=\bar{x}\sigma_{n-1}\times 100\%$

C. $\sigma_{相对}=\dfrac{1}{\bar{x}\sigma_{n-1}}\times 100\%$　　D. $\sigma_{相对}=\dfrac{\bar{x}}{\sigma_{n-1}}\times 100\%$

0.11. 氧气减压阀在使用时应注意(　　)。

A. 绝对禁油　　B. 用油石棉绳密封

C. 用橡胶垫圈密封　　D. 加黄油密封

0.12. 为提高实验精度，在使用分光光度计时，以读取其(　　)刻度为宜。

A. 消光值　　B. 透光率

C. 吸光度　　D. 摩尔吸光系数

0.13. 实验室常用的气体钢瓶颜色分别是(　　)。

A. H_2 瓶黑色，N_2 瓶绿色，O_2 瓶蓝色

B. H_2 瓶蓝色，N_2 瓶黑色，O_2 瓶绿色

C. H_2 瓶黑色，N_2 瓶蓝色，O_2 瓶绿色

D. H_2 瓶绿色，N_2 瓶黑色，O_2 瓶蓝色

0.14. 某电子仪器的电源插头有三只脚，则该仪器所使用的交流电源为(　　)。

A. 单相　　B. 两相

C. 两相加地线　　D. 三相

0.15. 若在制造大气压计时在汞柱上方残存少量空气，则与正常气压计相比，该大气压力计的读数(　　)。

A. 偏高　　B. 偏低

C. 晴天偏高，雨天偏低　　D. 无偏差

0.16. 若在制造大气压计时使用了含有少量 Zn 的不纯汞，则与正常气压计相比，该大气压力计的读数(　　)。

A. 无偏差　　B. 晴天偏高，雨天偏低

C. 偏高　　D. 偏低

0.17. 可用哪一种方法减小分析测试中的偶然误差？(　　)

A. 进行空白实验　　B. 进行对照实验

C. 进行仪器的校准　　D. 增加平行实验的次数

0.18. 若不慎将 NaOH 溶液溅入眼中，先用大量水冲洗，边洗边翻眼皮、转眼球，冲洗 15 min 后，再用(　　)冲洗，然后再用水冲洗，并尽快送医。

A. 2%～4%硼酸　　B. 稀盐酸

C. 稀硝酸　　D. 稀硫酸

0.19. 为获得高真空，需用(　　)。

A. 扩散泵　　B. 吸附泵

C. 机械泵与扩散泵联用　　D. 高效机械泵

0.20. 折光仪使用的光源是(　　)。

A. 钠灯　　B. 自然光

C. 氢灯　　D. 钨灯

0.21. 在用图解法进行数据处理的过程中，当图中坐标轴的单位长度(最小分度或单位刻度，如每厘米)所表示的数量为(　　)及其数量级的倍数时都是适宜的。若为其他数字，则读数极为不便。

A. 3、4 或 7　　B. 2.5、4 或 7.5

C. 1、2 或 5　　D. 6、7 或 8

0.22. 实验室中使用热电偶进行测温时，为保证温度测定的可靠性和精度，其措施之一就是将热电偶的冷端置于(　　)。

A. 水浴中　　B. 阴凉干燥处

C. 装满冰块的杜瓦瓶中　　D. 水和冰共存的杜瓦瓶中

0.23. 常用的 721 型可见分光光度计使用的光源器件是(　　)。

A. 钨丝灯　　B. 紫外灯

C. 红外灯　　D. 激光管

0.24. 测量溶液的电导或电导率时，使用的电极是(　　)。

A. 玻璃电极　　B. 铂黑电极

C. 甘汞电极　　D. 银-氯化银电极

0.25. 溶液的电导是通过在溶液中通入电流来测定的，可以使用的电源是(　　)。

A. 高压直流电　　B. 低压直流电

C. 低频交流电　　D. 音频交流电

0.26. 在电导或电导率测定实验中，必须用交流信号源而不用直流电源进行测量，其原因是(　　)。

A. 保持溶液不致升温　　B. 使用交流电源时更省电

C. 防止电极附近溶液浓度变化　　D. 可以消除溶剂电导率的影响

0.27. 在使用电位差计测电动势时，首先必须进行校正操作，其目的是(　　)。

A. 标定电位差计的工作电流　　B. 校正检流计的零点

C. 校正标准电池的电动势　　D. 验证线路是否正确

0.28. 下述四种电源中，不能用作直流电源的是(　　)。

A. 干电池　　B. 标准电池

C. 蓄电池　　D. 直流稳压电源

0.29. 已知饱和标准电池的电动势随温度的升高下降，故该电池反应的 ΔS(　　)。

A. <0　　B. >0

C. $\leqslant 0$　　D. $\geqslant 0$

0.30. 在测量电导池常数时，如果直接将 0.01 $mol \cdot L^{-1}$ 的 KCl 溶液加入电导池中淹没电极但未定量，测量结果将(　　)。

A. 偏小　　B. 无影响

C. 偏大　　D. 不确定

0.31. 在液氮温度下，N_2 在活性炭表面发生(　　)。

A. 化学吸附　　B. 化学反应

C. 多层物理吸附　　D. 单层物理吸附

0.32. 液体的蒸气压与外压相等时的温度称为( )。

A. 蒸气压　　B. 饱和蒸气压

C. 正常沸点　　D. 沸点

1.1. 根据温度控制范围，恒温槽可使用不同的加热介质，以下物质中，不能用作加热介质的是( )。

A. 水　　B. 甘油

C. 硅油　　D. 乙醚

1.2. 下列物理化学实验中，不需要用到恒温槽的是( )。

A. 电导法测定乙酸乙酯皂化反应的速率常数

B. 燃烧热的测定

C. 纯液体饱和蒸气压的测量

D. 黏度法测定水溶性高聚物相对分子质量

1.3. 恒温槽的加热器功率过大会使绘制的温度-时间曲线( )。

A. 温度波动大，波动周期长

B. 温度波动大，波动周期短

C. 温度波动小，波动周期短

D. 温度波动小，波动周期长

2.1. 下列关于燃烧热测定实验使用的主要仪器中错误的是( )。

A. 分析天平　　B. 精密温度温差仪

C. 折光仪　　D. 环境恒温热量计

2.2. 燃烧热测定实验中，用于标定仪器水当量的标准物质是( )。

A. 萘　　B. 苯甲酸

C. 硝酸钾　　D. 氯化钾

2.3. 在用氧弹式量热计测定苯甲酸燃烧热的实验中，下列说法错误的是( )。

A. 在氧弹充入氧气后必须检查气密性

B. 测水当量和有机物燃烧热时，一切条件完全一样

C. 时间安排要紧凑，减少体系与周围介质的热交换

D. 量热桶内的水要迅速搅拌，以加速传热

3.1. 若规定测量剂、质摩尔比(如水与 KCl 的摩尔比)为 200 时的积分溶解热，且量热仪的额定体积为 250 mL，下列 KCl 的用量中正确的是( )。(设水的密度为 $1.00\ g\cdot mL^{-1}$，$M_{H_2O}=18.02\ g\cdot mol^{-1}$，$M_{KCl}=74.55\ g\cdot mol^{-1}$)

A. 5.171 g　　B. 10.342 g

C. 2.586 g　　D. 7.455 g

3.2. 在溶解热测定实验中，对量热计进行水当量标定采用的方法是( )。

A. 酸碱滴定法　　B. 电位滴定法

C. 标准物质法　　D. 电加热法

3.3. 在溶解热测定实验中，若用电加热校正水当量，应控制温度变化值 ΔT( )。

A. 在 2 K 左右　　B. 越大越好

C. 越小越好　　D. 不受限制

4.1. 在中和热测定实验中，试样为 10 mL，中和作用的热效应引起试样的温度变化低于 1 K。根据此实验情况，宜选用的测温器件是(　　)。

A. 黑体辐射温度计　　B. 精密数字温度温差仪

C. K 形热电偶温度计　　D. 酒精温度计

4.2. 在中和热测定实验中，下列操作一定会影响实验准确性的是(　　)。

A. 用滴定管取所用溶液

B. 量热杯中的蒸馏水的量超过 1 mL

C. 相对准确量取盐酸溶液，NaOH 溶液稍微过量

D. 倒入与盐酸等量的 NaOH 溶液时，有少量溅出

4.3. 在中和热测定实验中，当 HCl 用量准确量取时，对 NaOH 溶液的要求是(　　)。

A. 所用量略小于盐酸的量

B. 可含有少量的碳酸钠或者碳酸氢钠

C. 所用量等于或略多于盐酸溶液的量

D. 浓度的数值尽量大一些

5.1. 在甲基红的酸离解平衡常数测定实验中，对实验结果影响不大的因素是(　　)。

A. 实验温度　　B. 溶液的离子强度

C. pH　　D. 吸光度

5.2. 在甲基红的酸离解平衡常数测定实验中，采用分光光度法的理论依据是(　　)。

A. 拉乌尔定律　　B. 亨利定律

C. 热力学第一定律、第二定律　　D. 朗伯-比尔定律

5.3. 在甲基红的酸离解平衡常数测定实验中，测定时可用蒸馏水作空白校正的原因是(　　)。

A. 实验中溶液的溶剂都是蒸馏水

B. 实验室里的蒸馏水价廉易得

C. 实验测量范围内无机物的吸收都极小

D. 实验指导教师要求使用蒸馏水

6.1. 在氨基甲酸铵分解反应的实验中，温度对分解压的影响很大，数据表明，温度越高，温度波动对分解压测量的影响(　　)。

A. 越大　　B. 越小

C. 不变　　D. 无法确定

6.2. 氨基甲酸铵分解反应的实验中，在真空泵前应装吸附了浓硫酸的硅胶干燥塔，用来吸收(　　)。

A. 二氧化碳　　B. 氨

C. 汞　　D. 二氧化硫

6.3. 在氨基甲酸铵分解反应的实验装置中采用等压计，其中封闭液的选择对实验结果颇有影响，为减少封闭液选择不当所产生的实验误差，提高实验测定的灵敏度，减少污染源，下列各液体中最宜选用的是(　　)。

A. 水　　B. 水银

C. 硅油　　D. 液体石蜡

7.1. 凝固点降低法测定摩尔质量实验中用到公式 $T_{\Delta}=T_{f}^{*}-T_{f}=K_{f}b_{B}=K_{f}m_{B}/(M_{B}m_{A})$，根据误

差传递原理可知，实验的平均误差为(　　)。

A. $\left|\frac{\Delta M_B}{M_B}\right|=\left|\frac{\Delta m_B}{m_B}\right|+\left|\frac{\Delta m_A}{m_A}\right|-2\left|\frac{\Delta T}{T_\Delta}\right|$　　B. $\left|\frac{\Delta M_B}{M_B}\right|=\left|\frac{\Delta m_B}{m_B}\right|-\left|\frac{\Delta m_A}{m_A}\right|-2\left|\frac{\Delta T}{T_\Delta}\right|$

C. $\left|\frac{\Delta M_B}{M_B}\right|=\left|\frac{\Delta m_B}{m_B}\right|-\left|\frac{\Delta m_A}{m_A}\right|+2\left|\frac{\Delta T}{T_\Delta}\right|$　　D. $\left|\frac{\Delta M_B}{M_B}\right|=\left|\frac{\Delta m_B}{m_B}\right|+\left|\frac{\Delta m_A}{m_A}\right|+2\left|\frac{\Delta T}{T_\Delta}\right|$

(注：式中的 T_Δ 和 ΔT 分别为纯溶剂与溶液凝固点的差值及其测量误差)

7.2. 常用稀溶液的依数性来测定溶质的摩尔质量，其中最常用来测定高聚物摩尔质量的是(　　)。

A. 渗透压　　B. 凝固点降低

C. 蒸气压降低　　D. 沸点升高

7.3. 在凝固点降低法测相对分子质量实验中，准确称量 0.1 g 左右的萘，缓慢加入套管中，注意不要粘在管壁上，如果万一粘在管壁上了，可以(　　)。

A. 不加处理，继续测试　　B. 额外加入少量的环己烷冲洗

C. 用嘴吹下去　　D. 小心利用套管内环己烷将其溶解

8.1. 在一定温度下，与纯液体处于平衡态时的蒸气压力称为该温度下的饱和蒸气压。这里的平衡状态是指(　　)。

A. 静态平衡　　B. 动态平衡

C. 平衡　　D. 不确定

8.2. 克拉珀龙-克劳修斯(Clapeyron-Clausius)方程适用于(　　)。

A. 其中一相为气相，且气相当理想气体处理

B. 其中一相为液相

C. 其中一相为气相

D. 任意两相

8.3. 在乙醇饱和蒸气压的测定过程中，检查测试系统中气密性的具体方法是(　　)。

A. 等压计中两个小球的液位相等

B. 压力差计中的压差为零

C. 能将压力差计中的压差抽至 50 kPa 左右

D. 在加热之前，压力差计能保持较大的恒定压差

9.1. 在双液系气-液平衡相图实验中，常选用测定物系的折射率来测定物系的组成，下列哪种选择的根据是不正确的？(　　)

A. 测定折射率操作简单　　B. 测定所需的试样量少

C. 对任何双液系都能适用　　D. 测量所需时间短，速度快

9.2. 在环己烷-乙醇双液体系平衡时气液两相组成的分析测定中，使用的仪器为(　　)。

A. 旋光仪　　B. 阿贝折射仪

C. 分光光度计　　D. 贝克曼温度计

9.3. 在完全互溶二组分的气-液平衡相图中，混合物的沸点应该(　　)。

A. 介于两个纯组分的沸点之间　　B. 会出现一个最小值

C. 会出现一个最大值　　D. 不一定，都有可能

10.1. 相图与相律之间的关系是(　　)。

A. 相图由实验结果绘制得出，相图不能违背相律

B. 相图由相律推导得出

C. 相图由实验结果绘制得出，与相律无关

D. 相图决定相律

10.2. 对简单低共熔体系，在最低共熔点，当温度继续下降时，体系存在(　　)。

A. 一相　　B. 二相

C. 一相或二相　　D. 三相

10.3. 若步冷曲线出现平台，此时体系的条件自由度数为(　　)。

A. 0　　B. 1

C. 2　　D. 3

11.1. 在水-乙醇-乙酸乙酯三组分相图实验中，用水滴定乙醇-乙酸乙酯体系时出现终点的现象是(　　)。

A. 体系由浅红色变为无色　　B. 体系由浊变清

C. 体系由无色变为浅红色　　D. 体系由清变浊

11.2. 关于实验中所用的三角形坐标的特点，下列说法中错误的是(　　)。

A. 任意三点的系统组成新系统时，新物系点必在原来三点连成的三角形内

B. 任意两点代表的体系组成新体系时，新物系点必在原来两点的连接线上

C. 过三角形某顶点的任一直线上所代表的体系中，另外两组分的浓度都相同

D. 平行于三角形一边直线上所有点的系统中，有一组分的浓度固定不变

11.3. 在等温等压的水-乙醇-乙酸乙酯相图中，共轭区域的相数和自由度分别为(　　)。

A. 1、2　　B. 2、1

C. 1、1　　D. 2、2

12.1. 以 5 $K \cdot min^{-1}$ 的升温速率在静态空气下加热研细的 $CuSO_4 \cdot 5H_2O$ 晶体，发现从室温到300℃的温度范围内，样品分三个阶段失去结晶水，其失重率为 14.5%、14.4%和 7.3%，分别对应失去(　　)分子结晶水。

A. 2、2、1　　B. 3、1、1

C. 1、2、2　　D. 1、1、3

12.2. 在差热分析曲线中，发现在某温度范围存在一放热峰，实验理论告诉我们，不太可能发生(　　)反应。

A. 氧化　　B. 结晶

C. 熔化　　D. 聚合物交联

12.3. 在差热分析过程中，发现 DTA 曲线有一强的吸热峰，同时 TG 曲线没有出现明显的失重过程，则有可能发生(　　)。

A. 气化　　B. 升华

C. 分解　　D. 晶形转变

13.1 测量溶液的电导或电导率时，使用的电极是(　　)。

A. 玻璃电极　　B. 铂黑电极

C. 电极甘汞　　D. 银-氯化银电极

13.2. 下列化合物中，(　　)不能在 Λ_m-$\sqrt{c}$ 图上用外推法求其无限稀释摩尔电导率。

A. HCl　　B. NaCl

C. HCN　　D. CH_3COONa

13.3 在电导或电导率测定实验中，必须用交流信号源而不用直流电源进行测量，其原因是(　　)。

A. 防止电极附近溶液浓度变化　　B. 可以消除溶剂电导率的影响

C. 保持溶液不致升温　　D. 使用交流电源时更省电

14.1. 电导法测定难溶盐溶解度时，下列说法正确的是(　　)。

A. 通过测定难溶盐溶液的电导率来计算其溶解度

B. 难溶盐饱和溶液的电导率等于难溶盐正、负离子电导率的总和

C. 溶剂水的电离对饱和难溶盐溶液的电导率的影响不大

D. 通过测定溶剂纯水和难溶盐饱和溶液电导率来计算其溶解度

14.2. 测量难溶盐溶液的电导率时，使用的电极是(　　)。

A. 玻璃电极　　B. 甘汞电极

C. 铂黑电极　　D. 光亮铂电极

14.3. 在测难溶盐溶液的溶解度时，下列说法正确的是(　　)。

A. 用矿泉水配制难溶盐饱和溶液

B. 用电导水配制难溶盐饱和溶液

C. 用自来水配制难溶盐饱和溶液

D. 直接将难溶盐加入 KCl 水溶液中缓慢搅拌后取上清液即可

15.1. 关于离子迁移数测定的常用实验方法有(　　)。

A. 电导法　　B. 最大气泡法

C. 溶液吸附法　　D. 希托夫法

15.2. 在离子迁移数测定实验中，用原始溶液冲洗电极对实验结果(　　)。

A. 没有影响　　B. 影响不可忽略

C. 会带来一定的误差　　D. 一定有影响

15.3. 在希托夫法测定离子迁移数实验中，电解液中间区的浓度(　　)。

A. 会变大　　B. 会变小

C. 基本保持不变　　D. 大、小变化方向不定

16.1. 下列关于离子迁移数的影响因素中正确的是(　　)。

A. 离子的种类、浓度和所处的温度　B. 测量所用时间的长短

C. 通入溶液中的电流密度的大小　　D. 离子迁移管直径的大小

16.2. 在用界面移动法测量离子迁移数的实验中，下列说法中错误的是(　　)。

A. 若通电过程中有一个电极析出气体，则该电极应放在上方

B. 只要电导率相同，任意电解质溶液均可作为测定的辅助溶液

C. 测定过程中，不能两个电极同时有气体析出，否则应更换电极和辅助液

D. 被测电解质溶液与辅助溶液之间必须能够形成明显、清晰的界面

16.3. 在用界面移动法测定离子迁移数的过程中，给离子迁移管加装(　　)，可以提高测量精度。

A. 电磁线圈　B. 振动装置
C. 搅拌装置　D. 恒温装置

17.1 在测定 Ag(s)|$AgNO_3$(*m*)的电极电势时，只能使用饱和(　　)溶液作盐桥。

A. KCl　B. NH_4Cl
C. KNO_3　D. K_2SO_4

17.2. 饱和标准电池的电动势与温度有关，E^{20} 和 E^{30} 分别是该电池在 20℃和 30℃时的电动势，它们之间的关系是(　　)。

A. $E^{20}>E^{30}$　B. $E^{20}=E^{30}$
C. $E^{20}<E^{30}$　D. 无法确定

17.3. 用 Cu 电极电解 $CuCl_2$ 的水溶液，在阳极上发生的现象是(　　)。

A. 析出氧气　B. 铜电极溶解
C. 析出氯气　D. 析出金属铜

18.1. 在电势-pH 曲线的测定实验中，Fe^{2+}/Fe^{3+}-EDTA 电极电势与溶液 pH(　　)。

A. 成正比　B. 成反比
C. 不相关　D. 关系不一定，视情况而定

18.2. 在电势-pH 曲线的测定实验中，Fe^{2+}/Fe^{3+}-EDTA 属第(　　)类电极。

A. 一　B. 二
C. 三　D. 四

18.3. 在电势-pH 曲线测定实验中，在(　　)条件下易于产生沉淀，使溶液变混浊。

A. 偏酸性　B. 偏碱性
C. 偏中性　D. 不一定

19.1. 在氯离子选择性电极的性能测试与应用实验中，在(　　)条件下，氯离子的活度近似等于其浓度。

A. 氯离子浓度较低，且溶液离子强度较低
B. 氯离子浓度较高，且溶液离子强度较低
C. 氯离子浓度较高，且溶液离子强度较高
D. 氯离子浓度较低，且溶液离子强度较高

19.2. 在氯离子选择性电极的性能测试与应用实验中，测定标准溶液的电动势时，应该(　　)测量。

A. 从浓到稀依次　B. 从稀到浓依次
C. 可以按任意顺序　D. 可以随机

19.3. AgCl-Ag_2S 膜片式氯离子选择性电极不能应用于(　　)溶液体系中 Cl^-的测定。

A. KCl + K_2SO_4　B. KCl + KNO_3
C. NaCl + Na_2CO_3　D. NaCl + NaBr

20.1. 在测定金属极化曲线实验中，本教材采用的测量方法是(　　)。

A. 动态恒电势法　B. 静态恒电势法
C. 动态恒电流法　D. 静态恒电流法

20.2. 在极化曲线的测定实验中，参比电极的作用是( )。
A. 具有较小的交换电流密度和良好的电势稳定性
B. 近似为理想不极化电极，与被测电极构成可逆原电池
C. 与待测电极构成闭合回路，使电流通过电解池
D. 作为理想的极化电极

20.3. 测量极化曲线时，三电极电解池中的铂电极充当( )。
A. 研究电极　　B. 辅助电极和研究电极
C. 参比电极　　D. 辅助电极

21.1. 测定 KI 催化分解 H_2O_2 反应速率常数时，先将装有 KI 溶液的塑料小舟小心放在 H_2O_2 液面上，( )，定时测定气体的体积。
A. 启动计时，待恒温后混合试样
B. 启动计时，混合试样，待恒温后
C. 待恒温后，迅速混合试样并计时
D. 混合试样并计时，待恒温后

21.2. H_2O_2 分解反应的动力学实验中，待反应进行了 5～10 min 以后，才开始收集生成的氧气并测量其体积，目的是( )。
A. 使反应液混合均匀　　B. 使反应平稳地进行
C. 赶走反应容器中的空气　　D. 使反应溶液溶解氧气达到饱和

21.3. 用量体积法测 H_2O_2 催化分解反应速率常数时，下列描述中正确的是( )。
A. 以 $\ln(V_\infty - V_t)$ 对 t 作图应得一条直线
B. 以 $\ln V_t$ 对 t 作图应得一条直线
C. 以 $\ln(V_t / V_\infty)$ 对 t 作图应得一条直线
D. 以 V_t 对 t 作图应得一条直线

22.1. 乙酸乙酯皂化是个二级反应，若用初始浓度均为 0.01 $\text{mol} \cdot \text{L}^{-1}$ 乙酸乙酯和 NaOH 等体积混合，则下列说法中错误的是( )。
A. 用电导率仪测量反应液的电导率时，可以不对电导率仪进行电极常数校正
B. 可用 0.005 $\text{mol} \cdot \text{L}^{-1}$ 的 NaAc 溶液代替反应完全进行后混合产物测定 κ_∞
C. 可用 0.01 $\text{mol} \cdot \text{L}^{-1}$ 的 NaOH 溶液代替反应开始瞬间反应的混合物测定 κ_0
D. 反应必须在恒温的条件下进行测量

22.2. 已知乙酸乙酯皂化反应速率方程可写为 $\dfrac{t}{\kappa_0 - \kappa_t} = \dfrac{1}{\kappa_0 - \kappa_\infty} t + \dfrac{1}{c_0 k(\kappa_0 - \kappa_\infty)}$，若令直线的截距为 IT，直线的斜率为 SC，则下列说法中正确的是( )。
A. 必须要测定的数据为 κ_0、κ_∞ 及不同时刻 t 的电导率 κ_t
B. $t/(\kappa_0 - \kappa_t)$-t 图不能与 κ_t-t 图共用 X 坐标轴
C. 必须已知初始浓度 c_0 并测定 κ_∞ 数据才能计算反应的速率常数
D. 以 $t/(\kappa_0 - \kappa_t)$ 为 Y 轴坐标值，以时间 t 为 X 轴坐标值作图，则 $k = \text{IT}/(\text{SC} \times c_0)$

22.3. 要求求解乙酸乙酯皂化反应的活化能 E_a，下列操作中错误的是( )。
A. 测定恒定温度 T_1 下反应的速率常数
B. 测定恒定温度 T_2 下反应的速率常数

C. 测定室温下反应的速率常数

D. 恒定温度 T_1 与 T_2 一般相差在 10℃左右为宜

23.1. 在测定蔗糖溶液转化反应的速率常数时，其仪器使用的光源是(　　)。

A. 钠光灯(或 589.3 nm 的 LED 灯)　B. 红外灯

C. 白炽灯　D. 卤素灯(碘钨灯)

23.2. 测定蔗糖水解的速率常数可用下列哪种方法？(　)

A. 电导法　B. 旋光法

C. 分光光度法　D. 折射率法

23.3. 对旋光度不变的试样，若分别用长度为 10 cm、20 cm 的旋光管测其旋光度，其测量值分别为 α_1、α_2，则(　　)。

A. 无法确定 α_1 与 α_2 的关系　B. $\alpha_1 = \alpha_2$

C. $\alpha_1 = 2\alpha_2$　D. $2\alpha_1 = \alpha_2$

24.1. 丙酮碘化反应中反应物碘的反应级数是(　　)。

A. 2　B. 1

C. 0　D. 不确定

24.2. 丙酮碘化反应中，随着反应的进行，酸的浓度将(　　)。

A. 增加　B. 不变

C. 减少　D. 不确定

24.3. 用分光光度计测量丙酮碘化反应速率常数时，测量(　　)数据是最佳的选择。

A. 消光值-浓度　B. 透光率-浓度

C. 消光值-时间　D. 透光率-时间

25.1. B-Z 振荡反应实验中，浓度随时间周期性变化的离子是(　　)。

A. Ce^{4+}、SO_4^{2-}　B. Ce^{4+}、Br^-

C. SO_4^{2-}、Br^-　D. Ce^{4+}、BO_3^-

25.2. 在 B-Z 振荡反应实验中，总反应属于(　　)。

A. 歧化反应　B. 氧化反应

C. 氧化还原反应　D. 还原反应

25.3. 在 B-Z 振荡反应实验中，下面可以代替体系中铈离子的是(　　)。

A. 铜离子或锌离子　B. 锡离子或铅离子

C. 钠离子或钾离子　D. 锰离子或铬离子

26.1. 在二氧化钛光催化降解染料废水的实验中，染料废水的浓度分析测定可以使用的仪器是(　　)。

A. 旋光仪　B. 分光光度计

C. 阿贝折射仪　D. 电泳仪

26.2. 在确定二氧化钛的晶形时，通常可使用的仪器是(　　)。

A. X 射线粉末衍射仪　B. X 射线光电子能谱仪

C. 透射电子显微镜　D. 扫描电子显微镜

26.3. 实验室中通常使用的可见分光光度计的直接测量值是(　　)。

A. 摩尔吸光系数　B. 透光率或吸光度

C. 摩尔分数　　D. 物质的量浓度

27.1. 在利用最大气泡压力法测定溶液表面张力的实验中，对试样正丁醇溶液描述正确的是(　　)。

A. 从高浓度向低浓度依次测定　　B. 使用过程中要防止挥发

C. 准确配制　　D. 从低浓度向高浓度依次测定

27.2. 在用最大气泡法测定水溶液的表面张力实验中，当气泡所承受的压力达到最大时，气泡的曲率半径 r 和毛细管的半径 R 之间的关系是(　　)。

A. $r = R$　　B. $r < R$

C. $r > R$　　D. 无法确定

27.3. 用最大气泡压力法测定溶液表面张力的实验中，对实验实际操作的如下规定中，不正确的是(　　)。

A. 毛细管口必须平整

B. 毛细管壁必须严格清洗保证干净

C. 毛细管垂直插入液体内部，每次浸入深度尽量保持不变

D. 毛细管应垂直放置并刚好与液面相切

28.1. 在电导法测定水溶性表面活性剂的临界胶束浓度实验中，十二烷基硫酸钠水溶液的电导率随其浓度的增加(　　)。

A. 先升而后降　　B. 先降而后升

C. 直线上升　　D. 先陡升后变缓增

28.2. 十二烷基硫酸钠在水溶液中形成胶束，其表面电荷状态为(　　)。

A. 正电荷　　B. 不带电

C. 负电荷　　D. 无法判断

28.3. 水溶性表面活性剂在形成胶束后继续增加浓度，溶液的表面张力大小(　　)。

A. 缓慢降低　　B. 快速下降

C. 升高　　D. 无法判断

29.1. 固体的比表面积有多种测定方法，有相对测量，也有绝对测量，下列常用的测量方法中，错误的是(　　)。

A. 低温物理氮吸附法　　B. 滴体积法

C. 流动色谱法　　D. 溶液吸附法

29.2. 为提高实验精度，在使用分光光度计时，应读取其(　　)刻度。

A. 透光率　　B. 消光值

C. 吸光度　　D. 摩尔吸光系数

29.3. 在用溶液吸附法测定固体的比表面积时，使用的测试仪器是(　　)。

A. 旋光仪　　B. 折光仪

C. 分光光度计　　D. 电导率仪

30.1. 氮气钢瓶出口接有减压阀，钢瓶的出口总阀和所接的减压阀都要关闭时，二者的旋转方向分别是(　　)旋转。

A. 都为逆时针　　B. 都为顺时针

C. 出口总阀逆时针、减压阀顺时针　　D. 出口总阀顺时针、减压阀逆时针

30.2. 在液氮温度下，氮气 N_2 在活性炭表面发生(　　)。

A. 单层物理吸附　　B. 多层物理吸附

C. 化学吸附　　D. 化学反应

30.3. 用 BET 容量法测定固体的比表面积时，要先对样品进行活化，下列关于活化的说法中错误的是(　　)。

A. 活化是为了去除样品表面吸附的物质

B. 活化要在低压下进行

C. 活化需要在高温下进行

D. 活化过程不能破坏样品的结构

31.1. $FeCl_3$(aq)加氨水可以制备稳定的氢氧化铁溶胶，胶体粒子(　　)。

A. 总是带正电　　B. 在 pH 较大时带负电

C. 总是带负电　　D. 在 pH 较大时带正电

31.2. 用电泳实验可测量胶体的(　　)电势。

A. 浓差　　B. 双电层

C. 接界　　D. Zeta(ζ)

31.3. 在 $Fe(OH)_3$ 溶胶的电泳实验中，若界面向负极移动，说明(　　)。

A. 胶粒带正电荷　　B. 胶核带正电荷

C. 胶团带正电荷　　D. 胶体带正电荷

32.1. 水不能润湿荷叶向阳的表面，其接触角大于 90°，当向水中加入表面活性剂后，则水与荷叶向阳面的接触角将(　　)。

A. 变大　　B. 变小

C. 不变　　D. 三种情况都有可能

32.2. 通常，表面活性物质与表面活性剂是不同的概念，两者的含义不同。表面活性物质是指当其加入液体中后(　　)，它包含了表面活性剂，而不是相反。

A. 能降低液体表面张力　　B. 能显著降低液体表面张力

C. 能增大液体表面张力　　D. 不影响液体表面张力

32.3. 接触角是指(　　)。

A. 1/g 界面经过气相至 g/s 界面间的夹角

B. g/s 界面经过固相至 s/1 界面间的夹角

C. g/1 界面经过液体至 1/s 界面间的夹角

D. 1/g 界面经过气相和固相至 s/1 界面间的夹角

33.1. 高聚物相对分子质量测定实验中用到的三管毛细管黏度计称为(　　)黏度计。

A. 奥氏　　B. 杯式

C. 旋转式　　D. 乌氏

33.2. 用黏度计测定的高聚物的相对分子质量称为(　　)相对分子质量。

A. 数均　　B. 质均

C. 黏均　　D. Z 均

33.3. 用黏度法测高聚物相对分子质量实验中，安装乌氏黏度计时应淹没(　　)。

A. D 球　　B. E 球　　C. F 球　　D. G 球

34.1. 在测量乙酸乙酯分子偶极矩的实验中，对分子极化率 P 贡献最小的是(　　)

A. $P_{原子}$　　B. $P_{电子}$

C. $P_{转向}$　　D. $P_{诱导}$

34.2. 乙酸乙酯分子的总极化率 P 是通过测量哪些性质得到的？(　　)

A. 折射率和密度　　B. 介电常数和密度

C. 介电常数和折射率　　D. 透光率和密度

34.3. 乙酸乙酯分子的偶极矩与下列哪个性质直接相关？(　　)

A. 分子极化率 P　　B. 原子极化率 $P_{原子}$

C. 电子极化率 $P_{电子}$　　D. 转向极化率 $P_{转向}$

35.1. 顺磁性物质的磁化率(　　)。

A. 等于零　　B. 小于零

C. 大于零　　D. 无法判断

35.2. 具有永久磁矩 μ_m 的物质是(　　)。

A. 反磁性物质　　B. 顺磁性物质

C. 铁磁性物质　　D. 共价络合物

35.3. 在磁场下称量 $FeSO_4 \cdot 7H_2O$ 的质量，其质量比无磁场时(　　)。

A. 增加　　B. 不变

C. 减少　　D. 不能确定

36.1. 在 X 射线粉末衍射图谱中，衍射峰的位置和相对强度表示(　　)。

A. 衍射角和晶面间距　　B. 衍射角和晶粒分布

C. 衍射角和结晶度　　D. 晶面间距和晶粒度

36.2. 用 X 射线粉末衍射方法分析同一物质的图谱中，衍射角(2θ)越大，对应的晶面间距(d)就(　　)。

A. 越大　　B. 越小

C. 相等　　D. 不一定

36.3. 在 X 射线粉末衍射分析方法中，与入射 X 射线相比，相关散射的波长(　　)

A. 相对较短　　B. 相对较长

C. 与入射 X 射线波长无法比较　　D. 与入射 X 射线波长相等

二、多项选择题

1. 欲提高恒温槽的控温精确度，下面说法正确的是(　　)。

A. 恒温介质的流动性和传热性要好

B. 加热器的功率越大越好

C. 感温元件与加热器之间的距离要远一些

D. 搅拌速率要足够大，保证恒温槽内温度均匀

2. 从萘的燃烧热可以计算萘的生成热，下列公式中正确的有(　　)。

A. $\Delta_f H_m(C_{10}H_8,s) = 10\Delta_f H_m(CO_2,g) + 4\Delta_f H_m(H_2O,l) - \Delta_b H_m(C_{10}H_8,s)$

B. $\Delta_f H_m(C_{10}H_8,s) = 10\Delta_b H_m(C,石墨) + 4\Delta_f H_m(H_2O,l) - \Delta_b H_m(C_{10}H_8,s)$

C. $\Delta_f H_m(C_{10}H_8,s) = 10\Delta_f H_m(CO_2,g) + 4\Delta_b H_m(H_2,g) - \Delta_b H_m(C_{10}H_8,s)$

D. $\Delta_f H_m(C_{10}H_8,s) = 10\Delta_b H_m(C,石墨) + 4\Delta_b H_m(H_2,g) - \Delta_b H_m(C_{10}H_8,s)$

3. 在溶解热测定实验中，产生温度测量误差的主要原因有(　　)。
   A. 电流、电压不稳定　B. 加入样品速度太快
   C. 样品颗粒太小　D. 装置绝热密闭性差
4. 中和热的测定实验中，与测定结果紧密相关的物理量有(　　)。
   A. 浓度　B. 温度
   C. 功率　D. 时间
5. 可用于弱电解质离解平衡常数测定的实验方法是(　　)。
   A. 电导法　B. 电动势法
   C. 光度法　D. 旋光法
6. 氨基甲酸铵是合成尿素的中间产物，很不稳定，易发生分解反应，其分解所得产物为(　　)。
   A. 氢气　B. 二氧化碳
   C. 氧气　D. 氨气
7. 稀溶液的依数性中，可以用于测试溶质摩尔质量的是(　　)。
   A. 凝固点降低法　B. 沸点升高法
   C. 渗透压法　D. 都不适用
8. 测定饱和蒸气压常用的方法有(　　)。
   A. 动态法　B. 静态法
   C. 最大气泡法　D. 饱和气流法
9. 在双液系的气-液平衡相图测定实验中，下面说法正确的是(　　)。
   A. 实验采用的任一组分都是易挥发的
   B. 气液平衡沸点仪中所加溶液必须使液面超过其内的电热丝
   C. 倒出前一个蒸馏试样后有微量残留物，不必干燥即可装入下一个试样
   D. 加热蒸馏过程停止后，先测气相折射率，待液相冷却后再测其折射率
10. 绘制二组分固-液相图常用的方法有(　　)。
   A. 热分析法　B. 淬冷法
   C. 溶解度法　D. 以上都不对
11. 关于水-乙醇-乙酸乙酯三组分相图的实验中，正确的说法是(　　)
   A. 每一次往体系中加入乙酸乙酯或者乙醇时，其体积都必须精确到 0.01 mL
   B. 乙醇和乙酸乙酯以任意比例混合后加水都会出现共轭相
   C. 实验所用的具塞磨口锥形瓶在临用前、清洗后不必干燥
   D. 连接两个呈平衡的相点的线段称为连接线
12. 热分析技术是在程序控制温度下测量物质的物理性质与温度关系的一种技术，常用的热分析技术有(　　)。
   A. 热重法(TG)　B. 差热分析(DTA)
   C. 差式扫描量热法(DSC)　D. 等温滴定量热法(ITC)
13. 在电导测试中，影响两极间电阻的因素有(　　)。
   A. 温度　B. 电极的面积
   C. 电极间距离　D. 存在的离子类型

14. 电导测定在实验室或实际生产中得到广泛的应用。下列问题中，可以通过测定体系的电导而得到解决的问题有(　　)。
A. 求平均活度系数　　B. 求难溶盐的溶解度
C. 求弱电解质的电离度　　D. 测水的纯度
15. 影响离子迁移数的因素有(　　)。
A. 离子本身的大小　　B. 溶液中共存的其他离子
C. 实验方法　　D. 加在溶液的电压大小
16. 界面移动法可以测量电解质溶液的(　　)。
A. 电离度 α　　B. 正离子的迁移速率 r_+
C. 正离子的迁移数 t_+　　D. 电离平衡常数 K_a
17. 在电池的表示式中，写在右边的电极(　　)。
A. 是正极　　B. 是负极
C. 发生氧化反应　　D. 发生还原反应
E. 是阳极　　F. 是阴极
G. 电极电势较高　　H. 电极电势较低
18. 在电势-pH 曲线的测定实验中，Fe^{2+}/Fe^{3+}-EDTA 属于哪种电极？(　　)
A. 正极　　B. 氧化还原电极
C. 阳极　　D. 阴极
19. 在氯离子选择性电极的性能测试与应用实验中，若测得选择性系数 $K_{ij}=1$，这说明该电极(　　)。
A. 对离子 i 和离子 j 都有响应
B. 对离子 i 和离子 j 都没有响应
C. 对离子 i 和离子 j 的响应与各离子的浓度无关
D. 不能区分离子 i 和离子 j
E. 对离子 i 和离子 j 的浓度之和(总浓度)的响应符合能斯特公式
F. 对离子 i 和对离子 j 有相同的响应灵敏度
G. 对离子 i 和对离子 j 有不同的响应灵敏度
20. 金属钝化的主要方法是(　　)。
A. 使用强氧化剂的化学钝化　　B. 电镀耐腐蚀金属的电化学镀层
C. 使用耐腐蚀的物理涂层(如油漆等)　D. 外接电源的正极使之进入钝态
21. 在过氧化氢催化分解反应速率常数的测定实验中，下列说法正确的是(　　)。
A. 过氧化氢催化分解反应属于一级反应
B. 可以采用量体积法或量压力法测定
C. 为了求得活化能必须测定两个不同温度下的实验数据
D. 过氧化氢催化分解反应属于二级反应
22. 下列关于乙酸乙酯皂化反应速率常数测定实验的说法中正确的有(　　)。
A. 乙酸乙酯皂化反应是二级反应
B. 当两个反应物的初始浓度相同或不同时，其速率方程是不同的
C. NaOH 是反应的催化剂，故反应可以变为准一级反应

D. 若将其速率方程经适当变形，可不测定 κ_∞也能计算其速率常数 k

23. 在用旋光法测定蔗糖水解转化反应的动力学常数实验中，数据间符合线性关系的函数关系是(　　)。

A. α_t-t　　B. $1/\alpha_t$-t

C. $\ln(\alpha_t)$-t　　D. $\ln(\alpha_t-\alpha_\infty)$-$t$

24. 丙酮碘化反应的各反应物中，反应级数不为 0 的是(　　)。

A. 丙酮　　B. 水

C. 碘　　D. 盐酸

25. 振荡反应实验中，下面可以代替体系中丙二酸的样品是(　　)。

A. 焦性没食子酸　　B. 丁二酸

C. 硫酸铜　　D. 氯化钾

26. 使用分光光度计测量试样的浓度 c 时，为使所测 c 更精确，应(　　)。

A. 用厚度较大的比色皿和尽可能高的灵敏度

B. 调整试样浓度至其吸光度适合朗伯-比尔定律的线性范围内

C. 使透光率 T 值落在 15%～100%区间内

D. 在最大吸收波长λ_{max}处进行测定

27. 用最大气泡压力法测溶液表面张力的实验中，下列操作正确的是(　　)。

A. 减压管中液体流动速度越快越好

B. 毛细管必须干净，管口刚好与液面相切

C. 读取压差计压差读数最大时的压力差

D. 毛细管必须保持垂直

28. 在电导法测定水溶性表面活性剂临界胶束浓度实验中，下列关于电导率仪使用的操作步骤中，错误有(　　)。

A. 仪器预热 30 min　　B. 用 KCl 标准溶液校正

C. 用蒸馏水校正仪器　　D. 选择恰当量程使有效数字最多

29. 溶液吸附法测固体比表面积适用于朗缪尔吸附类型。朗缪尔吸附理论的基本假设是(　　)。

A. 固体表面是均匀的　　B. 吸附是单分子层吸附

C. 吸附是多分子层吸附　　D. 被吸附分子间无相互作用

30. BET 吸附理论是 Brunauer、Emmett、Teller 三人依据大量实验事实，在朗缪尔理论基础上提出的吸附理论，其基本假设是(　　)。

A. 固体表面是均匀的

B. 吸附质与吸附剂之间发生物理吸附

C. 吸附剂因靠范德华力作用对吸附质产生多层吸附

D. 吸附质与吸附剂之间发生化学吸附

31. 在用电泳法测定 ζ 电势时，下列说法正确的是(　　)。

A. 电泳法分为宏观法和微观法，本实验采用宏观法

B. 氢氧化铁溶胶的胶团结构式为$\{[Fe(OH)_3]_m\cdot nFe^{3+}\cdot 3(n-x)Cl^-\}^{3x+}\cdot Cl^-$

C. ζ 电势的大小是衡量胶体稳定性的重要参数，ζ 越大，胶体越稳定

D. 实验时要求配制与溶胶电导率相同的 KCl 溶液作为参比液

32. 下列方法中，可以用于接触角测定的有(　　)。
    A. 滴重法　　B. 滴体积法
    C. 量角法　　D. 量高法

33. 测定液体黏度常用的方法有(　　)。
    A. 用毛细管黏度计测定液体在毛细管里的流出时间
    B. 用吊环式黏度计测定吊环脱离液面瞬间的拉力(质量)
    C. 用落球式黏度计测定圆球在液体里的下落速度
    D. 用旋转式黏度计测定液体与同心轴圆柱体相对转动的情况

34. 在测定乙酸乙酯分子偶极矩的实验中，不需测定的物理性质是(　　)。
    A. 密度　　B. 透光率
    C. 介电常数　　D. 折射率

35. 物质可以按照磁性分为(　　)。
    A. 非磁性物质　　B. 反磁性物质
    C. 顺磁性物质　　D. 铁磁性物质

36. 常用的 X 射线粉末衍射仪的主要部分包括(　　)。
    A. 衍射光栅　　B. X 射线管
    C. 计数器　　D. 测角仪

三、填空题

1. 恒温槽是依靠__________来自动控制仪器的加热功率，从而调节其热平衡的。
2. 在用环境恒温氧弹式热量计测定有机化合物的燃烧热时，一般要求在氧弹中加入 5～10 mL 蒸馏水，说明加水的作用：①__________；②__________。
3. 物质溶解于溶剂过程的热效应称为溶解热，它有积分溶解热和__________溶解热之分，其中，本教材直接测定的是__________溶解热。
4. 中和热的测定实验中，如果所用酸、碱的浓度偏高，而使中和热测定值偏__________，是由于__________。通常取 0.5～1 $mol \cdot L^{-1}$ 的浓度较为适宜。
5. 甲基红的酸离解平衡常数的测定实验中，待测液要配成稀溶液的原因是：只有在稀溶液中才能忽略分子间的相互作用，这样，溶液的__________才能和浓度存在线性关系，即符合__________定律。
6. 氨基甲酸铵分解反应是热效应很大的吸热反应，且温度在不大的范围内变化时，其 $\Delta_r H_m^\ominus$ 可视为与温度无关的常数。而实验数据显示温度对平衡常数的影响比较敏感，究其原因可用表示式__________予以说明。
7. 凝固点降低法测定相对分子质量是依据稀溶液的依数性来测定溶质的摩尔质量，其公式可以表示为__________。
8. 克拉珀龙-克劳修斯方程的表示式为__________。
9. 在双液系气-液平衡相图实验中，测工作曲线时折光仪的恒温温度与测样品时折光仪的恒温温度__________，因为__________。
10. 二组分共熔合金的相图绘制中，热分析法的原理是__________。

11. 在具有一对共轭溶液的三组分体系相图中，若已知某温度下该共轭溶液各自的组成和物系点的浓度，根据总量可由＿＿＿＿＿规则确定任一共轭相的量。
12. 热分析技术 TG-DTA 是指＿＿＿＿＿热分析技术。
13. 将 1.0 $mol \cdot L^{-3}$ 的 KOH 溶液 20 mL 恒温蒸发 10 mL 水，其电导率将＿＿＿＿＿，摩尔电导率将＿＿＿＿＿。(填入增加、减小或不能确定)
14. 难溶盐的饱和溶液近似为无限稀释溶液，其摩尔电导率 Λ_m 与其 Λ_m^∞ 近似相等。根据 Kohlrausch 离子独立运动定律，$\Lambda_m(\frac{1}{2}BaSO_4) = \Lambda_m^\infty(\frac{1}{2}BaSO_4)$ ＝＿＿＿＿＿。
15. 希托夫法测定迁移数的原理是根据＿＿＿＿＿来求算离子的迁移数。
16. 常用的离子迁移数的测定方法有希托夫法、＿＿＿＿＿和用浓差电池的电动势法。
17. 通常选用＿＿＿＿＿相近的饱和电解质溶液作盐桥，常用作盐桥的电解质溶液有 KCl、KNO_3 和 NH_4NO_3 等饱和溶液。
18. 在电势-pH 曲线测定实验中，在溶液中通入 N_2 的作用是＿＿＿＿＿，因为＿＿＿＿＿。
19. 在氯离子选择性电极的性能测试与应用实验中，通过测定用$\rho_{KCl}(g \cdot L^{-1})$表示的系列 KCl 标准溶液的电动势 E，获得 E-lgρ_{KCl}工作曲线，再测定生理盐水的电动势，利用工作曲线得到$\rho_{KCl}(g \cdot L^{-1})$，然后由公式$\rho_{NaCl}$ = ＿＿＿＿＿换算成$\rho_{NaCl}(g \cdot L^{-1})$。
20. 金属阳极钝化曲线可分为＿＿＿＿＿个区域，具体为活化溶解区、过渡钝化区、＿＿＿＿＿和超钝化区。
21. 过氧化氢是很不稳定的化合物，在 KI 催化作用下会分解放出氧气 O_2，其分解反应的速率方程可表示为＿＿＿＿＿，但在实验时可表示为 $\frac{dc_{H_2O_2}}{-dt} = k'c_{H_2O_2}$，这是因为在反应过程中，＿＿＿＿＿。
22. 乙酸乙酯皂化反应是一个二级反应，若使乙酸乙酯与 NaOH 的浓度相等，则其用电导率表示的积分速率方程可写成＿＿＿＿＿。
23. 在蔗糖水解反应中，加入的 HCl 是＿＿＿＿＿，起＿＿＿＿＿作用。
24. 实验发现：丙酮碘化反应过程中，通过光度法测定其反应混合液的吸光度，并将其吸光度对时间作图为一条直线，说明该反应对反应物＿＿＿＿＿是一个零级反应。
25. B-Z 振荡反应实验中，溴酸盐是反应的氧化剂，还原剂是＿＿＿＿＿，而起催化作用的离子是＿＿＿＿＿。
26. 在以四氯化钛为钛源制备二氧化钛的实验中，在粗产物洗涤时，需要洗涤至滤液中不含氯离子，通常用于检测氯离子的溶液是＿＿＿＿＿。
27. 若加入溶质使溶液的表面张力降低，则表面层中溶质的浓度＿＿＿＿＿溶液本体的浓度；反之，若使溶液的表面张力增加，则表面层中溶质的浓度＿＿＿＿＿溶液本体的浓度，这种现象称为表面吸附。
28. 当表面活性剂在水中的溶解达到一定程度时，会在溶液中形成胶束。与在纯水中相比，在有大量胶束形成的溶液中苯的溶解度将＿＿＿＿＿。
29. 在用溶液吸附法测定某固体物质的比表面积时，当吸附质的浓度增加到一定值后，再增加吸附质的浓度时，其吸附量不但不增加，反而下降，甚至有可能出现负吸附量的情况，这是因为＿＿＿＿＿。

30. 由于单分子层吸附多发生在高温情况下，而多分子层吸附则发生在低温情况下，故用氮气物理吸附仪测定固体比表面积时，一定要在__________温度下进行吸附测定。
31. 对高分散的溶胶，如 $Fe(OH)_3$ 溶胶或 As_2S_3 溶胶或其他过浓的溶胶，不宜观察个别粒子的运动，适合采用__________法。而对于颜色太浅或浓度过稀的溶胶，则只适宜用__________法。
32. 表面张力随温度升高而__________(填增大、不变或减小)，而当液体到临界温度时，其表面张力等于__________。
33. 列出在黏度法测高聚物相对分子质量的实验中所使用的最主要的仪器(不需要仪器型号)。
    A__________ B__________ C__________ D__________
34. 为了测量乙酸乙酯的转向极化率 $P_{转向}$，需要先在______场中测量 P，然后在高频电场中测量 $P_{电子}$。
35. 测定磁化率的常用方法是__________；分子磁矩与未配对电子数的表达式为__________。
36. 在高压电场下，高速电子加速撞击阳极金属靶材，会有少部分能量转变成连续的 X 射线，其中包含几条强度很大的 $K_α$ 和 $K_β$ 特征谱线，该特征谱线与 X 射线管的工作条件无关，只取决于__________的种类。

试题参考答案

一、单选题

题号	答案	题号	答案	题号	答案	题号	答案	题号	答案	题号	答案	题号	答案	题号	答案
0.1	B	0.19	C	2.1	C	8.1	B	14.1	D	20.1	A	26.1	B	32.1	B
0.2	D	0.20	B	2.2	B	8.2	A	14.2	C	20.2	B	26.2	A	32.2	A
0.3	A	0.21	C	2.3	D	8.3	D	14.3	B	20.3	D	26.3	B	32.3	C
0.4	C	0.22	D	3.1	A	9.1	C	15.1	D	21.1	C	27.1	D	33.1	D
0.5	B	0.23	A	3.2	C	9.2	B	15.2	A	21.2	B	27.2	A	33.2	C
0.6	C	0.24	B	3.3	A	9.3	D	15.3	C	21.3	A	27.3	C	33.3	D
0.7	D	0.25	D	4.1	B	10.1	A	16.1	A	22.1	C	28.1	D	34.1	A
0.8	A	0.26	C	4.2	D	10.2	B	16.2	B	22.2	D	28.2	C	34.2	B
0.9	D	0.27	A	4.3	C	10.3	A	16.3	D	22.3	C	28.3	A	34.3	D
0.10	A	0.28	B	5.1	B	11.1	D	17.1	C	23.1	A	29.1	B	35.1	C
0.11	C	0.29	A	5.2	D	11.2	C	17.2	A	23.2	B	29.2	A	35.2	B
0.12	B	0.30	B	5.3	C	11.3	B	17.3	B	23.3	D	29.3	C	35.3	A
0.13	D	0.31	C	6.1	A	12.1	A	18.1	D	24.1	C	30.1	D	36.1	C
0.14	A	0.32	D	6.2	B	12.2	C	18.2	C	24.2	A	30.2	B	36.2	B
0.15	B	—	—	6.3	C	12.3	D	18.3	A	24.3	D	30.3	C	36.3	D
0.16	C	1.1	D	7.1	D	13.1	B	19.1	D	25.1	B	31.1	B	—	—
0.17	D	1.2	B	7.2	A	13.2	C	19.2	B	25.2	C	31.2	D		
0.18	A	1.3	A	7.3	D	13.3	A	19.3	D	25.3	D	31.3	A		

二、多选题

题号	答案	题号	答案	题号	答案	题号	答案	题号	答案	题号	答案
1	AD	7	ABC	13	ABCD	19	ADEF	25	AB	31	ACD
2	ABCD	8	ABD	14	BCD	20	AD	26	BCD	32	CD
3	ABD	9	ABCD	15	AB	21	ABC	27	BCD	33	ACD
4	AB	10	ABC	16	BC	22	ABD	28	C	34	B
5	ABC	11	AD	17	ADFG	23	D	29	ABD	35	BCD
6	BD	12	ABC	18	B	24	AD	30	ABC	36	BCD

三、填空题

1. 恒温控制器
2. ①起诱导作用，使生成的水迅速凝结成符合燃烧热规定的液体水；②吸收因为在高压氧气环境下 N_2 最终变成的 NO_2 使其变成硝酸，并经滴定分析后对其产生的热效应予以扣除
3. ①微分；②积分
4. ①高或大；②离子间的相互作用力的变化及其影响(稀释热)
5. ①吸光度；②朗伯-比尔
6. $\mathrm{d}(\ln K_p^{\ominus})/\mathrm{d}T=\Delta_\mathrm{r}H_\mathrm{m}^{\ominus}/(RT^2)$
7. $\Delta T_\mathrm{f}=k_\mathrm{f}b_\mathrm{B}$
8. $\mathrm{d}\ln(p^*/\mathrm{Pa})/\mathrm{d}T=\Delta_\mathrm{vap}H_\mathrm{m}/(RT^2)$
9. ①必须相同；②折射率与温度有关，必须在同一个温度下测量
10. 根据体系在变温过程中，温度随时间的变化关系，判断有无相变的发生
11. 杠杆
12. 热重-差热分析联用
13. ①不能确定；②减小
14. $\Lambda_\mathrm{m}^{\infty}\left(\frac{1}{2}\mathrm{Ba}^{2+}\right)+\Lambda_\mathrm{m}^{\infty}\left(\frac{1}{2}\mathrm{SO}_4^{2-}\right)$
15. 电解前后两电极区内电解质物质的量的变化
16. 界面移动法
17. 正、负离子迁移数($t_+\approx t_-$)
18. ①赶走溶液中的溶解 O_2；②搅拌过程中会溶解少量 O_2，使二价铁离子被氧化，造成误差
19. $M_\mathrm{NaCl}\rho_\mathrm{KCl}/M_\mathrm{KCl}$
20. 4；稳定钝化区
21. $\dfrac{\mathrm{d}c_{\mathrm{H_2O_2}}}{-\mathrm{d}t}=kc_{\mathrm{I^-}}c_{\mathrm{H_2O_2}}$；$I^-$是催化剂，在反应中不断消耗和再生，其浓度不变，可视为常数
22. $(\kappa_0-\kappa_t)/(\kappa_t-\kappa_\infty)=c_0k$ 或 $t/(\kappa_0-\kappa_t)=1/(\kappa_0-\kappa_\infty)\times t+1/[c_0k\times(\kappa_0-\kappa_\infty)]$
23. ①催化剂；②催化
24. 碘

25. ①丙二酸；②铈离子
26. 硝酸银溶液
27. ①大于；②小于
28. 增加/增大
29. 吸附剂不仅对吸附质起吸附作用，对溶解吸附质的溶剂也能吸附，且随着溶液浓度的增加，溶剂的含量也相对降低，导致吸附量相对下降；有些吸附体系中吸附剂甚至对溶剂的相对吸附量更大
30. 液氮
31. ①宏观；②微观
32. ①减小；②0
33. ①透明玻璃缸恒温器；②秒表；③乌氏黏度计；④刻度移液管
34. 低频电场或静电
35. ①古埃磁天平法；② $\mu_m = \sqrt{n(n+2)}\mu_B$
36. 阳极金属靶材

附录Ⅱ 物理化学实验常用数据

附表Ⅱ-1 常用物理化学常数

常数名称	符号	数值	单位
真空中的光速	c_0	2.99792458×10^{8}	$m \cdot s^{-1}$
真空介电常数	ε_0	8.854188×10^{-12}	$F \cdot m^{-1}$
基本(元)电荷	e	$1.60217733 \times 10^{-19}$	C
电子静止质量	m_e	$9.1093897 \times 10^{-31}$	kg
质子静止质量	m_p	$1.6726231 \times 10^{-27}$	kg
中子静止质量	m_n	$1.6749286 \times 10^{-27}$	kg
普朗克常量	h	$6.6260755 \times 10^{-34}$	$J \cdot s$
玻耳兹曼常量	k	1.380658×10^{-23}	$J \cdot K^{-1}$
阿伏伽德罗常量	L	6.0221367×10^{23}	mol^{-1}
法拉第常量	F	96485.309	$C \cdot mol^{-1}$
摩尔气体常量	R	8.314510	$J \cdot K^{-1} \cdot mol^{-1}$
重力加速度	g	9.80665	$m \cdot s^{-2}$

附表Ⅱ-2 不同温度下水的密度[ρ/(kg · m^{-3})]

温度/℃	0	2	4	6	8
0	999.8395	999.9399	999.9720	999.9402	999.8482
10	999.6996	999.4974	999.2444	998.9430	998.5956
20	998.2041	997.7705	997.2965	996.7837	996.2335
30	995.6473	995.0262	994.3715	993.6842	992.9653
40	992.2158	991.4364	990.6280	989.7914	988.9273
50	988.0363	987.1190	986.1761	985.2081	984.2156
60	983.1989	982.1586	981.0951	980.0089	978.9003
70	977.7696	976.6173	975.4437	974.2490	973.0336
80	971.7978	970.5417	969.2657	967.9700	966.6547

注：也可用以下公式计算

$$\rho/(\mathrm{kg \cdot m^{-3}}) = [999.83952 + 16.945176t/℃ - 7.9870401 \times 10^{-3}(t/℃)^2 - 46.170461 \times 10^{-6}(t/℃)^3 + 105.56302 \times 10^{-9}(t/℃)^4 - 280.5425 \times 10^{-12}(t/℃)^5]/(1 + 16.879850 \times 10^{-3}t/℃)$$

附表Ⅱ-3 不同温度下 $n_{水}/n_{KCl} = 200$ 时 KCl 的积分溶解热(kJ · mol^{-3})

温度/℃	0	1	2	3	4	5	6	7	8	9
10	19.99	19.80	19.64	19.46	19.28	19.11	18.95	18.78	18.62	18.46
20	18.31	18.16	18.01	17.86	17.72	17.57	17.43	17.28	17.15	17.02

注：也可根据实际温度用下式计算 $\Delta_{sol}H^{\ominus}_{m,KCl}/(\mathrm{kJ \cdot mol^{-1}}) = 21.92 - 0.2062(t/℃) + 1.283 \times 10^{-3}(t/℃)^2$。

附表Ⅱ-4 ITS-90 国际温标定义的温标固定点

序号	物质，平衡状态	T_{90}/K	t_{90}/℃	$W_r(T_{90})$
1	氦(He)，V	3～5	−270.15～−268.15	—
2	e-H_2(正、仲分子态处于平衡浓度的氢)，T	13.8033	−259.3467	0.00119007
3	e-H_2(或 He)，V(或 G)	≈17	≈−256.15	—
4	e-H_2(或 He)，V(或 G)	≈20.3	≈−252.85	—
5	氖(Ne)，T	24.5561	−248.5939	0.00844974
6	氧(O_2)，T	54.3584	−218.7916	0.09171804
7	氩(Ar)，T	83.8058	−189.3442	0.21585975
8	汞(Hg)，T	234.3156	−38.8344	0.84414211
9	水(H_2O)，T	273.16	0.01	1.00000000
10	镓(Ga)，M	302.9146	29.7646	1.11813889
11	铟(In)，F	429.7485	156.5985	1.60980185
12	锡(Sn)，F	505.078	231.928	1.89279768
13	锌(Zn)，F	692.677	419.527	2.56891730
14	铝(Al)，F	933.473	660.323	3.37600860
15	银(Ag)，F	1234.93	961.78	4.28642053
16	金(Au)，F	1337.33	1064.18	—
17	铜(Cu)，F	1357.77	1084.62	—
18*	钯(Pd)，F	1827	1554	—
19*	铂(Pt)，F	2045	1772	—
20*	铑(Rh)，F	2236	1963	—
21*	钨(W)，F	3660	3387	—

注：(1) 熔点(M)和凝固点(F)均指在 101.325 kPa 压力下固、液两相处于平衡时的温度；三相点(T)指液相、固相及其自生蒸气相三相平衡共存时的温度；蒸气压点(V)；气体温度计点(G)。

(2) $W_r(T_{90})$为参考铂电阻温度计的电阻比。

(3) *表示 IPTS-68 规定的第二类参考点。

附表Ⅱ-5 常用参比电极在 25℃时的电极电势(相对于标准氢电极 NHE)及温度系数

电极	电极反应	φ_{25}/V	$\alpha/(V \cdot K^{-1})$	电极溶液
Hg|Hg_2Cl_2|KCl(m_s)	$Hg_2Cl_2 + 2e^- \longrightarrow 2Hg + 2Cl^-$	0.2415	-7.61×10^{-4}	饱和 KCl
Ag|AgCl|KCl(m_s)	$AgCl + e^- \longrightarrow Ag + Cl^-$	0.1981	-0.3×10^{-4}	饱和 KCl
Hg|HgO|NaOH(m)	$HgO + H_2O + 2e^- \longrightarrow Hg + 2OH^-$	0.1690	-7.0×10^{-4}	0.1 mol · L⁻¹ NaOH
Hg|Hg_2SO_4|K_2SO_4(m_s)	$Hg_2SO_4 + 2e^- \longrightarrow 2Hg + SO_4^{2-}$	0.658	—	饱和 K_2SO_4
Cu|$CuSO_4$(m_s)	$CuSO_4 + 2e^- \longrightarrow Cu + SO_4^{2-}$	0.316	7.0×10^{-4}	饱和 $CuSO_4$

注：电极电势温度校正公式$\varphi_t/V = \varphi_{25}/V + \alpha \times (t/℃ - 25.0)$。

附表Ⅱ-6　一些液体物质的饱和蒸气压与温度的关系

物质	正常沸点/℃	适用范围/℃	A	B	C
甲醇(CH_3OH)	64.65	－20～＋140	16.1262	3391.96	230.0
乙醇(C_2H_5OH)	78.37	－2～70	16.5092	3578.91	222.65
乙酸(CH_3COOH)	118.2	0～＋36	15.9523	3802.03	225.0
乙酸乙酯($C_4H_8O_2$)	77.06	－22～＋150	14.3289	2852.24	217.0
乙醚[$(C_2H_5)_2O$]	34.6	—	15.6247	2289.207	220.0
丙酮[$(CH_3)_2CO$]	56.5	—	16.1743	2763.301	200.22
环己烷(C_6H_{12})	80.74	6.56～105	13.74616	2771.221	222.863
丙酮[$(CH_3)_2CO$]	56.5	5～50	14.1593	2673.30	200.22
苯(C_6H_6)	80.10	5.53～104	15.882	2777.723	220.237
甲苯($C_6H_5CH_3$)	110.63	6～136	16.0107	3094.543	219.377
水(H_2O)	100.0	0～100	16.60438	4009.062	234.4775

注：表中数据符合安托万公式 $\ln(p/\text{kPa}) = A-B/(C+t/℃)$。

附表Ⅱ-7　常见有机物的密度ρ_t与温度的关系

物质	$\rho_0/(\text{kg}\cdot\text{m}^{-3})$	α	$\beta\times10^3$	$\gamma\times10^6$	误差	温度范围/℃
甲醇(CH_3OH)	809.09	－0.9253	－0.41	0	—	—
乙醇(C_2H_5OH)	806.27	－0.8405	－0.185	－5	—	10～40
乙醚[$(C_2H_5)_2O$]	736.29	－1.1138	－1.237	0	0.1	0～70
丙酮[$(CH_3)_2CO$]	812.48	－1.100	－0.858	0	1	0～50
乙酸甲酯($C_3H_6O_2$)	939.32	－1.2710	－0.405	－6.09	1	0～100
乙酸乙酯($C_4H_8O_2$)	924.54	－1.168	－1.95	20	0.05	0～40
环己烷(C_6H_{12})	797.07	－0.8879	－0.972	1.55	—	0～81
苯(C_6H_6)	900.05	－1.0638	－0.0376	－2.213	0.2	11～72
四氯化碳(CCl_4)	1632.55	－1.9110	－0.690	0	0.2	0～40
苯酚(C_6H_5OH)	1038.93	－0.8188	－0.670	0	1	40～150

注：$\rho_t/(\text{kg}\cdot\text{m}^{-3})=\rho_0/(\text{kg}\cdot\text{m}^{-3})+\alpha(t/℃)+\beta(t/℃)^2+\gamma(t/℃)^3$。

附表Ⅱ-8　不同温度下水的表面张力γ

t/℃	$\gamma\times10^3$ /(N·m^{-1})	t/℃	$\gamma\times10^3$ /(N·m^{-1})	t/℃	$\gamma\times10^3$ /(N·m^{-1})	t/℃	$\gamma\times10^3$ /(N·m^{-1})	t/℃	$\gamma\times10^3$ /(N·m^{-1})
5	74.92	14	73.64	19	72.90	24	72.13	29	71.35
10	74.22	15	73.49	20	72.75	25	71.97	30	71.18
11	74.07	16	73.35	21	72.59	26	71.82	35	70.38
12	73.93	17	73.19	22	72.44	27	71.66	40	69.56
13	73.78	18	73.05	23	72.28	28	71.50	45	68.74

附表Ⅱ-9　饱和标准电池电动势在10～45℃内的温度校正值

温度/℃	ΔE_t/μV	温度/℃	ΔE_t/μV	温度/℃	ΔE_t/μV	温度/℃	ΔE_t/μV	温度/℃	ΔE_t/μV
9.2	310.84	16.4	131.31	23.6	−155.41	30.8	−529.19	38.0	−973.73
9.4	307.50	16.6	124.70	23.8	−164.71	31.0	−540.65	38.2	−986.96
9.6	304.07	16.8	117.99	24.0	−174.06	31.2	−552.16	38.4	−1000.23
9.8	300.53	17.0	111.21	24.2	−183.49	31.4	−563.73	38.6	−1013.55
10.0	296.90	17.2	104.35	24.4	−192.98	31.6	−575.35	38.8	−1026.91
10.2	293.17	17.4	97.40	24.6	−202.53	31.8	−587.02	39.0	−1040.32
10.4	289.34	17.6	90.38	24.8	−212.15	32.0	−598.75	39.2	−1053.77
10.6	285.41	17.8	83.27	25.0	−221.84	32.2	−610.53	39.4	−1067.26
10.8	281.38	18.0	76.09	25.2	−231.59	32.4	−622.36	39.6	−1080.80
11.0	277.26	18.2	68.83	25.4	−241.40	32.6	−634.24	39.8	−1094.38
11.2	273.04	18.4	61.49	25.6	−251.28	32.8	−646.18	40.0	−1108.00
11.4	268.72	18.6	54.07	25.8	−261.22	33.0	−658.16	40.2	−1121.67
11.6	264.31	18.8	46.57	26.0	−271.22	33.2	−670.20	40.4	−1135.37
11.8	259.81	19.0	39.00	26.2	−281.28	33.4	−682.29	40.6	−1149.12
12.0	255.21	19.2	31.35	26.4	−291.41	33.6	−694.43	40.8	−1162.91
12.2	250.52	19.4	23.63	26.6	−301.60	33.8	−706.61	41.0	−1176.75
12.4	245.73	19.6	15.83	26.8	−311.85	34.0	−718.85	41.2	−1190.62
12.6	240.86	19.8	7.95	27.0	−322.16	34.2	−731.14	41.4	−1204.54
12.8	235.89	20.0	0.00	27.2	−332.53	34.4	−743.48	41.6	−1218.50
13.0	230.83	20.2	−8.03	27.4	−342.96	34.6	−755.87	41.8	−1232.50
13.2	225.68	20.4	−16.12	27.6	−353.45	34.8	−768.30	42.0	−1246.54
13.4	220.44	20.6	−24.30	27.8	−364.00	35.0	−780.79	42.2	−1260.62
13.6	215.10	20.8	−32.54	28.0	−374.61	35.2	−793.32	42.4	−1274.74
13.8	209.68	21.0	−40.86	28.2	−385.28	35.4	−805.90	42.6	−1288.90
14.0	204.17	21.2	−49.25	28.4	−396.01	35.6	−818.53	42.8	−1303.11
14.2	198.58	21.4	−57.71	28.6	−406.80	35.8	−831.21	43.0	−1317.35
14.4	192.89	21.6	−66.25	28.8	−417.64	36.0	−843.93	43.2	−1331.63
14.6	187.12	21.8	−74.85	29.0	−428.54	36.2	−856.70	43.4	−1345.95
14.8	181.26	22.0	−83.52	29.2	−439.50	36.4	−869.52	43.6	−1360.31
15.0	175.31	22.2	−92.27	29.4	−450.52	36.6	−882.39	43.8	−1374.71
15.2	169.28	22.4	−101.08	29.6	−461.59	36.8	−895.30	44.0	−1389.15
15.4	163.16	22.6	−109.97	29.8	−472.72	37.0	−908.26	44.2	−1403.63
15.6	156.96	22.8	−118.92	30.0	−483.90	37.2	−921.26	44.4	−1418.15
15.8	150.67	23.0	−127.94	30.2	−495.14	37.4	−934.31	44.6	−1432.71
16.0	144.30	23.2	−137.03	30.4	−506.43	37.6	−947.40	44.8	−1447.30
16.2	137.85	23.4	−146.19	30.6	−517.78	37.8	−960.54	45.0	−1461.94

注：$\Delta E_t/\mu V = -39.94(t/℃-20.0)-0.929(t/℃-20.0)^2+9.0\times10^{-3}(t/℃-20.0)^3+6\times10^{-5}(t/℃-20.0)^4$。

校正公式为：$E_t = E_{20}+\Delta E_t$，E_{20}与标准电池的具体型号和厂家有关，如BC3型$E_{20}=1.01864$ V。

附表Ⅱ-10　某些溶剂的凝固点降低常数 k_f 和沸点升高常数 k_b

物质	t_f /℃	k_f/(K · kg · mol^{-1})	t_b /℃	k_b/(K · kg · mol^{-1})
水(H_2O)	0.0	1.86	100.0	0.51
二硫化碳(CS_2)	– 111.6	3.80	46.3	2.29
乙酸(CH_3COOH)	16.66	3.90	118	3.07
1, 4 - 二氧六环 (1, 4 - 二噁烷) ($C_4H_8O_2$)	11.8	4.63	101.3	—
苯(C_6H_6)	5.533	5.12	80.1	2.53
硝基苯($C_6H_5NO_2$)	5.7	6.9	210.9	5.27
萘($C_{10}H_8$)	80.290	6.94	218	5.65
苯酚(C_6H_5OH)	41	7.27	180	3.04
环己烷(C_6H_{12})	6.54	20.2	80.7	—
四氯化碳(CCl_4)	– 22.95	29.8	76.72	5.02
樟脑($C_{10}H_{16}O$)	178.75	37.7	204(升华)	—

附表Ⅱ-11　标准 KCl 溶液的电导率 κ (S · m^{-1})与温度的关系

温度 /℃	c/(mol · L^{-1})			温度 /℃	c/(mol · L^{-1})		
	0.1	0.02	0.01		0.1	0.02	0.01
5	0.822	0.1752	0.0896	24	1.264	0.2712	0.1386
10	0.933	0.1994	0.1020	25	1.288	0.2765	0.1413
15	1.048	0.2243	0.1147	26	1.313	0.2819	0.1441
16	1.072	0.2294	0.1173	27	1.337	0.2873	0.1468
17	1.095	0.2345	0.1199	28	1.362	0.2927	0.1496
18	1.119	0.2397	0.1225	29	1.387	0.2981	0.1524
19	1.143	0.2449	0.1251	30	1.412	0.3036	0.1552
20	1.167	0.2501	0.1278	35	1.539	0.3312	—
21	1.191	0.2553	0.1305	36	1.564	0.3368	—
22	1.215	0.2606	0.1332	38	—	0.3467	—
23	1.239	0.2659	0.1359	40	—	0.3576	—

注：40℃的电导率数据是外推近似值。

附表Ⅱ-12　能量单位换算表

能量单位	cm^{-1}	J	cal	eV
cm^{-1}	1	1.98648×10^{-23}	4.74778×10^{-24}	1.239852×10^{-4}
J	5.03404×10^{22}	1	0.239006	6.241461×10^{18}
cal	2.10624×10^{23}	4.184	1	2.611425×10^{19}
eV	8.065479×10^{3}	1.602189×10^{-19}	3.829326×10^{-20}	1

附表Ⅱ-13 一些常见强电解质的活度系数(25℃)

电解质	m/(mol · kg^{-1})										
	0.01	0.1	0.2	0.3	0.4	0.5	0.6	0.7	0.8	0.9	1.0
$AgNO_3$	0.896	0.734	0.657	0.606	0.567	0.536	0.509	0.485	0.464	0.446	0.429
$CuSO_4$	0.400	0.164	0.104	0.0829	0.0704	0.062	0.0559	0.0512	0.0475	0.0446	0.0423
$ZnSO_4$	0.387	0.150	0.140	0.0835	0.0714	0.0630	0.0569	0.0523	0.0487	0.0458	0.0435
KCl	0.899	0.770	0.718	0.688	0.666	0.649	0.637	0.626	0.618	0.610	0.604
NaCl	0.904	0.778	0.735	0.710	0.693	0.681	0.673	0.667	0.662	0.659	0.657
HCl	0.904	0.976	0.767	0.756	0.755	0.757	0.763	0.772	0.783	0.795	0.809
HNO_3	0.902	0.791	0.754	0.725	0.725	0.720	0.717	0.717	0.718	0.721	0.724
H_2SO_4	0.544	0.2655	0.209	0.1826	—	0.1557	—	0.1417	—	—	0.1316
KOH	0.901	0.798	0.760	0.742	0.734	0.732	0.733	0.736	0.742	0.749	0.756
NaOH	—	0.766	0.727	0.708	0.697	0.690	0.685	0.681	0.679	0.678	0.678

附表Ⅱ-14 IUPAC 推荐的五种标准缓冲溶液的 pH

温度/℃	25℃下饱和酒石酸氢钾(0.0341 mol · kg^{-1})	邻苯二甲酸氢钾(0.05 mol · kg^{-1})	KH_2PO_4(0.025 mol · kg^{-1}) Na_2HPO_4(0.025 mol · kg^{-1})	KH_2PO_4(0.008695 mol · kg^{-1}) Na_2HPO_4(0.03043 mol · kg^{-1})	$Na_2B_4O_7$(0.01 mol · kg^{-1})
15	—	3.999	6.900	7.448	9.276
20	—	4.002	6.881	7.429	9.225
25	3.557	4.008	6.865	7.413	9.180
30	3.552	4.015	6.853	7.400	9.139
35	3.549	4.024	6.844	7.389	9.102
38	3.548	4.030	6.840	7.384	9.081
40	3.547	4.035	6.838	7.380	9.068
45	3.547	4.047	6.834	7.373	9.038
50	3.549	4.060	6.833	7.367	9.011

附表Ⅱ-15 用于构成十进倍数和分数单位的词头

倍数	词头名	符号	倍数	词头名	符号	倍数	词头名	符号
10^{24}	尧[它] yotta	Y	10^{3}	千 kilo	k	10^{-6}	微 micro	μ
10^{21}	泽[它] zetta	Z	10^{2}	百 hecto	h	10^{-9}	纳[诺] nano	n
10^{18}	艾[可萨] exa	E	10^{1}	十 deca	da	10^{-12}	皮[可] pico	p
10^{15}	拍[它] peta	P	10^{0}	个	—	10^{-15}	飞[母托] femto	f
10^{12}	太[拉] tera	T	10^{-1}	分 deci	d	10^{-18}	阿[托] atto	a
10^{9}	吉[咖] giga	G	10^{-2}	厘 centi	c	10^{-21}	仄[普托] zepto	z
10^{6}	兆 mega	M	10^{-3}	毫 milli	m	10^{-24}	幺[科托] yocto	y

附表Ⅱ-16　标定常用基准物质的干燥条件和应用

基准物及干燥后分子式	摩尔质量/(g · mol^{-1})	干燥条件/℃	标定对象
碳酸钠($Na_2CO_3 \cdot 10H_2O$)	105.988	270～300	酸
碳酸钾(K_2CO_3)	138.206	270～300	酸
硼砂($Na_2B_4O_7 \cdot 10H_2O$)	381.372	放在装有 NaCl 和蔗糖饱和溶液的密闭器皿中	酸
邻苯二甲酸氢钾($KHC_8H_4O_4$)	204.221	110～120	碱
草酸($H_2C_2O_4 \cdot 2H_2O$)	126.065	室温空气干燥	碱或 $KMnO_4$
草酸钠($Na_2C_2O_4$)	133.999	130	氧化剂
重铬酸钾($K_2Cr_2O_7$)	294.185	140～150	还原剂
铜(Cu)	63.546	室温干燥器中保存	还原剂
锌(Zn)	65.38	室温干燥器中保存	EDTA
氧化锌(ZnO)	81.389	900～1000	EDTA
碳酸钙($CaCO_3$)	100.086	105～110	EDTA
氯化钠(NaCl)	58.442	500～600	$AgNO_3$
氯化钾(KCl)	74.551	500～600	$AgNO_3$
硝酸银($AgNO_3$)	169.873	220～250	氯或溴化物

附表Ⅱ-17　镍铬-镍硅热电偶(K 型)热电势与温度换算表

温度/℃	热电势/mV									
	0	10	20	30	40	50	60	70	80	90
0	0	0.397	0.798	1.203	1.611	2.022	2.436	2.85	3.266	3.881
100	4.095	4.508	4.919	5.327	5.733	6.137	6.539	6.939	7.338	7.737
200	8.137	8.537	8.938	9.341	9.745	10.151	10.56	10.969	11.381	11.793
300	12.207	12.623	13.039	13.456	13.874	14.292	14.712	15.132	15.552	15.974
400	16.395	16.818	17.241	17.664	18.088	18.513	18.938	19.363	19.788	20.214
500	20.64	21.066	21.493	21.919	22.346	22.772	23.198	23.624	24.055	24.476
600	24.902	25.327	25.751	26.176	26.599	27.022	27.445	27.867	28.288	28.709
700	29.128	29.547	29.965	30.383	30.799	31.214	31.629	32.042	32.455	32.866
800	33.277	33.686	34.095	34.502	34.909	35.314	35.718	36.121	36.524	36.925
900	37.325	37.724	38.122	38.519	38.915	39.31	39.704	40.096	40.488	40.879
1000	41.269	41.657	42.045	42.432	42.817	43.202	43.585	43.968	44.349	44.729
1100	45.108	45.486	45.863	46.238	46.612	46.985	47.356	47.426	48.095	48.462
1200	48.828	49.129	49.555	49.916	50.276	50.633	50.99	51.344	51.697	52.049
1300	52.398	52.747	53.093	53.439	53.782	54.125	54.466	54.807		

注：参考端为 0℃。长期使用最高温度 1200℃，短期使用最高温度 1300℃。

附表Ⅱ-18 Pt100铂热电阻特性表($R_{0℃}$ = 100 Ω)

温度/℃	热电阻/Ω									
	0	10	20	30	40	50	60	70	80	90
−100	60.26	56.19	52.11	48.00	43.88	39.72	35.54	31.34	27.10	22.83
−0	100.00	96.09	92.16	88.22	84.27	80.31	76.33	72.33	68.33	64.30
0	100.00	103.90	107.79	111.67	115.54	119.40	123.24	127.08	130.90	134.71
100	138.51	142.29	146.07	149.83	153.58	157.33	161.05	164.77	168.48	172.17
200	175.86	179.53	183.19	186.84	190.47	194.10	197.71	201.31	204.90	208.48
300	212.05	215.61	219.15	222.68	226.21	229.72	233.21	236.70	240.18	243.64
400	247.09	250.53	253.96	257.38	260.78	264.18	267.56	270.93	274.29	277.64
500	280.98	284.30	287.62	290.92	294.21	297.49	300.75	304.01	307.25	310.49
600	313.71	316.92	320.12	323.30	326.48	329.64	332.79			

注：当温度在−170～640℃时，铂电阻遵循下列关系式

$R_t/\Omega = 100.00 + 0.39228479(t/℃) - 6.4690012 \times 10^{-5}(t/℃)^2 + 7.6222250 \times 10^{-9}(t/℃)^3$

附表Ⅱ-19 一些常见液体物质的介电常数

化合物	介电常数ε		温度系数 a		适用温度范围/℃
	20℃	25℃	$-10^2\,\mathrm{d}\varepsilon/\mathrm{d}t$	$-10^2\,\mathrm{d}(\lg\varepsilon)/\mathrm{d}t$	
四氯化碳(CCl_4)	2.238	2.228	0.200	—	−20～60
环己烷(C_6H_{12})	2.023	2.015	0.160	—	10～60
正己烷(C_6H_{14})	1.890	—	1.55	—	−10～55
乙酸乙酯($C_4H_8O_2$)	—	6.02	1.5	—	25
乙醇(C_2H_5OH)	—	24.35	—	0.270	−5～70
1, 4-二氧六环($C_4H_8O_2$)	—	2.209	—	0.170	20～50
硝基苯($C_6H_5NO_2$)	35.74	34.82	—	0.225	10～80
二硫化碳(CS_2)	2.641	—	0.268	—	−90～130
水(H_2O)	80.37	78.54	—	0.200	15～30

注：如 $\varepsilon(CCl_4) = 2.238 - 0.00200 \times (t/℃ - 20) = 2.228 - 0.00200 \times (t/℃ - 25)$；

$\lg\varepsilon(H_2O) = \lg 80.37 - 0.00200 \times (t/℃ - 20) = \lg 78.54 - 0.00200 \times (t/℃ - 25)$；

真空介电常数为1。

附表Ⅱ-20 气相中常见分子的偶极矩

化合物	偶极矩$\mu/(10^{-30}$ C · m)	化合物	偶极矩$\mu/(10^{-30}$ C · m)
四氯化碳(CCl_4)	0	甲酸乙酯($C_3H_6O_2$)	6.44
三氯甲烷($CHCl_3$)	3.37	乙酸乙酯($C_4H_8O_2$)	5.94
乙醇(C_2H_5OH)	5.64	硝基苯($C_6H_5NO_2$)	14.1
乙醛(CH_3CHO)	8.97	氨(NH_3)	4.90
乙酸(CH_3COOH)	5.80	水(H_2O)	6.17

附表Ⅱ-21　不同温度下水的饱和蒸气压(kPa)

温度/℃	+0	+1(+5)	+2(+10)	+3(+15)	+4(+20)
0	0.6105	0.6567	0.7058	0.7579	0.8134
5	0.8723	0.9350	1.0016	1.0726	1.1478
10	1.2278	1.3124	1.4023	1.4973	1.5981
15	1.7049	1.8177	1.9372	2.0634	2.1967
20	2.3378	2.4865	2.6434	2.8088	2.9833
25	3.1672	3.3609	3.5649	3.7795	4.0053
30	4.2428	4.4923	4.7547	5.0301	5.3193
35	5.6229	5.9412	6.2751	6.6250	6.9917
40	7.3759	(9.5832)	(12.334)	(15.737)	(19.916)
65	25.003	(31.157)	(38.544)	(47.343)	(57.809)
90	70.096	(84.513)	(101.325)	—	—

注：带括号的数据与表头中括号内的数据对应。例如，28℃时 $p = 3.7795$ kPa，80℃时 $p = 47.343$ kPa。

附表Ⅱ-22　作为吸附质分子的截面积

分子	温度范围/℃	分子截面积/nm²	分子	温度范围/℃	分子截面积/nm²
氢(H_2)	−183～−135	0.121	氮(N_2)	−195	0.162
氧(O_2)	−195～−183	0.136	苯(C_6H_6)	20	0.430
氩(Ar)	−195～−183	0.138	正丁烷(C_4H_{10})	0	0.446

附表Ⅱ-23　常见化合物的折射率及温度系数(相对于空气，钠黄光$\lambda = 589.3$ nm)

化合物	n_D^{15}	n_D^{20}	n_D^{25}	$10^5 \times dn/dt$
水(H_2O)	1.33341	1.33299	1.33252	−8.9
丙酮(C_3H_6O)	1.3616	1.3591	1.357	−49
乙醇(C_2H_6O)	1.3633	1.3613	1.3594	−40
环己烷(C_6H_{12})	—	1.42662	1.42338	−65
二硫化碳(CS_2)	1.6319	1.6280	—	−78

附表Ⅱ-24　在 298 K 时一些电解质水溶液的摩尔电导率($S \cdot m^2 \cdot mol^{-1}$)

化合物	$c/(mol \cdot L^{-1})$							
	无限稀释	0.0005	0.001	0.005	0.01	0.02	0.05	0.1
HCl	425.95	422.53	421.15	415.59	411.80	407.04	398.89	391.13
NaOH	247.7	245.5	244.6	240.7	237.9	—	—	—
KCl	149.79	147.74	146.88	143.48	141.20	138.27	133.30	128.90
NaCl	126.39	124.22	123.68	120.59	118.45	115.70	111.01	106.69
$NaOOCCH_3$	91.0	89.2	88.5	85.68	83.72	81.20	76.88	72.76

附表Ⅱ-25　一些化合物的磁化率

化合物	T/K	质量磁化率/(10^{-9} $cm^3\cdot kg^{-1}$)	摩尔磁化率/(10^{-9} $cm^3\cdot mol^{-1}$)
$K_4Fe(CN)_6$	298	−4.699	−1.634
$CuSO_4\cdot 5H_2O$	293	73.5	18.35
$K_3Fe(CN)_6$	297	87.5	28.78
$FeSO_4\cdot 7H_2O$	293.5	506.2	140.7
$(NH_4)_2Fe(SO_4)_2\cdot 6H_2O$	293	397	155.8
$NH_4Fe(SO_4)_2\cdot 12H_2O$	293	378	182.2

附表Ⅱ-26　298 K 下常用标准电极电势

电对	电极反应	$\varphi^\ominus$/V	$(d\varphi^\ominus/dT)$/($mV\cdot K^{-1}$)
Li^+/Li	$Li^+(a)+e^- = Li(s)$	−3.040	−0.354
Al^{3+}/Al	$Al^{3+}(a)+3e^- = Al(s)$	−1.68	
H_2O，OH^-/H_2	$2H_2O(l)+e^- = H_2(p^\ominus)+2OH^-(a)$	−0.8277	−0.8342
Zn^{2+}/Zn	$Zn^{2+}(a)+2e^- = Zn(s)$	−0.7628	0.091
Cd^{2+}/Cd	$Cd^{2+}(a)+2e^- = Cd(s)$	−0.4030	
Ni^{2+}/Ni	$Ni^{2+}(a)+2e^- = Ni(s)$	−0.250	0.06
AgI/Ag	$AgI(s)+e^- = Ag(s)+I^-(a)$	−0.151	−0.248
O_2，OH^-/H_2O_2	$O_2(p^\ominus)+2H_2O(l)+2e^- = H_2O_2(a)+2OH^-(a)$	−0.146	
Sn^{2+}/Sn	$Sn^{2+}(a)+2e^- = Sn(s,白)$	−0.136	−0.282
Fe^{3+}/Fe	$Fe^{3+}(a)+3e^- = Fe(s)$	−0.037	
$AgBr$，Br^-/Ag	$AgBr(s)+e^- = Ag(s)+Br^-(a)$	0.07133	
Sn^{4+}/Sn^{2+}	$Sn^{4+}(a)+2e^- = Sn^{2+}(a)$	0.151	
$AgCl$，Cl^-/Ag	$AgCl(s)+e^- = Ag(s)+Cl^-(a)$	0.2224	−0.658
Hg_2Cl_2，Cl^-/Hg	$Hg_2Cl_2(s)+2e^- = 2Hg(l)+2Cl^-(m_s,饱和KCl)$	0.2415	−0.761
Cu^{2+}/Cu	$Cu^{2+}(a)+2e^- = Cu(s)$	0.337	0.008
O_2/OH^-	$O_2(p^\ominus)+2H_2O(l)+4e^- = 4OH^-(a)$	0.401	−1.680
I_2/I^-	$I_2(s)+2e^- = 2I^-(a)$	0.5355	
O_2，H^+/H_2O_2	$O_2(p^\ominus)+2H^+(a)+2e^- = H_2O_2(aq)$	0.682	−1.033
Fe^{3+}/Fe^{2+}	$Fe^{3+}(a)+e^- = Fe^{2+}(a)$	0.771	1.188
Hg_2^{2+}/Hg	$Hg_2^{2+}(a)+2e^- = 2Hg(l)$	0.792	
Ag^+/Ag	$Ag^+(a)+e^- = Ag(s)$	0.7991	−1.000
O_2，H^+/H_2O	$O_2(p^\ominus)+4H^+(a)+4e^- = 2H_2O(l)$	1.229	−0.846
Cl_2/Cl^-	$Cl_2(p^\ominus)+2e^- = 2Cl^-(a)$	1.3595	−1.260
MnO_4^-/Mn^{2+}	$MnO_4^-(a)+8H^+(a)+5e^- = Mn^{2+}(a)+4H_2O(l)$	1.507	
Ce^{4+}/Ce^{3+}	$Ce^{4+}(a)+e^- = Ce^{3+}(a)$	1.61	
$S_2O_8^{2-}/SO_4^{2-}$	$S_2O_8^{2-}(a)+2e^- = 2SO_4^{2-}(a)$	2.010	

注：表中所有电极反应离子的活度 $a=1$。

附表Ⅱ-27　IUPAC 相对原子质量表(2014)[$A_r(^{12}C) = 12$]

序号	符号	名称	相对原子质量	序号	符号	名称	相对原子质量	序号	符号	名称	相对原子质量
1	H	氢 hydrogen	1.008	41	Nb	铌 niobium	92.90637	81	Tl	铊 thallium	204.38
2	He	氦 helium	4.002602	42	Mo	钼 molybdenum	95.95	82	Pb	铅 lead	207.2
3	Li	锂 lithium	6.94	43	Tc	锝 technetium	[97]	83	Bi	铋 bismuth	208.98040
4	Be	铍 beryllium	9.01218313	44	Ru	钌 ruthenium	101.07	84	Po	钋 polonium	[209]
5	B	硼 boron	10.81	45	Rh	铑 rhodium	102.90550	85	At	砹 astatine	[210]
6	C	碳 carbon	12.011	46	Pd	钯 palladium	106.42	86	Rn	氡 radon	[222]
7	N	氮 nitrogen	14.007	47	Ag	银 silver	107.8682	87	Fr	钫 francium	[223]
8	O	氧 oxygen	15.999	48	Cd	镉 cadmium	112.414	88	Ra	镭 radium	[226]
9	F	氟 fluorine	18.99840316	49	In	铟 indium	114.818	89	Ac	锕 actinium	[227]
10	Ne	氖 neon	20.1797	50	Sn	锡 tin	118.710	90	Th	钍 thorium	232.0377
11	Na	钠 sodium	22.98976928	51	Sb	锑 antimony	121.760	91	Pa	镤 protactinium	231.03588
12	Mg	镁 magnesium	24.305	52	Te	碲 tellurium	127.60	92	U	铀 uranium	238.02891
13	Al	铝 aluminium	26.9815385	53	I	碘 iodine	126.90447	93	Np	镎 neptunium	[237]
14	Si	硅 silicon	28.085	54	Xe	氙 xenon	131.293	94	Pu	钚 plutonium	[244]
15	P	磷 phosphorus	30.973762	55	Cs	铯 caesium	132.905452	95	Am	*镅 americium	[243]
16	S	硫 sulfur	32.06	56	Ba	钡 barium	137.327	96	Cm	*锔 curium	[247]
17	Cl	氯 chlorine	35.45	57	La	镧 lanthanum	138.90547	97	Bk	*锫 berkelium	[247]
18	Ar	氩 argon	39.948	58	Ce	铈 cerium	140.116	98	Cf	*锎 californium	[251]
19	K	钾 potassium	39.0983	59	Pr	镨 praseodymium	140.90766	99	Es	*锿 einsteinium	[252]
20	Ca	钙 calcium	40.078	60	Nd	钕 neodymium	144.242	100	Fm	*镄 fermium	[257]
21	Sc	钪 scandium	44.955908	61	Pm	钷 promethium	[145]	101	Md	*钔 mendelevium	[258]
22	Ti	钛 titanium	47.867	62	Sm	钐 samarium	150.36	102	No	*锘 nobelium	[259]
23	V	钒 vanadium	50.9415	63	Eu	铕 europium	151.964	103	Lr	*铹 lawrencium	[262]
24	Cr	铬 chromium	51.9961	64	Gd	钆 gadolinium	157.25	104	Rf	*𬬻rutherfordium	[267]
25	Mn	锰 manganese	54.938044	65	Tb	铽 terbium	158.92535	105	Db	*𬭊 dubnium	[268]
26	Fe	铁 iron	55.845	66	Dy	镝 dysprosium	162.500	106	Sg	*𬭳seaborgium	[271]
27	Co	钴 cobalt	58.933194	67	Ho	钬 holmium	164.93033	107	Bh	*𬭛bohrium	[272]
28	Ni	镍 nickel	58.6934	68	Er	铒 erbium	167.259	108	Hs	*𬭶hassium	[270]
29	Cu	铜 copper	63.546	69	Tm	铥 thulium	168.93422	109	Mt	*鿏 meitnerium	[276]
30	Zn	锌 zinc	65.38	70	Yb	镱 ytterbium	173.045	110	Ds	*𫟼 darmstadtium	[281]
31	Ga	镓 gallium	69.723	71	Lu	镥 lutetium	174.9668	111	Rg	*𬬭 roentgenium	[280]
32	Ge	锗 germanium	72.63	72	Hf	铪 hafnium	178.49	112	Cn	*鿔 copernicium	[285]
33	As	砷 arsenic	74.921595	73	Ta	钽 tantalum	180.94788	113	Nh	*鿭 nihonium	[284]
34	Se	硒 selenium	78.971	74	W	钨 tungsten	183.84	114	Fl	*𫓧 flerovium	[289]
35	Br	溴 bromine	79.904	75	Re	铼 rhenium	186.207	115	Mc	*镆 moscovium	[288]
36	Kr	氪 krypton	83.798	76	Os	锇 osmium	190.23	116	Lv	*𫟷 livermorium	[293]
37	Rb	铷 rubidium	85.4678	77	Ir	铱 iridium	192.217	117	Ts	*鿬 tennessine	[294]
38	Sr	锶 strontium	87.62	78	Pt	铂 platinum	195.084	118	Og	*鿫oganesson	[294]
39	Y	钇 yttrium	88.90584	79	Au	金 gold	196.966569				
40	Zr	锆 zirconium	91.224	80	Hg	汞 mercury	200.592				

注：(1) 表中数据加方括号“[ ]”的是该元素半衰期最长同位素的相对原子质量。

(2) 元素名称左上角标注“*”的是人造元素。